图说西方建筑风格年表

[日] 铃木博之 编
[日] 铃木博之 伊藤大介 高原健一郎 铃木哲威 原口秀昭 著
沙子芳 译

清华大学出版社
北京

Japanese title: Zusetu-nenpyou / Seiyou-kenchiku no Youshiki
edited by Hiroyuki Suzuki and written by Hiroyuki Suzuki, Daisuke Ito, Kenichiro Takahara, Tetsuji Suzuki, Hideaki Haraguchi

Original Japanese edition published by SHOKOKUSHA Publishing Co., Ltd., Tokyo, Japan

引进版图书版权登记号　图字：01-2009-0839

图书在版编目（CIP）数据

图说西方建筑风格年表 /（日）铃木博之编；铃木博之等著；沙子芳译.
--北京：清华大学出版社，2013（2016.4重印）
ISBN 978-7-302-31171-3

Ⅰ. ①图… Ⅱ. ①铃… ②沙… Ⅲ. ①建筑风格-西方国家-年表 Ⅳ. ①TU-865

中国版本图书馆CIP数据核字（2012）第317522号

责任编辑：徐　颖
装帧设计：李文建
责任校对：王凤芝
责任印制：杨　艳

出版发行：清华大学出版社
网　址：http://www.tup.com.cn，　http://www.wqbook.com
地　址：北京清华大学学研大厦A座　　**邮　编**：100084
社总机：010-62770175　　**邮　购**：010-62786544
投稿与读者服务：010-62776969，c-service@tup.tsinghua.edu.cn
质量反馈：010-62772015，zhiliang@tup.tsinghua.edu.cn
印 装 者：三河市春园印刷有限公司
经　销：全国新华书店
开　本：200mm × 285mm　　**印　张**：23　　**字　数**：760千字
版　次：2013年5月第1版　　**印　次**：2016年4月第2次印刷
印　数：5001~7000
定　价：68.00 元

产品编号：036642-01

前 言

一般人想认识建筑时，总会遇上各种各样的困难。除了必须有建筑风格的知识外，还需具备建筑结构及历史知识等。因此在研究建筑史时，必须累积广泛的知识。可是，该如何累积那些知识呢？怎么没有浅显易懂的基础建筑书呢？日本大多在工学系的学习领域中进行建筑教育，使得文科系的人因不了解而避开建筑。而且工学系的人倾向于将建筑视为技术体系，无法将建筑与整体文化的趋势结合。这点实为不幸，我想一定有什么因应之道吧。

我思考很久，心想何不从建筑历史和造型的角度，出版一本让人容易理解的建筑书呢。由于建筑造型和构造密不可分，从造型来了解构造应是不错的方法。建筑造型具有很强的理论性和规律性，因此若将若干历史风格进行系统性的归纳整理，那么读者应该就能理解这样的整体风格了吧。这样等于以整合风格和历史知识的方式来认识建筑。关于历史，虽然有教科书形式的通史，但是按时间顺序论述仍有其难度。即使按时间叙述历史是最正统的方法，但它似乎已不合现代的节奏。我认为若有专门强调某个时代的通史当然最好，但用从古代到现代单线式的通史的形式来传承知识的话，信息就太过模式化了。

因此，我不想采用通史形式，而是采用既容易理解，又容易阅读的年表形式。幸好在美术史年表中，也有能够比较相关领域的归纳方式。于是我以那种年表作为模板，以建筑为主轴，试图以可视化年表形式来呈现。其中还包含其他类型艺术史上发生的事件，使其作为介绍建筑风格的一种数据库。

同时，建筑基本的造型语言不是按照时间顺序，而是按照造型风格加以整理、解说。这也算是对风格做某种程度的数据化分析。本书也就这样正式成形。

认识建筑时，如果手边有包罗万象的年表、人名辞典和图解辞典当然很好，而我则是尝试将它们尽可能地全部融合在一本书中。

实际上，本书源于很早之前。距今约20年前，在1981年到1983年期间，《*Detail*》杂志中连载的“建筑风格的细部”，就是本书的雏形。因此将建筑风格数据化不只是有趣，也可以作为说明建筑风格的理论。将那些数据汇整出书的想法，就是源于连载当初。最后，我想向协助本书出版的诸多朋友，致上我最深的谢意！

铃木博之

1998年3月

目 录

上 篇 **建筑风格的细部** 1

古埃及 Egypt 2

古希腊 Greece 8

古罗马 Rome 14

拜占庭 Byzantine 20

罗马式 Romanesque 26

哥特式 Ⅰ Gothic Ⅰ 32

哥特式 Ⅱ Gothic Ⅱ 38

文艺复兴 Renaissance 44

巴洛克 Baroque 50

新古典主义 Neo–classicism 56

现代主义 Modernism 62

下 篇 **建筑风格年表** 69

古埃及 Egypt 70

古希腊 Greece 77

古罗马 90
Rome

拜占庭 102
Byzantine

罗马式 112
Romanesque

哥特式 130
Gothic

文艺复兴 158
Renaissance

巴洛克 192
Baroque

新古典主义 224
Neo-classicism

折中主义 244
Eclecticism

现代主义 294
Modernism

索 引 322

上　篇

建筑风格的细部

注：第 2~67 页内文中的人名或专有名词，若在第 70 页之后的年表和索引中已附原文，便不再加附。——译者注

古埃及 | *Egypt*

本书介绍的西方建筑，与其说是依照历史发展的资料来编排，倒不如说是按照各种建筑风格的整体特点来分类，这样才有整体感。但严格来说，古埃及建筑风格并不属于西方文化的范畴，理应排除在外。然而，在西方建筑世界中，古埃及却往往是不可忽视的存在。自古罗马以来，以方尖碑为代表的埃及风格建筑已被带入西方。此外，18世纪的建筑师张伯斯推测，埃及神庙的柱头是希腊建筑风格的原型（虽然违反事实），对它感到亲切。19世纪兴起的埃及风格复古风潮也不容我们忽视。历史悠久的埃及大致经历前王朝时期、迪尼斯（译注：据传这是当时埃及的首都，但查无原文）时期（公元前3100—前2700）、古王朝时期（公元前2700—前2200）、中王朝时期（公元前2050—前1800）和新王朝时期（公元前1580—前1085）这样的悠久年代。从恺撒和埃及艳后克莉奥佩特拉（Cleopatra）的关系，到拿破仑远征埃及等种种历史事件，都能显示出埃及对西方的影响。今天的埃及也确实存有许多历史遗迹，能让人感受到它过去与西方的交流。罗马圣彼得大教堂前的广场，以及位于巴黎中央的协和广场，都耸立着各式各样从埃及带回的方尖碑，伦敦的泰晤士河畔也竖立着被称为“克莉奥佩特拉的针”的方尖碑。

对西方来说，埃及绝非毫无关系的异国。因此，现代建筑中也会运用古埃及建筑风格的细节，它已成为西方建筑标准造型的一部分。

荷鲁斯神庙，艾德夫

在历史发展上，荷鲁斯神庙虽然是公元前237年兴建的末期埃及神庙，却是牌楼、中庭和多柱式三者相连成列的结构，是极具代表性的神庙遗迹。牌楼高达36米，区分为10层的空间中还设计有许多房屋。据说当初光是建造中庭到柱厅的部分就花了95年的时间，比牌楼更早兴建。采光方面，在中央部分一段较高的屋顶设计有高窗。越往神庙的里面，空间越低越窄。

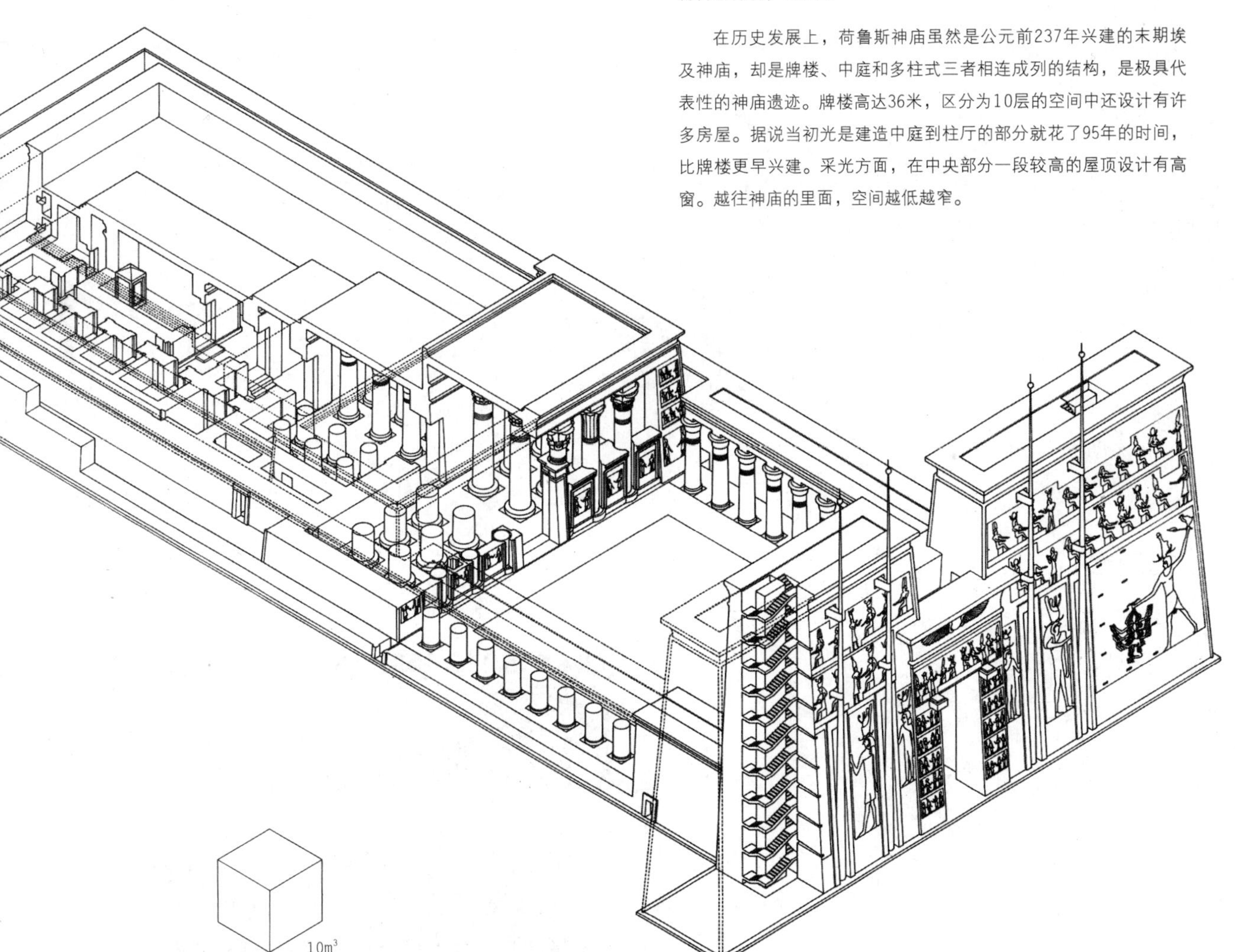

古埃及建筑的有趣之处，或许可说是存留至今的遗迹所展现的宏伟与庄严感，但是在探讨风格的细部时，焦点就不得不放在神庙建筑的图饰上了。所以我们要了解古埃及建筑，与其从前王朝时期的阶梯形金字塔，或古王朝时期的大金字塔群入手，还不如从以其宗教为基础的造型元素入手比较好。

埃及神话中有下列各种主神。了解这些神祇后，对于初步了解其建筑造型是有帮助的。

伊希斯：天之女神。为奥西里斯（Osiris）之妻，荷鲁斯之母。头上具有捧起太阳般的竖琴状犄角。

奥西里斯：冥界之神。伊希斯的丈夫，荷鲁斯之父。埃及人相信法老死亡后，即变成奥西里斯。

荷鲁斯：鹰之神。王权的守护神。

拉（Ra）：太阳神。埃及人相信他会乘着船航行于天际，到了傍晚便进入伊希斯的口中，夜间通过其体内，到了早上又重生为新的太阳。

方尖碑：太阳神的象征。

狮身人面像（Sphinx）：朝阳神格化的象征。具

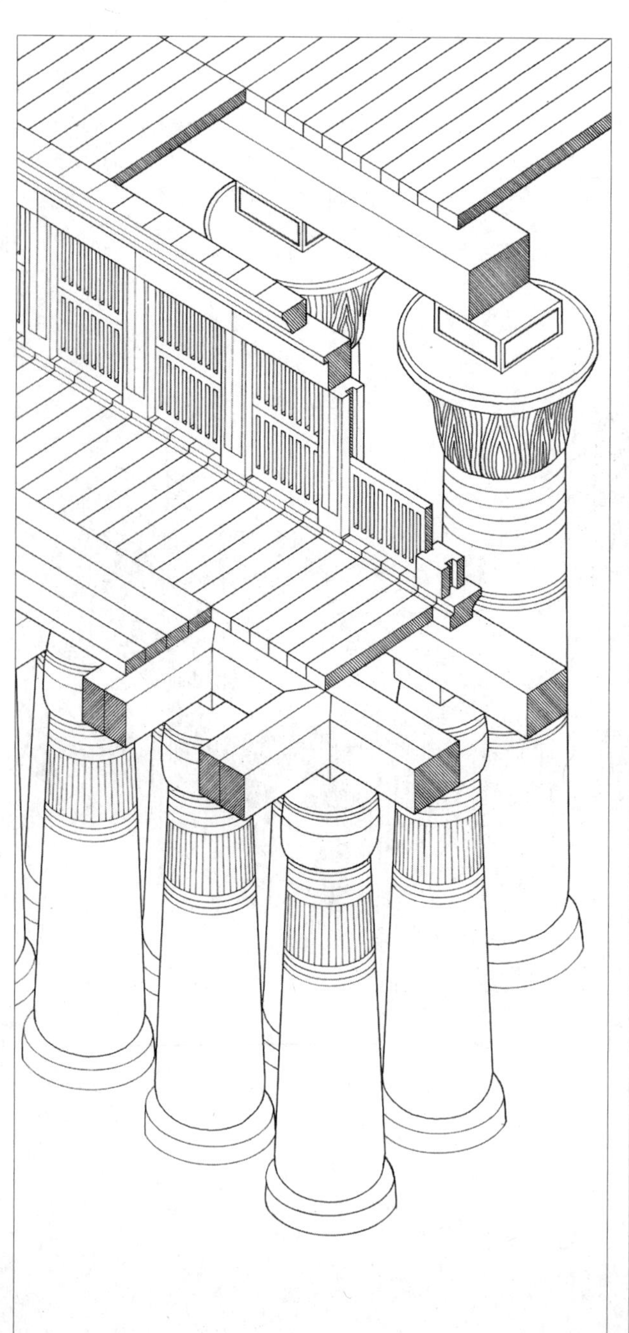

神庙多柱室侧面的采光结构（卡纳克阿蒙大神庙）

柱、梁和墙壁的接合部分（拉姆塞斯三世神庙）

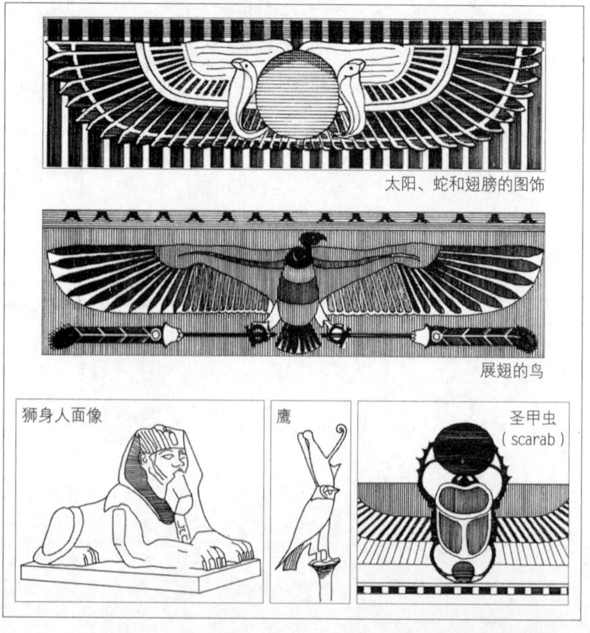

新王朝时期的埃及图饰

有人类的头和狮子的身体。

阿匹斯（Apis）：额头有新月形白毛、背上有鹫形斑毛的圣牛，又名塞拉匹斯。

在古埃及建筑中，这些神祇的象征、象形文字或神像等，都被置于前方或刻成浮雕。古埃及建筑之所以成为埃及建筑，正是因为拥有这些图饰造型；要认识作为他们的集合体的古埃及建筑时，必须去解读这部分。例如中央有太阳、左右各有一条蛇依托、外侧是张开羽翼的图饰，已成为古埃及风格建筑的必备元素，被广泛运用在近代西欧的复兴式建筑（revival architecture）中。

不过从细部来看时，古埃及建筑却出乎意料地单调。如果强调大量是古埃及建筑特色之一，令人恐惧的空间构成法是特色之二的话，细部除了象形文字的图饰外，其他并没有太多变化。

其中，特别值得一提的古埃及建筑的细部特色，是建筑逐渐扩展的形态。不论是牌楼（塔门）、门口还是墙壁的厚度等，全都是越往下变得越厚、越宽。据说也是日晒砖原型的这种砖块比例，使古埃及建筑风格呈现出一种稳定感。第二项特色是，墙面上部的檐口除了有很大的曲面外，同时还向外突出。这项最重要的要素，使古埃及建筑呈现出庄严感。

受上述两项要素的影响，总的来说细部单调的古埃及建筑中，唯一丰富多彩的建筑元素就是柱子。除了柱子上雕有各式各样的图饰、刻有象形文字外，柱头也有许多变化。柱头大致可分为两种类型，一是上部缩小的花蕾形，另一种是上部变广的钟形。这些各式各

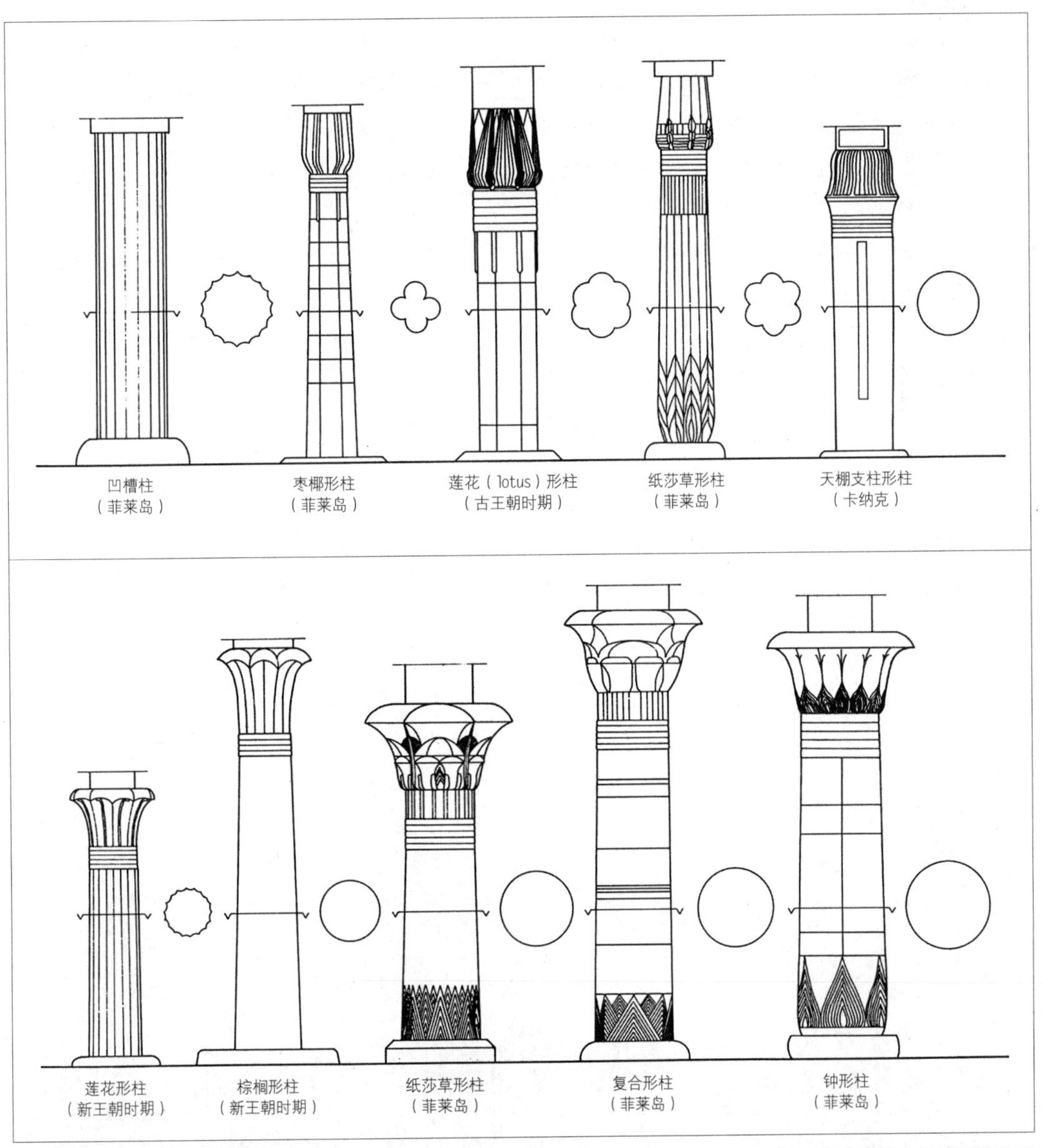

埃及神庙列柱的类型

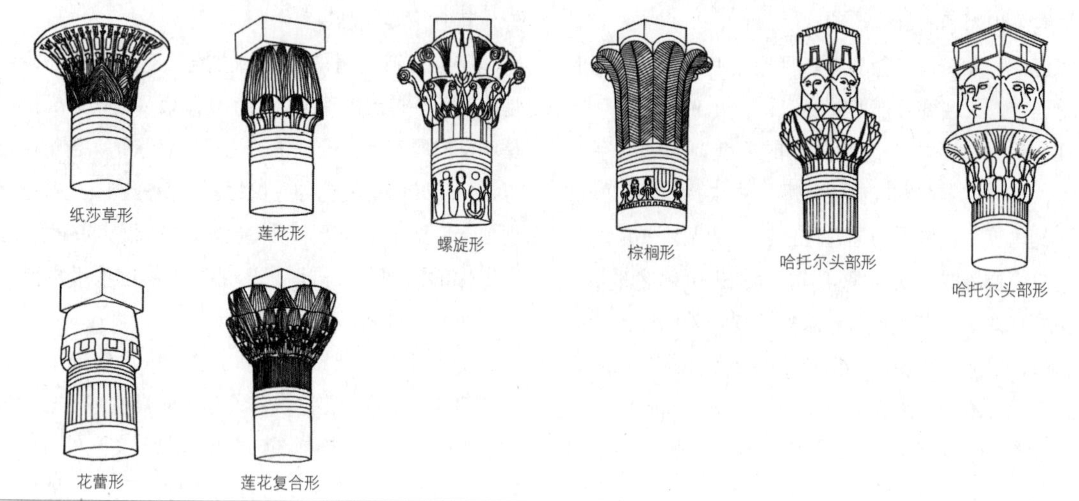

柱头的类型

样的柱头，据说是模仿纸莎草（papyrus）、莲花、棕榈等植物的外形，造型极富变化。柱身有两种类型，一种是越往下越粗，另一种是开始时越往下越粗，但到了最下面又开始变细。这样的柱身大多装饰有凹槽（fluting），但很多都不是希腊柱上所见到的凹曲槽，而是连续的凸曲面，用日本建筑用语形容，较近似“纵向沟雕”。比起式样丰富的柱头和柱身，柱础几乎都一样，呈现极扁平的圆锥台形。

总之，在古埃及建筑中基本的细部元素极少，所以即使在一幢建筑中，也会同时运用多种刻有象形图饰的柱子，来增添变化。作为使这种建筑具备厚重感的重要元素，构成柱子的石材也是由极其巨大的单一建材雕刻而成。因此，古埃及建筑不是用强调建材的接缝或接合处来表现细部。当时似乎认为建筑尽量不要有接缝才理想。最后，我们将从许多古埃及遗迹中，列举数件具有代表性的建筑。

- 阶梯金字塔，萨卡拉（约公元前2620—前2600）运用晒干砖兴建的美索不达米亚建筑
- 弯曲金字塔，达哈舒（公元前2625）
- 胡夫金字塔，吉萨（约公元前2545—前2520）。高146.5米，底边230米
- 哈特舍普苏女王神庙，戴尔巴哈利（约公元前1485）崖壁边挖掘兴建而成的。因修复时的错误，造成平台高度左右不一
- 塞提一世神庙，阿拜多斯（约公元前1309—前1291）
- 阿布辛贝尔神庙，阿布辛贝尔（公元前1240—1224）1968年因兴建阿斯旺高坝，为避免它被水淹没，已迁建到今址
- 荷鲁斯神庙，艾德夫（公元前237—前57）
- 哈托尔神庙，丹德拉（公元前116—117）

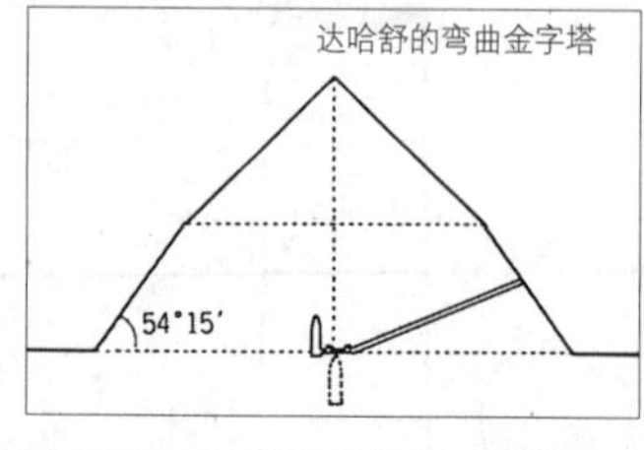

达哈舒的弯曲金字塔

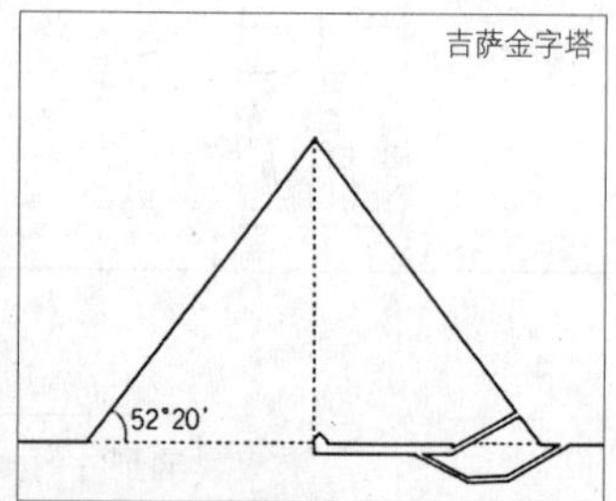

吉萨金字塔

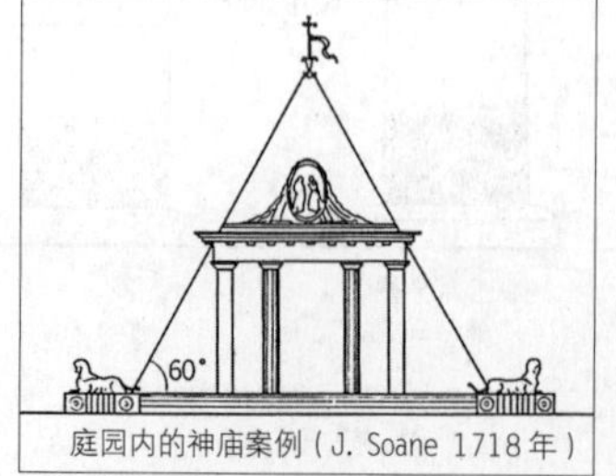

庭园内的神庙案例（J. Soane 1718年）

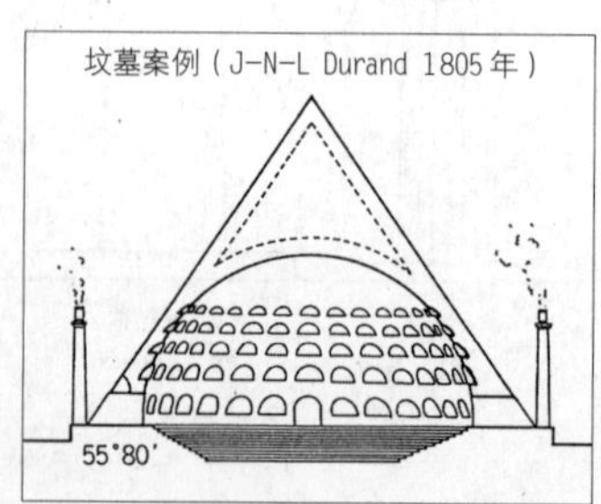

坟墓案例（J-N-L Durand 1805年）

莲和纸莎草花纹

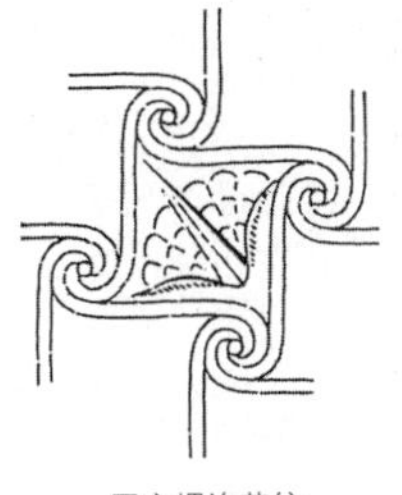

四方螺旋花纹

绳形和花饰花纹

绳形和羽饰花纹

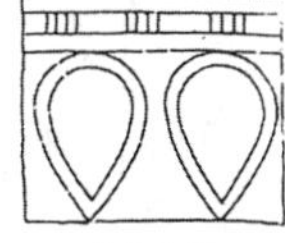

葡萄花纹

连续螺旋花纹

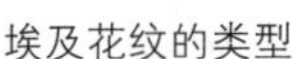

埃及花纹的类型

19世纪的建筑中，曾有所谓埃及复兴式建筑（埃及建筑风格复兴）的流派。据传它是因拿破仑远征埃及而兴起，但新古典主义的建筑师们，早在18世纪时就已尝试建造了数件此风格的建筑。

建筑师对埃及建筑风格的注意和评论，始于其花纹和图饰，在应用那些图饰之后，埃及建筑风格也随之再度复兴。埃及建筑风格的纹饰特色是运用植物末端的成长曲线，而且大多呈现重复的螺旋图样。

在18~19世纪解读埃及风格的过程中，大家最感兴趣的是金字塔的形态。有关金字塔的斜面，达哈舒的弯曲金字塔下部是54°15′，吉萨的胡夫金字塔是52°20′。对此，近代有人尝试运用金字塔的倾斜角，但几乎所有的建筑物都严重倾斜。这个事实显示，对于金字塔的细部，尽管我们已穷究倾斜角的数值，但是要在实际中完成角度是非常困难的。

19世纪时正式展开的埃及风格复兴，最初被视为外来物并不受重视，大多被运用在游戏设施上。但是随着大家对埃及风格细部逐渐正确地认识，这种现象也有了变化，在此背景下，大家也同时对埃及的世界观有了更进一步的了解。

结果，大家开始从规模、坚固度和对死亡的亲近感等角度评价古埃及建筑。具体来说，古埃及风格的实际应用，多为通往墓地的大门等设施和监狱等。在应用和重现和古埃及风格类似的建筑风格的过程中，古埃及建筑开始在西方建筑中占有一席之地。这也是本书收录古埃及建筑风格的原因之一。可是，古埃及建筑风格在西方建筑史的流派中，还称不上是一种标准的建筑技法。一般看法认为其细部太单调，因而影响其建筑风格的强度。这些事例不只显示古埃及风格建筑的消失期和风格复兴期重叠，也说明了古埃及建筑风格的风格强度与细部的关系。

普金对埃及风格的讽刺图

19世纪的建筑师A.W.N.普金，在他的著作《对比》（1836）一书中，刊出这幅对埃及建筑风格复兴的讽刺图。在这张图中，巧妙地呈现出埃及风格的两面性。采用埃及建筑风格的墓地大门，显现出埃及风格的死亡意象；而充满热闹气氛的画法，又使具有异国风情的埃及风格散发出欢乐的气氛。事实上，埃及风格既被用在游乐设施上，也被用在墓地和监狱，由此我们了解到可以从不同层面上来解读风格。细部单调和图样装饰多变，都是埃及建筑风格的特点，尽管有如此相反的解读，但这也告诉我们将局部和图像装饰分开研究，对掌握建筑风格细部是有帮助的。

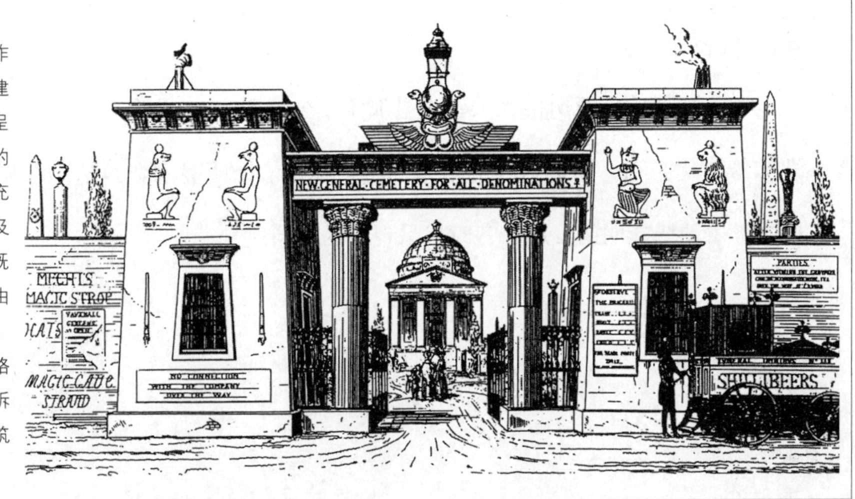

古希腊 | *Greece*

在传统的建筑风格史中，许多都将西方建筑依风格的造型理论来分类，但在区分风格时，却出人意料地常有含糊、疏漏的情况，我相信以风格分类不仅可作为建筑史的基础理论，引领初学者欣赏建筑，也可作为应用领域的基本资料，因此这种分类法必有其价值。西方建筑风格大致可分为古典主义和哥特式这两大风格体系。当然除了这两类之外，还有其他多种风格，不过先确立这两大类型后，再看到其他风格时便能很快理解。

在此介绍的古希腊建筑不但是西方古典主义建筑的起源，对它也有很大的影响。然而，到了18世纪后半叶之后，实体的古希腊建筑才被研究明白。换言之，古希腊建筑所用的被称为18世纪希腊复兴式（Greek Revival）的建筑风格，经过实体的考古研究后已明朗化。这使得自文艺复兴以来的古典主义建筑神话不得不被修正，但也重新注入希腊建筑令人惊艳的新风貌。

古典主义建筑的造型和构造理论中，有所谓的“柱式”（order），它仍然是古希腊神庙建筑的基本构成元素，想了解建筑史，最基本的是要先了解古希腊建筑的构造与细部。话虽如此，“柱式”理论中的许多部分，却是参考文艺复兴时期的罗马建筑而形成的。

古希腊建筑以亚历山大大帝去世那年（公元前323）为分界点，区分为希腊古典时期和希腊化时期，不过这样的划分，与其说是依据明确的建筑造型法则，倒不如说是因为随着希腊文明的发展，各时代呈现出的不同质变。

帕提农神庙，雅典

这座代表古希腊建筑的神庙，运用了多利克柱式的八柱式及周柱式结构。柱子比例、檐壁等加入爱奥尼亚柱式风格。波斯战争之后，当时建造中的神庙经重建扩大，变成现今的规模。在伯里克利（Pericles）时期的雕刻家菲迪亚斯（Phidias）的指挥下，由伊克提诺斯和卡利克拉提斯两位建筑师建造而成。内部有帕拉斯·雅典娜（Pallas Athena）女神。

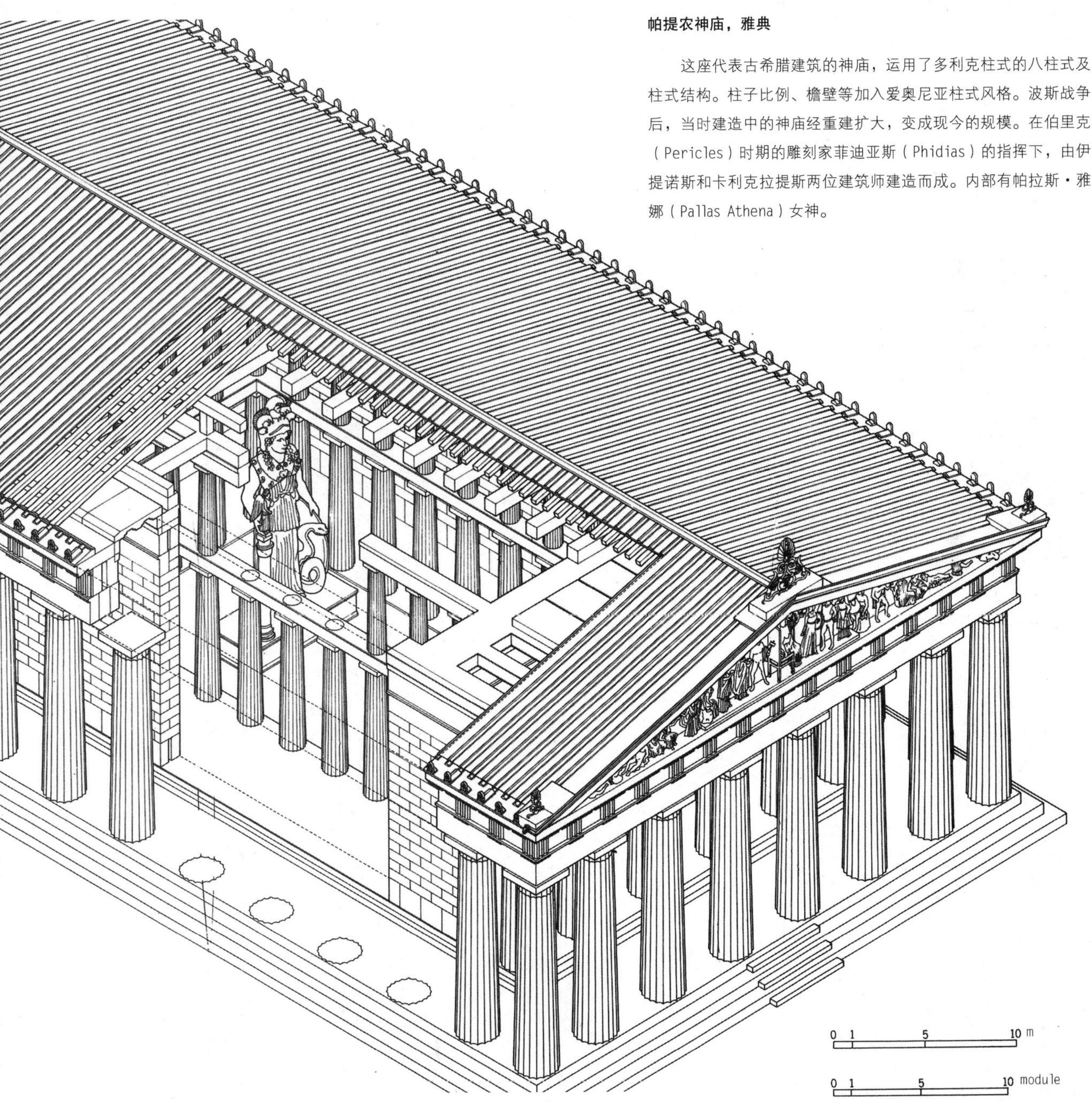

神庙建筑上最常看到古希腊风格的建筑。“正殿（megaron）”可以被称为长方形神庙的起源，神庙周围环绕着圆柱，还建有山形屋顶。希腊古典时期的神庙建筑，正面和侧面的柱数有固定的比例，正面柱子若为α，侧面柱子则为$2\alpha+1$。每幢建筑空间均个别配置，比起依整体计划更强调每幢建筑的雕塑的独立性。这种乍看之下毫无计划的任意性，显示希腊人经济上的自给自足（autarky）。

希腊神庙造型的基础是柱式，从柱子下端到屋顶的造型和比例均有固定的形式。比例尺的标准是以圆柱底部（有柱础的柱子，是指柱子在柱础上底缘即将变宽的部分）的半径数值作为1模数（modulus＝M）。以Pars（1M＝12或18p.）或minutus（1M＝30M.）作为辅助单位，来表现细部尺寸。

柱式的实际范例请参照图示说明。古希腊建筑的柱式包括：多利克式、爱奥尼亚式和科林斯式三种。到了罗马时代，再加入托斯卡纳式和复合式（Composite Order）两种，简称为五柱式。柱式特色最常表现在柱

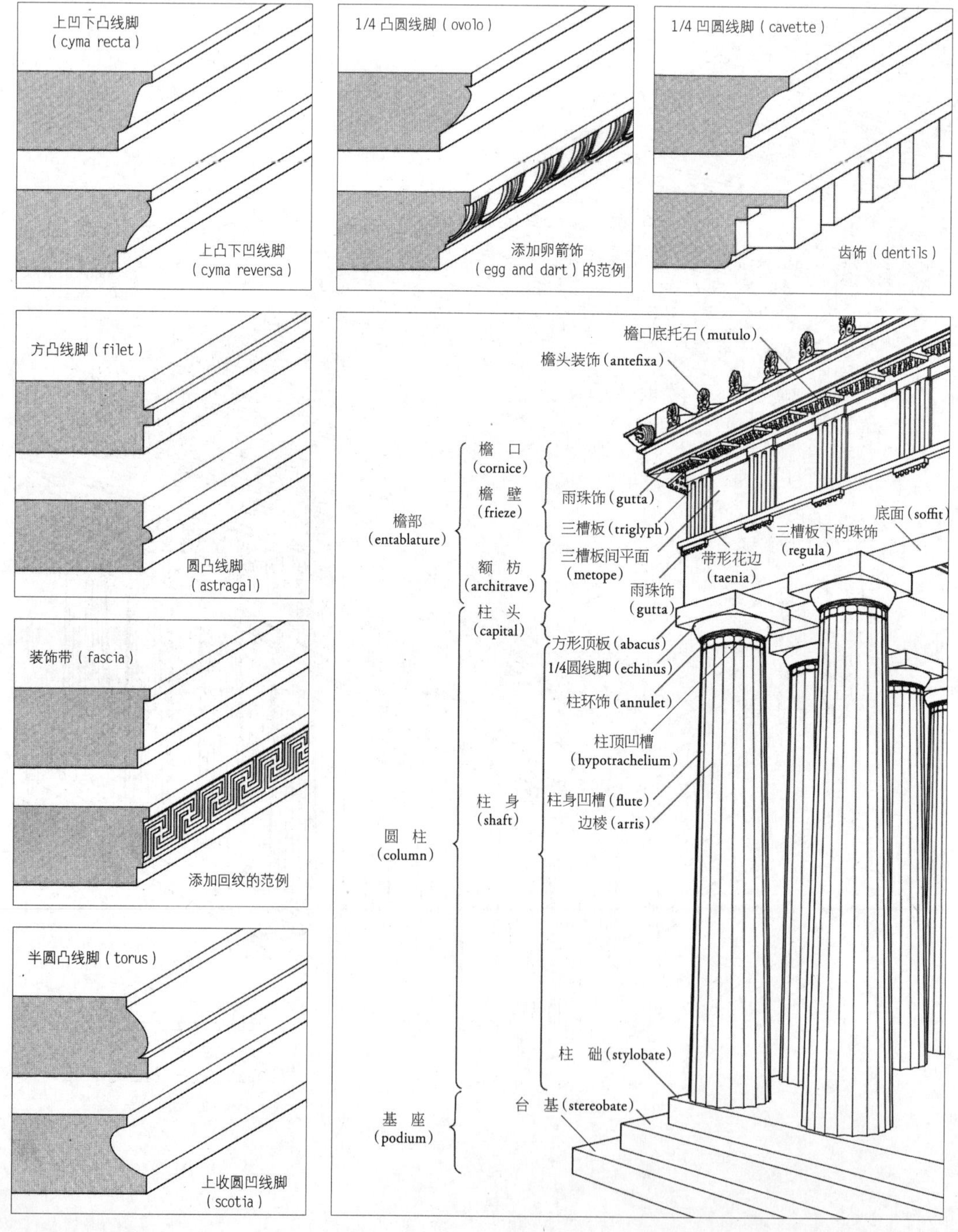

头，在每个实际的范例上，其形态和外形均有变化。

柱子的排列法方称为柱间距（inter columniation），罗马以后的多楼层建筑物，其各层柱子重叠建构的形态称为重柱式（super columniation）。柱间距是将圆柱彼此的内侧尺寸以模数来表示，可分成以下各种形态：密柱式（pycnostyle：3M）、窄柱式（systyle：4M）、正柱式（eustyle：4.5M）、宽柱式（diastyle：6M）、离柱式（araeostyle：7M、araeosystyle：8M）。柱子为重柱式时，自下而上的排列依序是多利克式、爱奥尼亚式、科林斯式、复合式。

神庙正面等处的列柱，基本上是偶数，常见的有4柱式（tetrastyle）、6柱式（hexastyle）、8柱式（octastyle）、10柱式（decastyle）、12柱式（dodecastyle）等。这种偶数列柱，中央的柱间距较宽，两端的柱间距较窄。此外，也常见到最两侧的柱子从两侧延伸出墙壁，形成壁端柱（anta），同时中央并列2根柱子的双柱式（distyle in antis）形式。虽然神庙周围环绕列柱是一般的定式，但还称不上是设计技法。

棕叶饰（一簇四射状的忍冬草或棕榈叶图案）（anthemion）

天花板、藻井的花纹

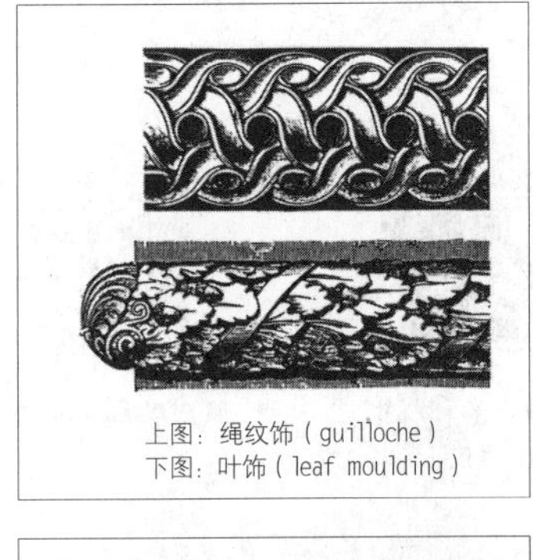
上图：绳纹饰（guilloche）
下图：叶饰（leaf moulding）

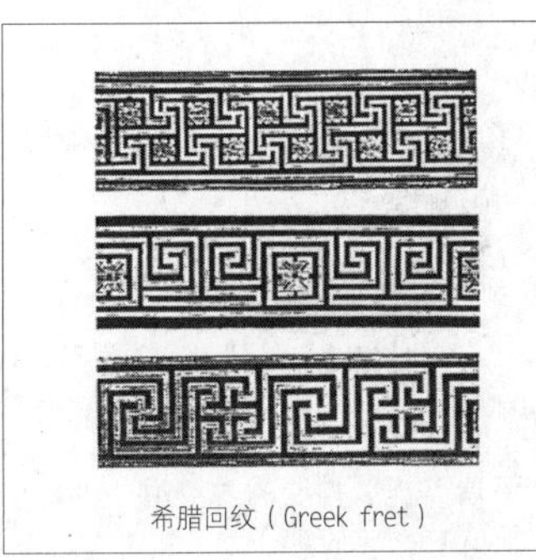
希腊回纹（Greek fret）

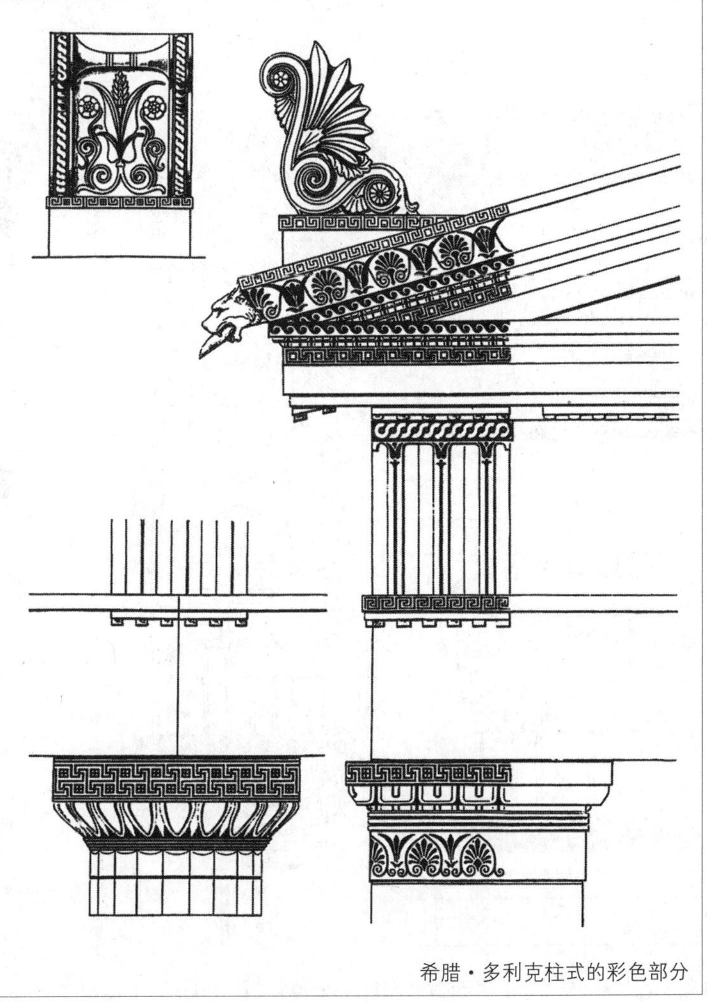
希腊・多利克柱式的彩色部分

柱式各部分由具有特定剖面形式的曲面所构成。在前页图示中，已介绍最具代表性的几种风格，古希腊神庙的所有细部都由这些风格组合而成。这里列举的是希腊建筑的曲面，而罗马建筑在制作这样的曲面时，或多或少使用圆规做成近似用半圆组成的曲线。大多数的曲面上，都刻有独特的装饰图样。较具代表的包括：圆凸形线脚饰上的卵箭饰、装饰带上的希腊回纹，以及正波纹线的叶饰等。在建筑学上称之为雕琢（enrichment）。此外，神庙的山形墙、柱间壁以及环绕正面的双重列柱，其内侧柱列的整个檐壁上，也会雕刻上图饰。在这些雕刻、檐部和屋檐内侧等处，都涂上缤纷的颜色。上面雕有棕叶饰（anthemion）、忍冬饰（honeysuckle）、棕榈叶饰（Palmette）等叶形图饰或扭索饰（guilloche）等纹饰。前者常作为檐头装饰（antefixa），后者则常用于柱础上。

下面将列举一些具代表性的希腊神庙。

- 赫拉神庙，奥林匹亚（约公元前600），多利克式
- 波塞冬神庙，帕埃斯图姆（约公元前460），多利克式

意大利初期的正统希腊神庙

- 帕提农神庙，雅典（公元前447—前32）
多利克式（具有爱奥尼亚式的比例）
- 依瑞克提翁神庙，雅典（公元前421—前5）
爱奥尼亚式，具有女像柱（caryatids）
- 阿特密斯新神庙，以弗所（约公元前356），爱奥尼亚式
- 列雪格拉德音乐纪念亭，雅典（公元前334）
在外观上最先使用科林斯式的范例
- 风塔，雅典（约公元前50）
八角形的塔
- 朱比特神庙等，巴尔贝克（公元前1世纪—250），科林斯式
具有六角形中庭的大神庙

希腊·爱奥尼亚式［马格纳西亚的阿耳特密斯神庙（C.130 BC）］

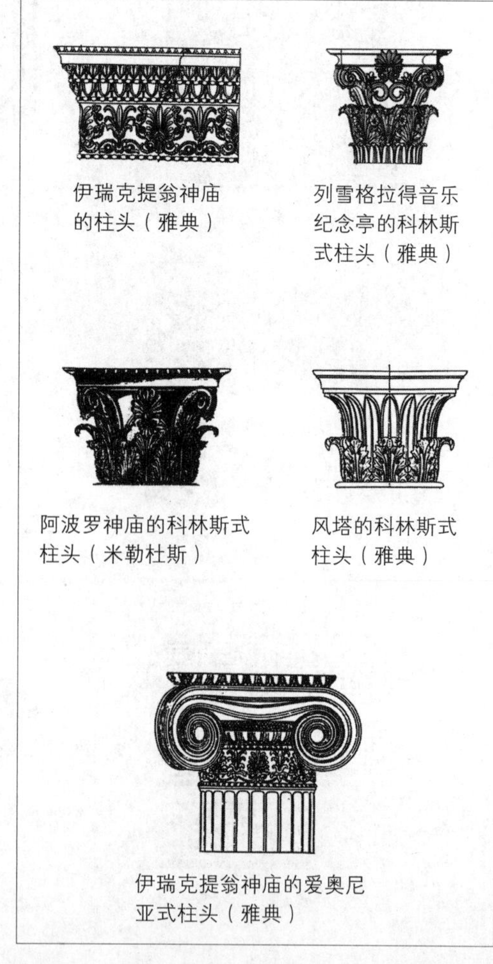

伊瑞克提翁神庙的柱头（雅典）

列雪格拉得音乐纪念亭的科林斯式柱头（雅典）

阿波罗神庙的科林斯式柱头（米勒杜斯）

风塔的科林斯式柱头（雅典）

伊瑞克提翁神庙的爱奥尼亚式柱头（雅典）

柱式具有下列各元素：

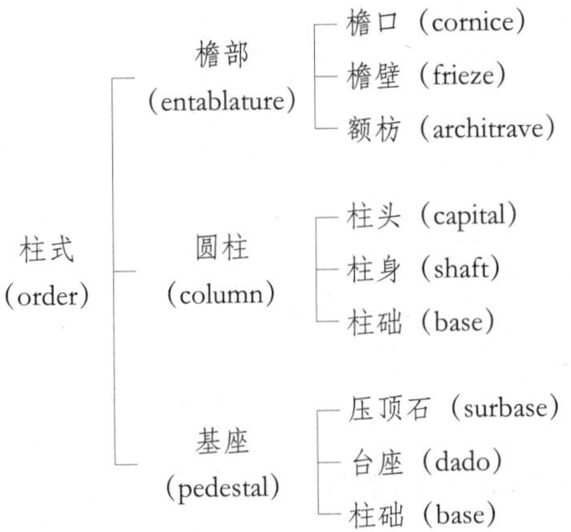

在这些元素中，古希腊建筑不太使用基座部分。而且，古希腊多利克式的圆柱并没有柱础。

柱式的核心元素是圆柱，柱身基本上要圆，上面多数雕有称为“凹槽”的沟，凹槽有数种固定格式。希腊的多利克式柱身上的凹槽为相互衔接的圆弧（由三心圆弧构成，而非单一的圆弧），能呈现出弧棱。托斯卡纳柱式的柱身上则没有凹槽。其他的凹槽形式还有在沟与沟之间呈现圆筒形的柱身，以及沟在柱身上下方消失变成圆形柱身等。另外，也有一般称为得洛斯式（Delian mode）的凹槽，这类型的凹槽只雕到柱身上部的三分之二处。而绳纹饰凹槽（cabled fluting），则是从柱身下部三分之一处往上，沟从内侧向外呈小圆弧隆起。这类技法罗马时代以后才出现，到了近代，这部分改以草花图样的浮雕来表现。此外还有整个柱身雕成女性雕像的女像柱（caryatid），及雕成男性的男像柱（telamon）。

柱础也有数种固定规格。最简单的是托斯卡纳柱式的柱础，其次是阿提卡式柱础，后者是最常见的形式。而科林斯式的柱子，会使用较复杂的柱础。大多是在柱础的圆环面饰部分，添加扭索饰等浮雕，以增加华丽感。柱头则有各式各样的变化，有的建筑师采用著名遗构的形式，有的自由创作，因此很难简单区分各柱式的标准形式。

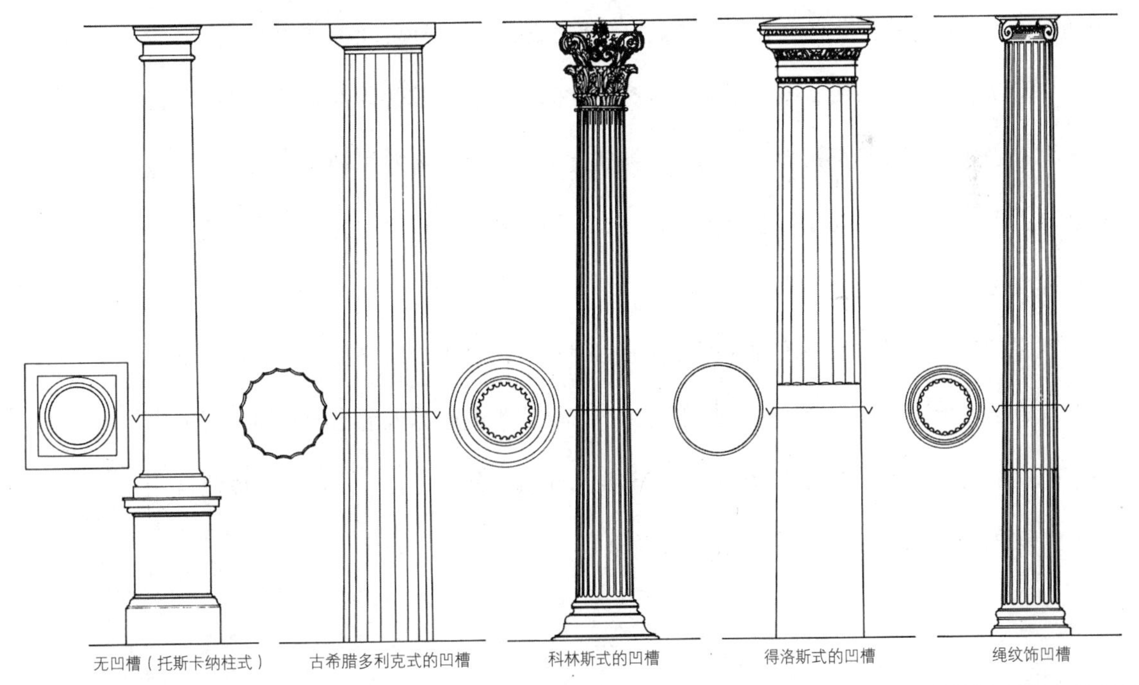

凹槽的标准技法

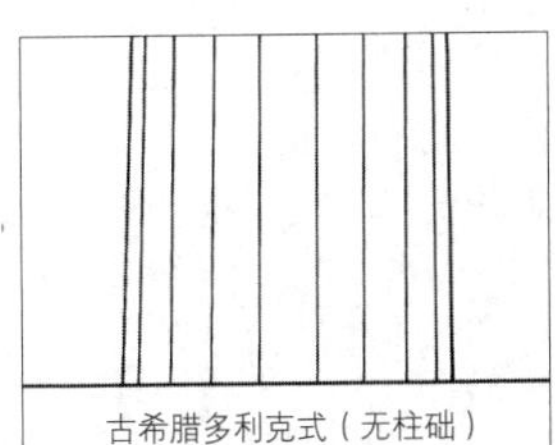
古希腊多利克式（无柱础）

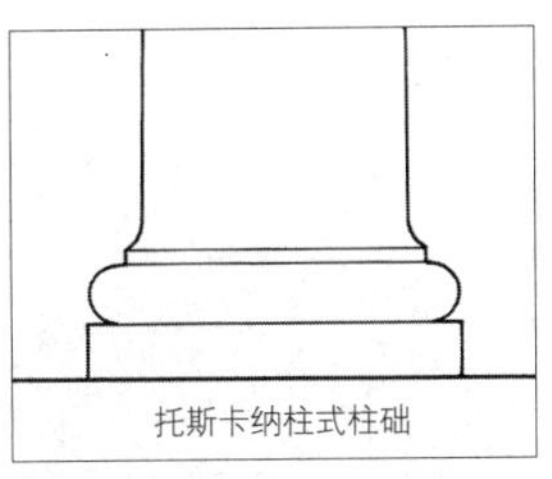
托斯卡纳柱式柱础

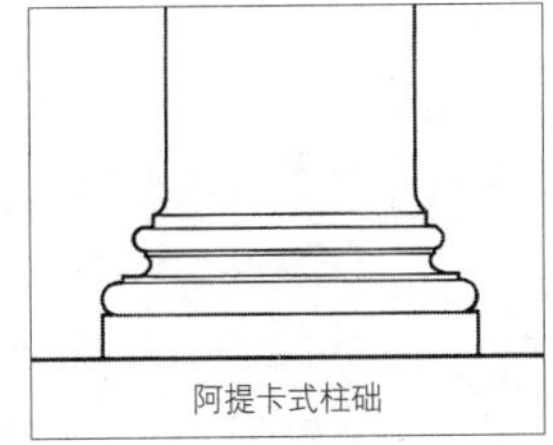
阿提卡式柱础

科林斯式柱础

古罗马 | *Rome*

所谓的古罗马建筑，基本上是指罗马帝政时期的建筑。维特鲁威所著的《建筑十书（*De architectura libridecem*）》（全书共10卷的建筑书），是古罗马著名的建筑书。这本书大约完成于公元前27年，是一本透过古罗马建筑让人深入了解罗马的著作。

那么古罗马建筑具有哪些特色呢？第一是运用天然混凝土的量块建筑表现。由此也形成第二、第三项特色，即建筑具有以墙体为中心的结构，以及墙上架设拱券、拱顶和圆顶。此外，具有极高的土木工程技术才能完成的建筑规模，也是其特色之一。

罗马帝国当时的版图，几乎横跨现今整个欧洲，许多建筑都和都市设施结合，因此古罗马建筑可谓极具都市性格。同样是神庙建筑，相对于古希腊神庙在雕刻上的独立性，古罗马神庙虽然建于高基座上，较注重正面表现，但这也是为了使神庙建得展现其都市性。

现在，虽然希腊、罗马统称为西方古典，但在文艺复兴、巴洛克时期的建筑上，所谓古典是专指罗马帝国的建筑及其遗迹。古罗马建筑遗迹惊人地遍布欧洲，对近代建筑来说，它们是研究古代的最佳范本。古罗马建筑十分多样化，不仅是单体建筑，在考察复合式建筑结构时也常被当作参考对象。

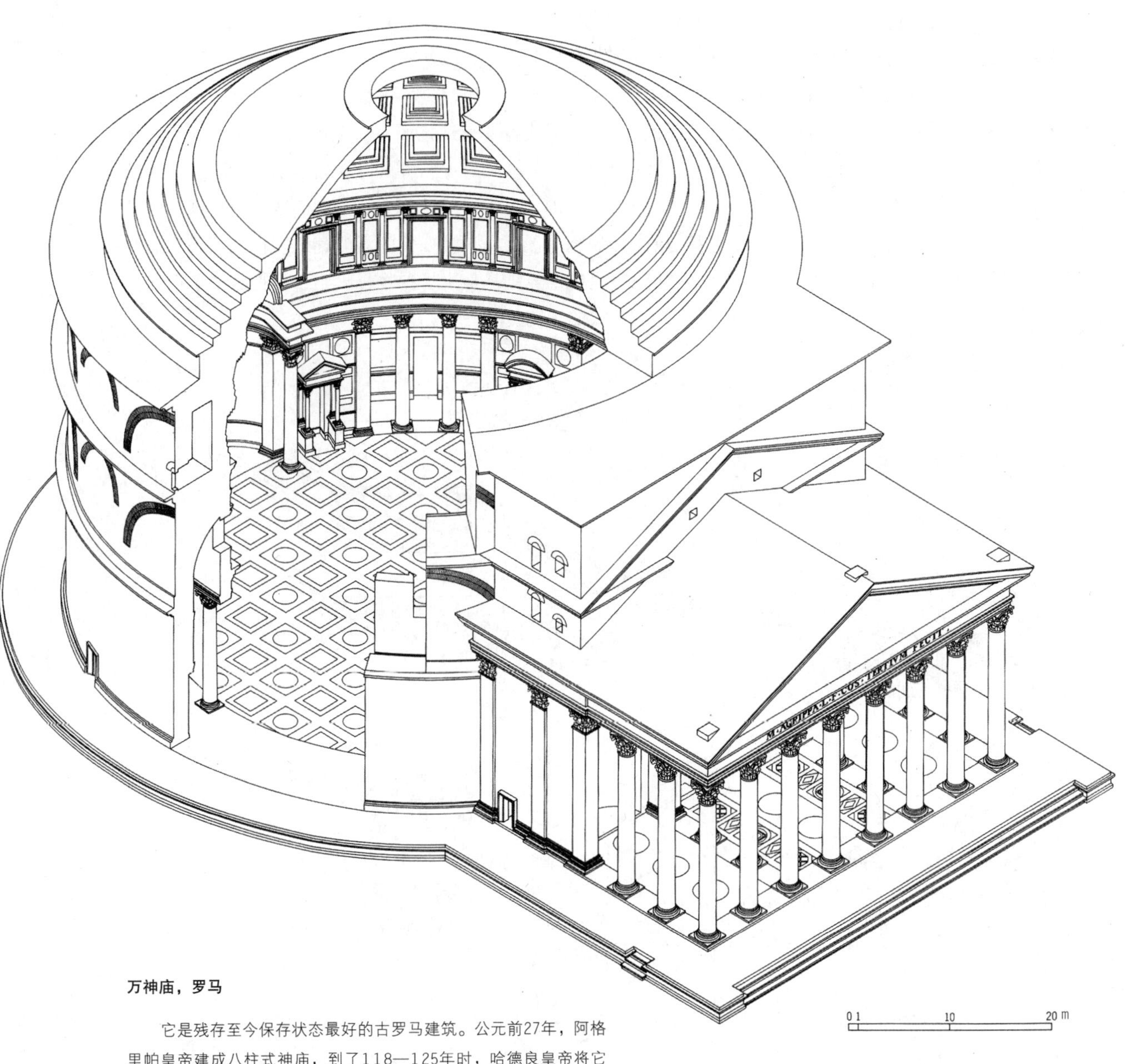

万神庙，罗马

它是残存至今保存状态最好的古罗马建筑。公元前27年，阿格里帕皇帝建成八柱式神庙，到了118—125年时，哈德良皇帝将它重建为圆形神庙。门廊列柱用埃及花岗岩建造，上面加上彭提利孔（Pentelicon）大理石的柱头，内部架盖直径43.3米、外墙砌砖的混凝土造大圆顶。这个圆顶的建造不靠临时支架支撑，设计当初是利用轻型屋顶天花的格状平顶隔间来减轻重量。

早期古罗马建筑的建筑师们，据说有些是希腊人，有些曾在古希腊接受教育。因此这是古罗马建筑在柱、梁的表现（柱式）方面承袭了希腊建筑的原因之一。

古罗马建筑的细部构造尽管承袭希腊建筑，但其曲面的剖面多少有些不同。古罗马建筑的曲面具有强烈的几何风格。我们不妨试着将它和希腊建筑做一比较。古罗马建筑采用天然混凝土，这对细部也有很大的影响。首先，是呈现多样化的拱券、拱顶和圆顶等，古罗马建筑依据希腊以来的柱式，组合直线构件以及曲线和曲面的构成要素。柱式和拱券的组合风格，是古罗马建筑的主要特色。文艺复兴时期的建筑师们，也学会了那样组合柱式和曲线元素的方法。

以文章来比喻，若文艺复兴建筑发现了古罗马的基本单字，那么巴洛克建筑发现了古罗马的句法。换句话说，古罗马建筑兼具单字与句法。

在介绍的拱顶基本技法前，首先必须认识柱式和拱券的组合单位。拱券和柱式的组合，依据拱券径长和高度的变化，能建构出各式各样的造型变化。当时的拱顶架构不仅用石材垒砌，还充分运用天然混凝土。 公元前27年建于罗马的国家档案馆（公文馆），是最早运用此技法的建筑实例。圆形建筑物上除了运用呈环状环绕的圆筒拱顶外，还可见到交叉拱顶（cross vault）、尖拱等形态。

承袭古希腊建筑的多样化，古罗马柱式也更进一步发展成托斯卡纳式、多利克式、爱奥尼亚式、科林斯式、复合式等五种柱式。古希腊的多利克柱式并没有柱础，但古罗马的却有。尼姆的四方形神殿，便是完整呈现罗马科林斯式的最早建筑实例，而著名的罗马圆形竞技场最上层的壁柱，则是早期尝试运用复合式的建筑案例。

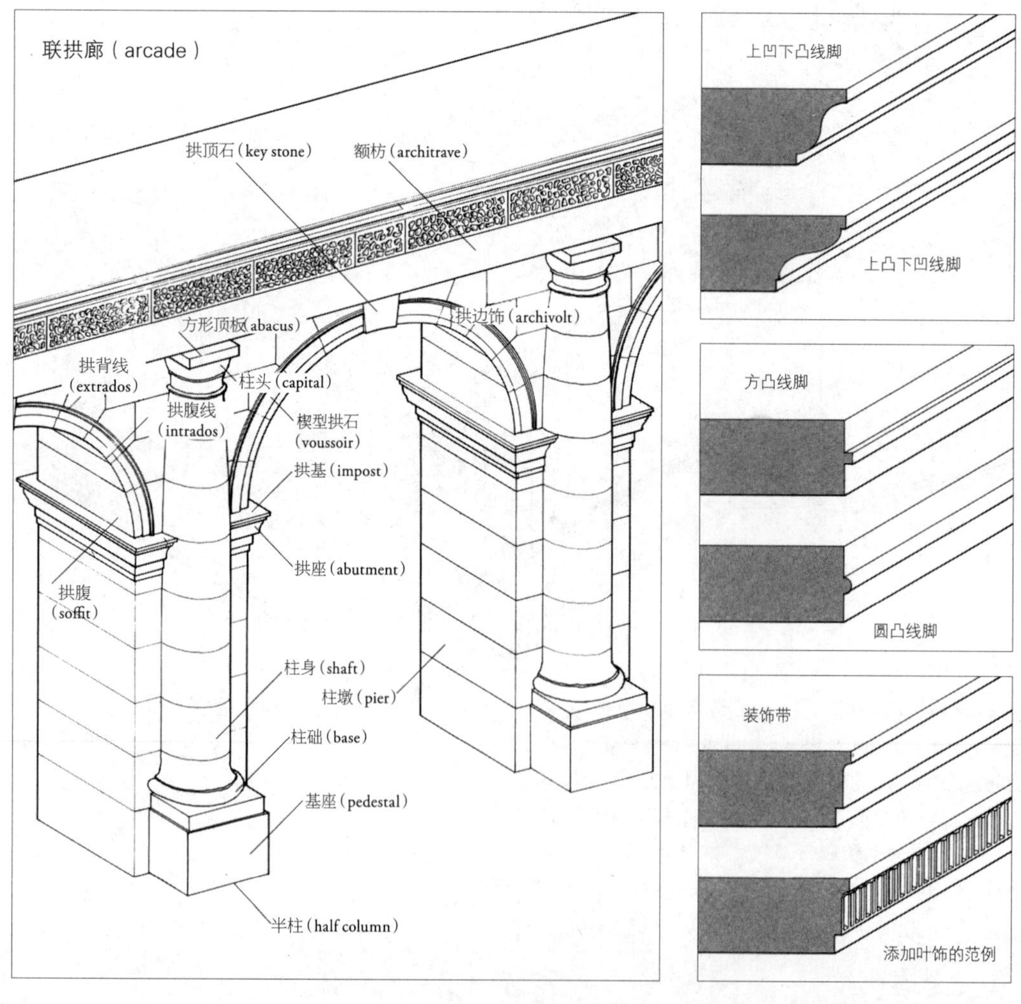

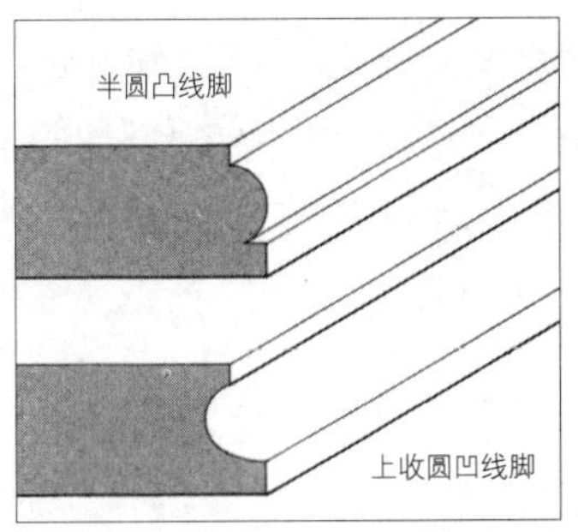

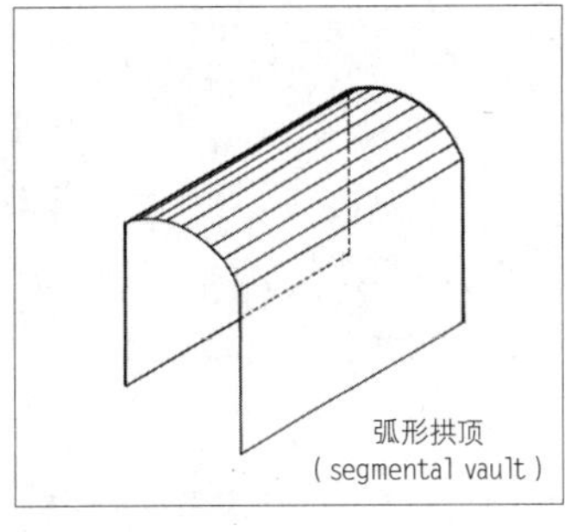

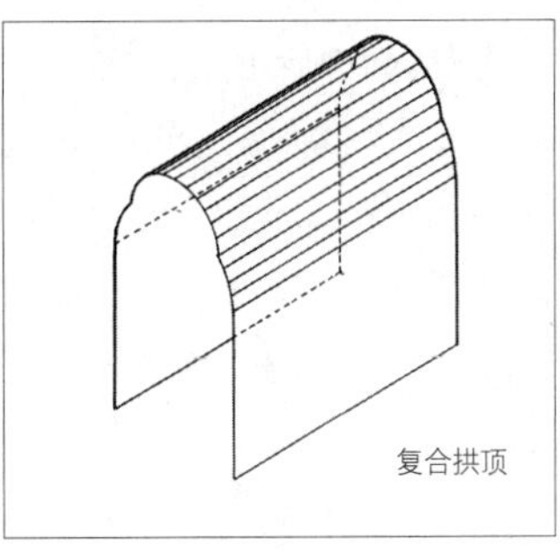

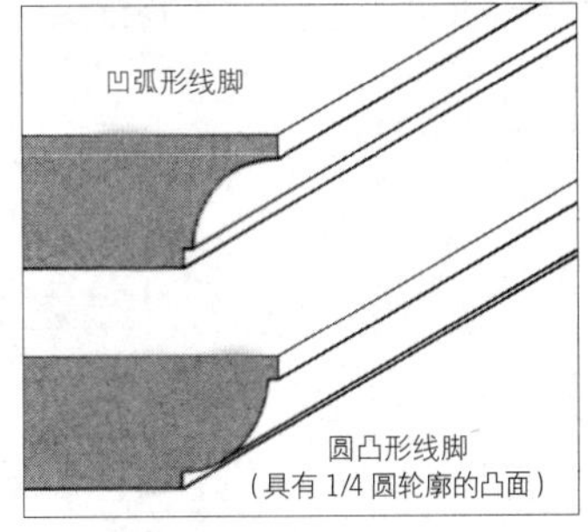

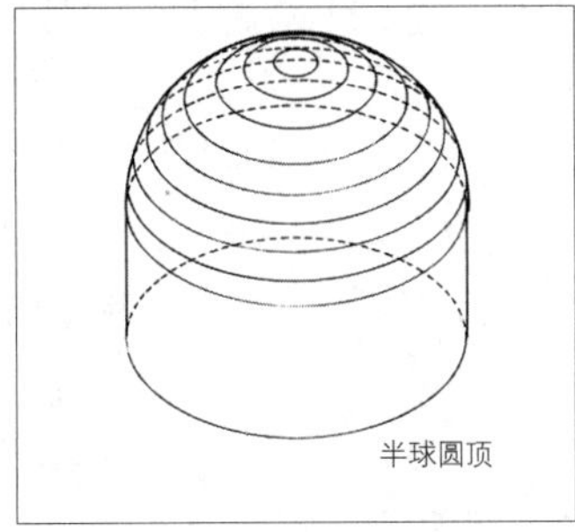

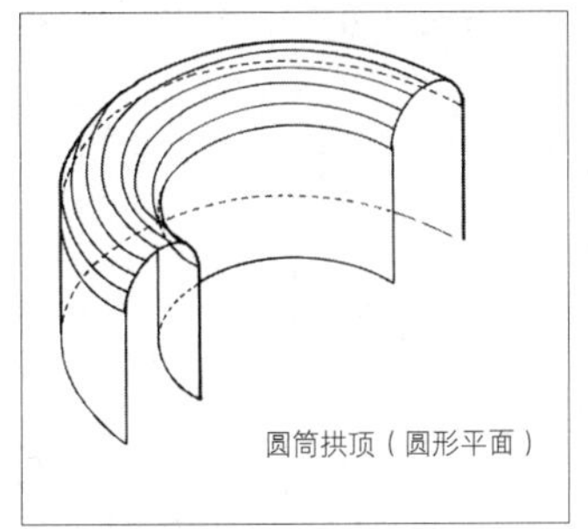

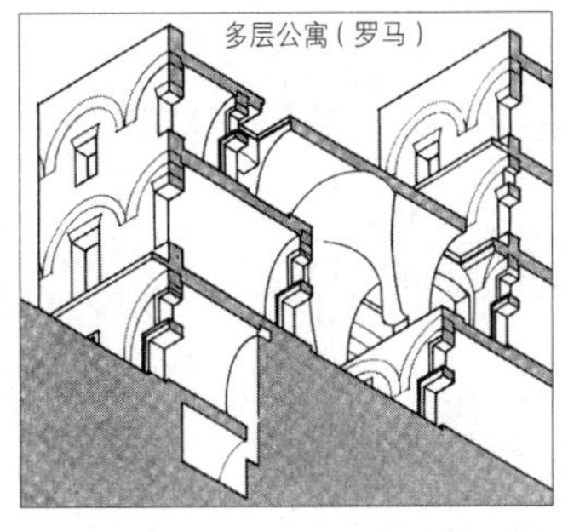

这五种柱式其造型上给人的印象，后来被赋予拟人化的特性。从文艺复兴到18世纪期间盛行这种拟人化作法，下页图中将介绍16世纪英国建筑师约翰·舒特（John Shute）将柱式拟人化的实例。关于拟人化作法和各柱式运用法，他区分并不明确，却使它们彼此产生相关性。像多利克式和托斯卡纳式，常被他运用在军事设施或需较坚固的建筑上，爱奥尼亚式用于图书馆或学术设施上，科林斯式及复合式则用于外观需要较华美的建筑或剧场等娱乐设施上。当然，这些用法并非很严格，他只是依照各柱式的感觉，选择与建筑用途相称的柱式。关于柱头，他也有许多知名的运用范例。

同为古代建筑，从外观上并不容易识别古希腊与古罗马建筑。根据遗迹的资料，我们已经了解哪些是源自古希腊或古罗马时代的建筑，再来判别风格固然容易，但仅从视觉造型上判别时，最好注意下列几点。

墙体是建筑主要的构成元素，而且比例较细长，细部曲线由单一的圆弧构成，这些都是古罗马建筑细节的特色。辨别时，与其注意柱头，不如观察凹槽和柱础。最后，在诸多古罗马建筑中，将介绍几处具代表性的遗迹。

- 国家档案馆，罗马（公元前79）
  最早大规模采用混凝土拱顶的建筑

- 马塞勒斯（Marcellus）剧场，罗马（公元前23—前13）
  剧场具有3层观众席，壁柱为多利克式和爱奥尼亚式

- 方形神庙，尼姆（法国），（公元前19世纪— ）
  保存最好的罗马神庙，科林斯式

- 嘉德水道桥，尼姆近郊（法国），（公元前20—前16）
- 神秘别墅（Villa of Mysteries），庞贝（意大利），（公元前2世纪）
  罗马时代的大型住宅

- 双子星神庙（Temple of Castor and Pollux），罗马（公元前7—6）
  因现存的3根科林斯子而闻名

- 圆形竞技场，罗马（72—80）
- 万神庙，罗马（公元前27年，118—128）
- 君士坦丁凯旋门，罗马（315）
- 哈德良皇宫，提弗利（约118—134）

在空间的三个轴线的方向上，柱子的配置法各有定则。水平方向（X轴上）的柱子配置，称为柱间距（inter columniation），这点在前面古希腊建筑单元已说明过。下图中作为单位的M（modulus），即圆柱底部的半径，用来表示两柱间的距离。各位大概注意到，柱子的排列比我们感觉到的还要紧密。

柱子在垂直方向（Y轴上）重叠建造，称为重列式（super columniation），从下到上排列规则依序是多利克柱式、爱奥尼亚式、科林斯式和复合式。古罗马建筑多数是混凝土建造的多层（multi story）建筑，墙面运用重柱式的例子时有所见。它最常运用在剧场或圆形竞技场的观众席外墙上，这已成为后代建筑师们学习应用的范例。

重柱式的基本格式，是各楼层都完整建造该楼层的柱子，但是极少的情况是，运用高达两层楼的柱子直接贯通两层，这种柱式称为巨柱式（giant order）。后

罗马・科林斯式柱头

双子星神庙（7 BC-AD 6）

舒特将五种柱式拟人化

A：托斯卡纳式
B：多利克式
C：爱奥尼亚式
D：科林斯式
E：复合式

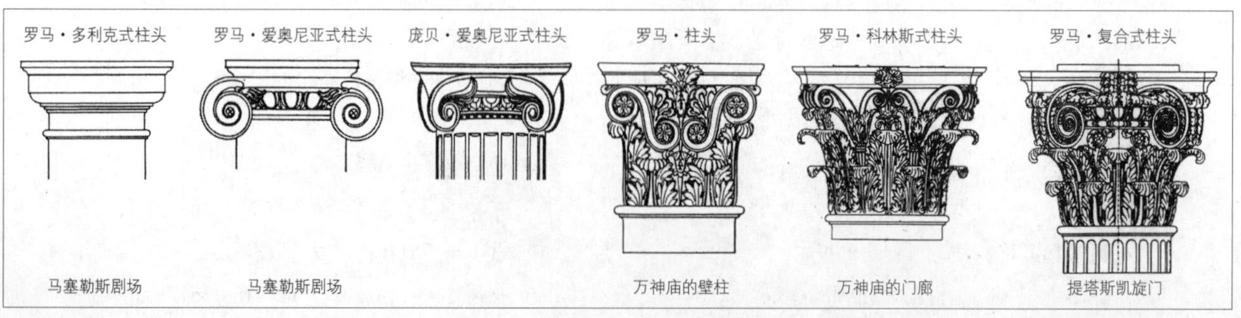

来巴洛克时期常用此柱式，形成该时期建筑的一大特色。文艺复兴时期的建筑则未见采用。

最后，还有柱子排列在与水平方向（X轴）呈垂直的前后方（Z轴上），但与X轴柱子错开的技法。这种技法并无适当的术语统称，有的柱子会以浮雕技法等来命名，也有的是依柱子外形来分类。例如，独立配置圆柱的技法，虽将圆柱称为“column”，但如果是为了墙体构造至少要保留的角柱，则称为柱墩（pier）。运用这种独立柱时，檐部则置于柱心的上方。

角柱嵌入墙体时称为壁柱（pilaster），壁柱可说是圆柱被投影在墙面的形态。当壁柱建于墙体边端，即运用在侧墙边侧时，又称为墙端柱（anta）。

此外，还有半柱（half column）、四分之三柱（three quarter column）、壁前柱（detached column）等，如下图所示，均是从壁中突出的圆柱。

柱子正上方建有檐部，所以各柱形错开柱心来承载檐部，便能形成参差的檐线。

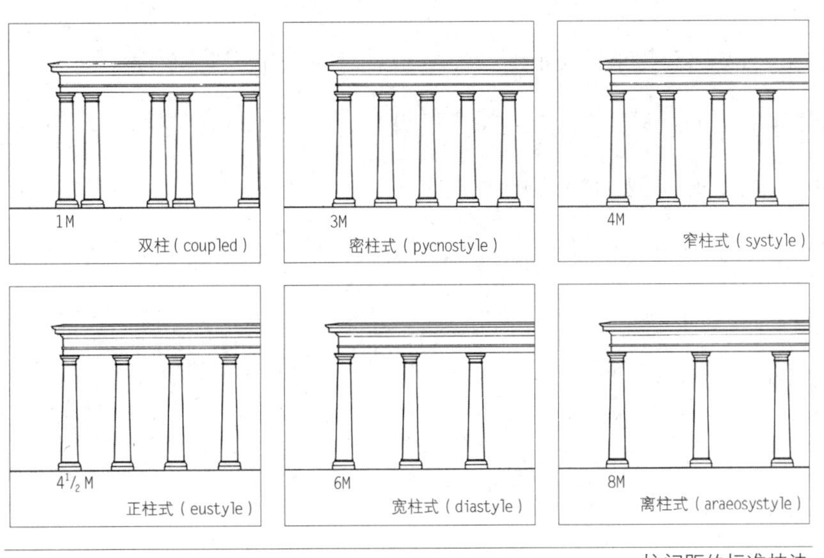

柱间距的标准技法

柱形的标准技法

壁柱（pilaster）　半柱（half column）　四分之三柱（three quarter column）　壁前柱（detached column）　独立柱（free standing column）

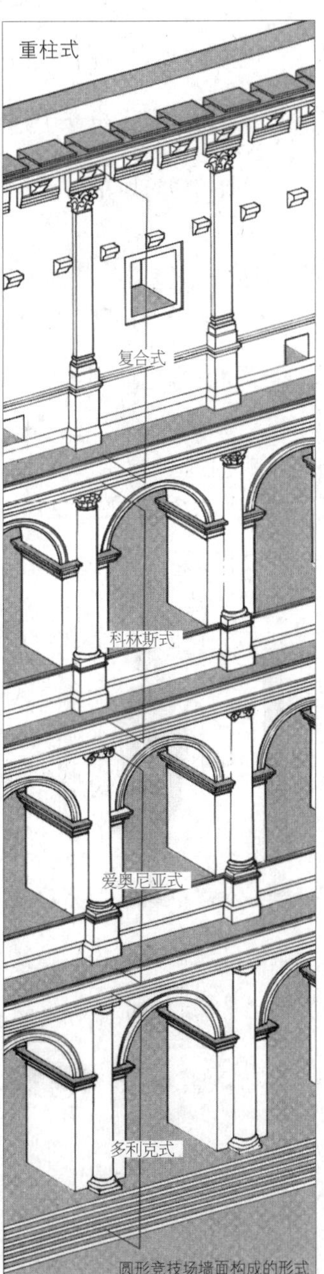

圆形竞技场墙面构成的形式

拜占庭 | *Byzantine*

所谓的拜占庭建筑，其实是一个极宽泛的概念，它也许不应该被归类成一种风格。大体上来说，它是东罗马帝国（拜占庭帝国）的建筑风格，若以时间来划分，是从395年罗马帝国东西分裂开始，直到1453年东罗马帝国灭亡为止这段期间。但从广义上来说，它还包含从330年迁都至君士坦丁堡开始，直到东罗马帝国灭亡后的东欧及俄罗斯的建筑风格。本书将拜占庭建筑，依下列的时代顺序加以区分。

- 基督教初期（4—5世纪）

  建造巴西利卡式教堂和集中式神庙或洗礼堂
- 查士丁尼大帝时期（6世纪）

  出现圆顶巴西利卡，朝集中式教堂的形式发展
- 后查士丁尼大帝时期（7—9世纪）

  十字圆顶型教堂出现
- 拜占庭中期（9—12世纪）

  十字平面型（Cross-in-square）教堂出现

这其中也包含东罗马帝国灭亡后的拜占庭后期建筑及地区建筑风格。本书所说的地区风格范围极广，甚至含括希腊到东欧诸国的建筑。东罗马帝国的基督教区分为希腊正教、俄罗斯正教等多教派，目前各国都已成立独立的教团，然而在建筑上都是同一源头，换言之，它们都源于传统的集中式教堂。

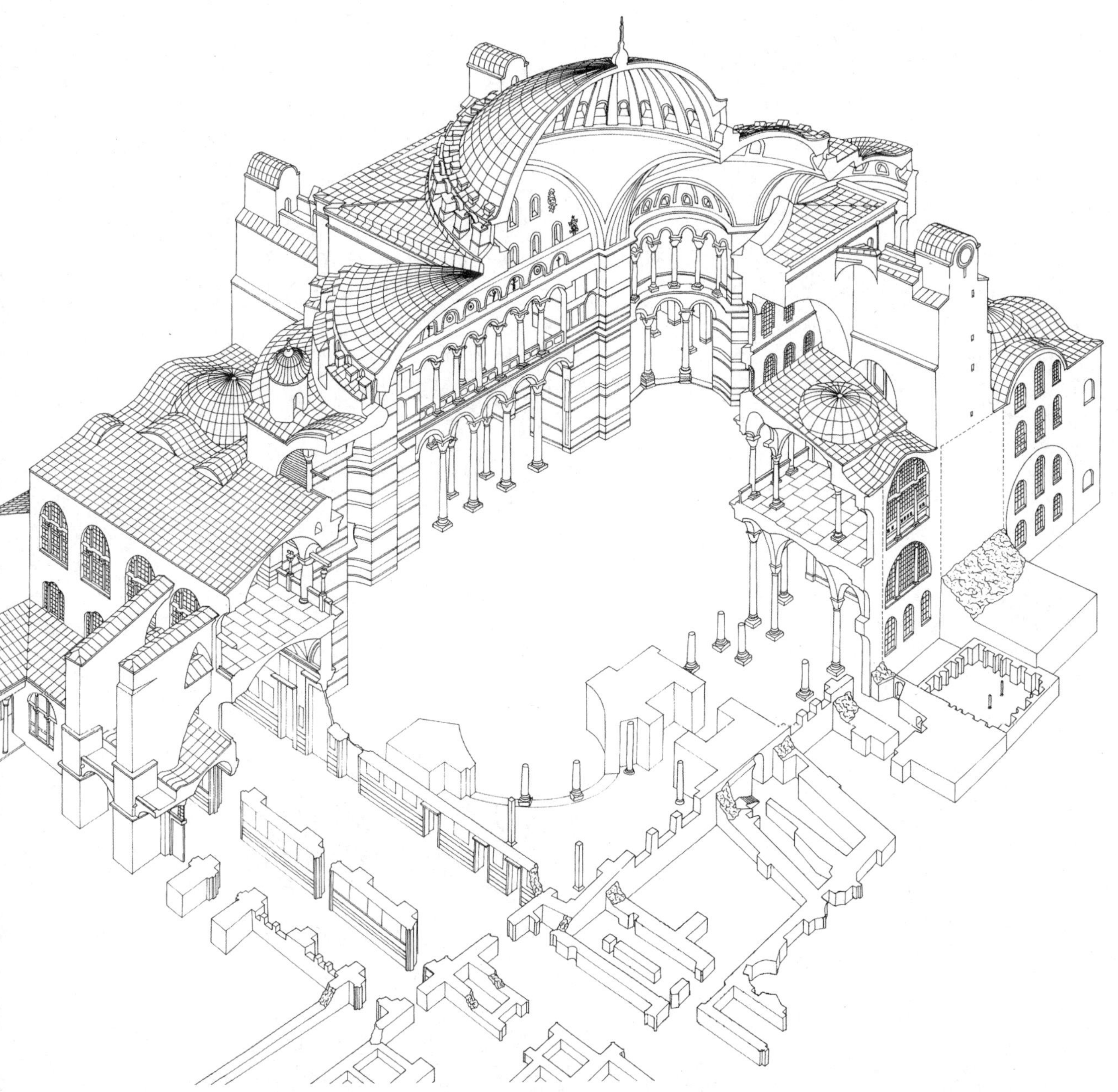

圣索菲亚大教堂，君士坦丁堡（伊斯坦布尔）

532年至538年，查士丁尼大帝在位期间建了这座大教堂，它是由安提米欧斯和依希多罗斯两位建筑师设计，属于圆顶巴西利卡式教堂。宏伟的大圆顶结构，由左右两侧的扶壁，以及前后各两个小的半圆顶支撑。558年时大圆顶因地震坍塌，变更重建后结构更为强化，成为今日所见的直径31米的大圆顶。之后圆顶巴西利卡式教堂与其说逐渐式微，不如说是受到伊斯兰教建筑的影响。

拜占庭建筑和圆顶结构紧密联系，无法分开来看。关于当时的人为何偏好圆顶这一点，有的研究认为圆顶是东罗马帝国的东方教会（希腊正教）的重要象征，有的认为因受限于建筑材料，所以舍木造而选择以砖头砌造之故。总之，拜占庭建筑空间是以圆顶为中心，细部大多也是以此特色为依据来设计。

提到拜占庭建筑的细部，首先一定会想到装饰教堂内部的马赛克镶嵌画。在圆顶凹面施以马赛克镶嵌画，据说能使画面呈现最佳效果，不过它很难运用在细部上。拜占庭建筑也常镶嵌大理石来装饰，下页图中展现的是具东方感或类似回教装饰的纽索纹饰。然而最重要的细部风格表现在柱头。刚开始拜占庭建筑的柱头与古罗马的几乎没区别，不久变为由上往下渐细的倒四角锥形，上面刻有比罗马线条更坚硬的叶蓟叶饰（Acanthus mollis）等。而且，叶饰用钻头雕凿得非常深，呈现如透雕般的效果。柱头支撑着由复杂曲面群构成的圆顶，或许这样才适合搭配具有深色阴影、刚硬线条的雕刻吧。此外，拜占庭建筑独特的地方是柱头乍看之下，风格好似双层重叠一般。这种柱头一般称为墩块（impost block）柱头，上面石块是拱基，也就是拱券下的拱基。常用圆顶和拱券的拜占庭建筑，多数会在柱头上方设置承载拱券的墩块，因此整体看起来像具有双层柱头。

接着，我们来了解圆顶的架构。由于是在四方平面上架设圆形顶，因此必须削掉四角成为八角形，因为变成八角形后，才近似所需的圆形。这样必须运用让每个角向外突45°角的技法。另外，拜占庭建筑还经常采用内角拱（英：Squinch，法：trompe）的技法。作法是在边角上，架构由小慢慢变大的45°角的拱券，这样由下往上看时，便是圆锥状的凹洼。

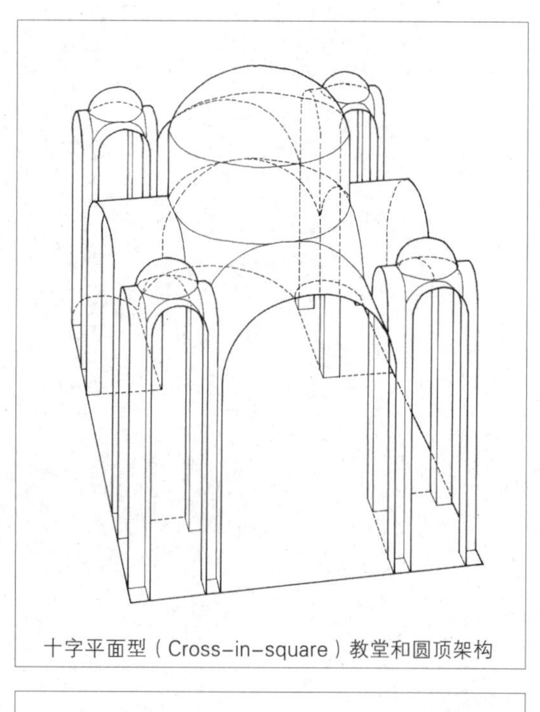
十字平面型（Cross-in-square）教堂和圆顶架构

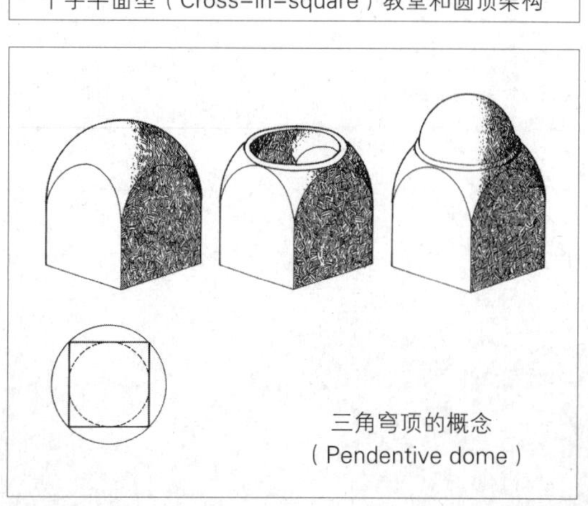
三角穹顶的概念（Pendentive dome）

拜占庭的柱头

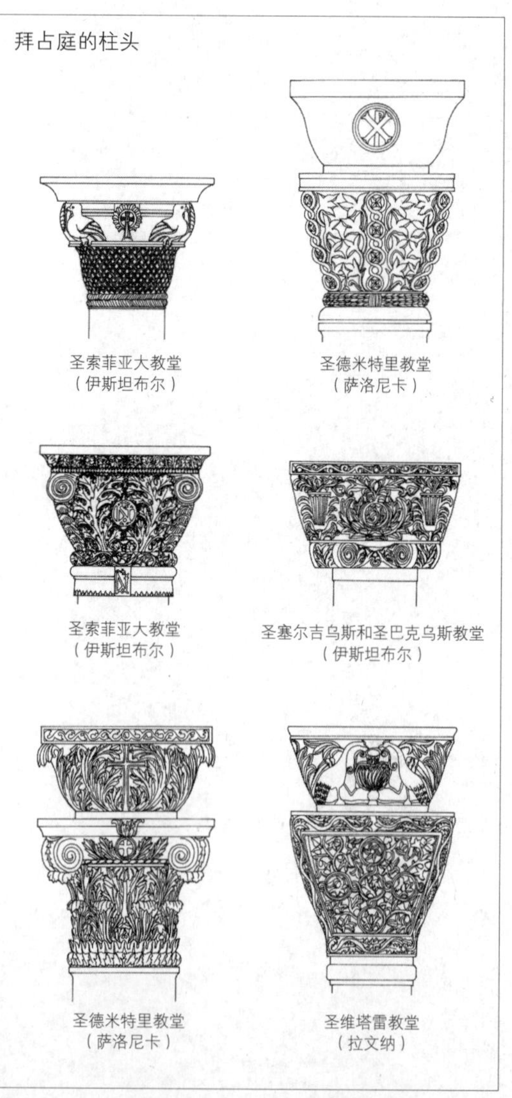
圣索菲亚大教堂（伊斯坦布尔）
圣德米特里教堂（萨洛尼卡）
圣索菲亚大教堂（伊斯坦布尔）
圣塞尔吉乌斯和圣巴克乌斯教堂（伊斯坦布尔）
圣德米特里教堂（萨洛尼卡）
圣维塔雷教堂（拉文纳）

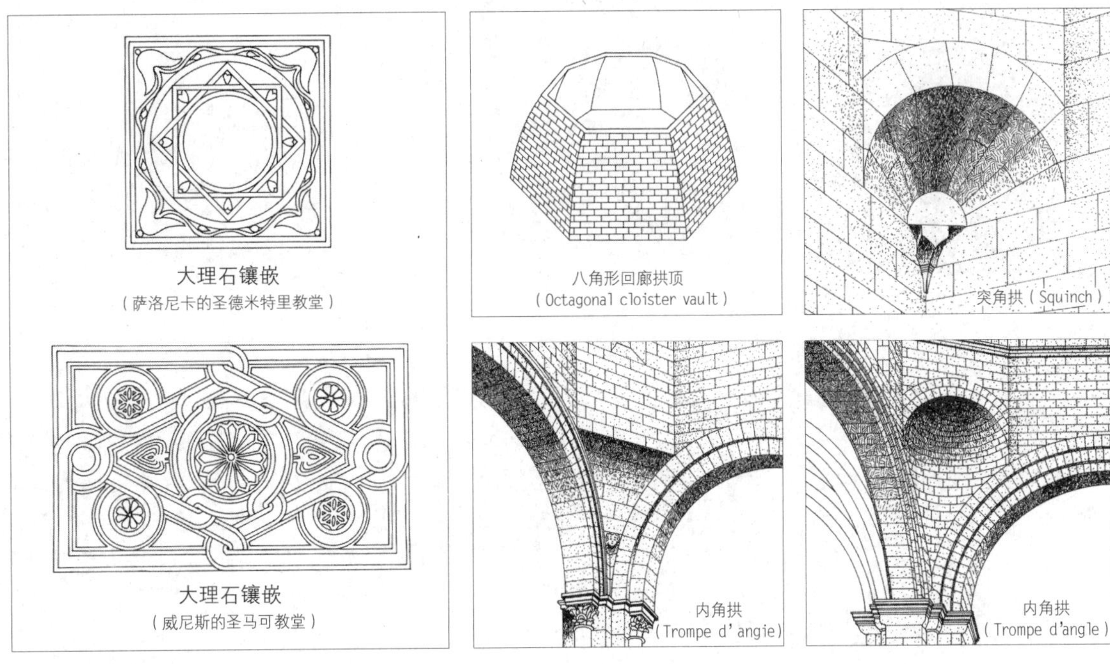

虽然还有其他数种内角拱的技法，但是都太过几何化不够美观，其中三角穹圆顶是最整合的方法。此法是假想在要盖圆顶的正方形平面上有个外接球面，其球面覆盖四个角，然后在球面上，再架设一个由正方形平面的内球球面所构成的圆顶。这样从下往上看三角穹圆顶时，边角部分也很漂亮，成为完整的圆顶架构。除了在上部圆顶是球形的半球圆顶外，也有的是架设八角形回廊拱顶。

拜占庭教堂的整体架构，包括以圣索菲亚大教堂为代表的圆顶巴西利卡型、十字圆顶型、十字平面型等。在长方形平面上架设圆顶的圆顶巴西利卡型，虽然建构出规模宏伟的教堂，但此形式并没有延续下去。最后成为回教建筑的原型的意义还比较重大。十字圆顶型教堂，主要是中央有圆顶、四方具有向外延伸的圆柱形拱顶的作为教堂平面核心的平面空间，它也是希腊十字形平面的基本型。十字平面型是拜占庭教堂的完成形，在正方形平面中央，嵌入希腊十字形，多数教堂在中央及四角都有圆顶。另外，还有希腊十字平面型教堂整体分成五个空间，各具有圆顶的独立交叉型教堂（freestanding cross），威尼斯的圣马可教堂就是其中的典型。

十字平面型教堂在三角穹顶（pendentive）上，大多建有圆柱状墙体（鼓状），圆顶便架设在上面。不过后来鼓状部分加高，上面的屋顶曲线也开始反转成降落伞形，之后又继续演变成更高的塔状屋顶，最后发展出具有葱花形圆顶的俄罗斯正教教堂的样式。此形态的教堂，内部圆顶和外部屋顶的架构要分开来看，内部和外部圆顶之间有木造的高扁骨架结构。威尼斯的圣马可大教堂当时已运用此技法，但这种技法只是为了让内部和外部看起来外形一致。教堂墙体大多是砖块和石块混用，圆顶上则砌上轻型砖。另外，在镶板（panel）上凿出圆孔作为窗户，也是拜占庭建筑的外观特色。

砌造建筑中，砖块砌体具有极大的功用，正因为如此，它也发展出各式各样的组砌法。组砌砖块时会形成纵向和横向的砖缝，其中横缝又特别重要。横向组砌的砖（石材也一样）称为横砌层（course），由于它是建筑高度的基准，因此各层水平十分重要。

库尔迪亚达尔吉西（Kurtea d'Argyisc）的教堂
诺夫哥罗德的教堂东端
莫斯科的圣瓦西里大教堂
阿尼的大教堂
帕那吉亚利可迪摩（音译）的教堂
密西托拉（音译）的教堂
圣母（Theotokos）教堂
萨姆达维斯（音译）的礼拜堂
特赫尔尼克（音译）的教堂
伊斯坦布尔的圣索菲亚大教堂
雅典大教堂
诺夫哥罗德的教堂
莫斯科的伊凡威利其（Ivan Veliki）的塔和大教堂
沙皇村（Tsarskoe Selo）的教堂
萨罗尼卡（Salonica）使徒教堂的后殿

拜占庭世界的教堂

与横缝相对的纵向砖缝，砌组时要尽量错缝，这样才对建筑构造较有益。错缝不能只是为了使墙面美观，即使在墙内也要仔细地进行错缝。因此，墙的厚度要根据砖块长边的尺寸，至少要有一块半的厚度。不过，在墙角等处必定会用到不完整的砖块。

此外，为了配合尺寸，有时只需使用半块砖头，因此出现了各式各样的尺寸。像拱券、斜向支墙垛等接合处，会运用削切成放射状的砖块，窗台、墙角等其他部分等也有各种适合的砖块。

目前，尽管日本很少用砖砌造建筑，但用砖块或瓷砖铺贴建筑时，就必须利用传统的砌砖法。下页图介绍的砌砖法，几乎网罗了所有的墙面构造，但就砌砖（或是砖状瓷砖）来说，边角和开口部周围才是施工困难所在。理论上，一方面考虑内部也填砌砖块的状态，一方面配置接缝便不致发生严重的错误。

最基本的砌砖法是英式砌法和佛兰德砌法（大多

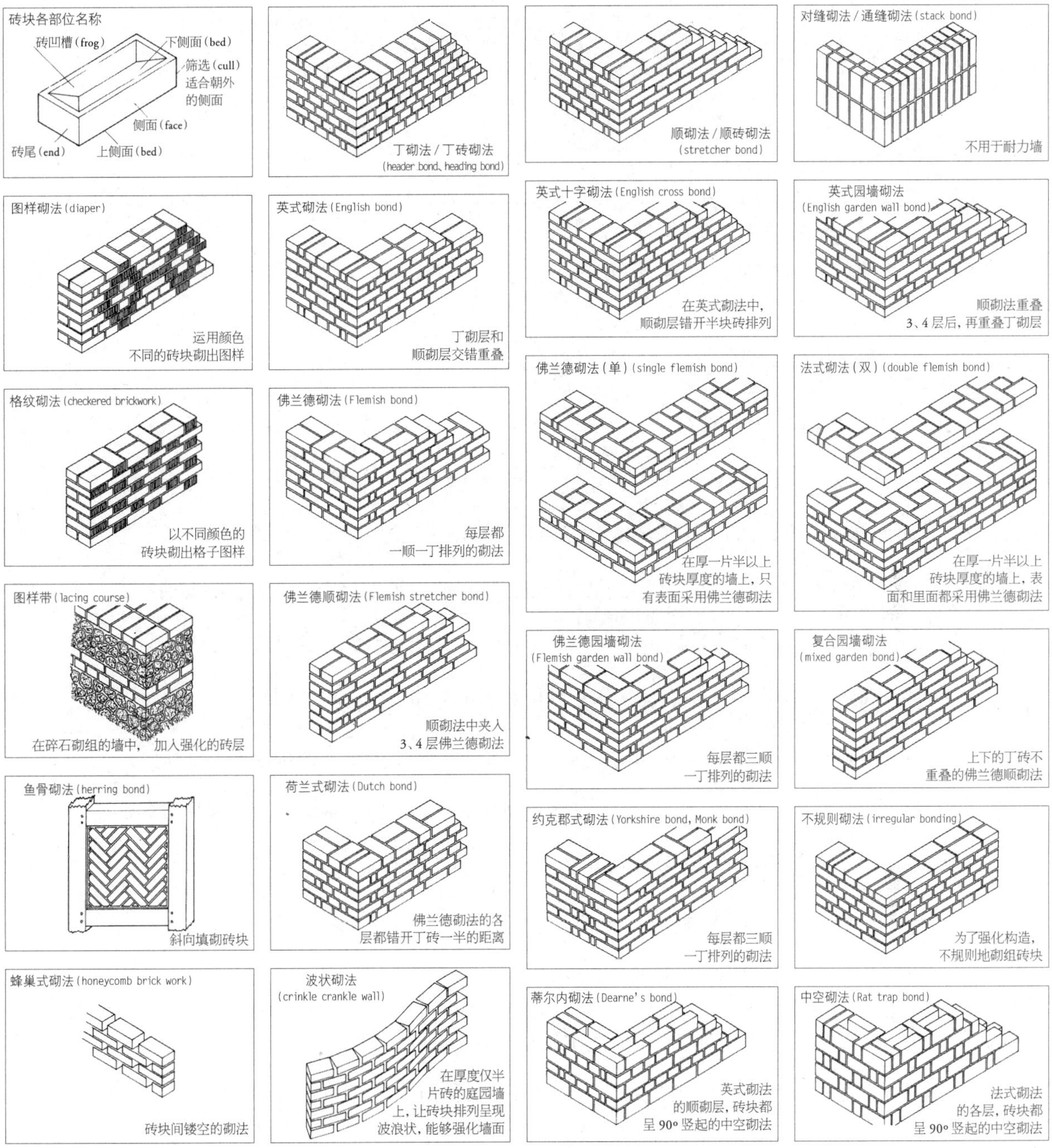

砖块各部位名称
砖凹槽(frog)
下侧面(bed)
筛选(cull)适合朝外的侧面
侧面(face)
砖尾(end)
上侧面(bed)

丁砌法 / 丁砖砌法(header bond、heading bond)

顺砌法 / 顺砖砌法(stretcher bond)

对缝砌法 / 通缝砌法(stack bond)
不用于耐力墙

图样砌法(diaper)
运用颜色不同的砖块砌出图样

英式砌法(English bond)
丁砌层和顺砌层交错重叠

英式十字砌法(English cross bond)
在英式砌法中，顺砌层错开半块砖排列

英式园墙砌法(English garden wall bond)
顺砌法重叠3、4层后，再重叠丁砌层

格纹砌法(checkered brickwork)
以不同颜色的砖块砌出格子图样

佛兰德砌法(Flemish bond)
每层都一顺一丁排列的砌法

佛兰德砌法(单)(single flemish bond)
在厚一片半以上砖块厚度的墙上，只有表面采用佛兰德砌法

法式砌法(双)(double flemish bond)
在厚一片半以上砖块厚度的墙上，表面和里面都采用佛兰德砌法

图样带(lacing course)
在碎石砌组的墙中，加入强化的砖层

佛兰德顺砌法(Flemish stretcher bond)
顺砌法中夹入3、4层佛兰德砌法

佛兰德园墙砌法(Flemish garden wall bond)
每层都三顺一丁排列的砌法

复合园墙砌法(mixed garden bond)
上下的丁砖不重叠的佛兰德顺砌法

鱼骨砌法(herring bond)
斜向填砌砖块

荷兰式砌法(Dutch bond)
佛兰德砌法的各层都错开丁砖一半的距离

约克郡式砌法(Yorkshire bond, Monk bond)
每层都三顺一丁排列的砌法

不规则砌法(irregular bonding)
为了强化构造，不规则地砌组砖块

蜂巢式砌法(honeycomb brick work)
砖块间镂空的砌法

波状砌法(crinkle crankle wall)
在厚度仅半片砖的庭园墙上，让砖块排列呈现波浪状，能够强化墙面

蒂尔内砌法(Dearne's bond)
英式砌法的顺砌层，砖块都呈90°竖起的中空砌法

中空砌法(Rat trap bond)
法式砌法的各层，砖块都呈90°竖起的中空砌法

误称它为法式砌法），它们分别又发展出数种变化。运用丁砖砌法、顺砖砌法和对缝砌法的砌体，结构上较脆弱，所以它们不常用在真正的砖造建筑上。另外，更不会用在纵横接缝都对齐的砌体上。这些建筑也许该考虑应用铺贴瓷砖的技法。

砖砌体也有不同的变化，例如砌造庭园围墙或装饰隔间等时，会砌成半块砖厚度的墙或中空墙等。中空的蜂巢式砌法的优点是通风良好。将它加入这些砖砌法中，砖块能从规律的砖墙面中凸显出来，产生更多的变化。

砖墙上爬满常春藤等植物尽管别有风情，但若放任它自己攀爬生长，无法呈现美丽的风貌，因此可以在墙上装些钉爪或或钩子以利其攀爬。

罗马式 | *Romanesque*

关于罗马式风格，各国用语上有些差异，例如：法：roman、英：romanesque（有时是Norman）、德：romanisch、意、西：romanico等。它是以法国、英国、德国、意大利、西班牙等国为中心，基督教建筑上最能呈现其精华特色的风格形式。

罗马式风格大约出现于9世纪末的意大利伦巴底地区，11世纪前半期开始广泛运用在教堂上。有人认为这样的建筑风潮，和公元1000年世界将面临最后审判和末日的至福千年说（chiliasm）有关，但也有人认为是当地对于世界能存续抱以感谢之故。罗马式建筑的特色是非常多样化，有人尝试以中殿屋顶架构法来分类，有的依朝圣路线来分类，有的则从工匠的系统来分类。由于当时的建筑材料多从邻近地区取得，所以风格各具特色。多样性可说是罗马式建筑的特色，其建筑构成具有下列特色。

1. 基本形态的集合（Collective）。采用单纯手法的空间构成和柱间单位的构造才形成此特色，这也是它和巴西利卡式教堂的区别。

2. 量块感（Massive）。此特色是因空间构成单位决定整体的缘故。

3. 外观上呈现内部构成。这也能视为一种功能主义取向的构成。

罗马式时期大多划分为初期：约9世纪末—1100年；中期：约1100—1150年；后期：约1151—1200年。

0 1 5 10 20 m

史派尔大教堂，德国

在承续奥托王朝的萨利安王朝（Salian）神圣罗马帝国皇帝康拉德二世（Konrad Ⅱ）于1030年开始建设该教堂，以作为皇室的灵庙（帝国大圣堂）。1061年时作为献堂，1082—1137年经过大规模改建，中殿和屋顶大花也改为石造，1689年遭受严重火灾，18世纪末其正面重建为巴洛克风格，19世纪又恢复成罗马式。它是初期具代表性的罗马式大建筑，其宏伟的规模能媲美哥特式大教堂。

具多样性特征的罗马式风格，虽然可以依照不同区域、时期和传播路径等来分类，但就其整体风格来看，具有下列几项基本形式。量块感：中世纪初期以来中断的石造拱顶天花重现，为支撑这样的构造，墙体构筑需要量块感。基本形态的集合：连续规律的柱间构成了空间，立面上也是越往上层开口越多，墙面也越薄，这些技法，都促使这项特色的形成。外观呈现构成：这是指空间构成法也表现在建筑外部，以教堂为例，其门廊、高塔、中殿、侧廊、圣坛、环形殿等，都明显成为外部构成。雕刻装饰的重要性：在檐口、开口部上的多层拱券、柱头等主要部分都要求运用雕刻，并依此原则完成建筑。

用上述四项特点来描述罗马式风格，其实很笼统，实际上，我们能清楚感受到的风格形式是：石柱粗细、半圆拱券的力度、雕刻装饰的神秘性等。

半圆拱券通常被视为罗马式风格的特征，透过它能了解罗马式和哥特式间的差异，这么说来大致正确，但是罗马式风格的屋顶也会用交叉拱顶，而且那些地方也能见到尖拱（pointed arch）。

在风格细部方面，罗马式的多样性清楚呈现在曲面装饰上，下列图示是极具代表性的范例，同类型曲面上，几乎都具有和范例相同的装饰变化。

瓦斯教堂（Worth Church），萨塞克斯（Sussex）（英国）

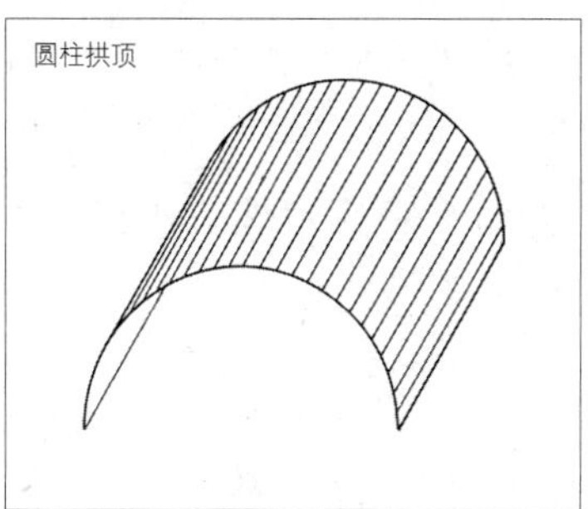
圆柱拱顶

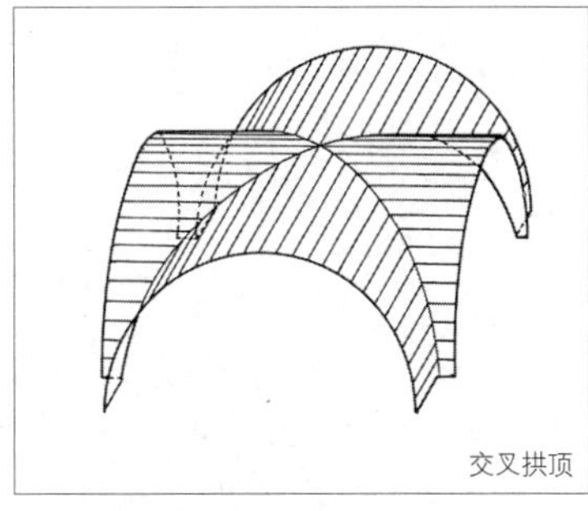
交叉拱顶

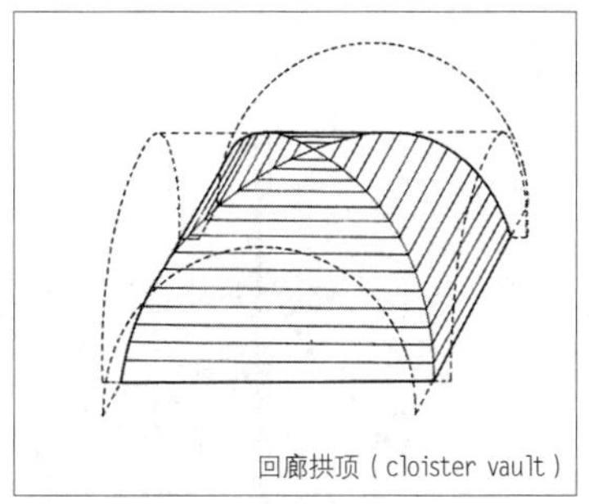
回廊拱顶（cloister vault）

挑檐是罗马式风格特征之一，它用来支撑接连上层的墙面出挑的部分，与中世纪城堡用来丢落石的堞口（machicolation）及伦巴底带（Lombardia band）并不相同。

罗马式风格的墙面构成上，沿着上层设计有许多小开口，墙体也变得较轻薄。此外，教堂侧廊墙面上常可见到拱券稍微错开、横向并列的交叉拱券（interracing arches）图样。如左页图所示般，中殿墙面是三层构造。最下面的柱墩（pier）上，大多雕有锯齿形及钻石形底纹图样。各构件的尺寸很大，各构成元素的材质也很强调存在感，使罗马式建筑的特色得以发挥，在应用其风格时这些都需要留意。

罗马式建筑柱头的基本形式是，底部是立方体雕刻成的微弧的圆锥形，而这种底部雕刻的柱头，也有许多是组合数个圆锥形的形式。柱头部分大多雕有动、植物的图样，这是罗马式风格的特征之一。柱头和多层拱券的雕刻及雕刻曲面的集中表现，是罗马式风格的亮点。

在罗马式风格的潮流中，建于前往圣地朝圣要道上的大规模教堂或山间小教堂等，因各自条件的不同，风格表现也有差异，例如以强调简朴、节制的西妥会（Citeaux）与以整备修道院建筑而闻名的本尼迪克特教派（Benedictine）等主要教派间也有宗派差异。再加入地区和年代别，罗马式风格的分类变得更为复杂，而且许多主要城市的罗马式大教堂，随着日后出现的哥特式也发生改变，如今很难掌握其原貌。在这里，依据地区别将教堂大致分类，例举其中具代表性的大教堂。

- 马德莲教堂，维泽列（法国，1089—1206）
- 克伦尼修道院第三代教堂，勃艮地（法国，1088—1130）（1810年遭破坏）
- 圣菲力贝尔教堂，图尔努（法国，950—1120）
- 布尔日教堂，康城近郊（法国，约1068）
- 圣弗伊教堂（Sainte Foy），孔克（Conques）（法国，1050—1130）
- 圣地亚哥康波斯特拉大教堂（西班牙，1078—1211）
- 沃姆斯大教堂（德国，1110—1181）
- 史派尔大教堂（德国，1030—1061，献堂）
- 蒙特圣米尼亚多教堂，佛罗伦萨（意大利，1013—1090，中殿）
- 比萨大教堂，洗礼堂，斜塔（意大利，1063—1350）
- 全圣教堂，布洛克维尔夫（Brockworth）（英国，约670）
- 诺域治大教堂（Norwich Cathedral）（英国，1096—1125）
- 伊利大教堂（英国，1090— ）

- 达拉谟大教堂（英国，1093— ）
- 罗亚尔河的圣伯努瓦教堂（St-Benoît-sur-Loire），（法国，约1080— ）
- 圣杰曼德佩教堂（Saint-Germain-des-Prés），巴黎（法国，990—1021）

罗马式风格的另一项意义，就是石砌法再度复兴。通常近似天然石的石头和不规则石头称为粗石（rubble），如果直接砌造这些乱石（乱石砌）时，会形成大石缝（joint），因此要避免这种情况。砌造外形磨整过的琢石（ashlar）时，若大小不一致的话，石缝也会不平整。可是要用琢石砌出平整的小石缝时，尚且需有整齐一致的琢石，进行拱券和拱顶架构工程时，则更不必说。罗马式风格再次采用这种较难的施工法，目的是为了建构出超越古代水平的中世纪传统建筑。

石砌法有许多类型，包括配合建材构筑墙体的乱石砌；使用粗石、水平层整齐的整层粗石乱石砌；使用琢石、水平层不齐的乱层琢石砌及琢石乱石砌；使用琢

罗马式柱头（scalloped capital）

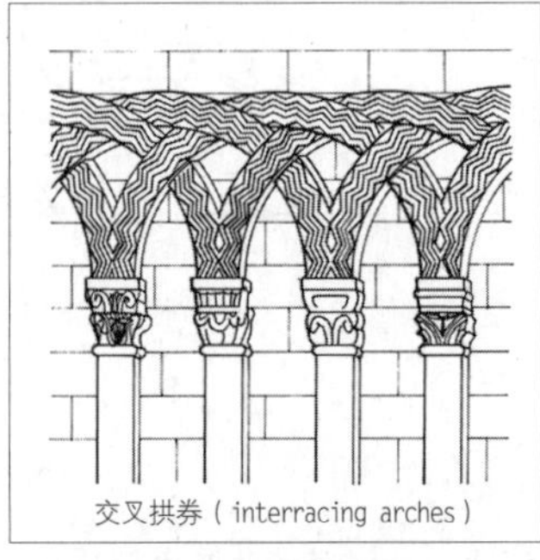
交叉拱券（interracing arches）

罗马式多层拱券的入口
伊福雷教堂（Iffley Church），牛津

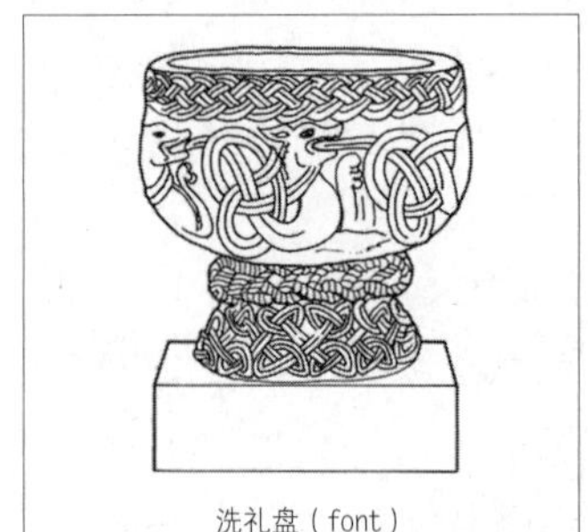
洗礼盘（font）

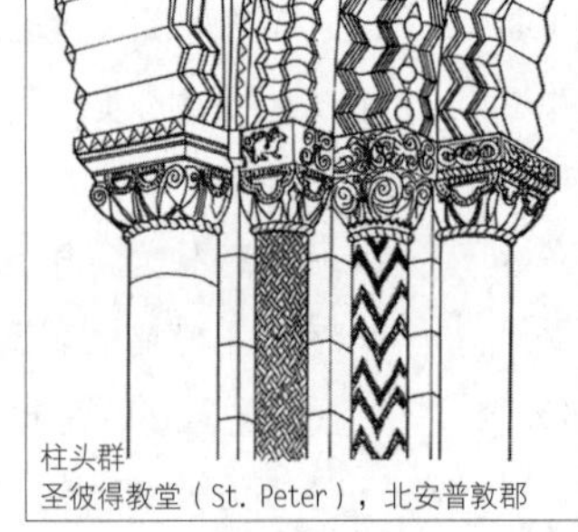
柱头群
圣彼得教堂（St. Peter），北安普敦郡

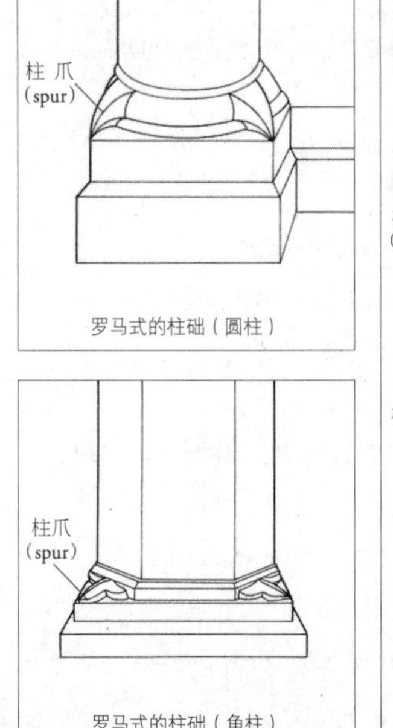

罗马式的柱础（圆柱）

罗马式的柱础（角柱）

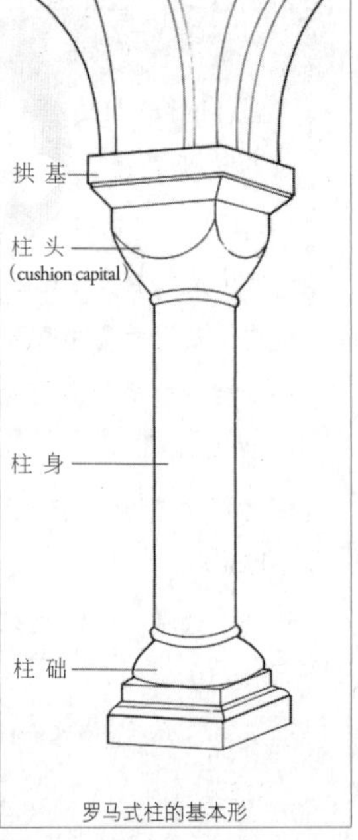

罗马式柱的基本形

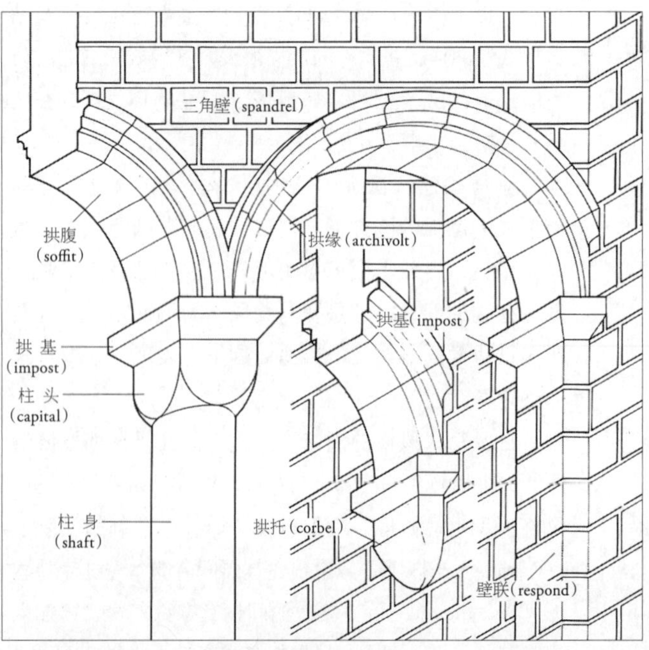

石、水平层整齐的整层琢石砌等，此外，即使琢石规格一致，依建材和各层人工化程度，各阶层也有不同的石砌法。至此介绍的各种石砌法中，灰缝的变化也相当重要。主要灰缝类型如下图所示，圆凸缝等各形式的灰缝，依使用不同镘刀形式也不同。灰缝类型即使相同，是整层砌还是乱层砌也会给人截然不同的印象。若再加上运用不同种类的石材，就可知石造墙的类型是多么多样化了。

石砌法并非仅发展到整层琢石砌就终止了，像石材表面经人工切割变粗糙的粗石砌（rustication）技法，近世以来就非常风行。斜角砌、槽缝砌、龟甲砌、江户砌等，表现更多样化，被称为虫行饰（vermiculation）的精致粗石也出现了。粗石砌多数运用在古典主义宫殿建筑的基部（basement）。此外，如同戴亚曼提宫（Palazzo dei Diamanti）（钻石宫殿）整个立面（facade）采用龟甲砌的建筑也有好几幢。

在地方性技法上，将如拳头般大小的燧石（打火石：flint）分切两半，其断面朝外铺砌墙面（knapped flint）的石砌法也令人印象深刻。石砌和砖砌混用时，常可见用来强调隅石（quoins），也常合砌成格纹图样（checker work）。用石头雕刻檐口和曲面时，截面较大的面（chamfer），会搭配木头或铁皮制的板型来进行石雕。

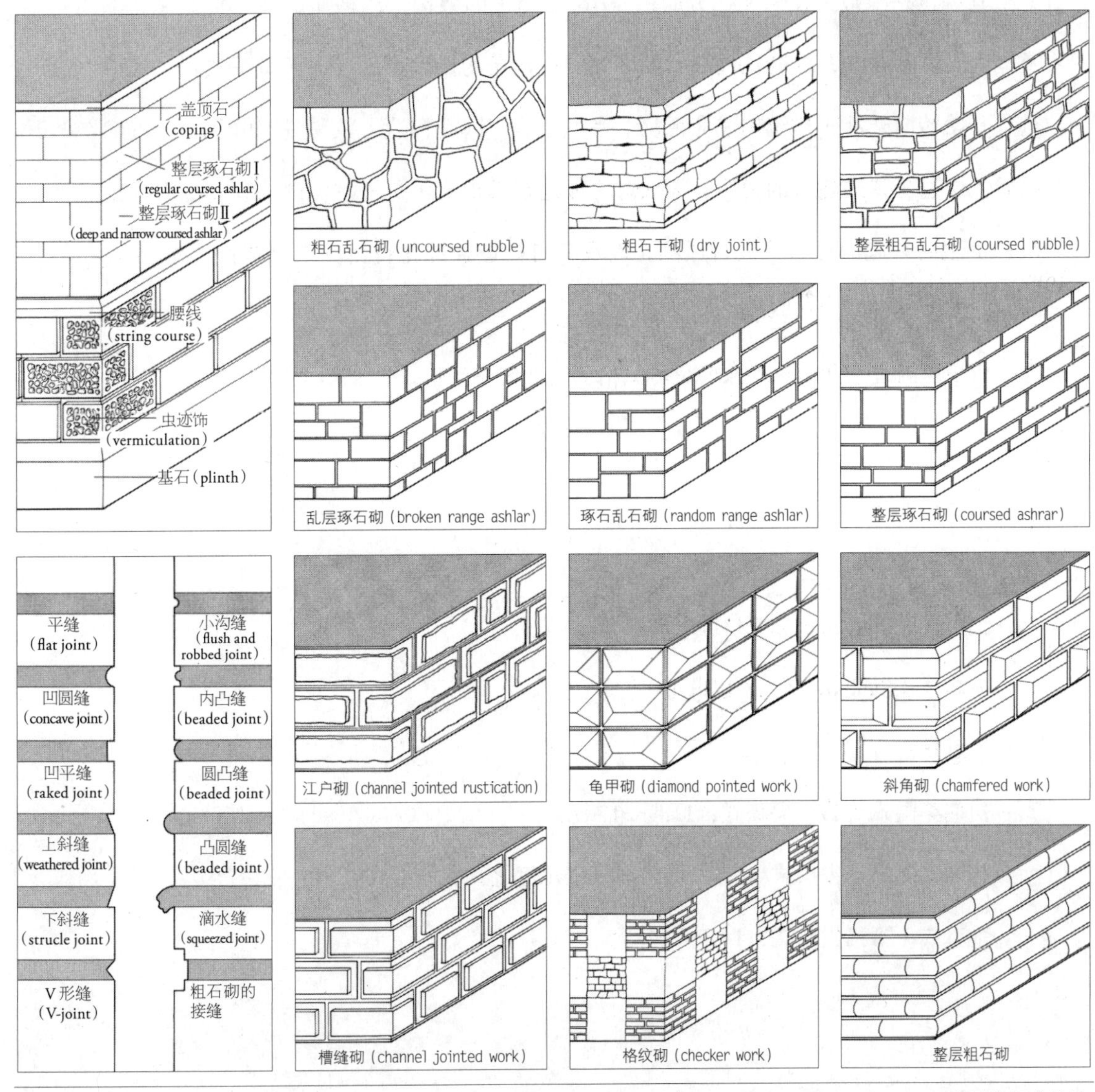

石砌墙的标准技法

哥特式 I ｜ *Gothic I*

哥特风格是12世纪至15世纪期间扩展至全欧的建筑风格。一般认为苏杰（Suger）院长改建巴黎近郊的圣丹尼（St. Denis）修道院附属教堂（1136—1144），是此风格的起源。

其特色是中殿天花采用四分肋拱（rib vault）的架构，以横压的飞拱来支撑，以及运用尖拱等技法，综合这些技术便产生石造建筑的极致表现。由于哥特式建筑施工重点开始转向外部，建筑构成在视觉上一目了然，因此构造上较易说明解释。19世纪以后，透过哥特式建筑的说明，大众对一般建筑常识有了更进一步的认识。也有人主张19世纪时兴起的哥特式复古风潮，以及具有构造外部化特色的现代高科技（high-tech）建筑，都属于哥特风格。

以下将就英、法两国，来看哥特风格的时期区分情形。

- 法国哥特式

  桃尖拱式（lancet）（12世纪）

  辐射式（rayonnant）（13世纪）

  火焰式（flamboyant）（14世纪）

- 英国哥特式

  初期英国式（第一尖头式：1189—1307）

  装饰式（第二尖头式/也有人将此区分成几何化式和曲线式：1307—1377）

  垂直式（第三尖头式：1377—1485）

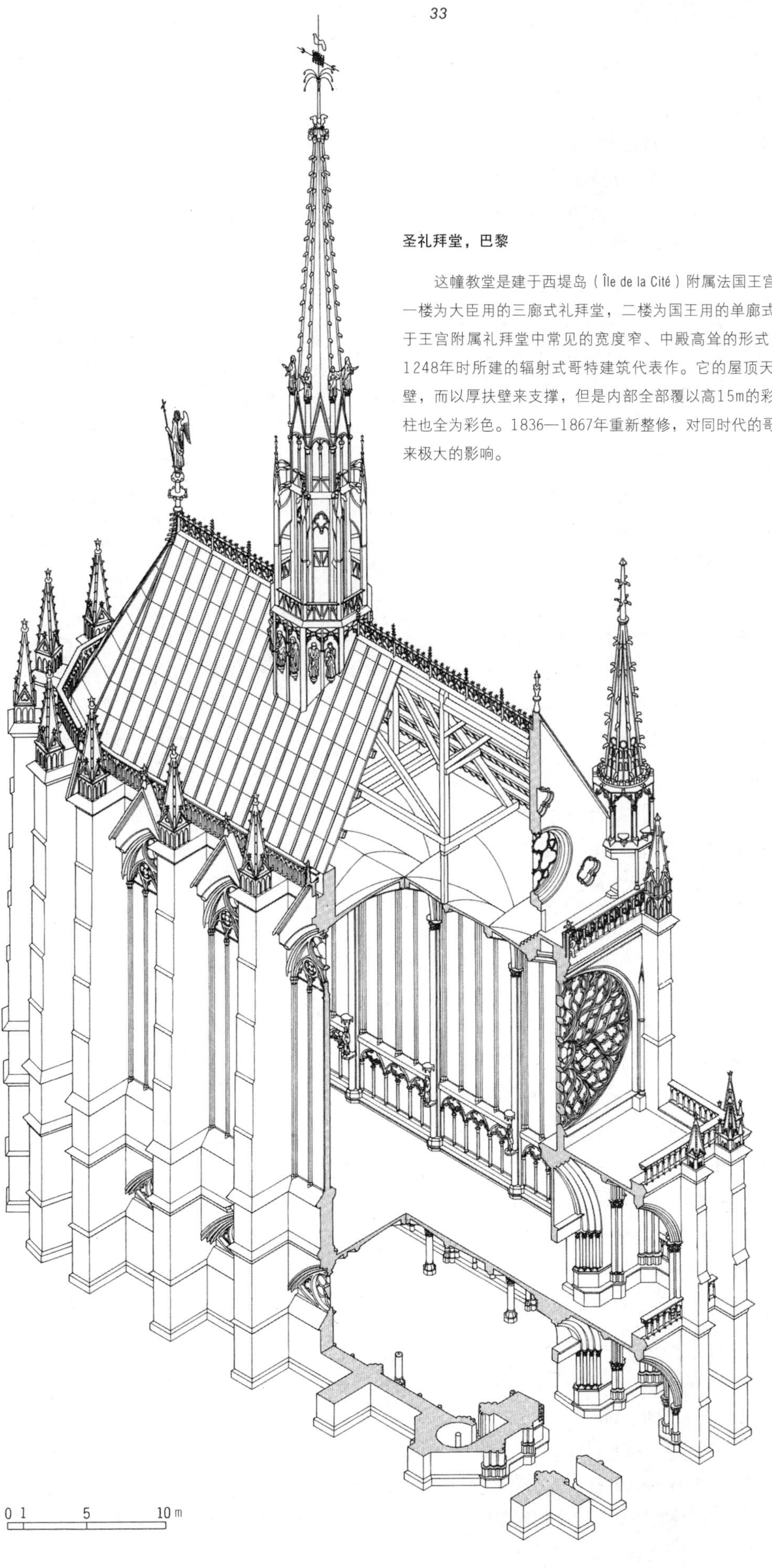

圣礼拜堂，巴黎

这幢教堂是建于西堤岛（Île de la Cité）附属法国王宫的礼拜堂。一楼为大臣用的三廊式礼拜堂，二楼为国王用的单廊式礼拜堂。属于王宫附属礼拜堂中常见的宽度窄、中殿高耸的形式，是1245—1248年时所建的辐射式哥特建筑代表作。它的屋顶天花不以飞扶壁，而以厚扶壁来支撑，但是内部全部覆以高15m的彩色玻璃，列柱也全为彩色。1836—1867年重新整修，对同时代的哥特式复兴带来极大的影响。

我们可以从窗户和天花拱顶的形式观察到哥特各风格之间最显著的差异。哥特式窗户由石造框架和玻璃面构成，石造框架各部分都有其名称。开口部左右两侧的中梃称为侧框（jamb），下侧为窗台（sill）。上侧形成拱券（arch），不过到了哥特末期，形式逐渐发生变化。换言之，初期英国式和装饰式哥特的窗顶部，大多为等边尖拱（equilateral arch），可是到了垂直式时，却出现了四心拱（four centred arch）。法国末期哥特式则常可见到葱形拱（ogee arch）。随着时代的推进，窗户顶部出现水平的扁平拱（flat arch），以及架设横向楣石（lintel）的开口部。为了能阻截流至墙面的雨水，环绕窗户顶部建有称为滴水石（drip stone）的突出曲面。滴水石从窗户两侧向下延伸至底，其边端大多施以雕刻装饰。

窗户开口部中央设计有隔格的窗框，垂直的称为中梃（mullion），水平的称为横楣（transom）。不过哥特风格窗户的特色，是顶部具有复杂线条构成的窗格，这样的窗格称为窗花格（tracery）。

从窗花格能明显看到哥特式窗户的风格细部特色。初期哥特式窗户顶部，设计有穿透镶板（panel）的三叶形（trefoil）、四叶形（quatrefoil）或五叶形（cinquefoil）等形状的孔，孔中会嵌入玻璃成为开口部。顾名思义，开口部即指穿透墙壁的孔。然而随着时代演进，开口部的面积逐渐变大，镶板慢慢变成由细线条构成的窗花格。为了让使窗花格充分发展成形，窗户变成整面的开口部，窗花格成为在开口面上的隔间轮廓，明显呈现出来。

此特性到末期哥特时又更加明显，在闪耀光芒的整面窗户上，大家会清楚注意到黑色窗花格隔断。

19世纪英国的约翰 · 罗斯金（John Ruskin），留意到哥特式窗户玻璃面和隔间的逆转关系。他研究哥特式窗面的变化，发现从人们注意玻璃面上散发微光的孔，到开始注意窗花格黑色阴影的转变点，是哥特建筑风格最美的时期。

窗花格变化的同时，天花拱顶架构也发生了类似的演变。构成四分拱顶和六分拱顶的哥特式肋筋（rib），之后也发展出由许多元素构成的复杂图案。

像是具有居间肋（tierceron）和枝肋（lierne rib）一般，拱顶的肋筋数逐渐增加。随着肋筋的增加，设置在肋与肋交点处的浮雕装饰（boss）数也随之增加。

发展到最后，肋筋变成如扇骨般平均散布的扇形拱顶（fan vaulting）。而且浮雕装饰有时从屋顶天花往下垂，形成美丽的垂饰（pendant）。

巴黎圣母院外观（Notre-Dame de Paris）

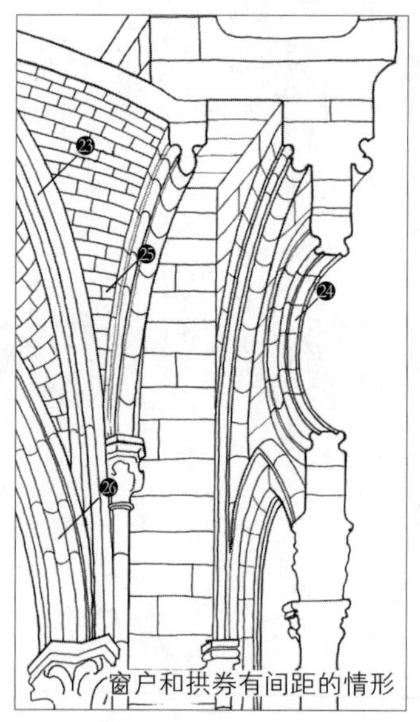
窗户和拱券有间距的情形

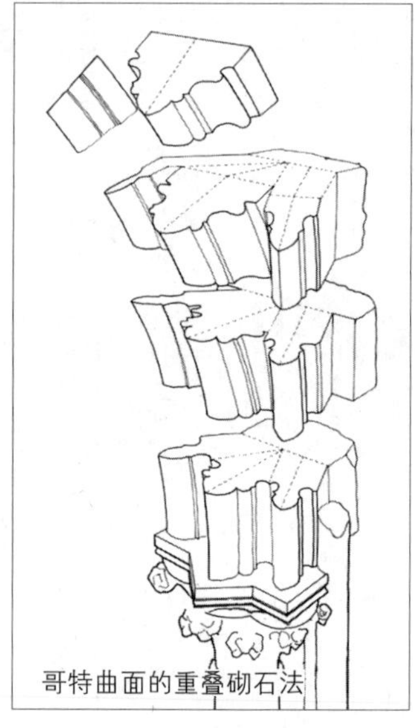
哥特曲面的重叠砌石法

❶ 顶饰（cresting）
❷ 屋顶窗（dormer）
❸ 穹窿顶塔（lantern）
❹ 小尖塔（pinnacle）
❺ 拱廊（arcade）
❻ 屋檐（overhang）
❼ 顶尖饰（finial）
❽ 怪兽落水口（gargoyle）
❾ 飞扶壁（flying buttress）
❿ 顶饰（cresting）
⓫ 山形墙（gable）
⓬ 五叶形（cinquefoil）
⓭ 蔓草花纹雕饰（crocket）
⓮ 盲窗（blind window）
⓯ 壁阶（off set）
⓰ 扶壁（buttress）
⓱ 三叶形（trefoil）
⓲ 尖头（cusp）
⓳ 中梃（mullion）
⓴ 玻璃嵌条（saddle bar）
㉑ 斜屋檐（weathering）
㉒ 圆凹脚（hollow chamfer）
㉓ 对角拱（diagonal arch）
㉔ 眼状孔（oculus）
㉕ 附墙拱肋
㉖ 横拱

这样完成的扇形拱顶，形式脱离以肋筋明确隔格（cell）镶板的天花架构窠臼，变成以柱心为旋转轴形成的圆锥面（conoid），以及以环绕圆弧隔格出的菱形中央小天花（central spandrel）构成的骨架构造。于是，犹如张开网目般的肋筋成为天花表面的装饰。

巴黎圣母院内部（Notre-Dame de Paris）

❶ 横肋（transverse rib）
❷ 隔格（cell）
❸ 横拱（transverse arch）
❹ 柱头（capital）
❺ 对角肋筋（diagonal rib）
❻ 浮雕装饰（boss）
❼ 横脊肋（transverse ridge-rib）
❽ 轮辐窗（wheel window）
❾ 高窗（clerestory）
❿ 拱柱（vaulting shaft）
⓫ 中殿交叉部柱墩（crossing pier）
⓬ 边壁拱廊（triforium）
⓭ 三角壁（spandrel）
⓮ 拱基（impost）
⓯ 柱头（capital）
⓰ 中殿拱廊柱墩（pier of nave arcade）
⓱ 中殿（nave）
⓲ 侧廊（aisle）

垂直式哥特建筑表面，不论拱顶天花还是窗户上的细分线条，都变成如同张开网目般的形式。下页图中可看到哥特建筑的细部线条自行增加至极致的情形。在哥特风格变化过程中，能看到建筑风格发展的顶峰，尽管对它末期细部的评价意见纷呈，但是单就那里呈现出典型的建筑风格来说倒是事实。哥特风格的魅力实际上也在于此。哥特式建筑天花面上，除了有肋筋和浮雕装饰外，还有本来的贴镶板面。在这个称为“拱顶面”（web）的砌石墙面上，英国和法国的砌法各有不同。法国式是石块与拱顶面的棱线平行来迭砌，而英国式是相对于棱线斜向砌石。不同砌法的天花会呈现不同的纹路。

然而，有许多建筑会在天花面涂上装饰用灰泥，甚至也有不少的建筑在灰泥上又重新画上纹路，这时便无法得知这些建筑砌法上的不同处。

西方建筑被称为石造建筑，然而屋顶却是木造骨架结构。我们可以注意到在英语中，拱顶天花并不称为“ceiling”，而是称为“roof”。

木造骨架结构中，正同柱式桁架（king post truss，又称中柱式桁架）是大家熟悉的，冠柱式桁架（crown post truss）和偶柱式桁架（queen post truss）这两种也可以归在这类型中。这三者不论哪种结构都是利用系梁来连结柱子顶部。屋顶的斜面与椽（rafter）呈平行建造，它和所谓的2×4木构工法（two-by-four method）类似。

运用系梁的架构方式，顶层阁楼很难有足够的内部空间。因此，哥特式屋顶骨架是采用有点类似日本“登梁”架构的剪式桁架（scissor truss）或托臂梁屋顶式桁架（hammer-beam roof）结构。其中，剪式桁架骨架结构大多用于小规模的仓库，但有时也会用于露出顶层的教堂或别墅的会厅（hall）。在此情况下，木材上会涂上鲜艳的色彩，再装饰上各式各样的小装饰图样。

托臂梁屋顶式的骨架结构，可说是没加盖天花的木材装璜顶层架构中最高级的形式，这类型建筑大多会在构件上加上雕刻或涂上色彩。当然，也有许多教堂运用露出系梁的骨架结构，中世纪不太使用拱顶的意大利石造建筑中，就有许多这样的例子。

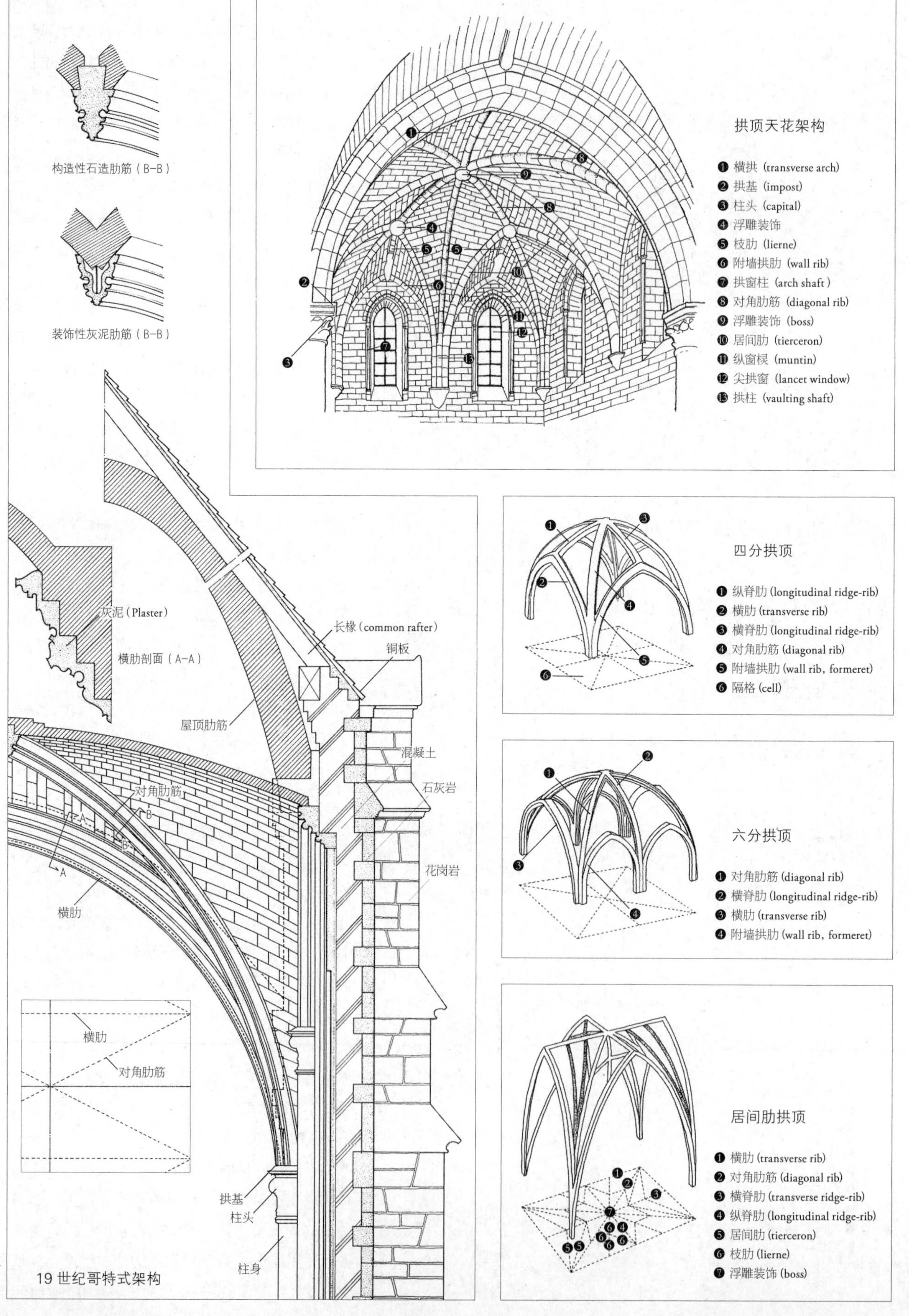
构造性石造肋筋（B–B）
装饰性灰泥肋筋（B–B）
拱顶天花架构
❶ 横拱 (transverse arch)
❷ 拱基 (impost)
❸ 柱头 (capital)
❹ 浮雕装饰
❺ 枝肋 (lierne)
❻ 附墙拱肋 (wall rib)
❼ 拱窗柱 (arch shaft)
❽ 对角肋筋 (diagonal rib)
❾ 浮雕装饰 (boss)
❿ 居间肋 (tierceron)
⓫ 纵窗棂 (muntin)
⓬ 尖拱窗 (lancet window)
⓭ 拱柱 (vaulting shaft)
灰泥（Plaster）
横肋剖面（A–A）
长椽（common rafter）
铜板
屋顶肋筋
混凝土
石灰岩
对角肋筋
花岗岩
横肋
横肋
对角肋筋
拱基
柱头
柱身
四分拱顶
❶ 纵脊肋 (longitudinal ridge-rib)
❷ 横肋 (transverse rib)
❸ 横脊肋 (longitudinal ridge-rib)
❹ 对角肋筋 (diagonal rib)
❺ 附墙拱肋 (wall rib, formeret)
❻ 隔格 (cell)
六分拱顶
❶ 对角肋筋 (diagonal rib)
❷ 横脊肋 (longitudinal ridge-rib)
❸ 横肋 (transverse rib)
❹ 附墙拱肋 (wall rib, formeret)
居间肋拱顶
❶ 横肋 (transverse rib)
❷ 对角肋筋 (diagonal rib)
❸ 横脊肋 (transverse ridge-rib)
❹ 纵脊肋 (longitudinal ridge-rib)
❺ 居间肋 (tierceron)
❻ 枝肋 (lierne)
❼ 浮雕装饰 (boss)

19 世纪哥特式架构

哥特式的内部空间，不只是显露在外的木材装潢的顶层阁楼等，即使是石造的，也会在原本极丰富多彩的结构上，再涂绘色彩做装饰。大多运用接近原色的红、蓝、金色等色调。在不喜欢运用多色彩的18世纪时，多数教堂都减用色彩，但大多数在修复时，又恢复当初的色彩。

曲面上也充分显现哥特细部线条的特性。垂直向的曲面自天花一直延续到地板，除强调构造整体感之外，也能使柱子等粗构件看起来有更密集的细线条效果。

水平向的曲面，不是以宽带来表现，而是各层都以细分的曲面来构成。这些水平向曲面的主要作用，是为了适应往下剖面逐渐变大的扶壁，以及厚度增加的墙体，不过曲面边缘也被细心处理，具有阻截雨水、保护墙体的作用。因此，在哪部分曲面设置接缝都经过仔细考虑。

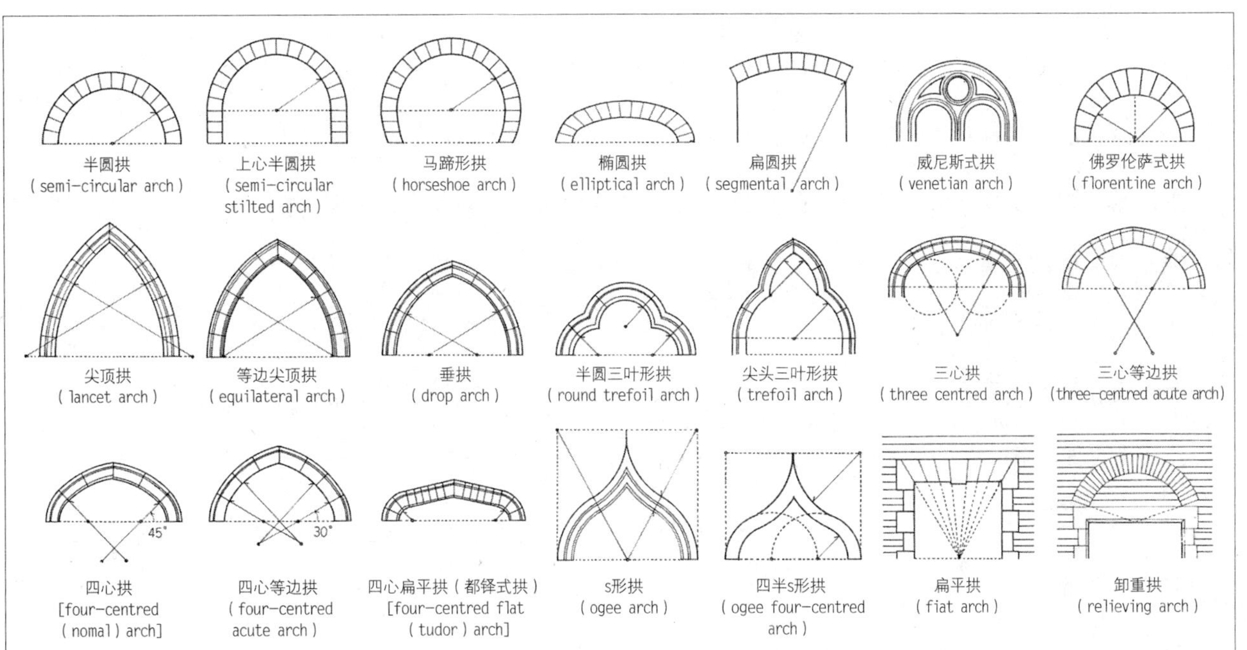

拱券的标准技法

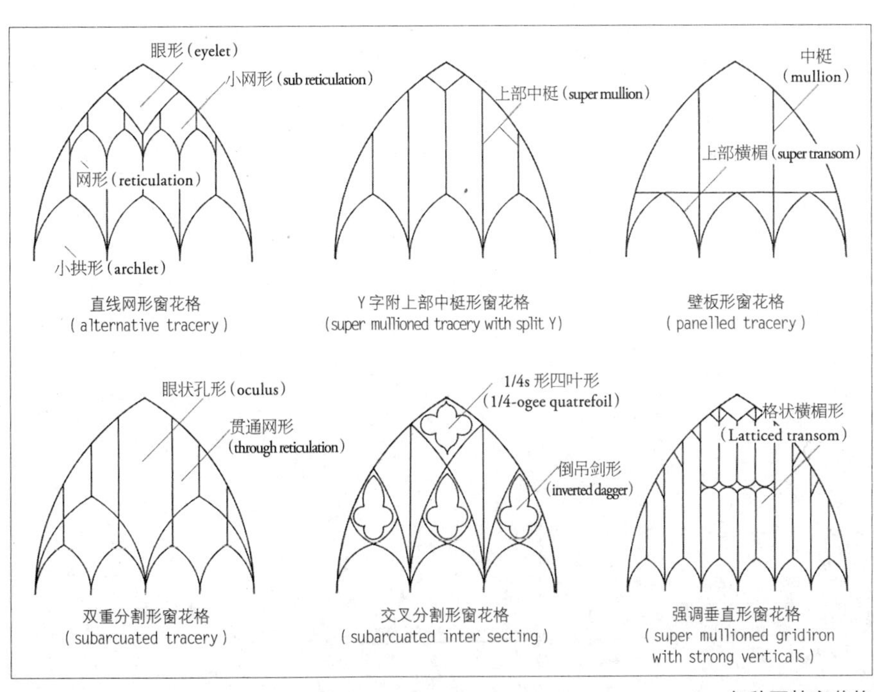

各种哥特窗花格

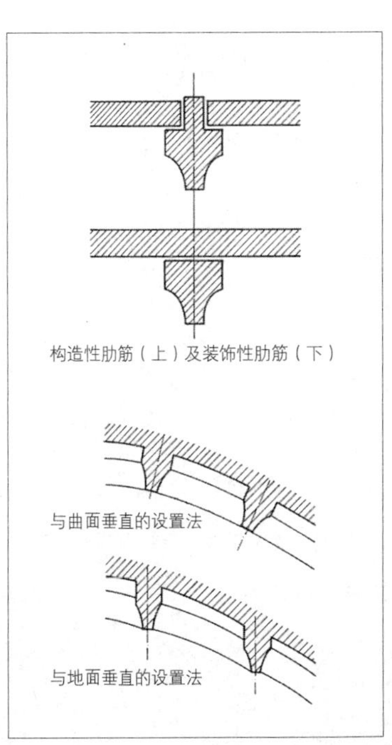

肋筋的架构方式

哥特式 Ⅱ | *Gothic Ⅱ*

想从哥特式风格建筑某处找出其特色竟然意外困难，但是若从细部表现来看，在集细部的统一性和线条的细部表现上也许可以找到。哥特式线条性越到后期，变得越极端。线条多用曲线，复杂交错的图样几乎全由圆弧构成。为了连接圆弧，作图时须画出各弧线的切线，才能顺畅地展开。曲线的衔接，可说是主宰哥特图样的重要关键，到了后期哥特式时，技术已达神乎其技的境界。下页图以英国末期哥特建筑为例，窗花格和扇形拱顶上呈现线条化细部构成，但这样的特性在法国末期哥特火焰式建筑上也能看到。在火焰式建筑上，曲线的接续大多运用反转曲线来呈现。

哥特式图样的统一性，和依据切线连接成的“有机”曲线，让人联想到19世纪末的“新艺术运动”（Art Nouveau）图样。19世纪末哥特式的研究发展，或许有人认为与世纪末的装饰图样有所关联吧。

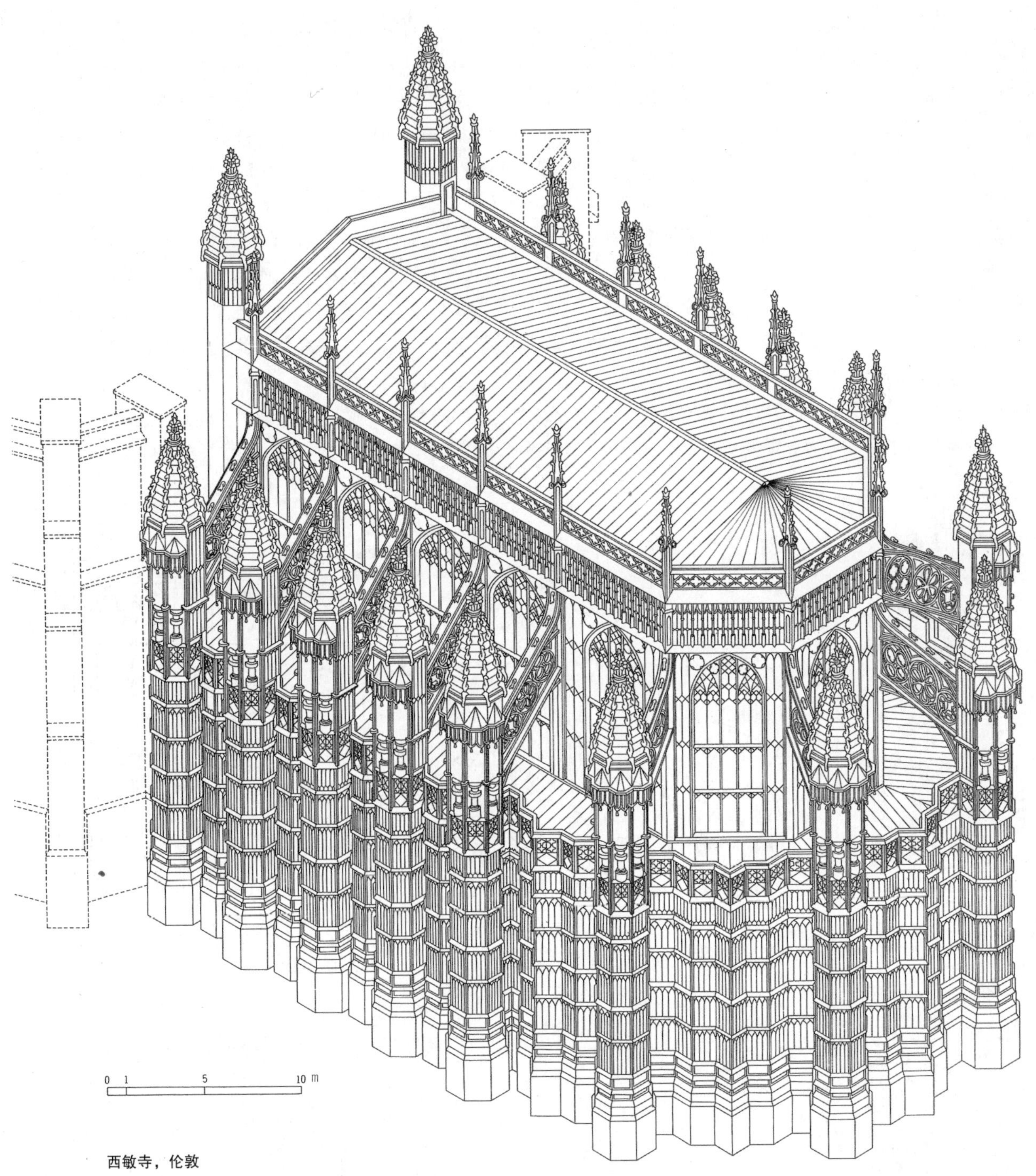

西敏寺，伦敦

这是建于伦敦中世纪的代表性建筑。建筑充分显示修道院建筑的复合性，具有英国哥特的各种风格。始自东翼的中殿高31米，属于初期英国式，于1245—1269年建造。其西侧是1375—1506年建造，可看到垂直的样式细部。建于东端的亨利七世祭堂，为1503—1519年建造的垂直式代表作。石造扇形拱顶具有垂饰，是许多建筑师们的心血结晶。

教堂建筑上看到的哥特风格，各图样在风格形成前早已存在，但哥特式最大的特点是各图样都能统一协调地融入建筑中，这或许可说哥特风格具备诠释的魅力和质感吧。

19世纪哥特复兴式建筑师A.W.N.普金指出，哥特风格是最具代表性的中世纪社会、宗教产物，哥特建筑中可看到伦理和结构的对应。在修复哥特式教堂上成就非凡的19世纪法国建筑师维奥列多·勒·杜克提出，哥特风格掌握建筑细部力学上的构件，能说明力学平衡的问题。既是法国外交官，又是文学家的夏多布里昂（François-René de Chateaubriand），及德国新古典主义建筑师K.F.辛克尔都曾阐明，尖顶拱是在森林中被发现的北方民族的铁证，美学者W.沃林格提出，可依据民族别，来区分哥特风格造型的概念。诗人波特莱尔（Joseph François Baudelaire）称哥特式圣堂为象征性森林，美术史家E.帕诺夫斯基提出，哥特式结构能对应经院哲学（Scholasticism）理论的看法。建筑史家J.夏默生（John Summerson）阐述哥特风格中的“小屋”图样，象征那里是可通往“天堂”的楼梯。

如同这些说明一般，哥特风格是具有构造的。其构造还具有力学性及宗教象征性的作用。而且，在哥特风格中，这两方面构造都以“线性”来表现，哥特建筑的各部分展现出各式线条。天花上的拱顶还在棱线上架设肋筋，在哥特风格发展的同时，肋筋从仅具对角线的四分拱顶发展至六分拱顶，随后又增加，最后演变成扇形拱顶，形成整个天花面上都布满肋线。天花重量由柱

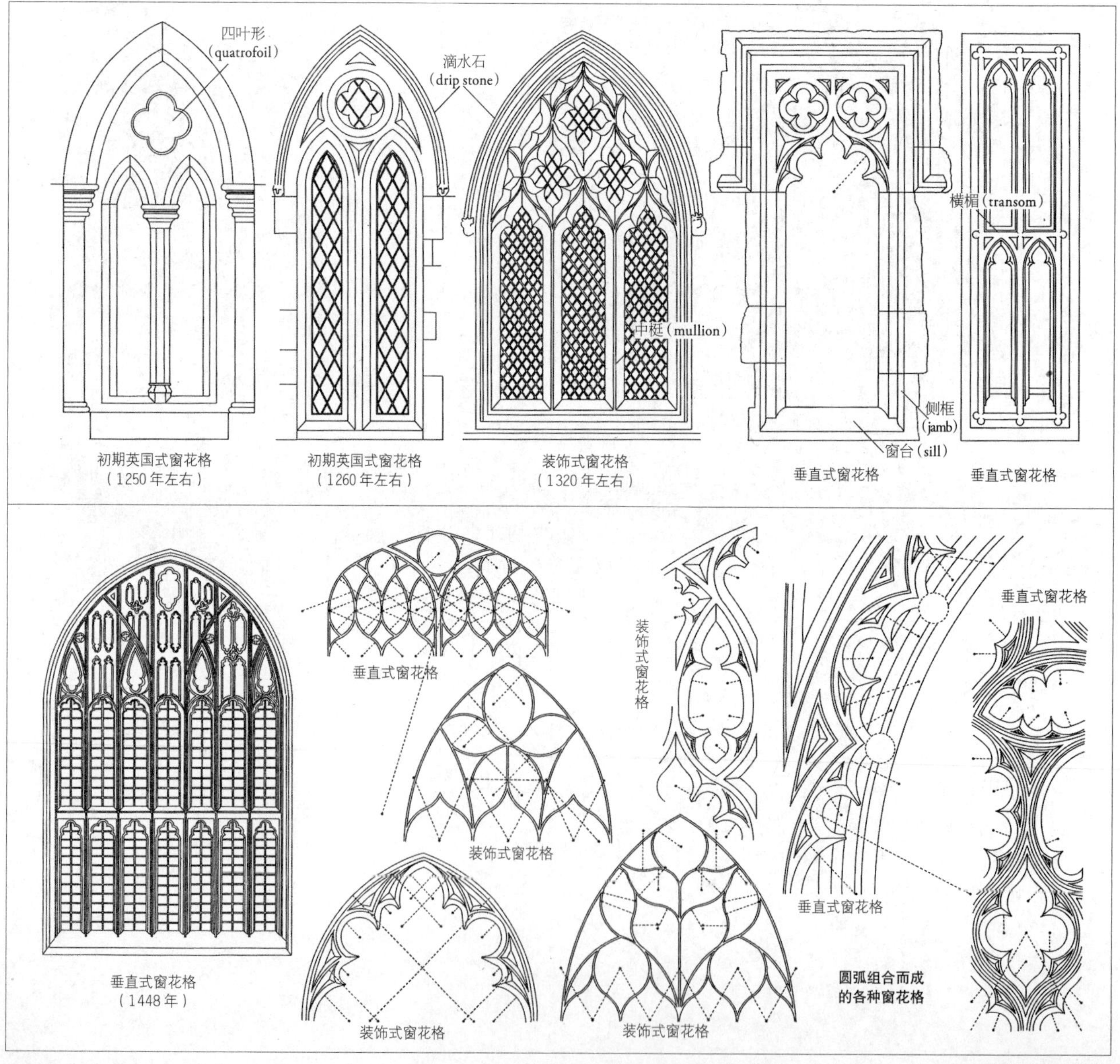

哥特风格窗花格

子再传导至飞扶壁和扶壁上。虽然它们实际上是巨大石块，但和过去的罗马式墙体相比，只不过是线性的承重构件。

柱子从肋筋曲面一直延续至地板，这使得柱子剖面成为复杂曲面聚集的复合柱（clustered Pier）。飞扶壁形成得以全面采光的墙面，上面嵌入尖拱窗，而那里也被复杂线条的窗花格分割。

线性构件显示出荷重力学的发展，对区分同样的象征图样也有帮助。哥特风格也是根据线性形成分节的构成。哥特风格几乎不可能以整面构成来表现，对哥特风格来说，平滑面甚至可说是大敌。连世俗建筑上纵向分割的墙面，壁板上也会加上如同衣服的纵向褶纹，称为“折巾雕饰（linen fold）”的图样。

哥特风格线条表现呈上下走向。甚至连天花面、窗户上部等原本水平的部分，也都由纵向线条组成的尖拱所构成。哥特风格被评论为具有往高处发展的企图，也是因为它采取纵向线性所产成的效果。以下将列举哥特式建筑中殿天花的高度。

巴黎大教堂：32米
沙特尔大教堂：6.5米
亚眠大教堂：42.7米
波维大教堂：48米
西敏寺：30.5米

其中，波维大教堂的中殿在天花完成后垮落，便

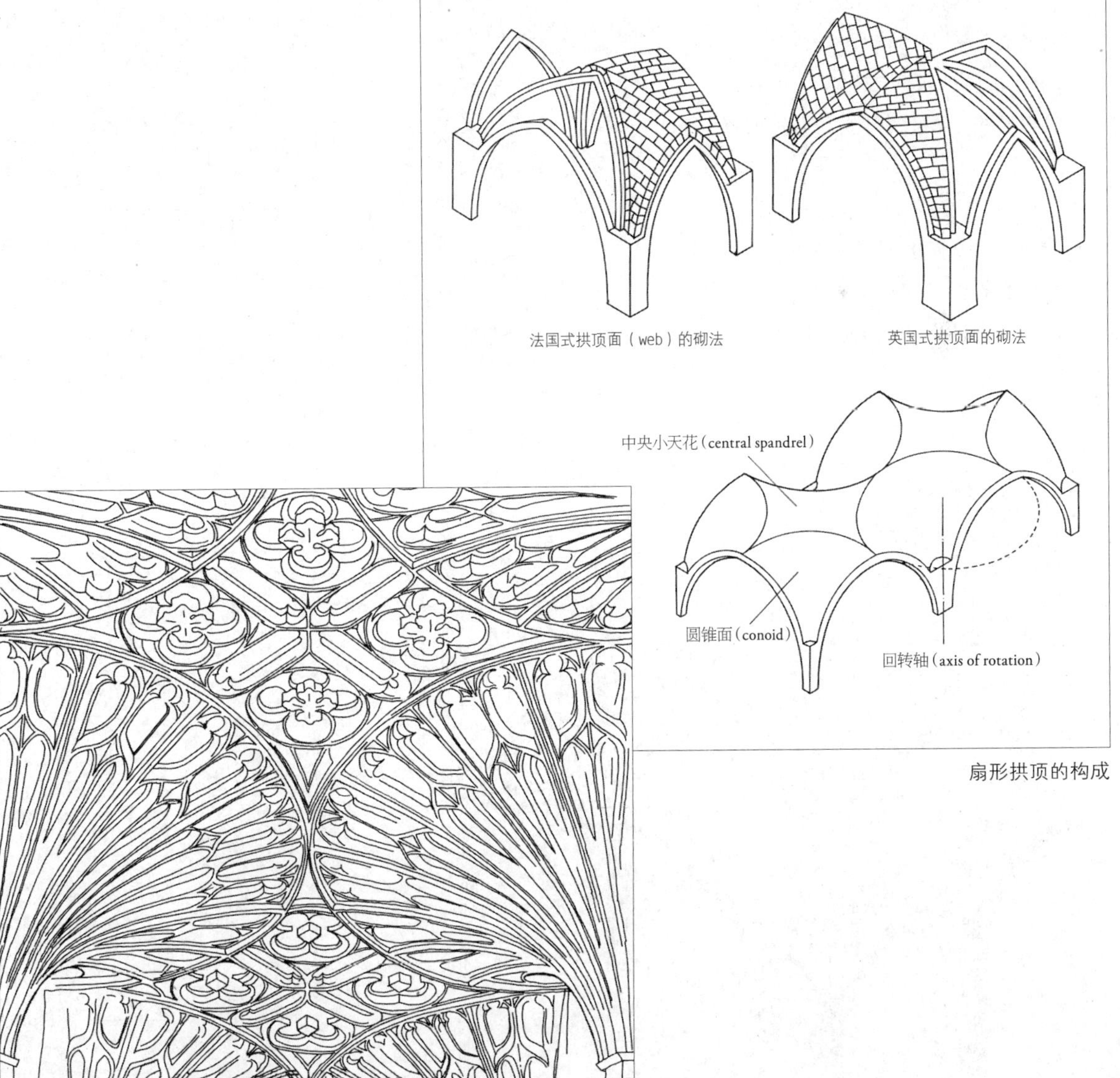

扇形拱顶的构成

扇形拱顶内面（1440年左右）

无法再重建，这是石砌造结构的局限。它的天花是石造，但支撑屋顶是木造桁架结构，上面再以铅板铺盖屋顶。另外也有铺砌石板（slate）的屋顶，随着石板色彩的不同，有些建筑屋顶上会呈现装饰图案。依据铺砌铅板的方式不同，有的建筑的尖塔上会形成装饰效果。最后，将在极小的范围内列举几件哥特式代表性建筑。

法国哥特式

- 圣丹尼修道院教堂（约1140—1144）
- 巴黎大教堂（1163—约1250）
- 亚眠大教堂（约1220—1410）
- 沙特尔大教堂（1194—约1225）
- 神圣小教堂，巴黎（1245—1248）

英国哥特式

- 索尔兹伯里大教堂（1220—1265）
- 约克大教堂（1220年初建）
- 西敏寺（1245年—15世纪）
- 国王学院礼拜堂，剑桥（1446—1515）

其他

- 维也纳大教堂（1304—1446）
- 科隆大教堂（1248—1560，19世纪完成）
- 米兰大教堂（1386—1577）
- 布尔戈斯大教堂（1221—1260）

拱券架构不只出现在哥特风格中，对所有砌造建筑而言，它都能作为最基本的构造。本书试图依其形态加以分类。拱券的基本形是圆弧，由一个圆弧构成的拱券基本形是半圆拱，由此可衍生出上心半圆拱、扁圆拱、马蹄形拱等。两个圆弧组合成的是尖拱，包括尖拱式、等边尖拱、垂拱等。三个圆弧组成的是三心拱，外表看起来和椭圆拱几乎很难区别。在造园等场合，也常运用外形近似椭圆形的三心拱。

四个圆弧组合成的叫四心拱，能随圆弧中心位置改变造型，外观变化万千。垂直式等末期哥特的特色是具有都铎式拱，此外，它也被运用在伊斯兰教建筑图样上。

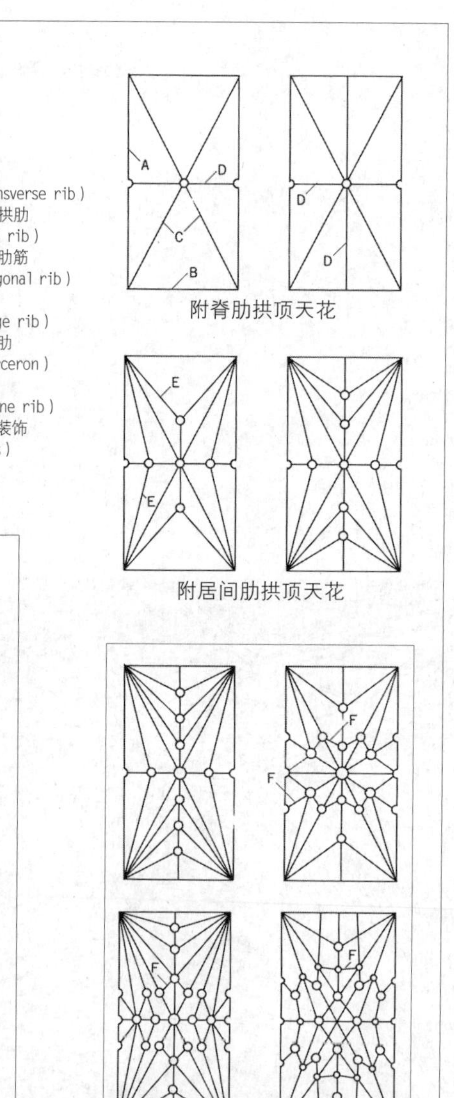

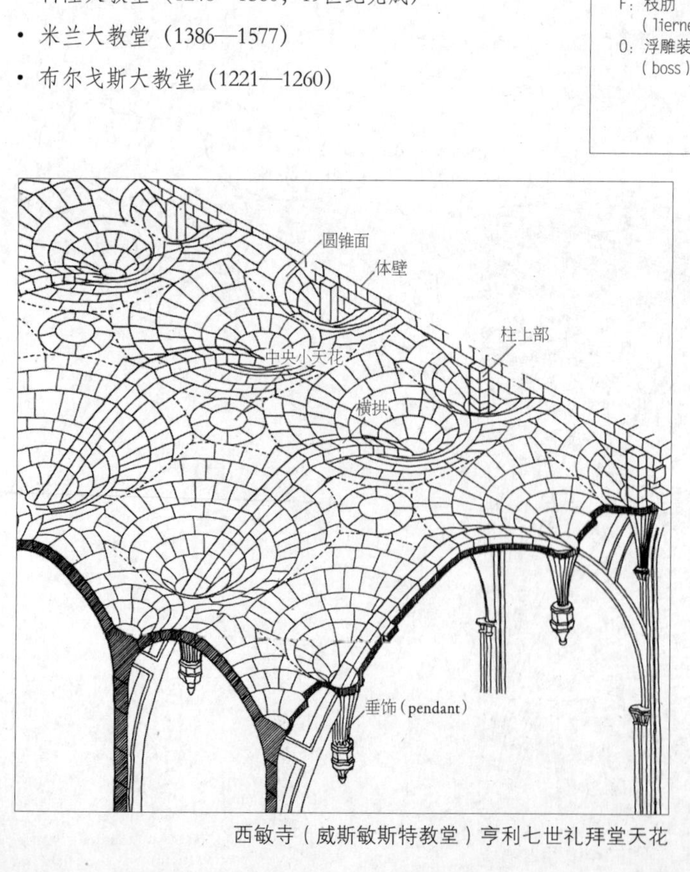

西敏寺（威斯敏斯特教堂）亨利七世礼拜堂天花

组合四心圆弧的反转曲线即成为S形拱，常见于末期法国哥特式建筑上。而扁平拱和卸重拱在力学上即使构成拱券，但在视觉上却看不出来。两者只用拱石的接缝来构成拱券。由此我们可以了解，拱券的接缝也相当重要。接缝在圆弧的直径方向，换言之，接缝一定会和圆弧切线呈垂直。接合圆弧和圆弧时，圆弧也必须在切线方向连续。分割哥特式窗户的窗花格大多由复杂曲线构成，其圆弧衔接法和接缝法也和拱券一致。

拱顶架构上的肋筋，立体组合成尖拱群时，其拱石形状必须取决立体几何学。然而有的肋筋是附在拱顶天花面上建造，这种形式在构造上没什么意义，但末期哥特的复杂肋筋大多采用这种形式。

此外，肋筋的方向也采用两种手法。一是与天花拱顶面呈垂直配置，二是与地面呈垂直配置。站在地上仰望天花时，后者的肋筋看起来较整齐，不过在构造上前者较为合理。现在依视觉构成的细部需要来运用。

垂直式曲面
（1490年左右）
装饰式曲面（1330年左右）
装饰式曲面
（1330年左右）
垂直式曲面
（1488年）
装饰式柱剖面
（1350年左右）
垂直式柱剖面
（1488年左右）

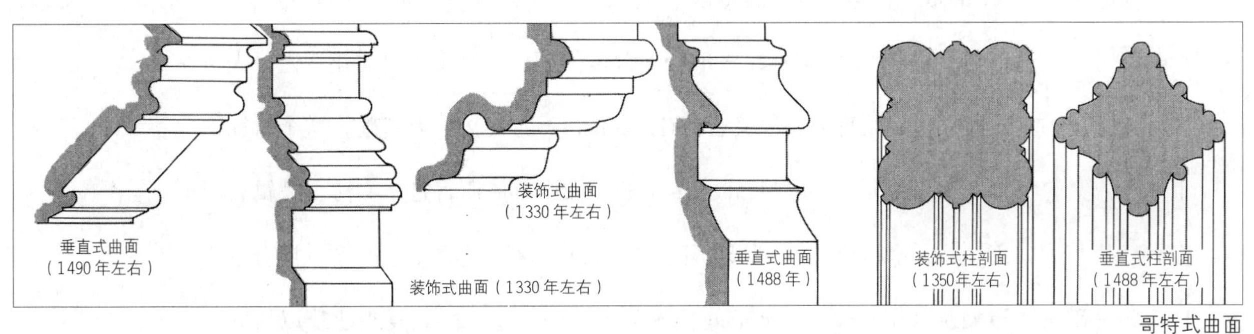

哥特式曲面

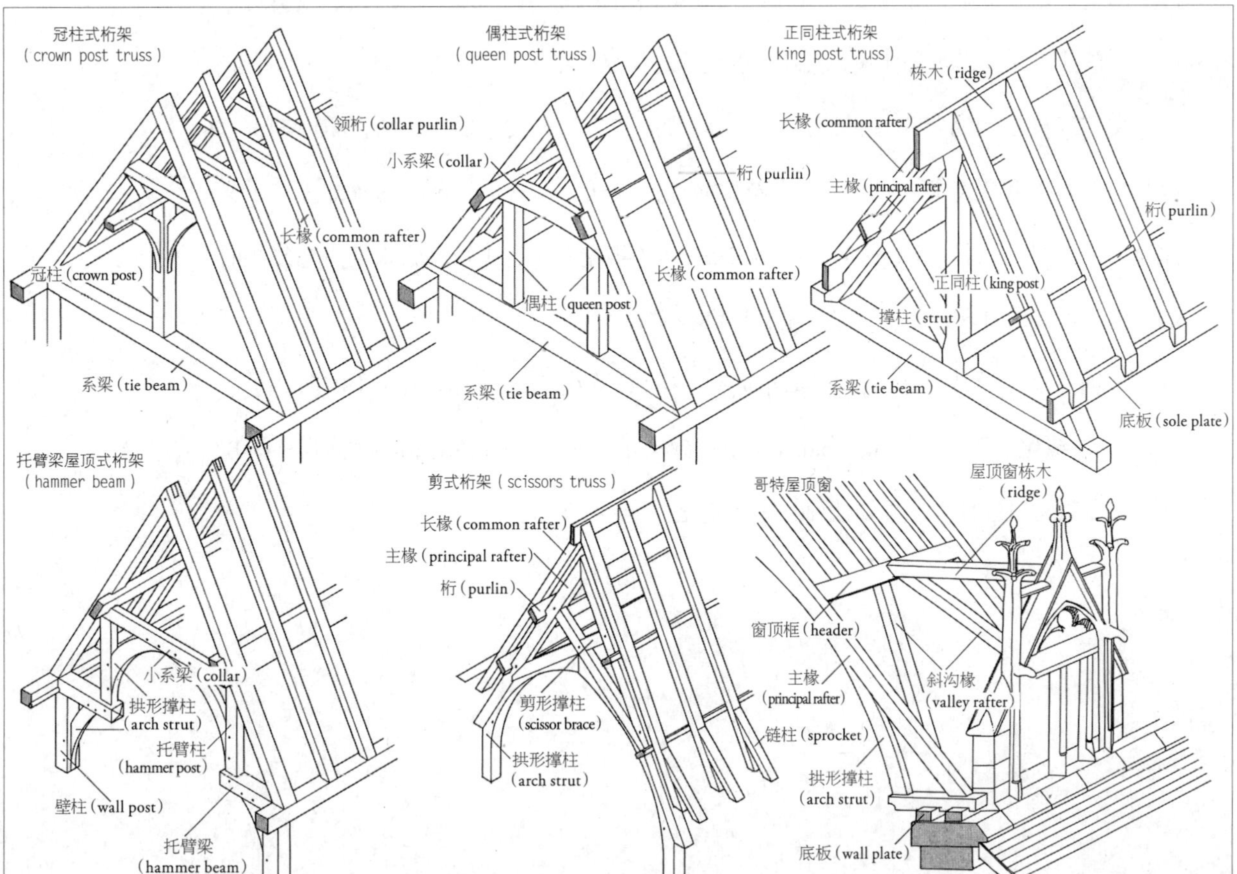

冠柱式桁架
（crown post truss）
领桁（collar purlin）
长椽（common rafter）
冠柱（crown post）
系梁（tie beam）
偶柱式桁架
（queen post truss）
小系梁（collar）
桁（purlin）
偶柱（queen post）
长椽（common rafter）
系梁（tie beam）
正同柱式桁架
（king post truss）
栋木（ridge）
长椽（common rafter）
主椽（principal rafter）
桁（purlin）
正同柱（king post）
撑柱（strut）
系梁（tie beam）
底板（sole plate）
托臂梁屋顶式桁架
（hammer beam）
小系梁（collar）
拱形撑柱
（arch strut）
托臂柱
（hammer post）
壁柱（wall post）
托臂梁
（hammer beam）
剪式桁架（scissors truss）
长椽（common rafter）
主椽（principal rafter）
桁（purlin）
剪形撑柱
（scissor brace）
拱形撑柱
（arch strut）
哥特屋顶窗
屋顶窗栋木
（ridge）
窗顶框（header）
主椽
（principal rafter）
斜沟椽
（valley rafter）
链柱（sprocket）
拱形撑柱
（arch strut）
底板（wall plate）

哥特风格的木造骨架结构

文艺复兴 | *Renaissance*

文艺复兴（renaissance）一词，源于16世纪意大利的瓦扎里提出的“rinaseita”，1840年时由法国历史学家米西列（Jules Michelet）首度使用。以复兴古典文化、恢复人性等为宗旨的文艺复兴，以培育人文主义者（Humaniste）的人文学为基础。这个时期十分重视文艺及自由七艺（the seven liberal arts）的领域。具体而言是指文法、逻辑、修辞、代数、几何、音乐和天文。建筑当然不包含在内。建筑上的文艺复兴，具有以柱式为基础确立造型及其精致度，掌握空间比例等方面的特色。文艺复兴建筑以研究古罗马遗迹来建立理论系统。“五种柱式”（托斯卡纳柱式、多立克柱式、爱奥尼亚柱式、科林斯柱式、复合柱式）实际上也是这时期确立的。

文艺复兴在1400年代兴起于意大利。一般区分为初期文艺复兴（始自布内勒奇：1420年左右）和盛期文艺复兴（始自布拉曼德：1480年左右）。现在的矫饰主义（又称为“风格主义”）（Mannerism）（1520—1580年左右），则被称为末期文艺复兴时代。矫饰主义始自米开朗基罗和朱里奥·罗曼诺。

矫饰主义建筑特色包括play of space（空间的游戏）、introversion（内向性）、isolation（隔绝、孤立）、dissonance（不一致、不调和）、stratification（成层、阶层化）。多数建筑细部都注重知性面且较富变化。

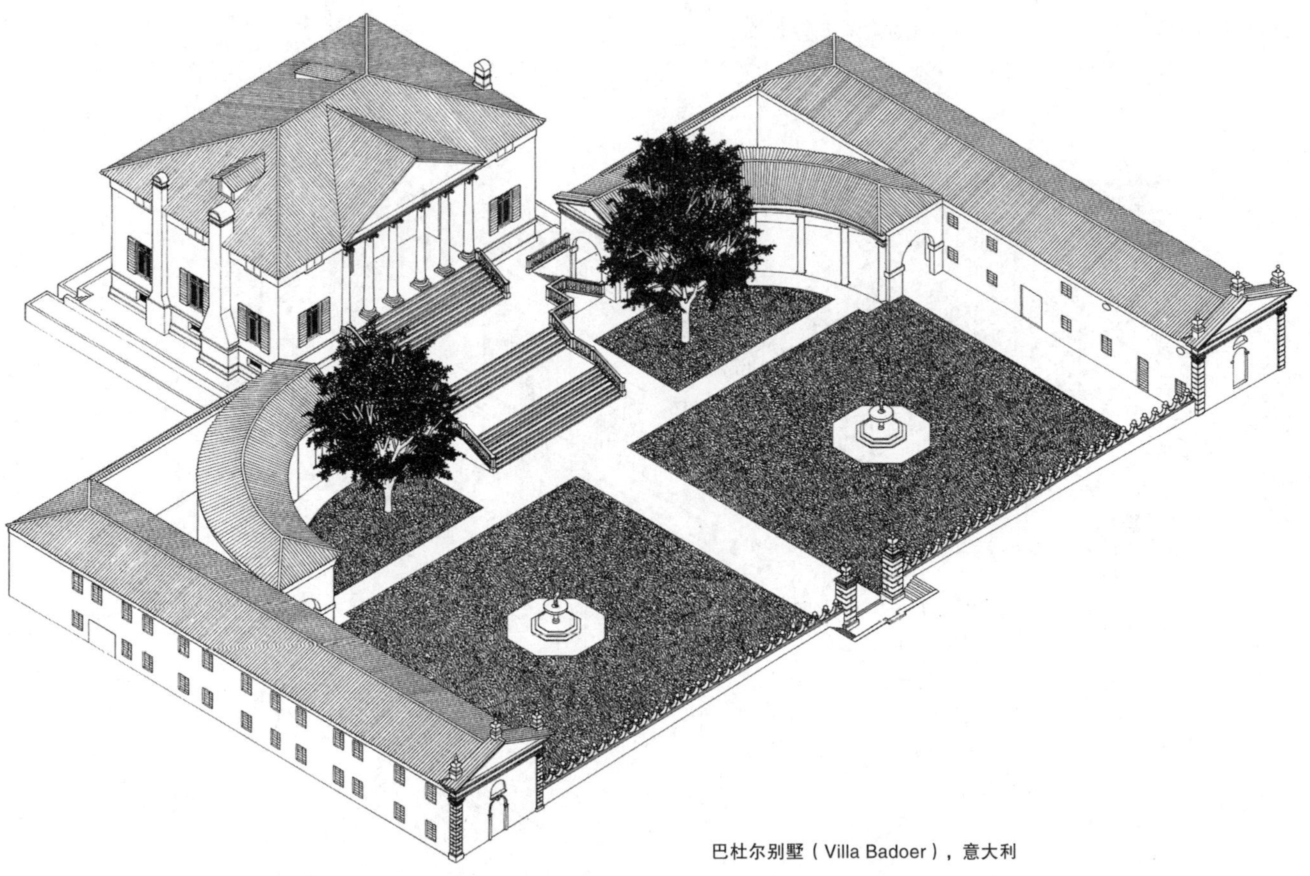

巴杜尔别墅（Villa Badoer），意大利

这是A.帕拉底欧（Andrea Palladio）于1556年所建的别墅，它是最早将神庙立面应用在别墅的建筑作品。建筑建于基座上，门廊立有六根爱奥尼亚柱，前方较低处有向外弯曲突出的多立克柱式翼部。这种能让人感觉门廊更宏伟的尺寸和细部设计，日后许多建筑师都曾仿效。门廊屋顶是木造罗马式的深格天花。

文艺复兴时期，建筑在构造原理方面已脱离哥特风格，主要发展方向是基于罗马遗构来整合造型，依据调和的空间比例来构筑。由此看来，文艺复兴会在有众多罗马遗产、哥特风格传统不深的意大利展开，也是有其原因的。相对地，如开头所述有关文艺复兴风格的分类和年代，在欧洲其他各国并不适用。

文艺复兴在法国始于1515—1524年的布罗瓦城，在西班牙始于1540年的布尔格斯大教堂，在德国始于1537—1542年的兰得斯塔德（Randstad）的主教宫（Residenz），在英国始于1567—1580年的朗格里特庄园等。之后各国风格的发展也互异，在分类上，每位研究者或著作等都不一致。以下要介绍的是依据B.弗莱彻尔所做的近代文艺复兴风格进行的分类。

法国

法国文艺复兴（1494—1610）

（自查理八世至亨利四世）

路易十三世风格（1610—1643）

路易十四世风格（1643—1710）

摄政时期（Regence）风格（1710—1723）

路易十五世风格（1724—1755）

路易十六世风格（1755—1792）

执政内阁时期（Directoire）风格（1795—1799）

帝政（Empire）风格（1799—1815）

米开罗佐，美第奇李嘉地大厦（佛罗伦萨）

劳拉纳，总督宫（乌比诺）

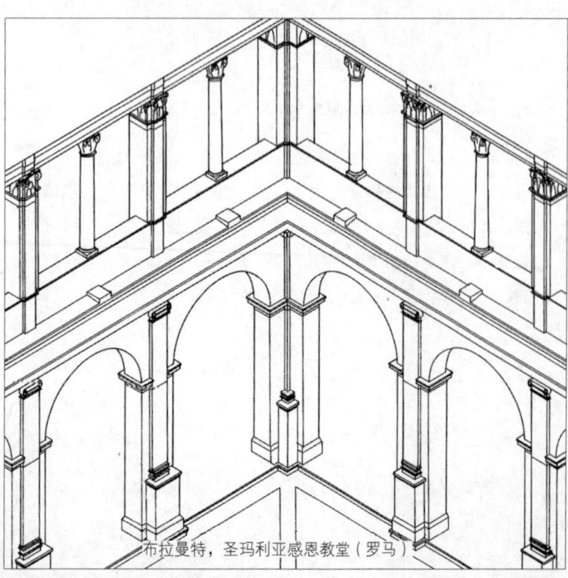
布拉曼特，圣玛利亚感恩教堂（罗马）

坎榭列利亚宫（Palezzo della Cancelleria）（罗马）

入角的形式

英国
初期文艺复兴
伊利莎白时期风格（1558—1603）
詹姆士时期（Jacobean）风格（1603—1625）

后期文艺复兴
斯图亚特时期（Stuart）风格（1625—1702）
乔治王时期（Georgian）风格（1702—1830）

德国、奥地利
初期文艺复兴（1550—1600）
原巴洛克式（1600—1660）
巴洛克式（1660—1710）
古典复兴式（1760—1830）

西班牙
初期文艺复兴期（1492—1556）
古典期（1556—1650）
巴洛克式期（1650—1750）
古典复兴期（1750—1830）

上述介绍的风格分类虽有疑义，但这是以王位继承为基础的风格分类，有的分类会更细，也有的是统一分成几大类而已。本书采取文艺复兴 → 巴洛克 →新古典主义的大分类方式来整理近代风格，在此将介绍文艺复兴时期各国的差异，以及了解各国主要风格发展分类的数据。

要了解文艺复兴建筑细部实在不容易，大致来说，文艺复兴建筑是具有精致化的古罗马柱式墙面的构成元素，但还未显现之后巴洛克式元素的近代建筑。不过组合柱间等距的拱券和柱式的连续拱廊，组合窄、宽、窄柱间的凯旋门图样，以及看似圆形竞技场般的重列柱式等，这些大图样在建筑中都具有重要的作用。

从拱券和柱式的组合方式来看细部更富趣味，布内勒奇运用柱头上不加檐部而直接承载拱券的作法。此外，如前页图示中列举的中庭的入角部分列柱法，都是能发现当时建筑多样化的地方。

文艺复兴以后，柱子本身也加入一些新设计，像是表面加上粗石砌，或环绕装饰环带（band）等。后者在法国弗朗西斯一世时期的建筑，以及英国詹姆士时期风格上时有所见。

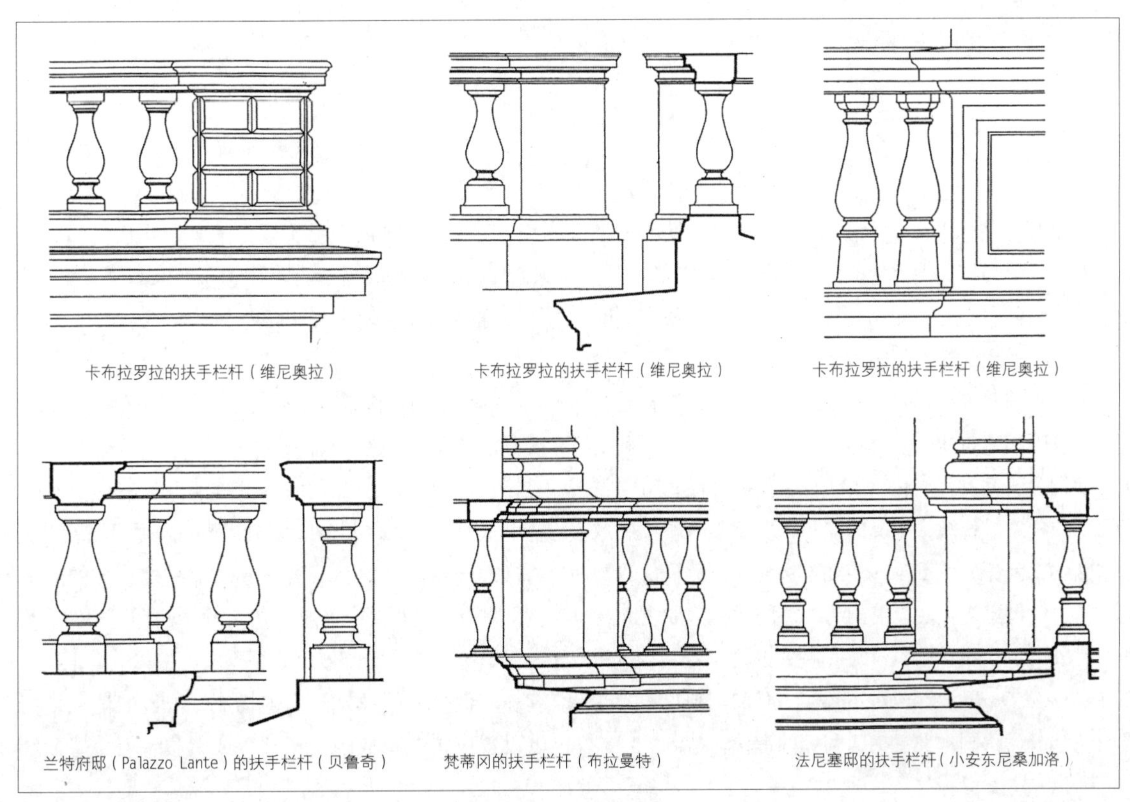

卡布拉罗拉的扶手栏杆（维尼奥拉） 卡布拉罗拉的扶手栏杆（维尼奥拉） 卡布拉罗拉的扶手栏杆（维尼奥拉）

兰特府邸（Palazzo Lante）的扶手栏杆（贝鲁奇） 梵蒂冈的扶手栏杆（布拉曼特） 法尼塞邸的扶手栏杆（小安东尼桑加洛）

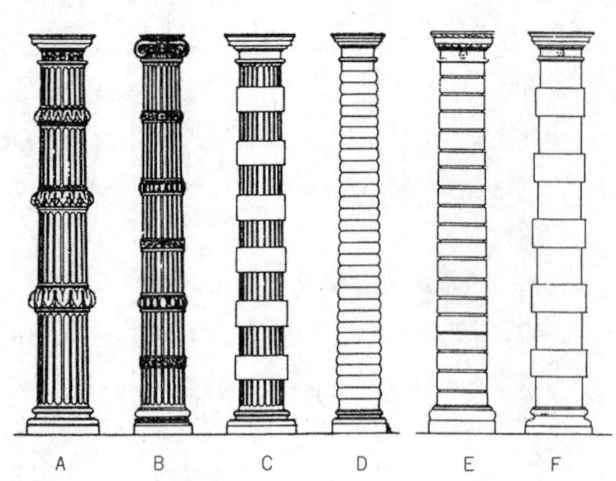

A：菲利伯特迪罗美（Philibert de l'Orme）的多立克柱式
B：菲利伯特迪罗美的爱奥尼亚柱式
C：束腰（elasticated）柱式
D：同上［路穆耶（Piere Le Muet）所作］
E：同上［J.法布拉（John Vanbrugh）］
F：同上（W.张伯斯所作）

文艺复兴以后的柱式

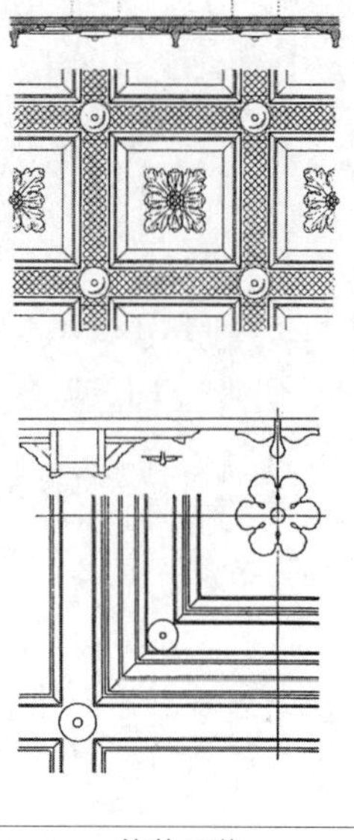

格状天花
（16世纪，佛罗伦萨）

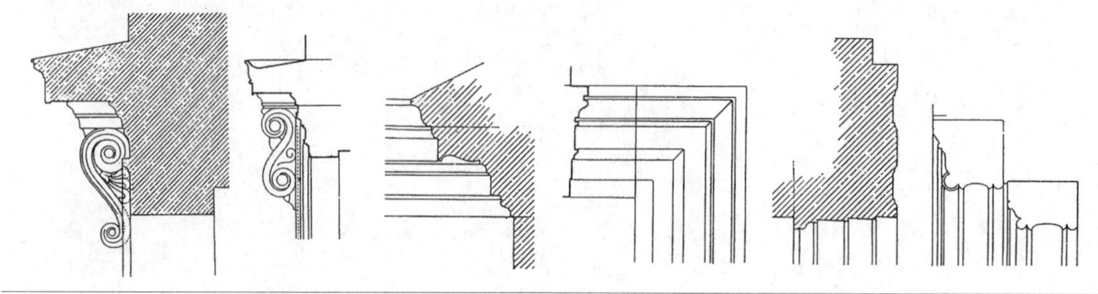

边框、门周围的细部

扶手栏杆等细部，门、窗周围的曲面，基本上是组合希腊、罗马的曲面元素，风格尽管大致类似，但每件建筑作品仍有不同的变化。这些曲面实际上最重要的作用，在于呈现建筑造型的风格感，想尝试应用时，最好从历史上的建筑寻找基本模型。在实际细部组合上，每位建筑师和建筑作品也有不同，因此文艺复兴以后的建筑师们会研究古代遗构和近代作家们的作品，努力收集细部的样本。像矫饰主义的建筑师安德烈·帕拉底欧的作品中，就让人感受到许多细部组合和整体构成的妙趣，所以18世纪产生了以英国为中心的帕拉底欧主义运动，另外维尼奥拉著作的《五种柱式的规则》（*Regola delli Cinque Ordini d'Architettura*）（1562年刊）中的柱式图，都成为法国古典主义的强大的理论支持。

文艺复兴时期极看重门扉的装饰构成，当时门扉基本构成是两根柱子上建有山形墙（pediment），这种风格称为小神庙型，拉丁语称为“aedicula”，意大利语称为“edicola”，希腊语称为“aedicule”等。它不只是门扉基本的风格，也是山形神庙建筑立面的基本形，换言之是古典主义建筑的基本单位。

在描绘室内展开图时，这样的开口有的夹在支撑整个室内的柱式之间，或是相反地在屋顶缘饰上以突出的形式嵌在墙面。日式传统建筑的室内构成的一大特色，是以“门楣”（长押）为主的多根水平构件环绕室内，来统一拉门的高度，或是将室内整体依水平线予以统一。但是西欧建筑的室内构成，一般的情况是门扉上设置以斜线构成的山形墙，或者腰壁板、屋顶缘饰

门扉的标准技法

会因开口部而中断，窗户和门扇内侧高度也很少全部对齐某种水平构件。这让人想到日本室内构成上，呈曲线的钓钟形花头窗，以及中断水平线的“违棚”等重点元素。不过，日式建筑室内构成排除门楣时，也不会高抵到屋顶，而一定会纳入柱子和门楣所规范出的墙面构成中。由此看来，“床间”（tokonoma）是门楣水平线唯一中断的地方，只有“床间”上方的横木比门楣还要高，这意味着那里有值得注意的事物。①

西欧的门扇、窗边，也呈现等同于日本“床间”的自有特色。门扇的山形墙，基本上有三角形（triangular）和弧形（segmental）两种形态，其他还有山形墙顶部开孔的开孔（open）山形墙、山形墙下部水平檐口中断的破缝（broken）山形墙，开孔山形墙有时也会记叙成破缝山形墙。涡卷（scrolled）山形墙是由反转曲线构成的开孔山形墙。有的门扉山形墙下会附螺旋形牛腿（console），有的门框周围（lambs）上部左右突出，此突出称为门耳（crossettes），有的不只左右突出，连上部也突出的则称为双重门耳（double crossettes）。另外门扉周围还有搭配粗石砌、以建筑师吉比斯（James Gibbs）为名的吉比斯边框（Gibbs surrounding）。

① “床间”摆设有插花、字画等收藏品，为主人招待客人欣赏的地方。——译者注

巴洛克 | *Baroque*

17—18世纪间的建筑风格称为巴洛克。“Baroque”（巴洛克）这个字原本具有负面的含义，据说语源是来自葡萄牙语的“barroco”（不规则形状的珍珠）。当然这意指文艺复兴风格才是圆珍珠。风格名称中，像哥特式、矫饰主义（Mannerism）等，多数都源自于否定语。文化史家J.布尔克哈特曾说“巴洛克和文艺复兴建筑说着不同的语汇，只不过巴洛克源自于粗野的方言。”巴洛克刚好抓住文艺复兴扩大变质的过程。文艺复兴、矫饰主义、巴洛克等潮流陆续展开，从重视比例和均衡的文艺复兴建筑到追求变化和动感的巴洛克建筑，被认为以柱式为基本的造型语言开始规律发展。进入20世纪之后，对这样的巴洛克才有正式的评价。

意大利从1620年至1680年期间，为巴洛克全盛期，其他各国稍迟一些。在说明巴洛克建筑构成和细部之前，希望读者能先了解一下其建筑整体的特色。巴洛克可说是戏剧性极强的建筑。光的运用法和强调空间深度等营造出它的戏剧性格。

此外，巴洛克式都市构筑计划，运用了城市构成上的远近法、配置放射状的街道，以及在其焦点上安置纪念碑，罗马和巴黎为其代表例。这样建造出的都市极具视觉性和戏剧性，另外安置纪念碑的手法，让人方便认识都市内的场所，都市内的权力所在也容易可视化。

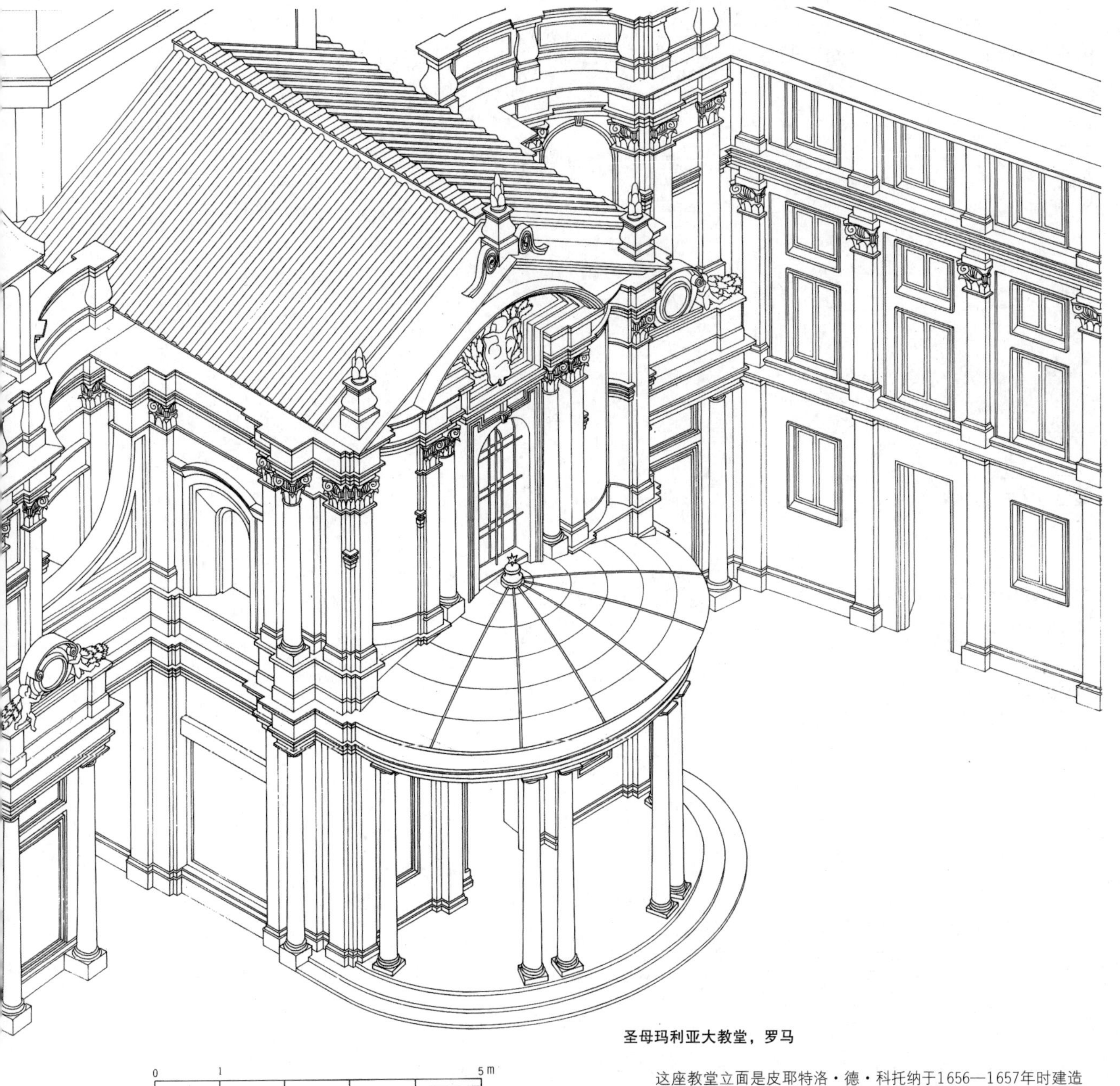

圣母玛利亚大教堂，罗马

这座教堂立面是皮耶特洛·德·科托纳于1656—1657年时建造的。教堂建在如同罐般复杂形状的广场正面，不过这个广场也是科托纳当时一起建造的。建于颇具深度感的小广场里面的立面，一楼具有呈圆弧向外突出的门廊（porch），以及让人连想到T字形的上层月牙形山形墙，都呈现出巴洛克的构成。巴洛克式将古典主义柱式做成抽象雕刻性的组合。

耶稣会成立（1540）及特伦托会议（the Council of Trent）（1545—1563）等，代表罗马天主教一方的反宗教改革力量的热情，以及绝对王政的权威，这是巴洛克风格形成的背景。因此，其作品大多分布在以意大利、德国南部为中心的天主教圈，新教诸国则较少。

此外，在英国维持帕拉底欧主义保持文艺复兴均衡的建筑传统根深柢固，所以巴洛克式建筑并没有产生那样宏伟的作品。

巴洛克建筑的特色，是在平面和立面上运用椭圆弧线和复杂的反转曲线，再加上繁复的装饰，另外在柱式的运用法上，虽延续一直以来的多层建筑物的墙面，各层采不同柱式重叠建构的重列柱手法（super columniation），但此时却有了不同的变化，有些建筑物会采取一种柱式贯通数层的巨柱式（giant order）手

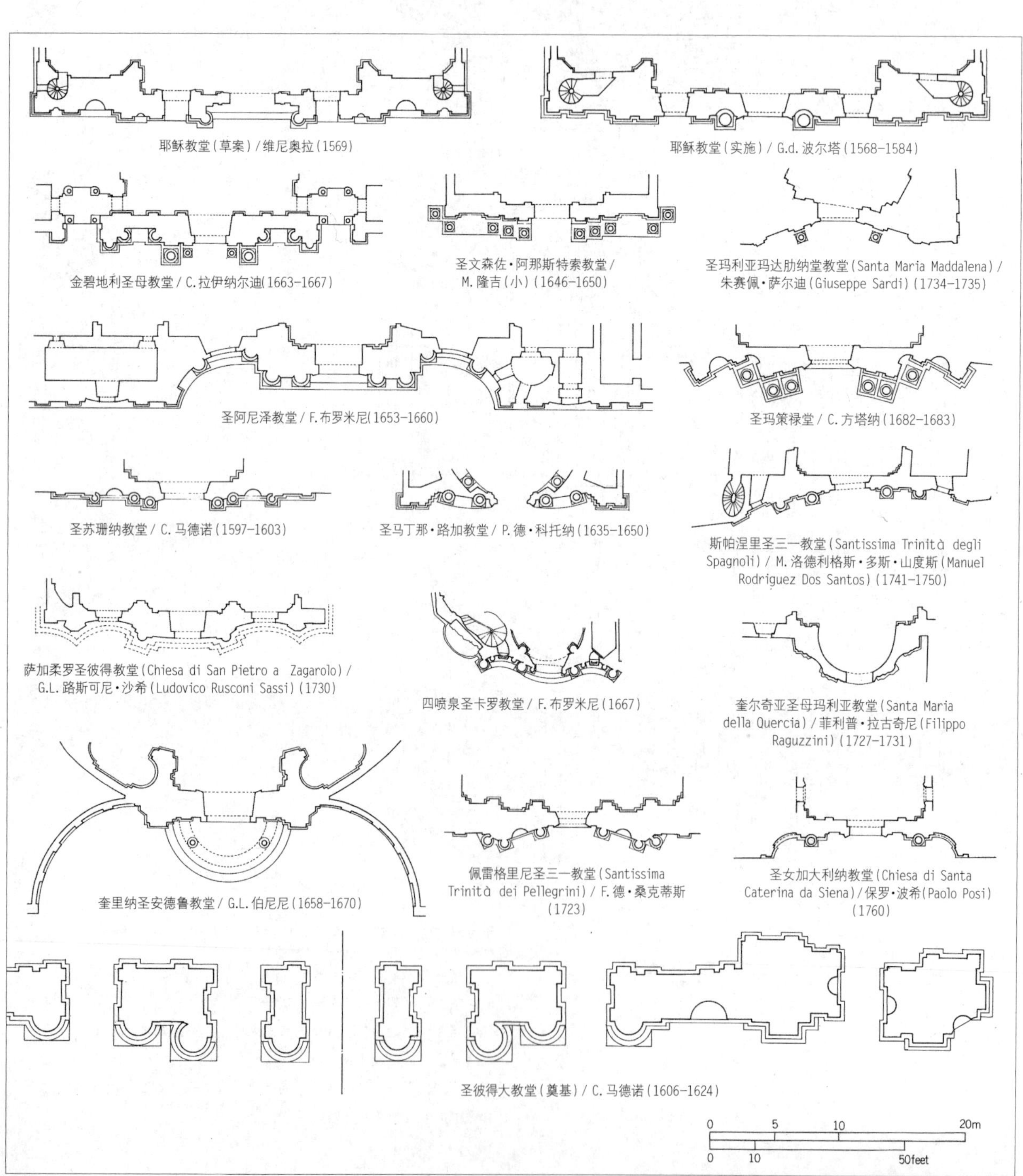

立面（正面）的构成

法。此外，分柱法（inter-columniation）也有变化，众所周知那是柱间距离的疏密配置法，不过到了巴洛克时代，大多采用每两根柱子合拢排列的双柱式（pair column）手法。另外教堂的立面等处，两端部的壁柱等排列平整，随着靠近中央部，开始尝试将柱芯向前突出以表现动力感的构成法。这种作法在于强调中央部，由于会形成如同重叠几片柱列层的效果，所以称之为层化（stratification）。若就曲面来看，过去是在基本曲面图样上加上各种浮雕，断面弧线呈单纯的直线，到了巴洛时期从圆弧、反转曲线开始，慢慢变为具有复杂凹陷或下垂的曲面，这也成为此时期的特色之一。

综上所述，若与文艺复兴期相比，巴洛克可整理出如下的变化。

Renaissance→Baroque

Super columniation→Giant order

Inter columniation→Pair column，Stratification

圆、直线→椭圆、曲线

即使是整体的构成，相对于被称为知性几何学的文艺复兴建筑，巴洛克式建筑的构成意在强调明暗，诉求官能的感受，甚至可说具有电影化般的构成。

巴洛克这样的多样化，在被认为过度繁杂的时期被评为“文艺复兴的方言”，直到它被认可在明确意图下具有统一法则性时，才开始有正面的评价。

巴洛克建筑最重要的细部特色是常使用椭圆图样，但要画椭圆其实相当麻烦。不同的建筑师会展现不同的椭圆外形和作图法。然而多数都是呈现近似组合三心拱的椭圆。换句话说，是将两种圆弧交互重叠让它接近椭圆。造园或中庭等处的椭圆，刚开始十之八九都近似三心拱。

文艺复兴以后的建筑中，最早运用椭圆形的是维尼奥拉在罗马设计的佛拉米亚圣安德鲁教堂（Sant’Andrea in Via Flaminia）（1550—1555），而最早采用巨柱式的是米开朗基罗设计，建于罗马卡比托利欧广场的得塞那托瑞宫（Palazzo del Senatore）（1536年左右设计）。

由上述的例子可得知，巴洛克式基本构成单位源自文艺复兴时期，16世纪时椭圆、巨柱式都已出现。当时也可能是巴洛克式形成的时间点，不过，我们最好从建筑整体都运用到许多特色构成单位时，才视为巴洛克正式确立。最后，将列举数例巴洛克式代表作品。

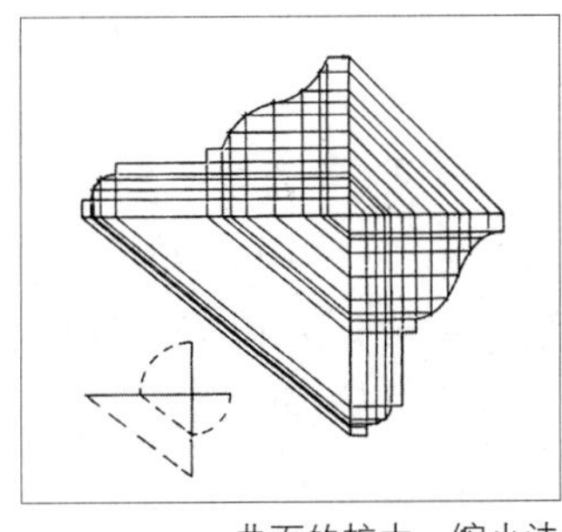

曲面的扩大、缩小法

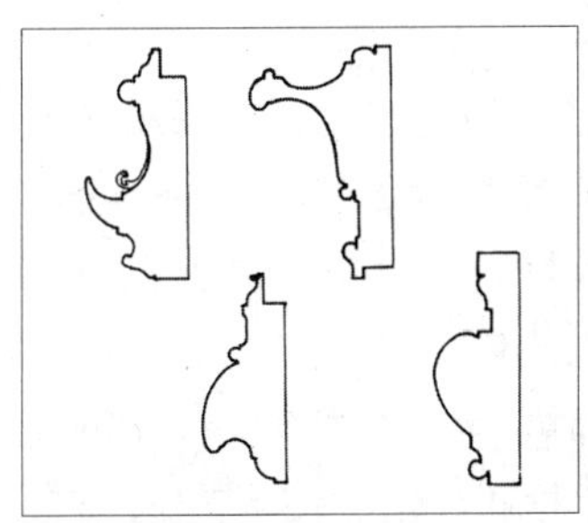

巴洛克式的曲面范例（卢浮宫的曲面）

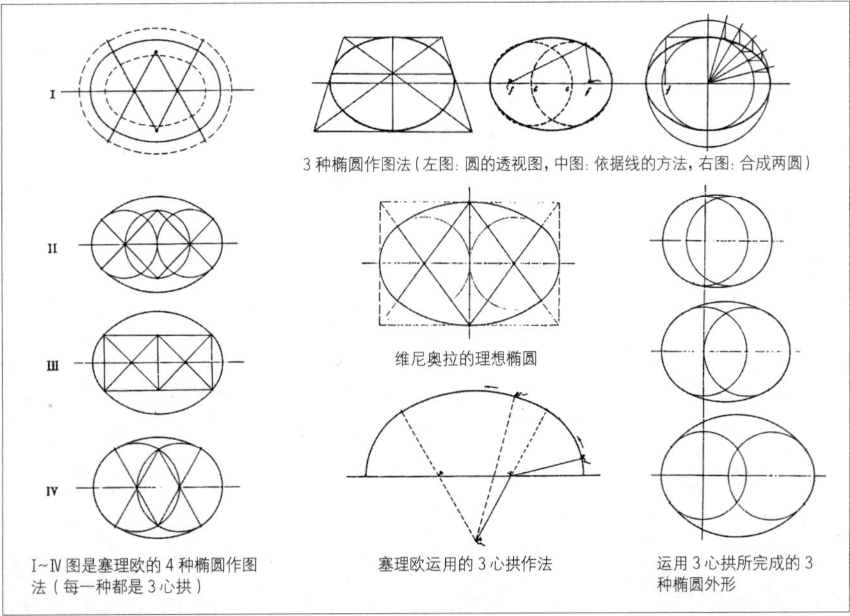

椭圆的作图法

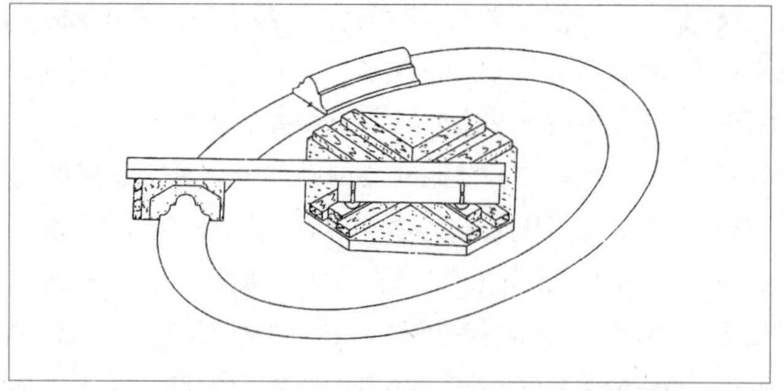

用滑动尺（Slide Ruler）制作的椭圆灰泥曲面

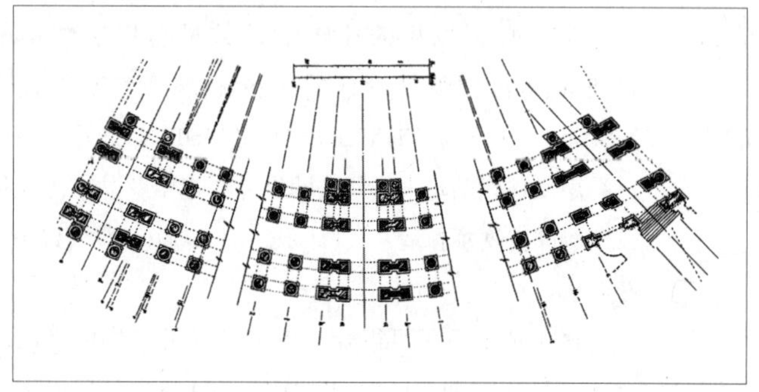

圣彼得大教堂椭圆状列柱的详细排列法

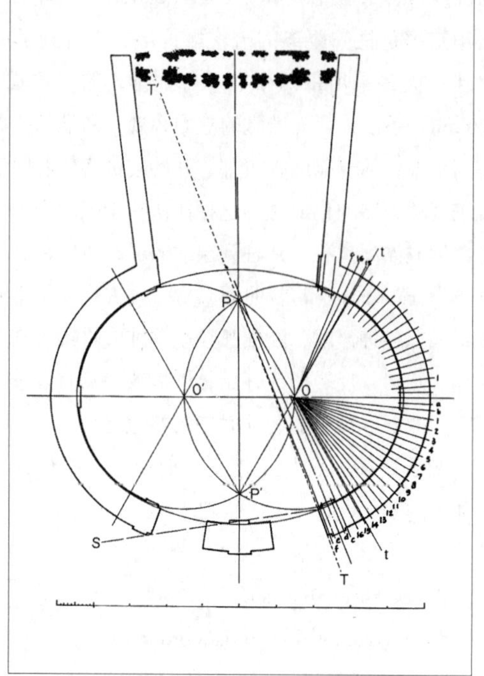

圣彼得大教堂前面的椭圆列柱的分柱法（此广场基本是 3 心拱，柱子大部分位于以 O 和 O’ 为中心的放射线上。列柱的边端部则位于以 T 为中心的放射在线上）

罗马 · 巴洛克式

- 圣彼得大教堂（奠基）广场（伯尼尼）（1656—1657）
- 四喷泉圣卡罗教堂（布罗米尼）（1638— ）
- 圣阿尼泽教堂正面（布罗米尼）（1653—1666）

其他意大利 · 巴洛克式

- 圣罗伦佐教堂，都灵（葛利尼）（1668—1687）
- 史柏加教会，都灵（尤瓦拉）（1717—1731）

德国 · 巴洛克式

- 圣约翰 · 尼伯慕克教堂，慕尼黑（C.D.+EQ.阿萨姆兄弟）（1733—1746）
- 主教宫，符兹堡（纽曼）（1719—1744）
- 卡尔教堂，维也纳（F.v.范厄拉）（1716—1725）

其他的巴洛克式

- 凡尔赛宫（勒沃他）（1624— ）
- 托雷多大教堂的透明圣坛（托雷多）(1721—1732)
- 布伦亨宫（范布勒）（1705—1725）

巴洛克式建筑复杂的墙面和圆顶究竟如何施工，这问题让人极感兴趣。连视觉上都很难辨识的构成，其实可拆解成圆弧和多角形的组合，不过根据许多研究分析，实际施工时得面临许许多多的问题。

相对于哥特式天花板和文艺复兴的圆顶都呈现实际砌造的建材，巴洛克式复杂的圆顶，则大部分都涂上灰泥。尤其是德国巴洛克式的内部空间，可说几乎全采用灰泥。在灰泥上再涂色彩，形成华丽的空间。

采用石材的柱子、护墙板等，许多也用彩色灰泥涂绘成石材纹理，这些材料的真实性不成问题。由此我们也可以看出，巴洛克式细部全以增加视觉效果为宗旨。

巴洛克涂上灰泥的圆顶或曲面墙底，是以木板建造的。上面再涂绘成墙壁或天花板，拼装成曲面。这时的曲面并非雕刻而成，而是制作模型板组合成形的。若不是一面移动模型板，一面建造曲面的话，几乎不可能造出复杂的椭圆以及屋顶和墙壁交接处的反转曲线。由此可见这是有了施工法之后才有的设计。

若采用这样的涂造圆顶，能大幅减轻重量，支撑天花板的墙体负担也会大为降低。事实上，天花板已变成自屋顶被吊起的形式。在采用木模板涂灰泥方法的同时，另一种常见的手法，是在模型中注入石膏以重复铸造相同的图样。这种铸模和制作日式甜点的木头塑模一样，能塑出任何图样，还能反复运用。那些铸模都被施工业者长久保存收藏。出自著名建筑师设计的模型，对同行来说也是一项财产。现在若要修复建筑时，也能活用那些模型。

天花板其他的架构，随着结构变轻、变自由之后，建筑设计和构造间的关系也变得相当疏离。由此我们能够了解巴洛克风格之后，为何作为宅邸建筑风格继之而起洛可可设计的自由度及装饰的华丽度那么过度发展了——因为建筑师与构造技术者由此分道扬镳。

巴洛克式圆顶架构

新古典主义 | *Neo-classicism*

新古典主义（Neo-classicism）是自18世纪后半至19世纪初期的建筑思潮，实际上要将它视为某种时代风格多少有些困难。因为在那段期间l9世纪的风格开始混乱，造型元素十分多样化，新古典主义只是那时期的发展趋势之一。当时的时代风格，在英国有乔治王时期风格（Georgian：1702—1815）、在法国从路易十六风格至帝政风格（Louis XVI：1755—1792；Directoire：1795—1799；Empire：1799—1815），在其他各国则称为古典复兴期（Antiquarian：1750—l830）等。

新古典主义背后隐藏两种趋势。一是当时一面注意以希腊为中心的古典风格在考古学上的正确性，一面将其用于细部，另一种趋势是一面以逻辑整合为目标，一面思考建筑的构成，新主典主义建筑指的就是当时被称为革命期建筑师（Revolutionary architects）们的作品。

到了新古典主义时期，建筑完全步入历史主义时代，此阶段赋予建筑定位的问题成为一种理想。到巴洛克时期为止的建筑中，古代建筑被视为超越时间的真理。与此相对的，新古典主义以后的建筑中，古代建筑则成为考古学或思辨上的对象。那样的理想与建筑师们之间，存在名为历史的时间洪流，他们以“诠释”这项武器来面对理想。理想并非已经超越时间存在，而是透过解释才具有意涵。

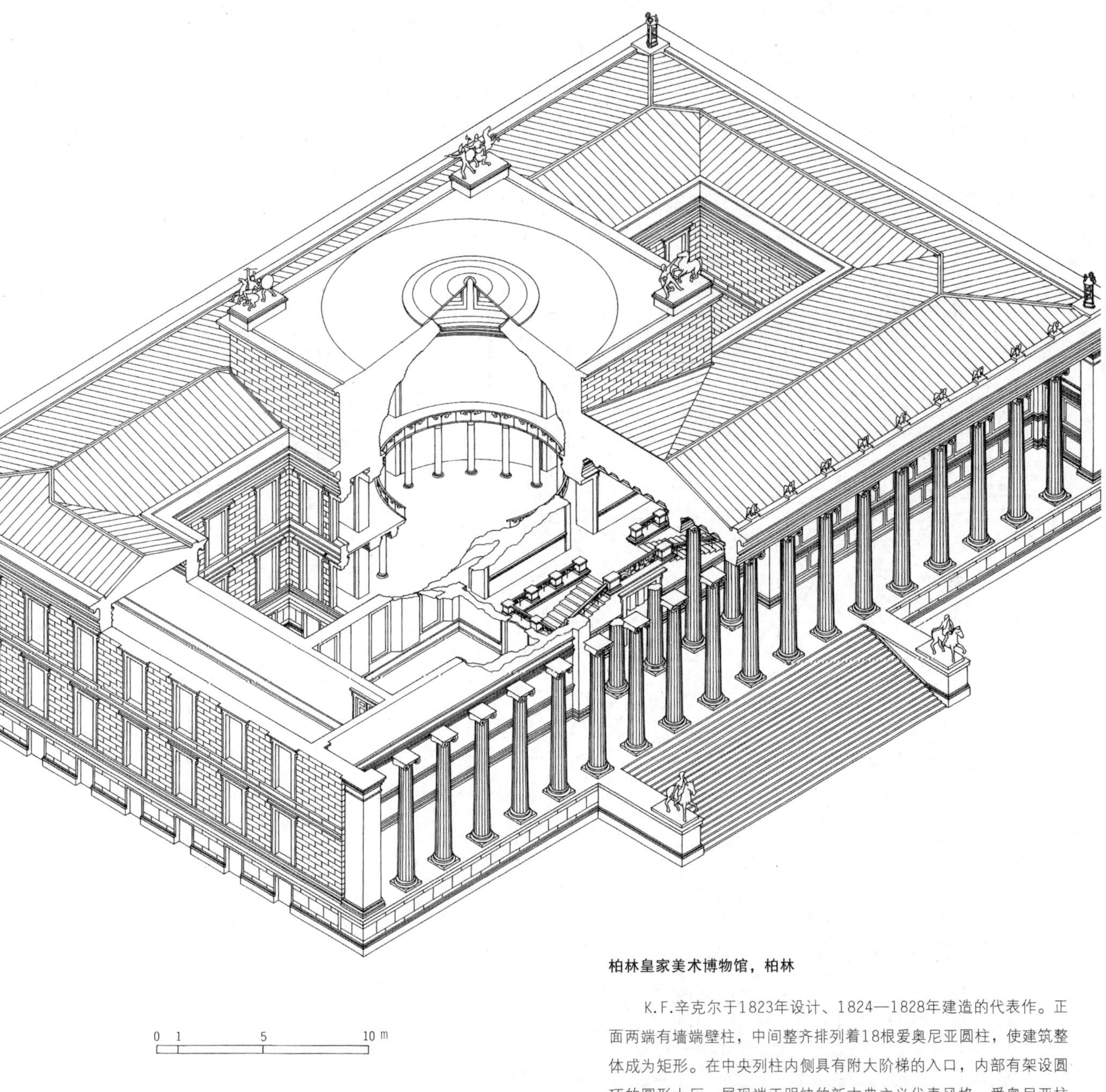

柏林皇家美术博物馆，柏林

K.F.辛克尔于1823年设计、1824—1828年建造的代表作。正面两端有墙端壁柱，中间整齐排列着18根爱奥尼亚圆柱，使建筑整体成为矩形。在中央列柱内侧具有附大阶梯的入口，内部有架设圆顶的圆形大厅。展现端正明快的新古典主义代表风格。爱奥尼亚柱式被认为适合学院派建筑物，博物馆建筑中经常采用。

新古典主义是同时代各风格中的一种趋势，它具有考古学的正确度和思辨的整合性这两项要素。追求考古学的正确性的是希腊建筑，从这方面来看，新古典主义建筑可称为希腊风格复兴（Greek revival）。从重视思辨的整合性来看，新古典主义显现朝几何化形态发展的强烈趋势。基本上，新古典主义建筑具有文艺复兴建筑以来的精致细部，而且其整体构成以明快的几何化造型组成，因而能够呈现特有的严谨感。由此看来，新古典主义风格并非由细部产生的，而是从控制每个细部的严格造型法则所衍生出的。

追求思辨的整合性，发展出建筑原型的概念。由此形成最少构成元素组成的小屋概念，也就是具有4根柱子支撑山形墙屋顶的小屋，这样意象称为原始屋架（primitive hut）。相对于由墙体形成的构造（古罗马建筑），原始屋架理论提倡由柱子形成的构造（古希腊建筑），显示出侧重于考古学。

像这样追求思辨整合性的态度背后，其实隐藏着浓厚的价值观，而非中立、客观地尊重真理。顺带一提，这样的建筑思潮也称为理性主义（rationalism），不过这个不适合译为合理主义，因为容易让人连想到功利的价值观，最恰当是译为理性主义。

由此看来，讨论有关新古典主义细部似乎充满予盾。然而新古典主义的细部具有独特的趣味，新古典主义时代强调细部的正统性（authenticity），当时偏好有清楚可靠依据的细部，不论是依据希腊或罗马都一样。然而此风格的特色是那样的细部被整齐地运用。这使得新古典主义建筑给人一种毫无破绽、庄严冷静的机械印象。

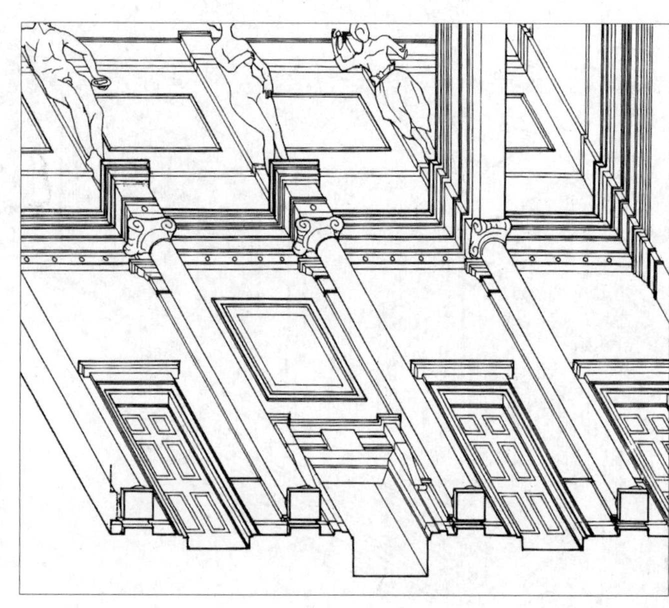

席恩之屋的前室

长方形房间以圆柱划分为正方形，以强调房间的格局。为妙用壁前柱的范例。

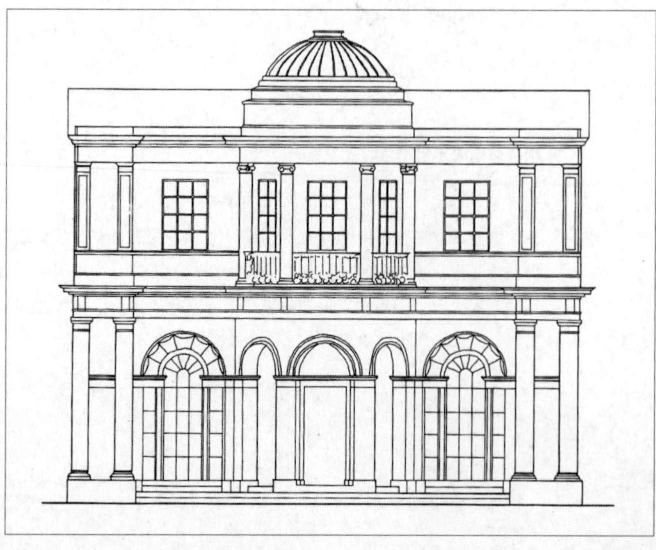

费兹赫伯特（Fitzherbert）宅邸，庭园侧立面

这件作品也是由亚当改建的工程。檐壁的花彩装饰、细壁柱和纤细的门形窗等，显示出新古典主义建筑细部符号的抽象性。

新古典主义时期的建筑物比古代建筑物规模更大。在建筑上整齐地加上规律、不太有变化的历史装饰或细部，便能呈现新古典主义的氛围。

新古典主义建筑另一项不可忽略的特色是色彩。当时根据考古学的调查，当时希腊建筑雕刻上曾涂绘三原色般的色彩。被尊为具正统性（authenticity）的建筑师们，会在建筑物内部涂绘缤纷的色彩做装饰。新古典主义建筑物外观沉稳冷静，进入内部却突然转变成绚烂的色彩。当时喜爱使用的色调，包括粉色调的浅绿、蓝、红、黄等颜色，并搭配涂上白、金色的浮雕装饰图样。当时虽喜好色彩鲜艳的大理石纹理，但在室内装饰上也常直接运用砂岩石头纹理或木纹。

巴洛克式风格和称得上是它的日常版的洛可可风格，都大胆运用S形反转曲线，然而新古典主义装饰图样中，却极少用反转曲线，即使有运用，也被限定在特定的框架中，整体呈现非常知性的感觉，从某种意味上来说它甚至让人感觉冰冷。我们如果分析各式各样图样和细部，就会发现在文艺复兴以来的新古典主义建筑系统中，尽管古典主义的许多部分已消失，但是整体印象之所以不同，是源于上述图样排列的等质性。反倒是构成和空间架构，却出乎意料地类似明亮的近代建筑，另外细部加入古典图样，内部有很鲜艳华丽色彩，也很明显给人的不同印象。换言之，我们必须注意到新古典主义的细部和空间构成，既是经过整合，同时又蕴藏着强烈矛盾与对立。

要列举新古典主义的建筑作品并非不可行，但考虑兼顾此思潮的其他方面，以下将列举具代表性的建筑师。

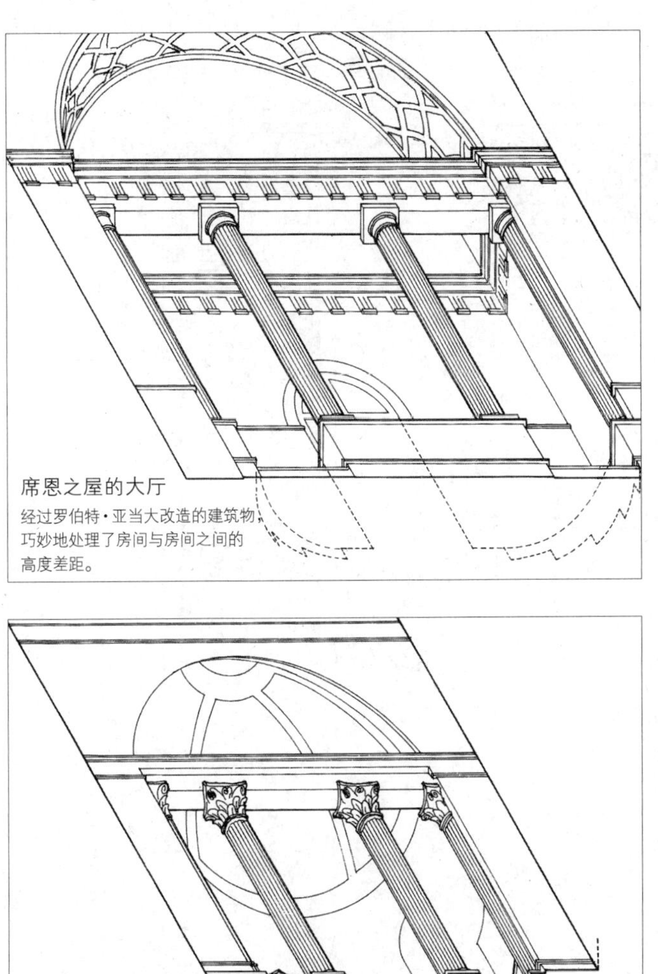

席恩之屋的大厅

经过罗伯特·亚当大改造的建筑物，巧妙地处理了房间与房间之间的高度差距。

席恩之屋的餐厅

这是亚当经常运用在长形房间端部的基本设计。圆顶和屏幕般的2根圆柱，形成罗马形态构造，也是理性空间构成的工具。

辛克尔·柏林皇家美术博物馆的天花板

罗伯特·亚当，圣詹姆斯广场（Saint James Square）住宅，音乐室天花板

- M. A.洛及尔（1717—1769）
- 贾克·傑尔曼·苏福楼（1713—1780）
- 艾特尼·路易·布雷（1728—1799）
- C.N.勒杜（1736—1806）
- 珍·尼可拉斯·路易斯·都兰（Jean-Nicolas-Louis Duran）（1760—1834）
- 弗烈德里希·吉利（1772—1800）
- 弗烈德里希·辛克尔（1781—1841）
- 雷奥·冯·克伦泽（1784—1864）
- 罗伯特·亚当（1728—1792）
- 约翰·索恩（1753—1837）
- 约瑟夫·米歇尔·甘地（Joseph Michael Gandy）（1771—1843）
- G. B.皮拉尼西（意大利：1720—1778）
- B.拉特罗布（美国：1764—1820）

新古典主义中隐藏的矛盾和紧张元素，使当时涌现了许多计划师或建筑幻想画。

通常建筑师除了以展现自己建筑意象的实作来表现外，很多人还出版建筑论和建筑书。为方便起见，以下将列举数本历史上重要的建筑书以供读者参考。

Vitrvius，De Architectura，C.AD25（森田庆一译《维特鲁威建筑书》日本东海大学）

Villard de Honnecourt，1'Album，13世纪（藤本康雄《维拉德·德·奥内库尔画帖》鹿岛出版会）

L. B. Alberti，De Re Aedificatoria，1452 S. Serlio L'Architettura，1537－1551

G. B. da Vignola，Regola delli Cinque Ordini d'Architettura，1562

A. Palladio. I Quattro Libri dell'Architettura，1570

Philibert de l'Orme，Architecture，1567

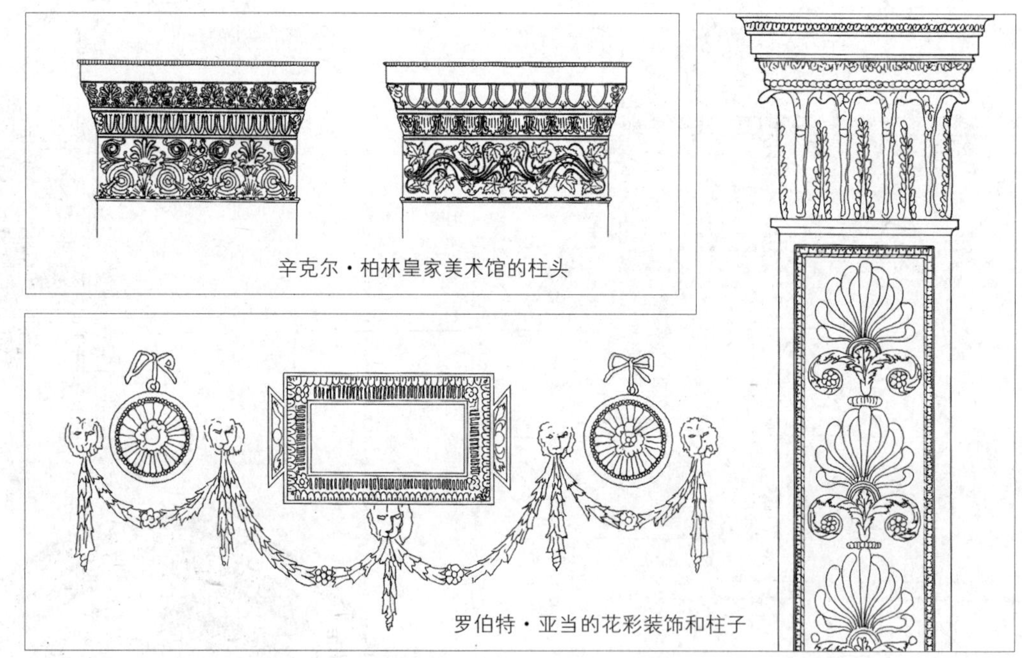

辛克尔·柏林皇家美术馆的柱头

罗伯特·亚当的花彩装饰和柱子

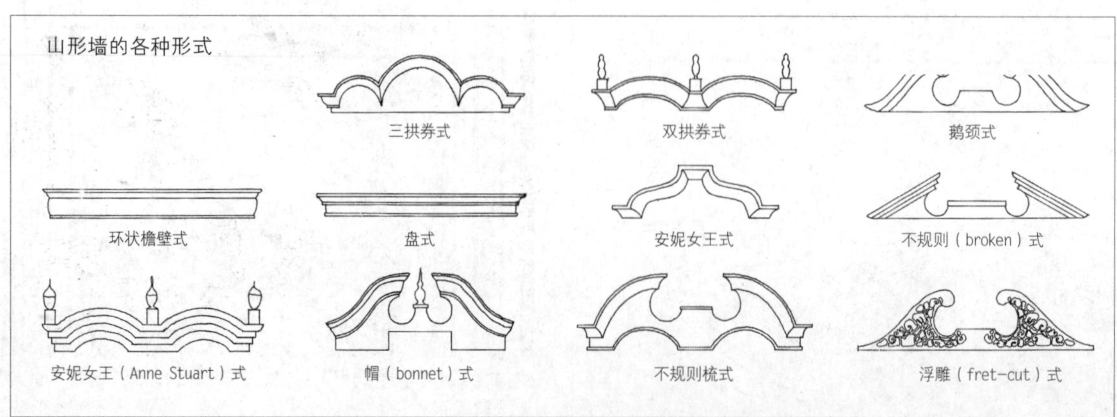

山形墙的各种形式

R. Fréart, parallèle de l'Architecture Antique et de la Moderne, 1650

C. Perrault, Ordonnances des Cinq Espèces de Colonne, 1676

de Cordemoy, Nouveau Traité de Toute I' Architecture, 1706

M. A. Laugier, Essai sur I' Architecture, 1753

J. N. L. Durand Leçons. 1801 - 1805

E. Viollet-le-Duc, Entretiens sur I' Architecture, 1863

J. Guadet, Éléments et thèorie de Architecture, 1902

H. Blum, Quinque Columnarum exacta descriptio atque delineatio, 1550

Vredeman de Vries, Architecture, 1577

Wendel Dietterlin, Architecture, 1594 - 1598

John Shute, The First and Chief Grounds of Architecture, 1563

James Gibbs, Rules for Drawing the Several Parts of Architecture, 1732

Isaac Ware, The Complete Body of Architecture, 1756

William Chambers, A Treatise on Civil Architecture, 1759

Thomas Rickman, An Attempt to Discriminate the Styles of Architecture in England, 1817

新古典主义时期出现出许多名制图家，将建筑的理想呈现在设计图中。图中呈现出那个时代的理想主义性格，与其说是狂想曲（caprice），倒不如说是狂想作品（extravaganza）更为贴切。

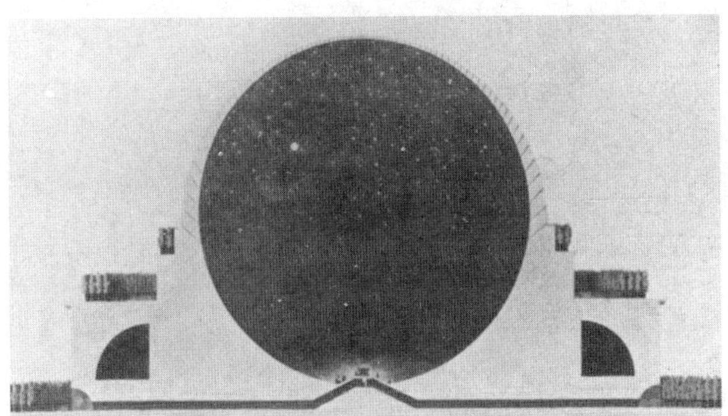

牛顿纪念堂，E.L布雷，1784年

这是巨大的球形建筑，最初设计的构想是让阳光透过球体外壳的孔射入室内，这样从内部仰望，仿佛能看到夜空中的繁星。相反地，外部是黑夜时，球内中央吊挂的光源能散发光线，使内部成为白昼。这是让建筑创造出世界的意象。

英格兰银行，约瑟夫·米歇尔·肯迪(Joseph Michael Gandy)，约1830年

这是J.索恩的建筑作品，由他的制图工肯迪所绘的设计图。画法类似去除天花板后的等角投影图（isometric），墙体采不规则呈现，宛若废墟图一般。我们感到惊奇的是，这样的图面（绘画）竟由设计该建筑的建筑师事务所绘制。

肯迪的绘画线条缺少一些新古典主义建筑的强度，总之带有浓浓的浪漫氛围。

伯沙撒王的宴会(Belshazzar' s Feast)，约翰·马丁(John Martin)，1826年

约翰·马丁是位画家，他的画许多都以建筑幻想为背景。这幅画是描写旧约圣经"但以理书"第五章的场面，新巴比伦尼亚国王用从耶路撒冷神庙取回的餐具召开宴席。画中的细部充满异国风，壮阔的场面和整齐的配置，与新古典主义建筑具有共通性。

古代雅典，雷奥·冯·克伦泽，1862年

这是雅典城的想象复原图，远景还能看见卫城的山丘。整体采用深色调的色彩描绘，呈现新古典主义的另一面，让人强烈感受到古典主义的浪漫主义。

现代主义 | *Modernism*

想从浩瀚的世界史中，找寻揭开近代序幕的事件的话，一般在通史中，都会提到美国独立宣言（1776）、法国大革命（1789）和工业革命（1770年代）等。美国独立使其本身与欧洲世界开始相对化，法国革命带来人权及平等的理念，工业革命带来了工业化和城市化。这些都是近代社会所衍生出来的。但是，自此之后需要一个世纪以上的时间，新社会的造型才能有新表现。近代造型一定要排除过去风格的细部，追求新时代的模型。这时出现了所谓的“机械”模型。机械产生了近代社会的原动力，也从那里掀起城市化的波澜。

同时，近代还产生了设计的观念。设计取代以往的艺术和工艺的概念，产生了新社会的造型。近代设计也衍生出以工业为基础的工业设计。从艺术创作和创造中，开始浮现生产的概念。建筑也逐渐开始追求机械意象和机能性的模型方法论和造型。

此外，近代社会产生的中产阶级和劳工阶级，取代了以往的王侯贵族和神职人员等。为了让那些阶级有独立专用住宅或集合住宅，近代建筑找到了最初的表现舞台。这些元素的交集点形成了现代主义的设计。于是建筑各元素被分别掌握，整合后形成建筑整体，这不仅是形式的问题，也是理念的问题。

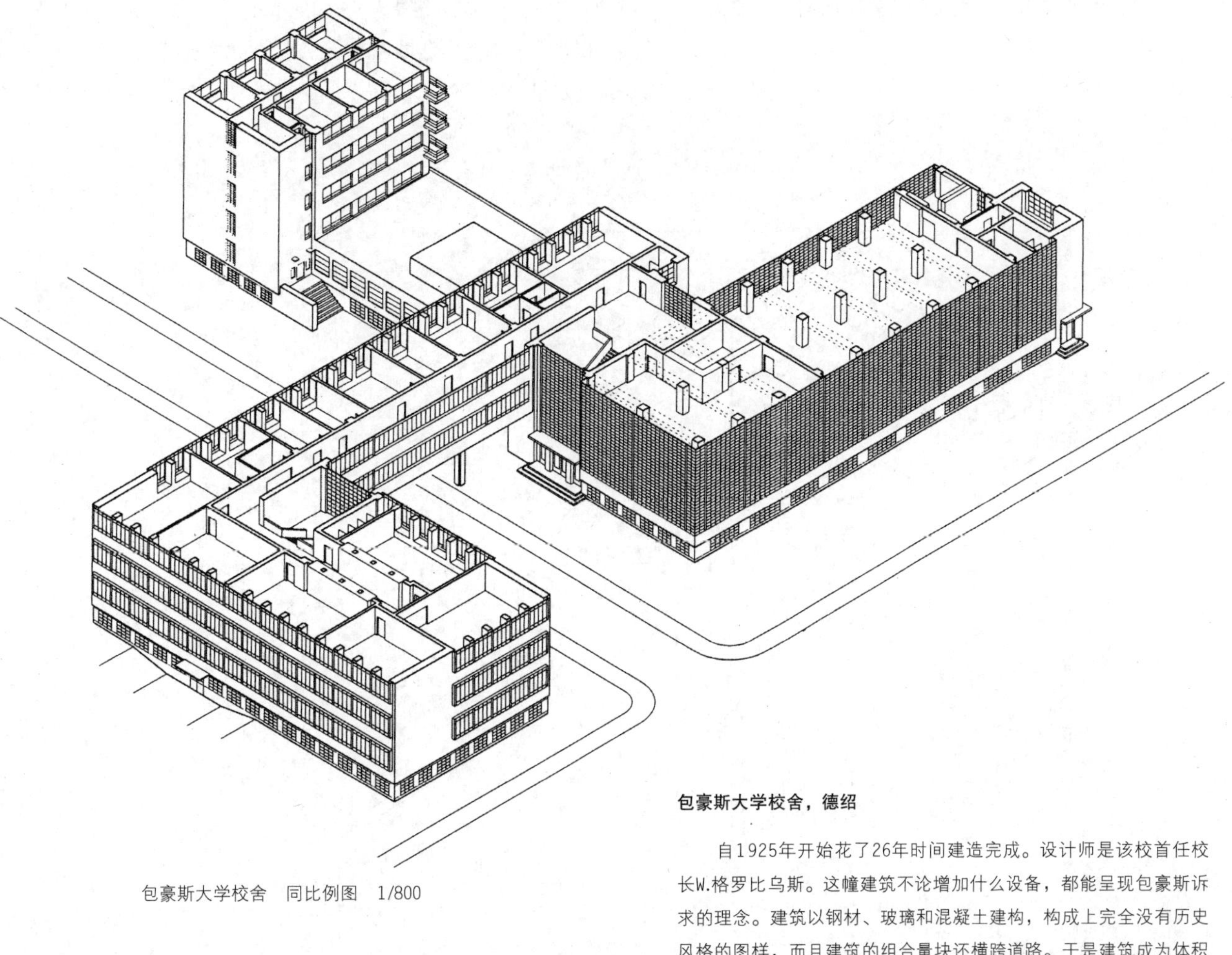

包豪斯大学校舍　同比例图　1/800

包豪斯大学校舍，德绍

自1925年开始花了26年时间建造完成。设计师是该校首任校长W.格罗比乌斯。这幢建筑不论增加什么设备，都能呈现包豪斯诉求的理念。建筑以钢材、玻璃和混凝土建构，构成上完全没有历史风格的图样，而且建筑的组合量块还横跨道路。于是建筑成为体积（volume）组合的构造体。

建筑平面计划中，最能显现现代主义的机能主义特性。与此相对地，现代主义的细部和立面又呈现何种特性呢？在1932年纽约近代美术馆中举办的“国际风格”建筑展中，从P.约翰逊和H.R.希区考克他们提出的建筑上，能整理归纳出下列几项特性。

（1）体积化的建筑；

（2）有规则性的建筑；

（3）避免装饰的建筑。

由此可看出当时意图从形式上的特性，来归纳现代主义建筑这一风格。不过上述的特性，依然遭到其背后看不到支持此建筑形态的理念的指摘。而机械美学（I'esthetique de la machine）才是支持现代主义形态的理念，机械意象被视为现代主义最重要的依据，一般具有如下的特色。

（1）具有机能；

（2）具有符合机能目的的构造；

（3）能完成普遍性的机能。

换句话说，各部分机械和整体紧密连结，针对符合目的的机能来说，整体不会添加无用的部分。机械若照设计说明书运行，一定能实现其机能。依此概念来构想建筑的话，建筑各部分变成整体建筑机能的一部分。有意识的分解建筑构成元素，那些构成（机能）建构出的建筑整体意象，影响现代主义建筑。

建筑就这样变成极具零件性的构成。被视为近代建筑巨匠的F.L.赖特、柯布西耶和密斯·凡·德·罗等三人，在他们的建筑中，意图尝试将建筑各部分的机能意味表现出来。

分析他们的建筑元素时，以往建筑那样的关系从基础、构筑的墙体到穿透墙体的窗户之间，发生了根本的变化。建筑的墙、柱子和窗户等都变成高度独立性的

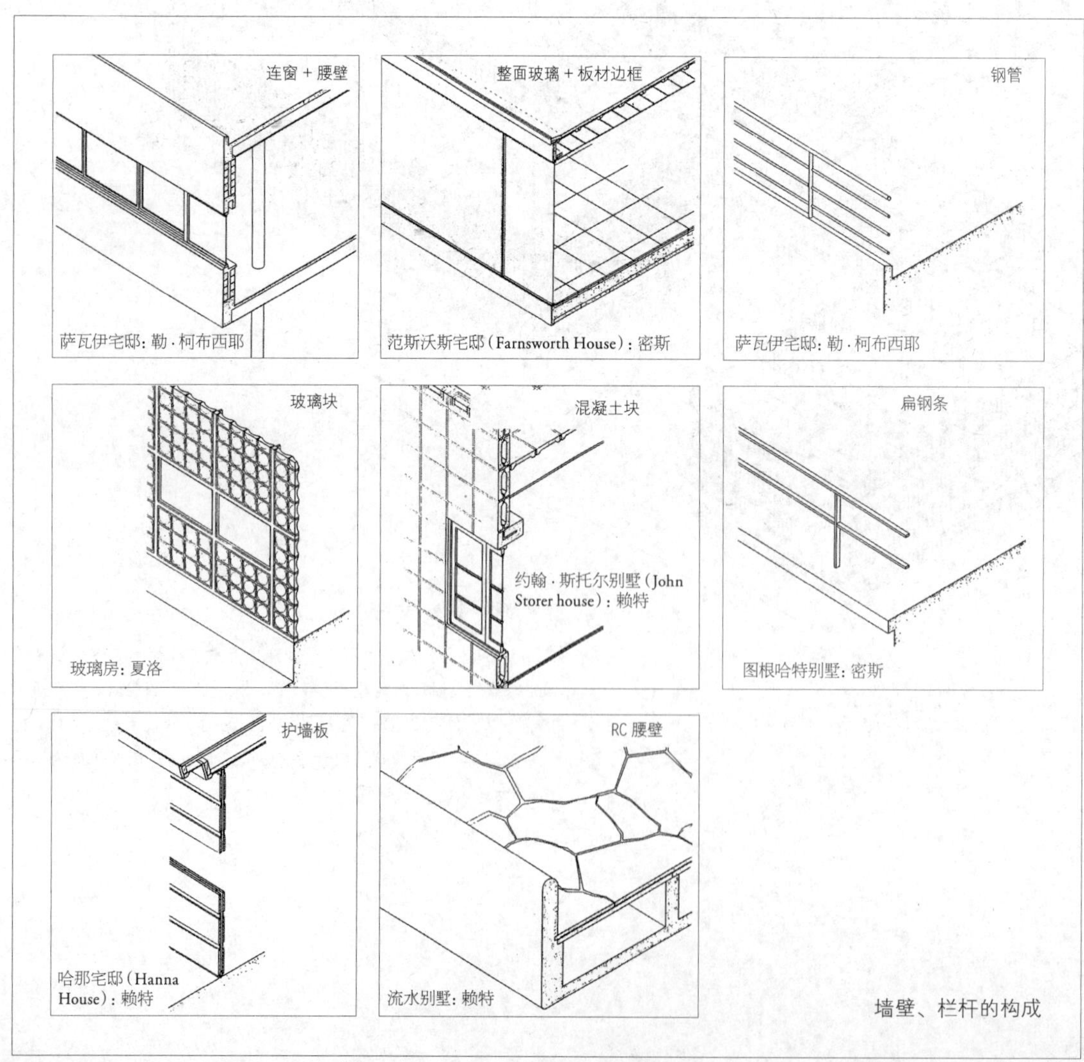

墙壁、栏杆的构成

元素。

尤其是密斯·凡·德·罗，特别致力于清楚表现建筑的元素。他设计钢铁构架建筑时，针对钢铁构架外包裹耐火材料，以免暴露在外部的作法，特别改用在外部加上其他细铁材的手法，由此来清楚呈现建筑的构造。

这已非机能性的表现，而是基于机械美学的表现。现代主义绝非机能分析和机能再整合所产生的必然结果。现代主义当然也会考虑到美学与风格。密斯·凡·德·罗被称为最高机能主义建筑师，但同时他也是运用非常装饰性手法来表现机能的建筑师。由此我们也可看出现代主义的本质。

现代主义另一位建筑巨匠是勒·柯布西耶，他在1936年曾发表“现代建筑五原则”。

（1）独立柱（底层挑空）；

（2）屋顶花园；

（3）自由平面；

（4）水平带开窗；

（5）自由立面。

从这五项原则中我们得知，他或许认为建筑不是从土地上建筑，而是将机械般的构成组装在建地上而已。近代建筑的确不再像过去建筑那样是受土地束缚的地区产物，而是朝向国际化发展。

直接产于工业革命的蒸汽机，是机械意象模型的原点，世界上最早展开工业革命的英国，到了20世纪后半期，对有浓厚机械意象、被称为高科技风（High-Tech Style）的建筑受欢迎的现象产生了兴趣。

高科技建筑试图露出建筑构造，明白呈现部分与整体的关系。此方法和过去的哥特式建筑手法极为类似。

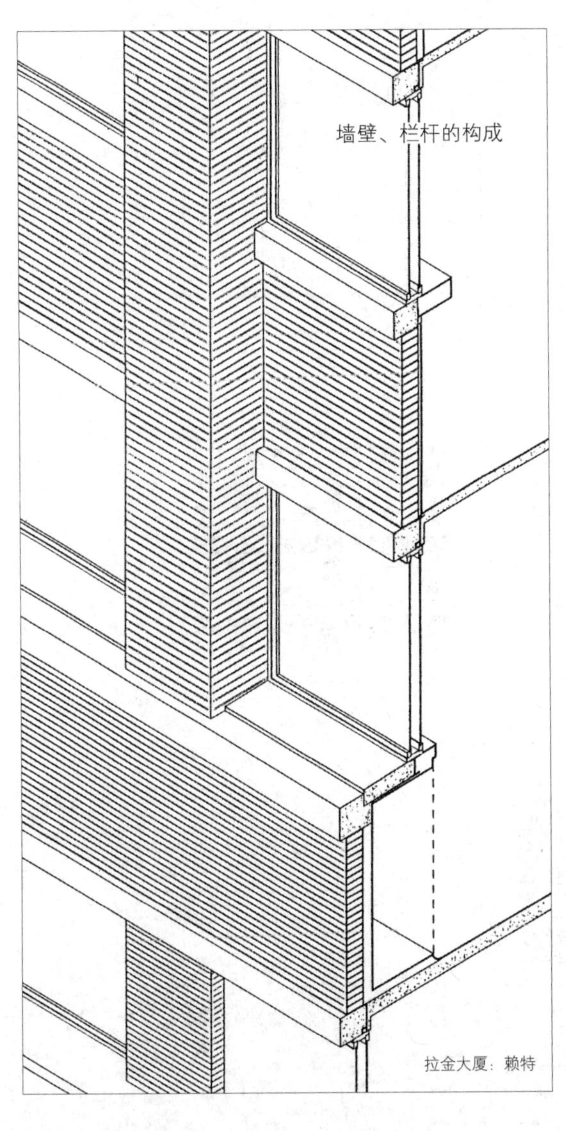

拉金大厦：赖特

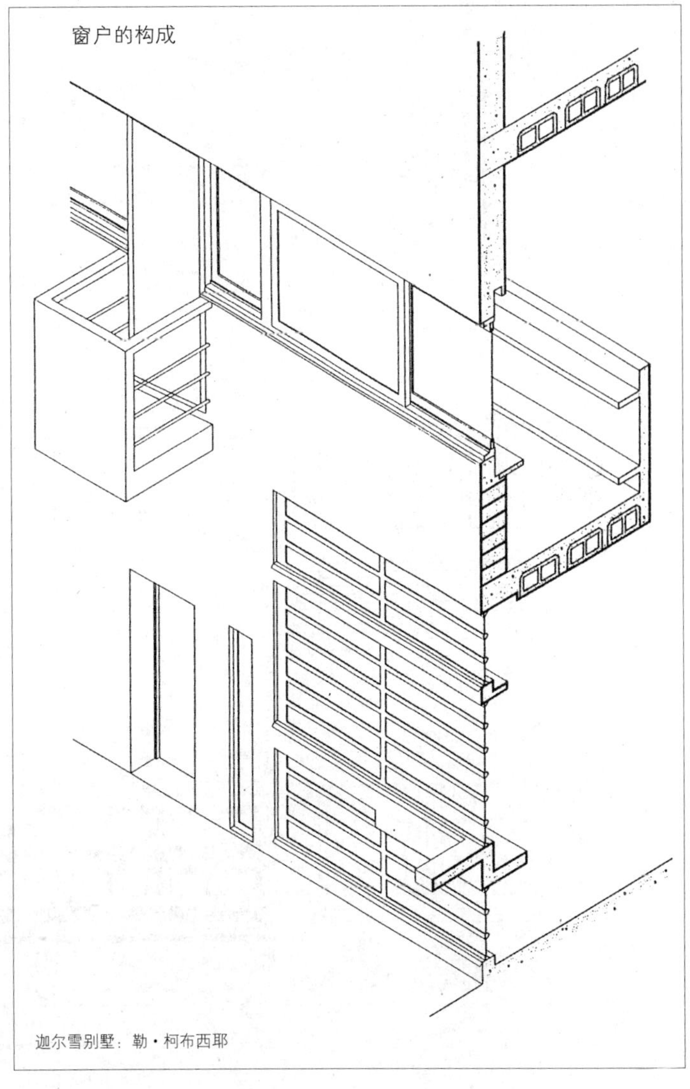

迦尔雪别墅：勒·柯布西耶

若高科技建筑属于哥特建筑系统的话，那么1970年代后半期展开的后现代主义（Post-Modernism）建筑，从注重建筑表面构成这点来看，它在建筑外表覆以具意涵图样的建筑手法，可说是属于古典主义建筑的系统。由此看来，建筑不单能从按时间顺序的历史来思考。整理其形态变迁，也能发现它是由几种类型交织而成。本书的建筑风格分类和解说，便尝试依据那样的类型化来掌握风格的构造。总之，本书并非阐述这里提到的构造性或构造力学，而是建筑风格的类型。

最后，希望读者能再次回顾本书企图做出的尝试。风格史常被认为是旧分类学，但对了解建筑构造来说，这样的风格分类绝不落伍。

在风格史受批判的年代，要了解建筑空间构成，风格的图样和细部被认为仅具有次要功能。然而，建筑是抽象的空间构成技术吧。基于上述机械意象的建筑观至今也还存在吧，建筑和机械最大差异处，在于建筑具有内部，那空间里还存有人类，另外建筑是被固定构筑在土地上。因此，若模仿机械意象整理建筑特性，使能得出以下的特性。

（1）具有机能；

（2）具有符合机能目的的构造；

（3）具备普遍性的机能；

（4）具有内部，含括人类；

（5）存在于土地上。

这是复杂的模型，就人类的感觉而言可能具有极高的复杂度。近年来计算机工程师们，依据计算器结构（Computer Architecture）的语汇，来表现他们处理的对

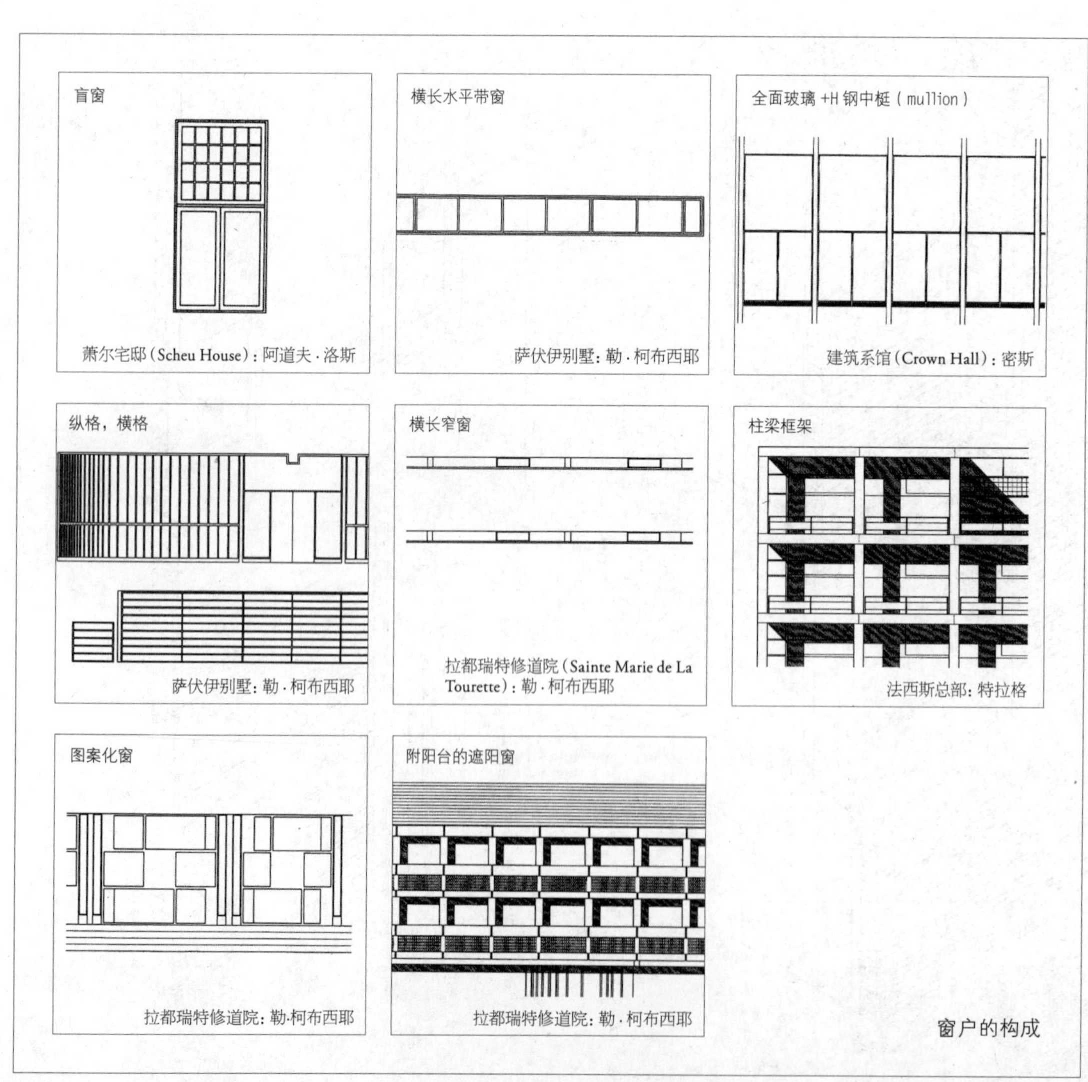

窗户的构成

象，那大概是最复杂的构造体。恐怕并非单纯由部分和整体组成的构造，而是具有地址（location）的整体。

最后，与其说建筑也是由空间产生的，倒不如将它视为从土地（place）产生的构成，在土地上产生的一个场所（location）。建筑是产生场所的工作（place making），这让人想到“举行、发生”的英语，正是以“take place”来表现。

为了建造场所，一定要考虑场所过去的历史和未来发展的可能性。这种“场所可能性”的概念，被视为“Genius Loci（场所精神）”。这是自古罗马以来既有的概念，意指土地具备的可能性。

建筑的本质不正包含在这个词语中吗?

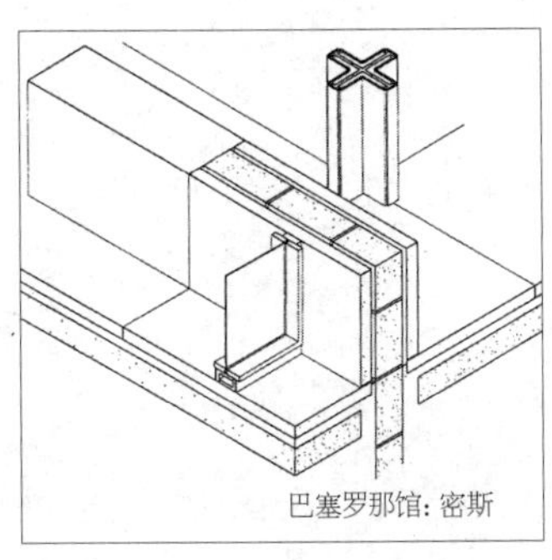

巴塞罗那馆：密斯

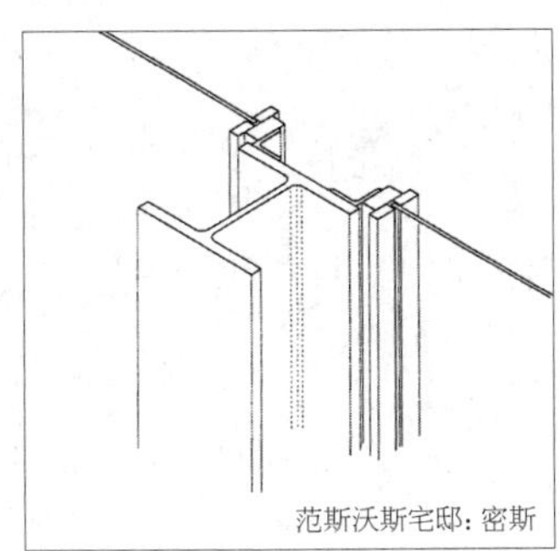

范斯沃斯宅邸：密斯

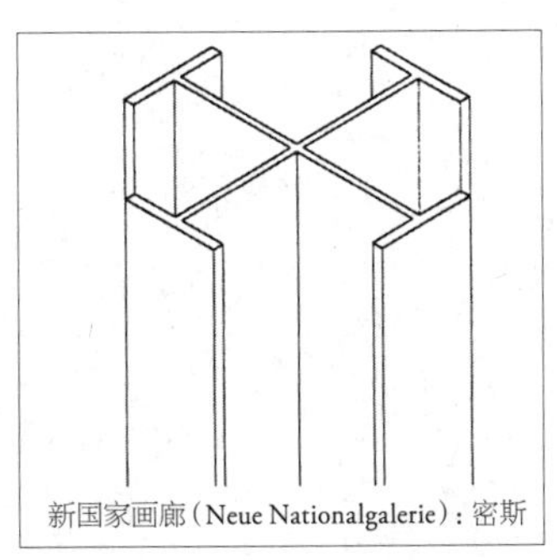

新国家画廊（Neue Nationalgalerie）：密斯

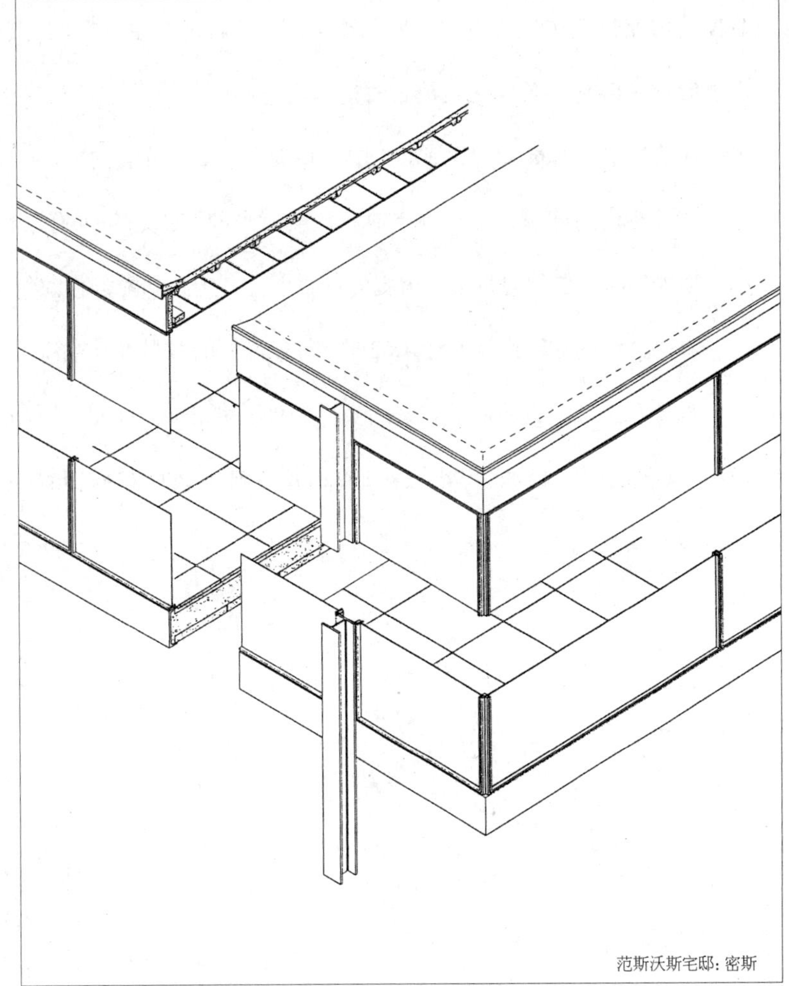

范斯沃斯宅邸：密斯

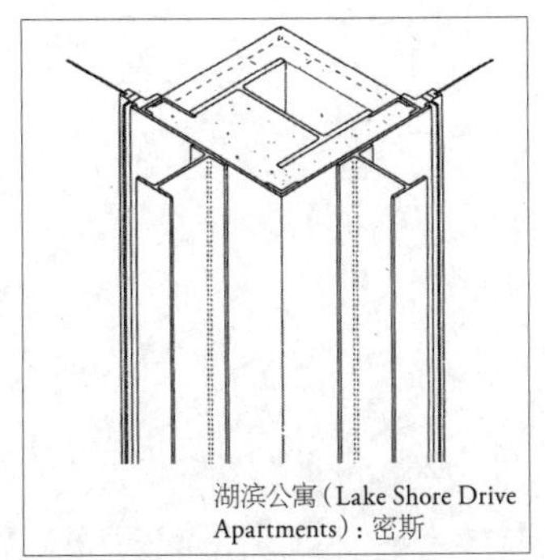

湖滨公寓（Lake Shore Drive Apartments）：密斯

窗户的构成

以下的“建筑风格年表”，是依据前半部“建筑风格的细部”的观点撰写而成。换言之，它不按一般年表的时间顺序整理，而是以介绍建筑风格造型为主题，共分11个章节。因此，例如“哥特式”的章节中，包含了自12世纪开始的哥特式作品，以及19世纪以后的哥特复兴式作品（各章的作品依完成年代顺序排列）。另外，在各章最后，均列举一例日本作品以供参考。

但是为了使年表能够单独运用，年表中搜集了自古代到第二次世界大战期间各时期的主要建筑作品。因此，为方便起见，“新古典主义”和“现代主义”之间的造型过渡期（混乱、多样化或模索时期）的作品，都合并整理在“折中主义”这个章节里。在前半部“建筑风格的细部”中，并没有本章的分类内容。

为使读者对建筑作品成立当时的社会背景和艺术趋势等有某种程度的了解，年表中还加入当时主要的建筑书、历史的重要事件、绘画和雕刻作品等。

本书介绍的建筑作品共计1062件，每种风格的数量如下列统计。

古埃及：70；古希腊：77；古罗马：90；拜占庭：102；罗马式：112；哥特式：130；文艺复兴：158；巴洛克：192；新古典主义：224；折中主义：244；现代主义：99。

下　篇

建筑风格年表

古埃及 | *Egypt*

时　间		类　别 [索引编号]
约公元前3100—前2185	埃及古王国时期	历史事件
约公元前3000	埃及开始使用象形文字	历史事件
约公元前2800	石室墓群，萨卡拉（埃及） 断面呈长方形或梯形的陵墓，有垂直的暗道或斜路通往地下的密室，被称为金字塔的原型。	建 筑 [1-1]
约公元前2750	《黑希拉像》（Hesire）	雕 刻
约公元前2610	《拉荷太普王子和诺弗尔（Rahotep and Nefret）夫妇像》	雕 刻
约公元前2620—前2600	阶梯金字塔，萨卡拉（埃及），伊姆霍提普（Imhptep） 它是包含卓瑟王（Djoser）金字塔的复合式建筑。金字塔呈阶梯状，显示这个阶段开始从石室坟墓朝向四角锥形金字塔发展。据说设计者“伊姆霍特普”是通晓医学等各领域的著名全能天才，死后被神格化。	建 筑 [1-2]

[1-1]①

[1-2]

时　间		类　别 [索引编号]
约公元前2600	梅德姆金字塔，梅德姆（埃及） 在建筑技术尚未成熟的阶段，有许多这种已崩毁的金字塔。该金字塔只剩中央的轴心部分，外侧均已毁坏。	建 筑 [1-3]
	弯曲金字塔，达哈舒（埃及） 这是斯尼福鲁王（Sneferu）在建造四角锥形金字塔前期所造的金字塔。据说为了减轻上半部的重量，下半斜角为54.15º，上半斜角则从中折成43º。	建 筑 [1-4]

①图下编号为索引。下同。

时　间		类　别 [索引编号]
	红金字塔，达哈舒（埃及） 它和弯曲金字塔一样，同为斯尼福鲁王所建的发展阶段的金字塔，因使用红色砂岩而得名。斯尼福鲁王葬于此金字塔中。	建 筑 [1-5]
	《梅德姆的鹅》，或译《野鹅图》（*The Geese of Maidum*）	绘 画
约公元前2530	《卡夫拉王坐像》	雕 刻
约公元前2545—前2520	胡夫[基奥普斯（Cheops）]王金字塔，吉萨（埃及） 这座金字塔在技术与形式上都是完成之作。高约146米，底边长约233米，是现存最大的金字塔。经过近年来的调查研究，我们对其内部结构已有更详细的了解。	建 筑 [1-6]
约公元前2500	卡夫拉王金字塔，吉萨（埃及） 尽管金字塔还残存包括狮身人面像的葬祭神庙，但也有人认为它比这座金字塔更早兴建。	建 筑 [1-7]
	孟考拉王金字塔，吉萨（埃及） 它是三大金字塔中最晚兴建的，自此之后的金字塔规模日益缩小，逐渐不再兴建。	建 筑 [1-8]
约公元前2475	《孟考拉王和王妃》	雕 刻
约公元前2400	《泰的墓的浮雕：看着猎捕河马的泰》（Relief in the mastaba tomb of Ti: Ti watching a hippopotamus hunt）	雕 刻
约公元前2133—前1786	埃及中王国时期	历史事件

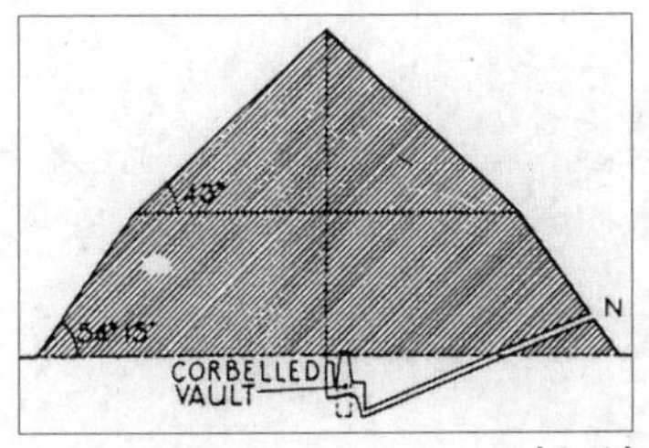

[1-4]

[1-6]

[1-7]

时　间		类　别 [索引编号]
约公元前1991—前1971	卡纳克神庙，卡纳克（埃及） 阿门内姆哈特一世（Amenemhat Ⅰ）开始建造圣域，虽然建设直到王国末期才完成，但主要建筑都是在18~19王朝时兴建的。	建 筑 [1-9]

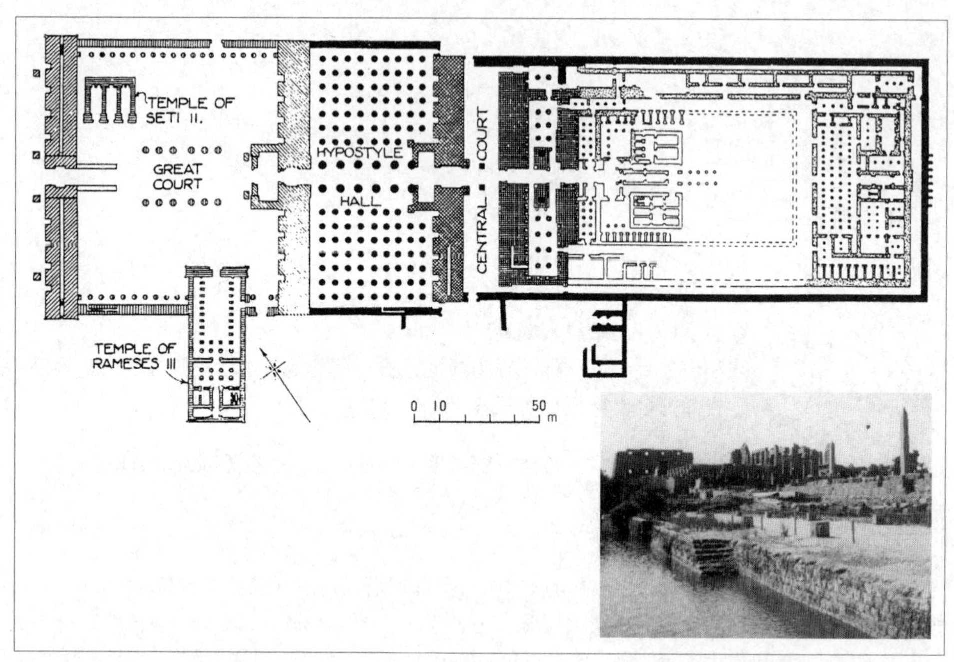

[1–9]

时　间		类　别
约公元前1971—前1929	森乌塞特一世（SenwosretⅠ）小神庙，卡纳克（埃及） 它是建造在卡纳克圣域内的小型神庙，具有列柱环绕着中央宝座的平面结构。它以阿蒙赫特普三世（Amenhetep Ⅲ）所建立的牌楼（Pylon，或译塔门）（四角锥梯形门）为基础，近年已修复原貌。	建 筑 [1-10]
约公元前1920	《大羚羊喂食图》	绘 画
	《贝尼哈桑：克努姆霍特普的墓》（*The Tomb of Khnumhotep*）	绘 画
约公元前2000—前1890	坟墓群，贝尼哈桑（埃及） 为避免盗贼盗墓，这时期的陵墓从原来醒目的金字塔，变成建在岩崖上挖掘的石窟中或是地底下。	建 筑 [1-11]
约公元前1725	西克索人（Hyksos）将马和马车引进埃及	历史事件
约公元前1580—前1085	埃及新王朝时期	历史事件
约公元前1529—前1508	阿蒙大神庙，卡纳克（埃及） 阿蒙赫特普一世所建的雄伟神庙，之后他还继续兴建卡纳克圣域。	建 筑 [1-12]

时 间		类 别 [索引编号]
约公元前1508—前1493	**阿蒙大神庙的牌楼Ⅳ、Ⅴ，方尖碑，卡纳克（埃及）** 杜德摩西一世（Tuthmosis Ⅰ）所建。牌楼是呈四角锥梯形的门，这也是埃及神庙的建筑特色之一。	建 筑 [1-13]
约公元前1485	**哈特谢普苏特女王神庙，戴尔巴哈利（埃及）** 由森姆特（Senmut）所设计，依着峭壁所兴建的平台状建筑，和孟杜霍特普二世、三世（Mentuhotep Ⅱ、Ⅲ）神庙接邻。后来被杜德摩西三世破坏。现已修复。	建 筑 [1-14]

[1–13]

[1–14]

时 间		类 别 [索引编号]
公元前1470—前1413	**阿蒙大神庙的祝祭殿，卡纳克（埃及）** 最初由哈特谢普苏特女王兴建，位于神庙最里面，后由杜德摩西三世改建成由百柱厅及有动、植物浮雕的房间等构成的复合式建筑。	建 筑 [1-15]
约公元前1400	《猎鸟图》（*Fowling Scene*）	绘 画
	《舞蹈少女和音乐家》	绘 画
公元前1403—前1365	**阿蒙大神庙的牌楼Ⅲ，卡纳克（埃及）** 阿蒙赫特普三世建造的牌楼，成为百柱厅的出口，与通往圣殿的入口牌楼Ⅳ相向建造。	建 筑 [1-16]
约公元前1365	《阿肯纳顿》（Akhenaton）	雕 刻
	《娜芙蒂蒂王后》（Nefertiti）	雕 刻
公元前1365—前1349	**阿蒙大神庙的阿顿（Aton，即太阳神）神庙，卡纳克（埃及）** 以宗教改革为目标的阿蒙赫特普四世（阿肯纳顿）时代的艺术，被称为阿玛纳（Amarna）艺术，风格倾向自然主义与写实主义。	建 筑 [1-17]
约公元前1344	**图坦卡蒙（Tut-Ank-Amon）之墓，戴尔巴哈利（埃及）** 里面丰富的殉葬品显示了王族的威权，1922年被挖掘出时，被视为20世纪最大的发现。图坦卡蒙是古埃及第18王朝的第12代君王（在位期间1361—1352）。	建 筑 [1-18]

时 间		类 别 [索引编号]
公元前1332—前1305	**阿蒙大神庙的牌楼Ⅸ，卡纳克（埃及）** 赫列姆赫布（Horemheb）是企图清除阿玛纳时代（阿肯纳顿时代）遗物的法老，这是他用阿肯纳顿建造太阳神庙的石材来兴建的牌楼。	建 筑 [1-19]
公元前1305—前1303	**阿蒙大神庙的牌楼Ⅱ，卡纳克（埃及）** 拉姆塞斯一世（Ramesses Ⅰ）建造了牌楼，这是从第一中庭通往百柱厅的入口。正面竖立的是拉姆塞斯二世——皮内杰姆的巨型雕像，又名"皮内杰姆（Pinedjem）巨像①"。	建 筑 [1-20]
约公元前1309—前1291	**塞提一世神庙，阿拜多斯（埃及）** 塞提一世建造的神庙具有L字型的平面。浮雕（relief）是埃及艺术的最高杰作。	建 筑 [1-21]
约公元前1250	**阿布辛贝尔小神庙（哈托尔神庙），阿布辛贝尔（埃及）** 这是被刻建在岩块上的神庙，正面有拉姆塞斯二世和王妃纳菲塔丽（Nefertari）的巨大座像。如今它和大岩庙已一起被切割移建到较高处。	建 筑 [1-22]
公元前1303—前1224	**阿蒙大神庙的百柱厅，卡纳克（埃及）** 塞提一世开始建造，拉姆塞斯二世时完成。规模广达53米×102米的百柱厅，被誉为世界七大奇迹之一，厅内林立许多刻有浮雕、漆上色彩的巨柱。	建 筑 [1-23]
约公元前1490—前1223	**路克索神庙，路克索（埃及）** 由阿蒙赫特普三世、拉姆塞斯二世所建的典型埃及神庙，后来被挪用作为基督教会，现则在神庙上部增建清真寺。牌楼的前面部分有方尖碑，现在竖立于巴黎的协和广场（Place de la Concorde）。	建 筑 [1-24]

[1-19]

[1-24]

[1-20]

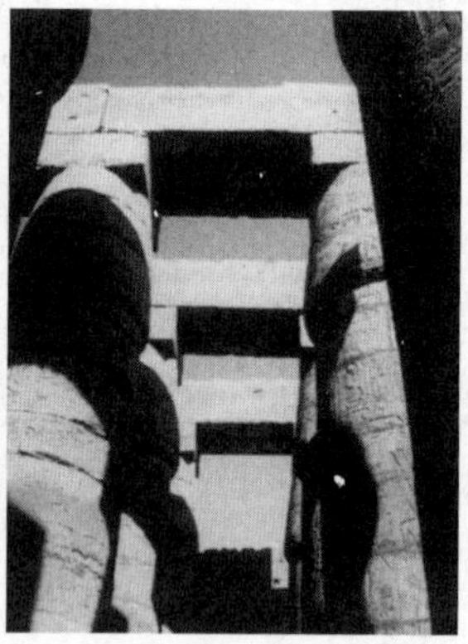

[1-23]

时 间		类 别 [索引编号]
约公元前1290—前1223	**拉姆塞斯三世神庙，哈布城（埃及）** 哈布城是周围环绕着城垣的复合式建筑，以此为中心形成典型的埃及神庙。	建 筑 [1-25]
约公元前1290—前1220	**阿布辛贝尔大神庙（拉姆塞斯神庙），阿布辛贝尔（埃及）** 这是砂岩崖壁上挖掘建造的神庙，正面的四座巨像是建造者拉姆塞斯一世。为避免它被阿斯旺高坝（Aswan High Dam）淹没，被迁建于现在的位置。	建 筑 [1-26]
约公元前1000—前612	亚述帝国（Assyria）	历史事件

①皮内杰姆（1070—1032）是第21王朝的法老，据说他在拉姆塞斯二世的雕像上，刻了自己的名字，因此这座巨型雕像又称此名。——译者注

时 间		类 别 [索引编号]

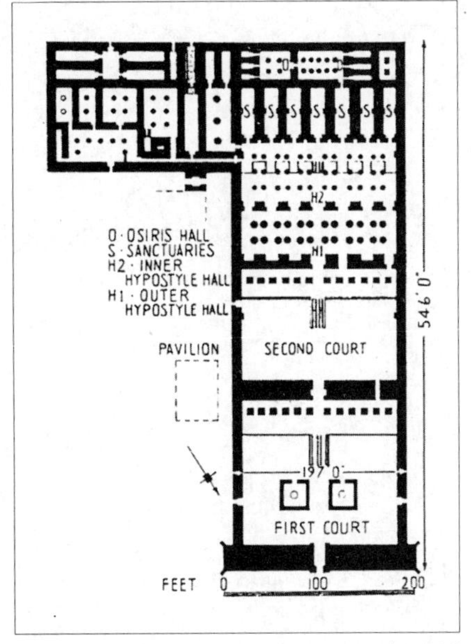

[1-21]

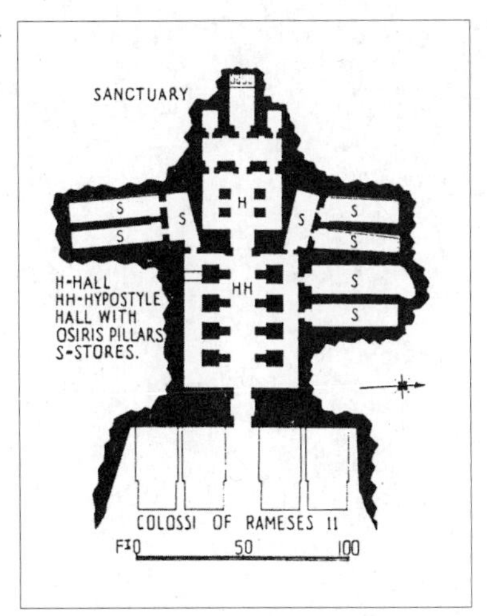

[1-26]

时 间		类 别 [索引编号]
公元前715—前662	**阿蒙大神庙的牌楼Ⅰ，卡纳克（埃及）** 进入整个神庙的入口牌楼，上面完全没有浮雕和碑文。	建 筑 [1-27]
公元前525	**波斯征服埃及**	历史事件
约公元前305	**伊希斯神庙（开工），阿斯旺，菲莱岛（埃及）** 从平面上来看它虽然是传统的埃及神庙，但从前庭列柱的柱头形态已截然不同这点来看，可知当时对细部已刻意地加以改变。为避免它被阿斯旺高坝淹没，现今已迁建至邻岛。	建 筑 [1-28]
公元前237—前57	**荷鲁斯神庙，艾德夫（埃及）** 在百柱厅中使用了各种形态的柱头，被视为从托勒密王朝到罗马时代的埃及建筑特色。	建 筑 [1-29]
约公元前116	**图拉真亭（开工），阿斯旺，菲莱岛（埃及）** 建于伊希斯神庙旁边的亭廊，是图拉真皇帝运用埃及图案建造的小建筑物。	建 筑 [1-30]
公元前116—公元117	**哈托尔神庙，丹德拉（埃及）** 由柱顶和其下面哈托尔女神浮雕构成的柱头，是这时期的建筑特色。	建 筑 [1-31]

[1-27]

[1-28]

[1-30]

时　间		类　别 [索引编号]
约公元前181—公元218	**康翁波神庙，康翁波（埃及）** 即使这时已至罗马时代，但它仍维持传统埃及神庙的形态，梁下等处可见当时的色彩。	建 筑 [1-32]
1924	**阿部美树志自宅，东京（日本）** 阿部美树志 这是日本埃及风格建筑的实例。曾担任战灾复兴院总裁的建筑师阿部先生，早期在东京元麻布建了这幢自宅。除了RC（钢筋混泥土）建造的坚固结构外，还搭配以埃及为主的各式典故的装饰图案。	建 筑 [1-33]

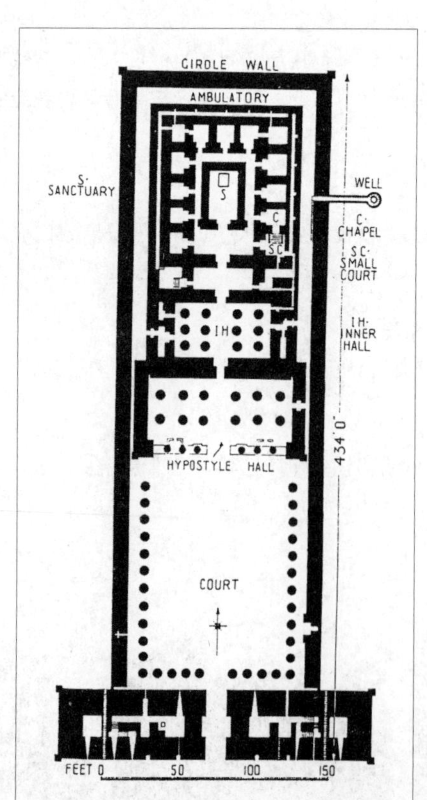

[1–29]

[1–32]

[1–33]

古希腊 | *Greece*

时 间		类 别 [索引编号]
约公元前1700—前1500	米诺斯（Minoan）文明全盛时代	历史事件
约公元前1600	诺萨斯宫殿，克里特岛诺萨斯（希腊） 公元前1700年左右遭到破坏，后来被重建。在广宽的中庭周围，并排着主要的房间，其外围环绕着复杂的平面架构，形成有效运用倾斜地的剖面计划。据说它是传说中的工匠泰达鲁斯（Daedalus）所设计。后由伊凡斯（A. Evans）挖掘出，局部已修复。	建 筑 [2-1]
约公元前1500	《诺萨斯宫殿：斗牛士壁画》	绘 画
约公元前2000—前1450	费斯托斯宫殿，克里特岛费斯托斯（希腊） 它与诺萨斯相同，具有米诺斯文明复杂平面的宫殿特色，中庭有大小二排列柱。米诺斯时期被发掘的宫殿还有玛里亚宫殿（Palace of Malia）。	建 筑 [2-2]
约公元前1365	《瓦非欧金杯》（Vaphio Cup）	雕 刻
约公元前1200	卫城，皮洛斯（Pylos）（希腊） 据说是荷马（Homeros）史诗中著名的老将涅斯托耳（Nestor）居住的城堡。和提尔恩斯卫城相同，整个城堡也是以美格隆圣室（megaron）为中心，但与提尔恩斯卫城相比，轴线较不明显。	建 筑 [2-3]
约公元前1600—前1100	卫城与坟墓，迈锡尼（希腊） 它是谢里曼（Heinrich Schliemann）发掘出的城堡。以巨大石块建筑而成，古希腊人认为它是“巨人（赛克罗普斯）堆积出的”，因而也称它为巨人堆（巨石堆）。卫城中，以盾形的“狮子门”，和具有半圆顶的坟墓“阿特雷斯宝库（Treasury of Atreus）”最为著名。	建 筑 [2-4]
	卫城，提尔恩斯（希腊） 它是以巨石堆积的具有双重城垣的城堡，建构在以美格隆圣室和其前庭为中心的明显轴线上。被视为希腊神话英雄赫拉克勒斯（Heracles）的居住地。	建 筑 [2-5]
约公元前900	希腊人开始采用腓尼基人的字母系统	历史事件
约公元前900—前700	几何化纹饰时代	历史事件

时 间 **类 别**

[索引编号]

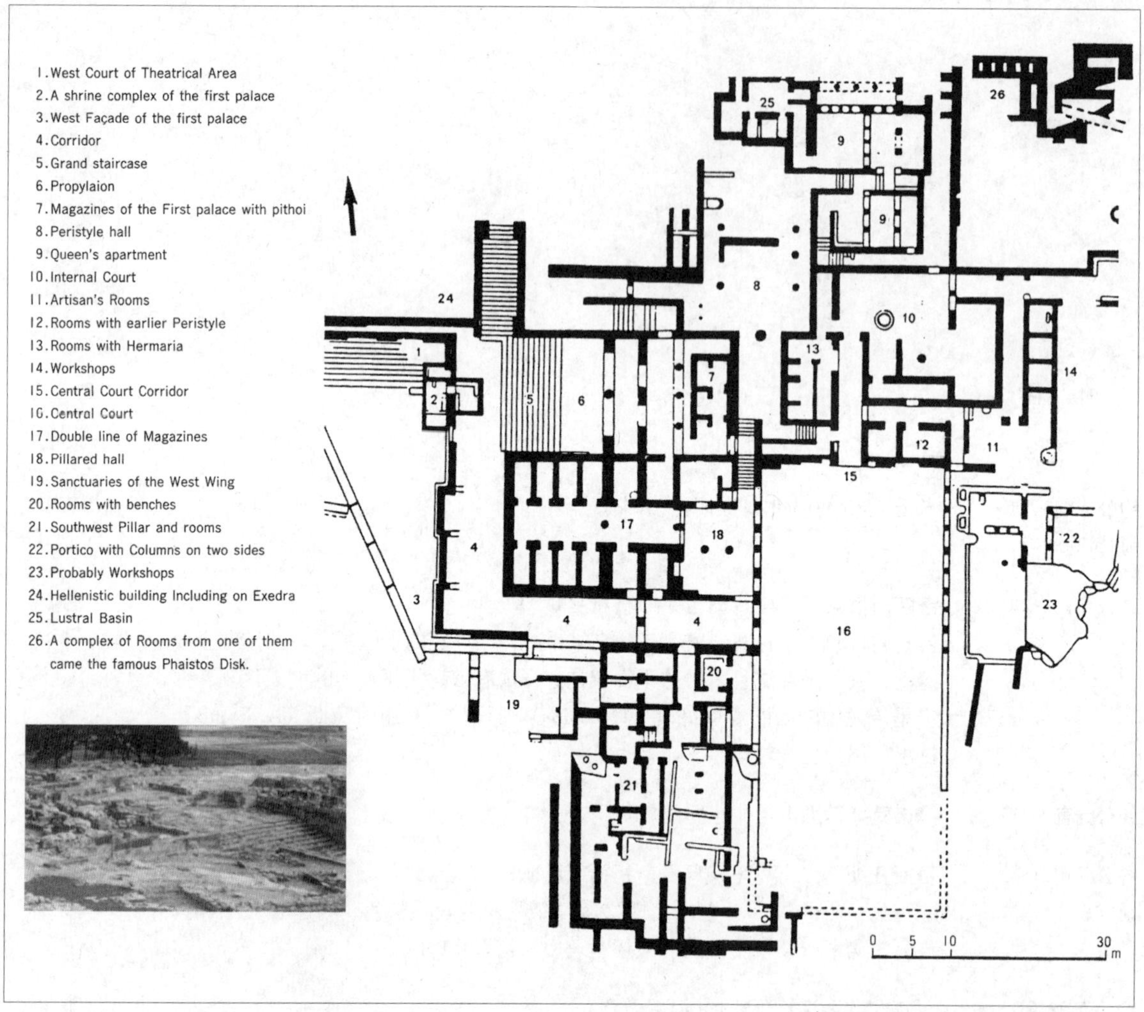

1.West Court of Theatrical Area
2.A shrine complex of the first palace
3.West Façade of the first palace
4.Corridor
5.Grand staircase
6.Propylaion
7.Magazines of the First palace with pithoi
8.Peristyle hall
9.Queen's apartment
10.Internal Court
11.Artisan's Rooms
12.Rooms with earlier Peristyle
13.Rooms with Hermaria
14.Workshops
15.Central Court Corridor
16.Central Court
17.Double line of Magazines
18.Pillared hall
19.Sanctuaries of the West Wing
20.Rooms with benches
21.Southwest Pillar and rooms
22.Portico with Columns on two sides
23.Probably Workshops
24.Hellenistic building Including on Exedra
25.Lustral Basin
26.A complex of Rooms from one of them came the famous Phaistos Disk.

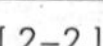

[2-2]

[2-1]

狮子门 阿特雷斯宝库

[2-4]

[2-5]

时间	事件	类别
约公元前850	尼姆鲁德（Nimrud）出土的浮雕	雕 刻
公元前776	第1届奥林匹克运动会	历史事件
约公元前750—前700	荷马活跃期	历史事件

时　间		类　别 [索引编号]
约公元前680—前580	阿特密斯（Artemis）神庙的西面山形墙（pediment）	雕 刻
约公元前600	赫拉神庙，奥林匹亚（Olympia）（希腊） 它是初期的多利克柱式（Doric Order）神庙，正面和侧面各排列6根和16根柱子，与后期的多利克柱式神庙相比其平面较为细长。柱子原为木造结构，后来逐渐换成石柱，呈现更换柱头和柱身形态的时代特色。	建 筑 [2-6]
	《安纳维索斯少年立像》（Anavyssos Kouros）	雕 刻
约公元前575	阿波罗神庙，西西里岛夕拉古沙（意） 阿波罗神庙是残存于古西西里岛的最大城市夕拉古沙的遗迹。柱间狭窄，属于初期多利克柱式神庙，正面有6根柱子，侧面有17根，具有细长对称的平面。	建 筑 [2-7]
约公元前575—前500	《赫拉像》	雕 刻
约公元前570	《弗朗索瓦陶瓶》（*Francois Vase*），克利提亚斯（Cleitias）	绘 画
约公元前560	阿特密斯神庙[克里苏斯神庙（Croesus）]，艾菲索斯（土耳其） 契斯佛龙、米塔吉尼斯 它的正面有8根柱子（正后方9根），侧面有17根，是双重围柱廊的巨大爱奥尼亚柱式（Ionic Order）神庙。据说公元前356年，在亚历山大大帝诞生那一夜已被焚毁。维特鲁威的建筑书中曾描述当时如何运搬建材。	建 筑 [2-8]
	赫拉神庙，萨摩岛（土耳其） 罗伊科斯 爱奥尼亚地区最初兴建的巨大神庙。正面有8根柱子（正后方9根）、侧面24根，运用双重围柱廊是使建筑更巨大的技巧之一。	建 筑 [2-9]
公元前560	庇西特拉图（Pisistratus）占领卫城（Acropolis）成为僭主 在他的统治下，雅典的建设与阿提卡（Attica）的黑绘式陶器均发展至巅峰。	历史事件

[2-6]

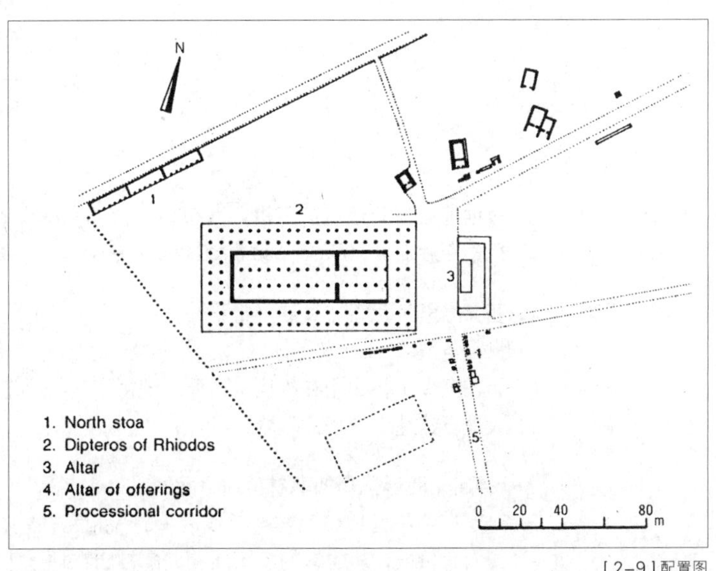

[2-9] 配置图

时　间		类　别 [索引编号]
约公元前540	**阿波罗神庙，科林斯（希腊）** 它是正面有6根柱子，侧面有15根的多利克式神庙，通常希腊神庙的柱子，是用鼓状的石鼓（drum）垒砌起来，但这座神庙的柱子是以完整的石材建造。	建筑 [2-10]
	赫拉第一神庙（“长方形会堂”），佩斯敦（意） 这座神庙建于南意西岸的希腊殖民城市，是三座保存良好的多利克柱式神庙中最古老的。正面有9根柱子，侧面有18根，是正面列柱较多的多利克柱式神庙，圣殿的中央部分也有列柱。柱子上下的粗细差很多，收分曲线（entasis）也被强调出来。	建筑 [2-11]
	C神庙，西西里岛的塞林努斯（意） 这是在西西里岛南岸的希腊殖民城市塞林努斯的卫城中所建造的最大神庙。正面有6根柱子、侧面有17根，属于狭长的围柱形式，在多利克柱式神庙中是少见的正面有2列柱子的神庙。	建筑 [2-12]

[2–10]

[2–11]

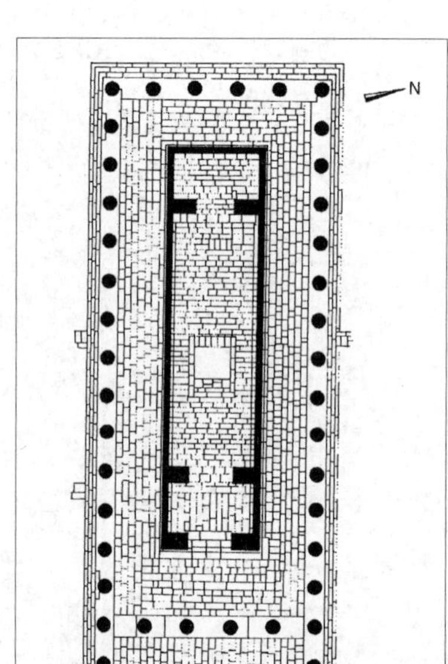

[2–12]

约公元前540—前530	《埃阿斯与阿喀琉斯下棋》（*Ajax & Achilles Playing Draughts*）、《狄俄尼索斯渡海》（*Dionysus Crossing the Sea*），埃克塞基亚斯（Exekias）	绘画
约公元前530	**西弗诺斯宝库，特耳菲（希腊）** 只在圣殿（cella）正面建有2根柱子的相对柱式（in antis），这种建筑形式当时用在宝库上，比用在神庙上还要普遍得多。特耳菲虽有许多宝库，但这座是以大理石建造，造型简单雅致。	建筑 [2-13]
	F神庙，西西里岛的塞林努斯（意） 这是在希腊殖民城塞林努斯残留下的多利克柱式神庙之一。正面有6根柱子，侧面有14根，从建构的意图推测，此神庙在柱子中围建有一道墙。	建筑 [2-14]

时 间		类 别 [索引编号]
约公元前530—前520	《阿波罗与赫拉克利斯士争夺三脚鼎》（*Apollo and Herakles struggling for the Tripod*），安多基代斯画家（Andokides Painter）	绘 画
约公元前525	《普夏克斯（Psiax）黑绘式双耳陶瓶》（amphora）	绘 画
约公元前520	毕达哥拉斯活跃期	历史事件
	希俄斯岛（Chios）出土的少女像	雕 刻
	《青铜青年像》	雕 刻
约公元前515	《运出战场的沙普顿（Sarpedon）》，欧夫罗尼奥斯（Euphronios）	绘 画
公元前512	波斯王大流士（Darius）出兵欧洲	历史事件
约公元前510	农耕女神庙（Ceres），佩斯敦（意） 它是正面有6根柱子，侧面有13根围柱的小型多利克柱式神庙，内有精致的装饰，柱子上也有清楚的雕刻。建筑物各部位间具有相当工整的比例。	建 筑 [2-15]
	《海克力斯和安泰俄斯》（*Herakles and Antaios*），欧夫罗尼奥斯	绘 画
约公元前500—前490	《和狄俄尼索斯（Dionysus）在一起的萨特（Satyr）和美娜德（Maenad）》，克莱奥弗拉德斯（Kleophrades）的画家	绘 画
	《忘我的美娜德》（*Ecstatic maenad with thyrsus*），克莱奥弗拉德斯画家	绘 画
约公元前499—前478	爱奥尼亚的城市开始反叛波斯，引发波斯战争	历史事件
约公元前490	爱菲亚神庙（新），艾吉纳岛（希腊） 它是建于高地的美丽多利克柱式神庙，可眺望爱琴海，内部列柱为双层的原始形式。	建 筑 [2-16]

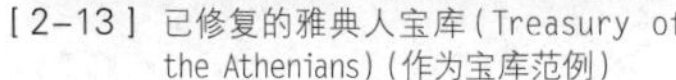

[2-13] 已修复的雅典人宝库（Treasury of the Athenians）（作为宝库范例）

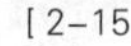

[2-15]

[2-16]

	《赫密斯和萨特》（*Hermes and the Satyr Oreimachos*），柏林（Berlin）画家	绘 画
公元前490	雅典于马拉顿战役中打败波斯军	历史事件

时间		类别 [索引编号]
约公元前490—前480	《拉比斯人和半人马》（*The Lapith and the Kentauros*）Centaur	绘画
公元前480	希腊人在萨拉米斯（Salamis）岛附近的海役中击败了波斯军	历史事件
公元前465—前457	宙斯神庙的小间壁（metope）与山形墙	雕刻
约公元前465—前450	《The Ilioupersis 》（特洛伊沦陷：Sack of Troy）、《The Nekyia》（奥德修斯地狱行：Odysseus visit to the Underworld），波里诺特斯（Polygnotos）	雕刻
约公元前460	宙斯神庙，奥林匹亚（希腊） 此神庙建于希腊的世界最大圣域奥林匹亚，属于古典初期多利克柱式神庙的杰作，正面有6根柱子，侧面有13根。其中巨大的宙斯神像是雕刻家非狄亚斯（Phidias）的作品，被列为古代七大奇迹之一。	建筑 [2-17]
	海神庙，佩斯敦（意） 是南意保存得最好的多利克柱式神庙，正面有6根柱子，侧面有15根。它是意大利首次依循古典时期希腊的规范，建造的典型围柱式神庙。	建筑 [2-18]
	奥林匹亚，宙斯神庙的山形墙雕刻	雕刻
约公元前460—前440	希罗多德（Herodotus）至各地旅行	历史事件
约公元前465—前450	E神庙，西西里岛的塞林努斯（意） 以奥林匹亚的宙斯神庙为范本所建的多利克式神庙，是正面有6根柱子，侧面有15根的细长形围柱式建筑。它不像塞林努斯其他的神庙那样强调前室，而像希腊本地一样，前、后室规模一致。	建筑 [2-19]
约公元前450—前440	阿基利斯（Achilles），阿基利斯画家	绘画
约公元前450	《Discobolo》（掷铁饼者），米隆（Myron）	雕刻
公元前445	海神庙，苏尼恩海峡（希腊） 位于爱琴海岸陡峭悬崖上的典型多利克柱式神庙。牌楼上留有希腊独立战争时从军的英国诗人的提字。	建筑 [2-20]
约公元前442—前438	帕提农神庙的浮雕（The Parthenon frieze）	雕刻
约公元前450—前440	赫菲斯托斯神庙，雅典（希腊） 它是现今保存最好的典型多利克柱式神庙，建在古代安哥拉周边的小山丘上，过去也被称为提塞翁神庙（Theseion）。	建筑 [2-21]
约公元前440	《Doryphoros》（持矛者），波利克列特斯（Polykleitos）	雕刻
公元前437—前432	帕提农神庙的山形墙	雕刻
约公元前435—前430	《宙斯像》，菲狄亚斯	雕刻

时 间		类 别 [索引编号]

[2-18]

[2-20]

[2-21]

公元前447—前432	**帕提农神庙，雅典（希腊）** 伊克提诺斯，卡利克拉提斯 这是建于卫城、混合爱奥尼亚柱式特色的多利克柱式神庙。正面有8根柱子，侧面有17根，由于占地辽阔更增加了神庙的沉稳感。此外，整座神庙借助收分曲线、隅柱内转和基座升起等方式进行细微的视觉矫正。被视为希腊建筑最典范的作品。	建 筑 [2-22]
公元前437—前2	**卫城入口大门，雅典（希腊）** 明希凯尔斯 是进入卫城的大门，外部为多利克柱式风格，内部则是爱奥尼亚柱式风格。	建 筑 [2-23]
公元前431—前404	伯罗奔尼撒战争（Peloponnesian War）（雅典和斯巴达之间的主导权争夺战）	历史事件
公元前421—前5	**伊瑞克提翁神庙，雅典（希腊）** 位于卫城，平面呈不规则形的爱奥尼亚柱式神庙。在南面门廊（porch）上采用女像柱（caryatids）。	建 筑 [2-24]

[2-22]

[2-23]

[2-24]

约公元前425	**孔科尔迪亚神庙，西西里岛的阿格力真投（意）** 建于西西里岛南岸的典型多利克柱式神庙，是保存最完整的古希腊神庙之一。	建 筑 [2-25]

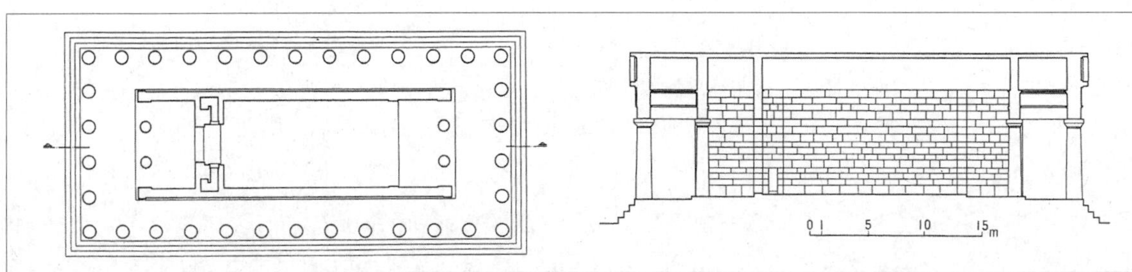

[2-25]

时 间		类 别 [索引编号]
约公元前420	阿波罗伊壁鸠鲁神庙，巴赛（希腊） 伊克提诺斯 希腊神庙一般以东西为轴，但此神庙是以南北为轴。平面形态也与一般不同，内部列柱为壁柱，属于初期的科林斯柱式（Corinthian Order）建筑。	建 筑 [2-26]
约公元前410	《抢劫留基伯的女儿们》（*Abduction of the Daughters of Leukippos*），米狄亚斯画家（Meidias Painter）	绘 画
约公元前480—前406	奥林匹亚宙斯神庙，西西里岛的阿格力真投（意） 此神庙正面有7根柱子，侧面有14根，是最大的多利克柱式神庙之一。它的建筑形态很独特，一般为柱廊的部分它却由紧着墙壁的半柱所构成。这种作法是试图将建筑巨大化，但是并没有完成。	建 筑 [2-27]

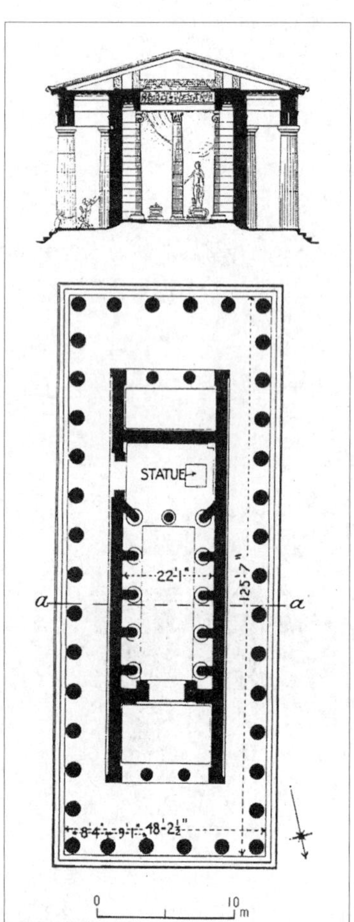

[2-26]

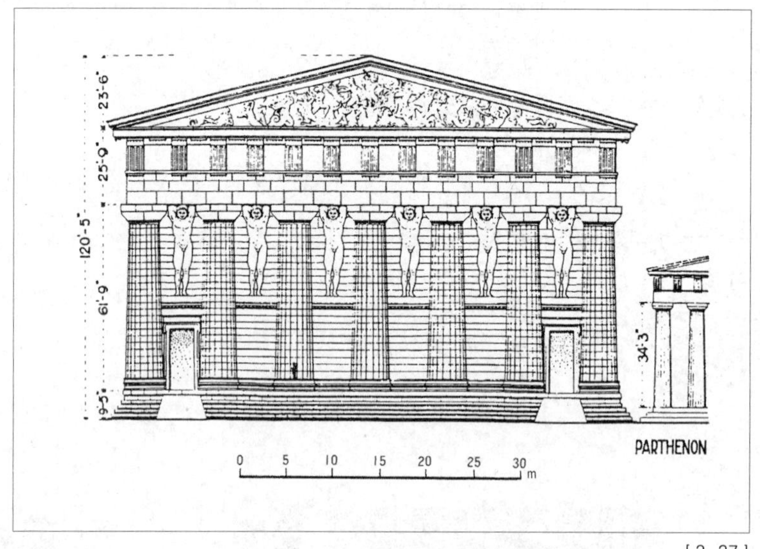

[2-27]

约公元前400	塞杰斯塔神庙，西西里岛的塞杰斯塔（意） 位于西西里岛西北部古城的郊外，是保存完整的多利克式神庙。尽管设计和施工非常精良，但并未完成。	建 筑 [2-28]
公元前386	柏拉图（公元前427—前347）成立“学院（Akademeia）” 学院以教授哲学、数学、音乐、天文学为主，校友人才辈出，以亚里士多德最为著名。	历史事件

时 间 **类 别**

[索引编号]

公元前384 **亚里士多德诞生（ —公元前322）** 历史事件

约公元前380 **圆堂（雅典娜卫城神庙），特耳菲（希腊）** 建 筑 [2-29]

狄奥德鲁斯（福西亚的）

建于雅典娜卫城内，以大理石建造的多利克式圆形神庙，内部列柱为科林斯柱式。狄奥德鲁斯将这座建筑物的资料写作成书，并传给维特鲁威。

[2–29]

约公元前375—前370 **《抱着普鲁特斯的依伦》（Eirene holding the child Plutus）** 雕 刻

约公元前356 **阿特密斯新神庙（开工），艾菲索斯（土耳其）** 建 筑 [2-30]

建于烧毁的旧神庙位置，基座为93米×43米大小的爱奥尼亚式巨型神庙，基座高2.7米，柱身下部有雕刻图样。

公元前353 **莫索列姆陵墓，哈利克纳苏（土耳其）** 建 筑 [2-31]

莫索列姆王（Mausolus）的神庙，是环绕着爱奥尼亚式圆柱的阶梯形金字塔形态的陵墓，据说当时多位著名雕刻家在上面雕刻装饰（现已不存）。

约公元前350 **阿斯克勒庇俄斯神庙，埃匹达鲁斯（希腊）** 建 筑 [2-32]

波利克里托斯

被视为古代世界最佳的圆堂（圆形建筑物），地下平面呈迷宫状，据说埃匹达鲁斯的祭神兼医神阿斯克勒庇俄斯（Asclepius），曾在那里饲养圣蛇。

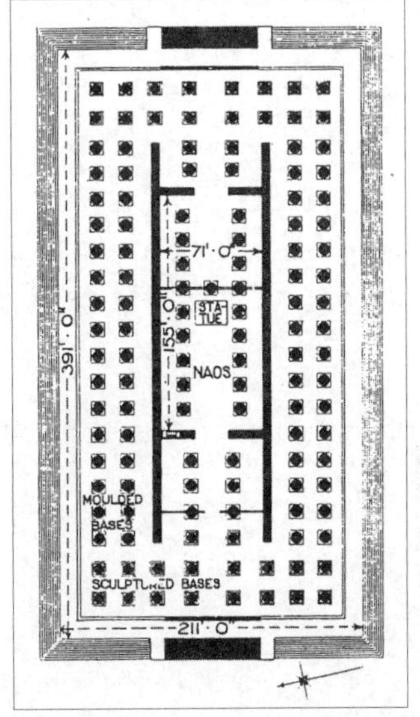

[2–30]

[2–32]

[2–33]

时 间		类 别 [索引编号]
	《克尼多斯的阿芙罗狄忒》(Aphrodite of Knidos)，波拉西特列斯 (Praxiteles)	雕 刻
约公元前340—前330	《狄美特女神》	雕 刻
公元前334	雅典娜神庙，普利尼（土耳其） 它由亚历山大大帝捐赠兴建，是装饰得极为豪华的爱奥尼亚柱式神庙，建造的模块都经过精密的数学计算。	建 筑 [2-33]
	列雪格拉德音乐纪念亭，雅典（希腊） 在过去，科林斯式列柱一直被用于建筑的内部，而这个建筑是首度将它用于建筑物的外部。它是列雪格拉德为纪念合唱大会获胜所建的纪念碑。	建 筑 [2-34]
公元前331	亚历山大大帝征服近东的波斯	历史事件
约公元前330	阿波罗神庙（开工），狄迪姆（土耳其） 这座神庙的工程极为浩大，整体没有建屋顶，中庭完全暴露在外，而中庭中又建有小庙，但最后建筑并没有全部完成。近年，神庙中庭周壁的设计图被人发现。	建 筑 [2-35]

[2–34]

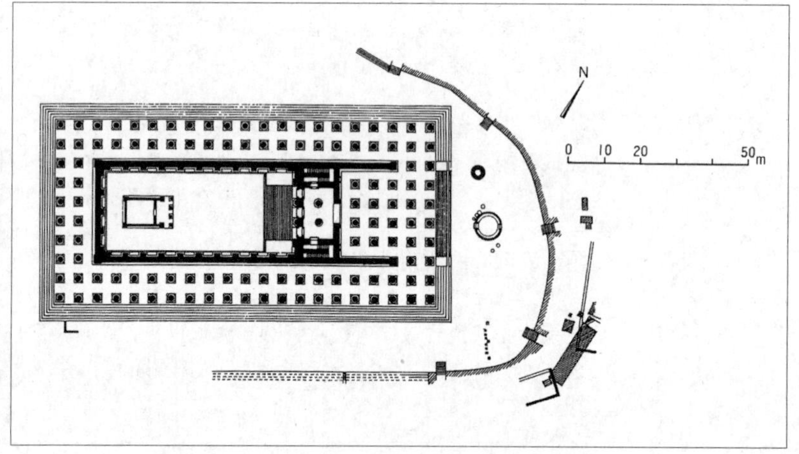

[2–35]

	埃匹达鲁斯剧场，埃匹达鲁斯（希腊） 波利克里托斯 座席部分的截面呈双曲线，具有非常出色的音响效果。保存完整，现今也作为希腊剧演出的场地。	建 筑 [2-36]
	《赫米斯与婴孩戴奥尼索斯》(Hermes bearing the infant Dionysus)，普拉克西特利斯 (Praxiteles)	雕 刻
约公元前330—前300	《手执雷电的亚历山大》 (*Alexander*)	绘 画

时 间		类 别 [索引编号]
约公元前325—前310	《拭汗者》（Apoxyomenos），利西波斯（Lysippos）	雕 刻
公元前300—前280	欧几里得（Euclidean）活跃时期 欧几里得将平面几何学系统化，为欧几里得几何学的始祖。	历史事件
约公元前300	《亚历山大大帝击败大流士三世》（*Alexander the Great and Darius Ⅲ*），菲罗玄（Philoxenus）	绘 画
约公元前280	阿尔西诺伊昂（Arsinoeion），萨莫色雷斯岛（希腊） 阿尔西诺伊（Arsinoe）女王捐赠兴建的圆形建筑物，下半部是平坦的墙面，上半部有列柱。	建 筑 [2-37]
	《罗得斯岛巨人像》（The Colossus of Rhodes），查雷斯（Chares）	雕 刻
公元前3世纪	卫城，罗得斯岛之林多斯（希腊） 在通往神庙的中轴上，"П"字型的长廊（Stoa）改变大小双层配置，显示当时的空间有明确的层级区分。	建 筑 [2-38]
公元前3世纪	《狩猎公鹿图》	绘 画
公元前283—前247	法洛斯灯塔，亚历山大（埃及） 索斯特拉特斯（克尼多斯的） 被列为世界七大奇迹之一，据说灯塔高达150m。13世纪因地震而倒塌，现已不存在。	建 筑 [2-39]
约公元前225	《垂死的高卢人》（The Dying Gaul）	雕 刻
约公元前200	安哥拉广场东门，普利尼（土耳其） 古希腊世界到了希腊化时期已开始使用拱券。东门是由长廊构成的通往列柱通道的入场门。	建 筑 [2-40]
约公元前190	《萨莫色雷斯的胜利女神》（Winged Victory of Samothrace）	雕 刻
约公元前180	大祭坛，柏加曼（土耳其） 柏加曼王欧迈尼斯二世（Eumenes Ⅱ）所建，为古代世界中最壮丽的祭坛。现由柏林柏加曼博物馆进行复建还原工作。	建 筑 [2-41]

[2-36]

[2-38]

[2-41]

时间		类别 [索引编号]
约公元前170	**奥林匹亚宙斯神庙（重建），雅典（希腊）** 寇斯提纽斯 它是由叙利亚王安提阿克（Antiochus）雇用的罗马建筑师寇斯提纽斯所建造，是雅典第一座科林斯柱式巨大神庙，工程后来一度中断，直到公元130年才由罗马皇帝哈德良（Hadrianus）建造完成。	建筑 [2-42]
	议会，米勒杜斯（土耳其） 建于安哥拉广场，由安提阿克四世捐赠兴建的议事堂，具有剧场式的座席。	建筑 [2-43]

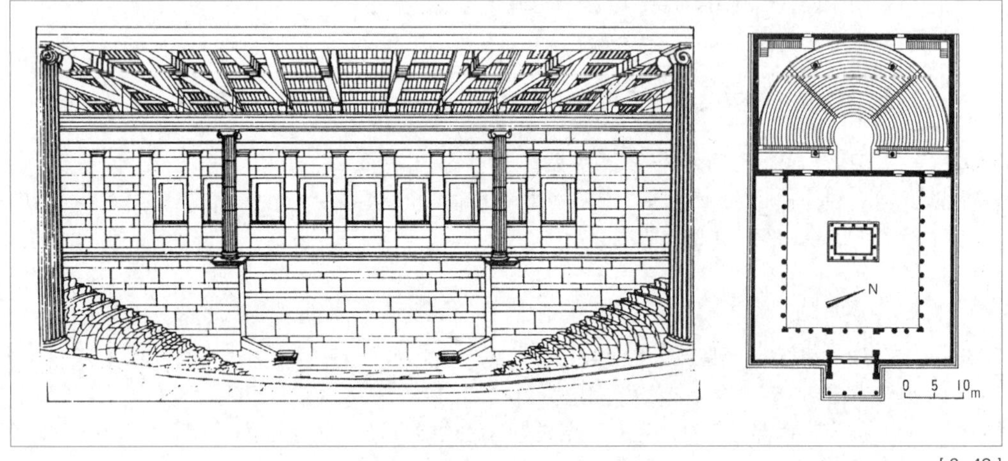

[2-43]

约公元前150	**阿塔鲁斯二世长廊，雅典（希腊）** 它是由年轻时曾在雅典就学的柏加曼王阿塔鲁斯二世捐赠兴建，位于安哥拉广场，属于高大的双层式附后室长廊。于1959年复建还原。	建筑 [2-44]

[2-42]

[2-44]

约公元前300—前150	**阿斯克勒庇俄斯圣域，科斯岛（希腊）** 建于三层平台状的地基上，具有上层和下层如相对般的“ㄇ”字型长廊，在长廊环绕的区域里，上层有阿斯克勒庇俄斯神庙，中层有祭坛和作为宝库的神庙，空间已明确的层级化。	建筑 [2-45]
公元前2世纪	**《赫拉克勒斯与他的孩子特勒福斯》（*Herakles with his baby Telephos*）**	绘画

时　间		类　别 [索引编号]
约公元前130	阿特密斯神庙，马格尼西亚（土耳其） 赫墨根尼 被视为赫墨根尼的最高杰作，具有阿提卡（Attica）地区（希腊本土）的特色。	建 筑 [2-46]
约公元前125	《拉奥孔和他的儿子们》（The Laocoön and his Sons）	雕 刻
约公元前125—前100	《米罗的维纳斯》（Venus de Milo）	雕 刻
约公元前100	《伊索斯之战》（*Battle of Issus*）	绘 画
公元前1世纪	《雅典的亚历山大的绘画》	绘 画
约公元前80年	《提洛岛出土的肖像头部》（Portrait Head from Delos）	雕 刻
约公元前50	风塔，雅典（希腊） 安卓尼科斯（西尔哈斯的） 建于罗马时代的安哥拉，平面为八角形的水时钟塔，在墙面上部刻有8位风神的浮雕。安卓尼科斯是出身于叙利亚的西尔哈斯的天文学者。	建 筑 [2-47]
公元前394	古代期最后一次奥林匹克竞赛	历史事件
1927	天主教筑地教会教堂，东京（日本） 吉罗吉亚斯神父，石川音次郎 这是日本的希腊风格建筑实例。没有6根柱础，而以强而有力的希腊多利克式圆柱支撑门廊，在正面形成希腊神庙的风格。	建 筑 [2-48]

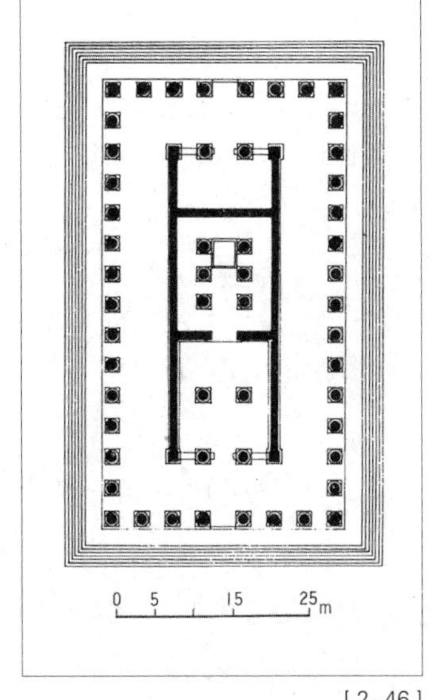

[2-46]

[2-47]

古罗马 | *Rome*

时间		类别 [索引编号]
约公元前800	伊特鲁利亚人（Etruscans）在托斯卡纳定居	历史事件
约公元前735	罗马建国	历史事件
约公元前509	朱比特·卡比托林神庙，罗马（意） 建于卡比托利欧（Campidoglio）山丘的罗马最古老的神庙建筑。是三个圣殿（神室）横向并列的托斯卡纳式神庙。	建筑 [3-1]
公元前509	罗马人反抗伊特鲁利亚人，开始采取共和体制	历史事件
约公元前500	《狩猎和打渔》（*hunting and fishing*）	绘画
	巴西利卡（长方形）会堂，庞贝（意） 保存良好的古罗马初期会堂。占地24米×60米，与庞贝城的广场短边接邻。内部区分为中央厅和其周围的回廊。	建筑 [3-6]
公元前5—前3世纪	弗提拉城城门，弗提拉（意） 它是残存在托斯卡纳地区的伊特鲁利亚（Etruria）的重要城市中的遗迹。在中世的城墙基部，残存伊特鲁利亚时代所建的部分遗迹，具有黛安娜门（Porta Diana）和迪拉鲁哥门（Porta dell'arco）两座城门。	建筑 [3-2]
公元前3世纪	伊特鲁利亚门（奥古斯塔门，Porta Augusta），佩鲁贾（意） 它是伊特鲁利亚人建造的巨大城门。上面部分建于1世纪的奥古斯都大帝时期，16世纪曾以砖块修复，但仍保留公元前3世纪时的风貌。	建筑 [3-3]
公元前2世纪	佛坦纳维利斯神庙，罗马（意） 属于罗马最初期的神庙，保存得十分良好。建于高起的基座上，前有阶梯。	建筑 [3-4]
约公元前2世纪	维斯塔神庙，罗马（意） 罗马现存最古老的大理石圆形神庙。环绕20根列柱的科林斯式，但当时所建的屋顶如今已不存在。	建筑 [3-5]
公元前147	罗马统治小亚细亚和埃及	历史事件

时　间　　　　类　别

[索引编号]

[3-3]

[3-5]

[3-6]

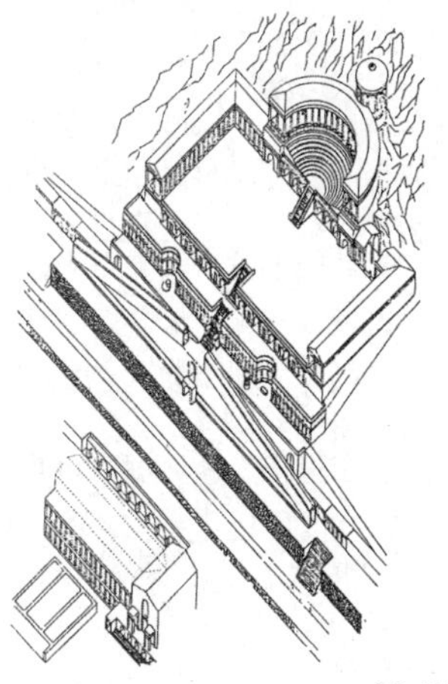

[3-7]

时间	内容	类别
公元前2世纪末—前1世纪初	**福坦纳普里米琴尼亚圣域，帕勒斯提那，罗马近郊（意）** 它是残存于罗马近郊的圣域遗迹。建筑沿明确的轴线建造，虽然运用无骨架的混凝土建造技术，但整体只是显示希腊主义的氛围。所谓的希腊主义，是指公元前323年亚历山大大帝死后，承袭古希腊文化、混合东洋和西方的文化。	建 筑 [3-7]
公元前2—前1世纪	**古罗马广场（古称：Forum Romanum），罗马（意）** 它建于巴拉汀（Palatine）山北侧谷地共和制时期的市中心。广场中心建有公共建筑和神庙，可说是欧洲城市组织体的原型。	建 筑 [3-8]

时 间 **类 别**

[索引编号]

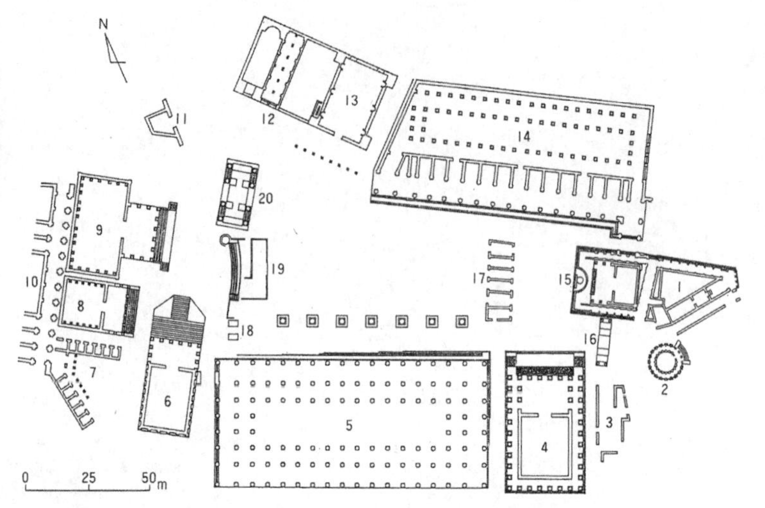

古罗马广场（4世纪）

1. 司祭之城（Regia）
2. 维斯塔神庙
3. 茱特娜神庙（Juturna）
4. 双子星神庙（Temple of Castor and Pollux）
5. 朱利亚会堂（Julia Basilica）
6. 神农庙（Temple of Saturn）
7. 十二神祇柱廊（Portico of the Dei Consentes）
8. 维斯帕先神庙（Temple of Vespasian）
9. 协和神庙（Temple of Concordia）
10. 国家档案馆（Tabularium）
11. 监狱（carcer）
12. 米内尔法中庭（Atrium Minerva）
13. 元老院（Curia Julia）
14. 亚米利亚会堂（Aemilia Basilica）
15. 西泽神庙（Temple of Caesar）
16. 奥古斯都凯旋门（Arch of Augustus）
17. 法庭（Tribunal）
18. 提伯流士凯旋门（Arch of Tiberius）
19. 言论台（Rostra）
20. 赛佛鲁斯凯旋门（Arch of Septimus Severus）

[3–8]

时间	内容	类别
公元前1世纪	《演说者》（L'Arringatore）	雕 刻
公元前79	**国家档案馆（公文馆），罗马（意）** 这幢收藏国家公文等的建筑物，建于古罗马广场西端的卡比托利欧山侧面。一楼拱廊上建有多利克式的半圆柱，二楼则有科林斯柱式的门廊（portico）。	建 筑 [3-9]
公元前62	**法布里奇奥桥，罗马（意）** 古代时建造于台伯河（Tevere）之上，至今仍保存良好。由大礅距（span）的2个拱券（arch）构成，洪水来临时，拱券之间还有可压调节水压的开口设计。	建 筑 [3-10]
公元前55	**庞贝剧场，罗马（意）** 在罗马兴建当初只是临时性的剧场，却保留到现在成为最早兴建的永久性石造剧场。	建 筑 [3-11]
公元前49—前44	西泽（Gaius Julius Caesar）成为罗马的独裁官（dictator）	历史事件
约公元前33—前22	**《建筑十书》（*De architectura*），维特鲁威** 由十本书组成，为现存最古老体系的建筑理论、技术书。	建筑书
公元前27—前14	奥古斯都大帝在位	历史事件
约公元前20	《第一城门的利比亚别墅壁画》（*Fresco Villa Livia, Prima Porta*）	绘 画
	《奥古斯都雕像》（Augusto di Prima Porta）	雕 刻

时 间		类 别 [索引编号]
约公元前19	方形神庙，尼姆（法） 由阿古利巴（Agrippa）建造的科林斯柱式典型罗马神庙，保存状况良好。正面有6柱，侧面有11柱，但侧面的独立柱仅有前面的3根，其余的8根都是附于圣殿上的半圆附壁柱。	建 筑 [3-12]
公元前20—公元16	嘉德水道桥，尼姆近郊（法） 这座水道横跨尼姆近郊的嘉德河（la Gard），全长269米、高49米，是由3层拱券构成的罗马水道，为罗马水道的代表作。	建 筑 [3-13]

[3–12]

[3–13]

时 间		类 别 [索引编号]
1世纪初	玛瑙雕刻：奥古斯都之宝（Gemma Augustea）	雕 刻
1世纪前半叶	剧场，奥伦治（法） 典型的罗马剧场，利用倾斜地建造而成，观众可由座席的上方入场，具有凹凸的大舞台布景（scene）。	建 筑 [3-14]
1世纪	圆形剧场，威诺纳（意） 可容纳2万人以上的罗马剧场，保存状态十分良好。为长径152米的椭圆形剧场，周围环绕74座拱券，结构完整坚固。	建 筑 [3-15]
1世纪末	拿坡里近郊，伯斯科雷阿莱别墅（Villa Boscoreale）壁画	绘 画
约30	耶稣基督受难	历史事件

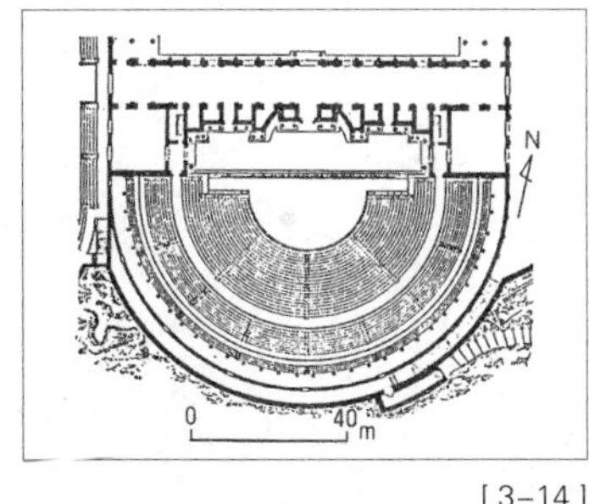

[3–14]

[3–15]

时 间		类 别 [索引编号]
约50	保罗（约65年卒）开始传布基督教（小亚细亚、希腊）	历史事件
41—54	马乔雷门，罗马（意） 它是古罗马具纪念性的城门，高24.5米，外表为粗面大理石（travation）。	建 筑 [3-16]
54—64	尼禄皇帝在位	历史事件

时 间 **类 别** [索引编号]

62—79 **维提之屋，庞贝（意）** 建 筑 [3-18]

在庞贝发现的内有美丽壁画的住宅。入口边有个小中庭（atrium），再里面则有个大的围柱中庭（peristylium），主要的房间朝向中庭配置。

约63—79 **赫库兰尼姆城（Herculaneum）出土的壁画：《建筑景观》** 绘 画

64 **尼禄之黄金屋，罗马（意）** 建 筑 [3-17]

呈现当时拱顶（vault）技术和空间构成进步状况的大宫殿。以在现今圆形竞技场附近挖掘出的人工池为中心，和古罗马广场一起与列柱大道相连，规模庞大。但现今已不存在。

66—70 **犹太人反抗罗马，耶路撒冷沦陷** 历史事件

72—80 **圆形竞技场，罗马（意）** 建 筑 [3-19]

罗马著名的竞技场，为长径188米、短径156米的平面椭圆形，外墙共4层，高达48.5米。依需要分别以石材、砖块和混凝土建造，是运用拱券、拱顶结构的牢固大型建筑物。

[3-18]

[3-19]

[3-17]

81 **泰塔斯凯旋门，罗马（意）** 建 筑 [3-20]

这是泰塔斯皇帝为纪念征服耶路撒冷所建造的凯旋门。正面宽13.5米，高15.4米的单一拱券型凯旋门，是早期采用复合柱式的建筑。

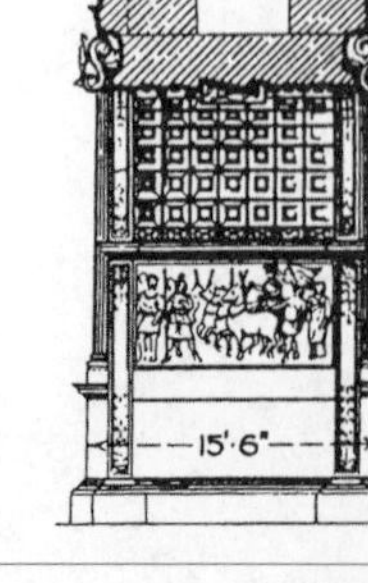

[3-20]

时间		类别 [索引编号]
81	《泰塔斯纪念门》	雕刻
92	奥古斯都宫殿，罗马（意） 建于巴拉汀山的皇帝宫殿。在经过日后的战乱争夺后，现在仅残留一部分砖块和混凝土的遗构。	建筑 [3-21]
100	提姆加德都市计划，提姆加德（阿尔及利亚） 图拉真皇帝所创建的都市。以广场为中心，在占地达1200罗马尺（355米）的正方区域中，设计有贯通东西轴向（decumanus）和南北轴向（caldo）的大道，并以此为基准将市区画分成棋盘式都市。	建筑 [3-22]

[3-21]

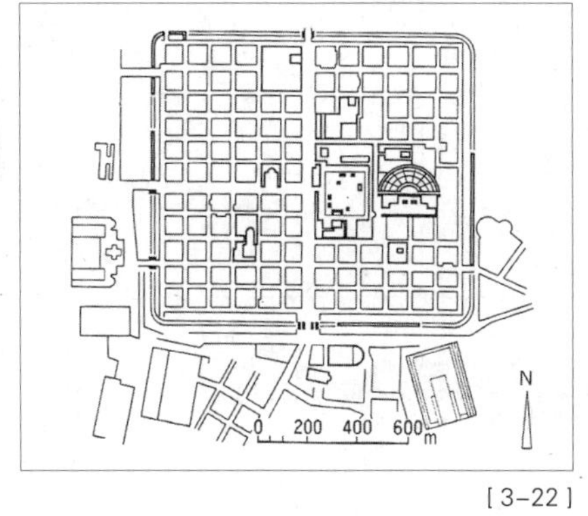

[3-22]

时间		类别
2世纪	列柱大道，阿帕米亚（叙利亚） 约长2千米的道路，含步道宽30米。列柱虽然属于科林斯式，但柱头是多利克式。	建筑 [3-23]
约100—200	《巴黎审判》（*The Judgement of Paris*）	绘画
公元前54—公元112	帝国时期广场，罗马（意） 为罗马帝政时期五个广场的复合体，历代皇帝皆有建造，如今仅残存很少的部分，特别是法西斯时代建造广场时，已将整体分割开来。	建筑 [3-24]
107—112	图拉真纪念柱，罗马（意） 竖立于帝国时期广场内图拉真皇帝墓室上，高约38米的大理石纪念圆柱。在柱子表面有螺旋状浮雕，记录着图拉真皇帝的事迹。	建筑 [3-25]
113—117	图拉真皇帝远征 这时期罗马帝国的版图扩展至最大。	历史事件
117—138	哈德良皇帝在位	历史事件
2世纪前半叶	艾尔卡滋尼宝库，佩特拉（约旦） 在崖边挖掘建造的神庙，正面高约30米，也称为“法老的宝库”。在佩特拉还有许多挖掘建造在砂岩中的建筑。	建筑 [3-26]
约118—128	万神庙，罗马（意） 古代最大的半圆顶建筑。最初是由公元前27年的阿古力巴所建，现存的建筑则是哈德良改建而成。正面有8根柱子的玄关柱廊，里面连接着直径43.2米的圆顶大圆厅。	建筑 [3-27]

时 间 **类 别**

[索引编号]

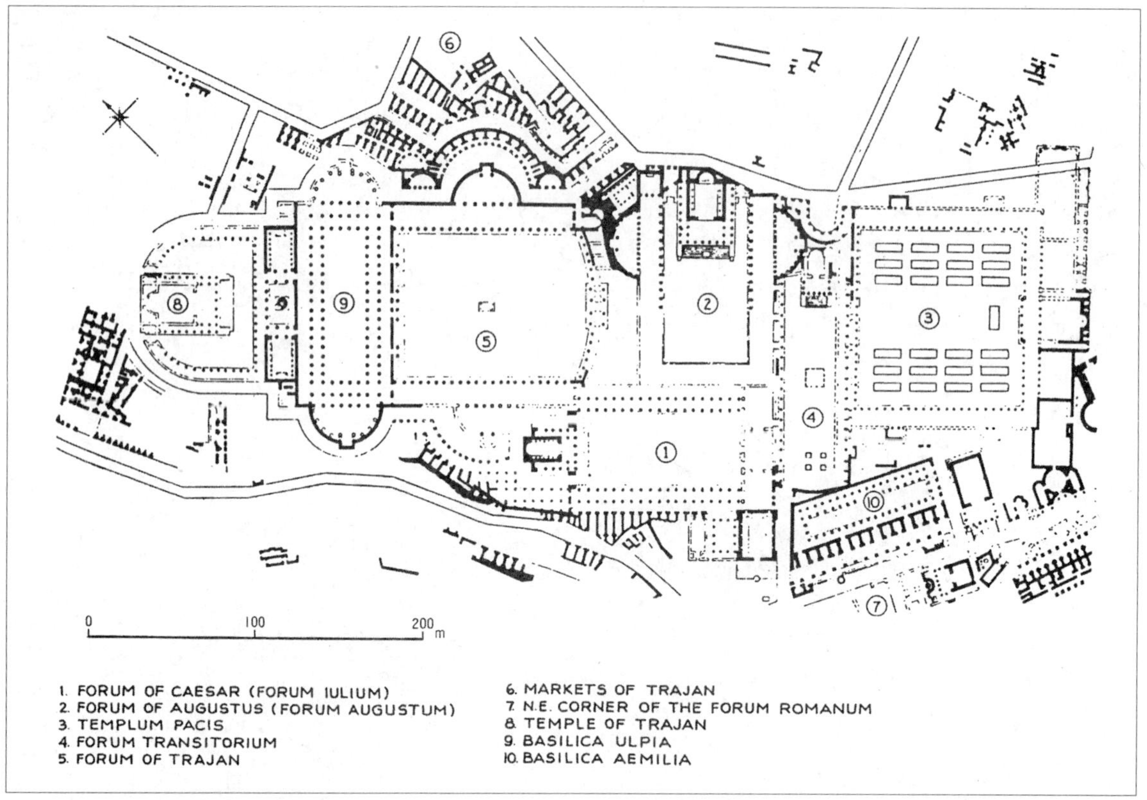

[3-24]

[3-25]

[3-26]

[3-27]

118—134　帝沃利哈德良皇宫，帝沃利，罗马近郊（意）　建 筑

文化造诣颇深的哈德良皇帝，在位期间倾财力持续建造的大别墅。在整备好的广大土地上，建造出许多具实验性的建筑形态。　[3-28]

约135　塞尔苏斯图书馆，艾菲索斯（土耳其）　建 筑

建筑立面（facade）有圆弧和三角形交错搭配的山形墙，上面有丰富的雕刻。　[3-29]

117—138　哈德良神庙，艾菲索斯（土耳其）　建 筑

建筑物的檐部中央有拱券的小神庙，面朝通往艾菲索斯中心的大理石道路建造。　[3-30]

时　间		类　别 [索引编号]
132—139	哈德良陵墓，罗马（意） 沿袭罗马传统的陵坟形式，外表为宏伟的圆筒状，从哈德良到到卡拉卡拉（Caracalla）皇帝等都安葬于此。后来陵墓被赋予城堡的机能，即为梵蒂冈的天使古堡（Castel Sant' Angelo）。	建 筑 [3-31]

[3–28]

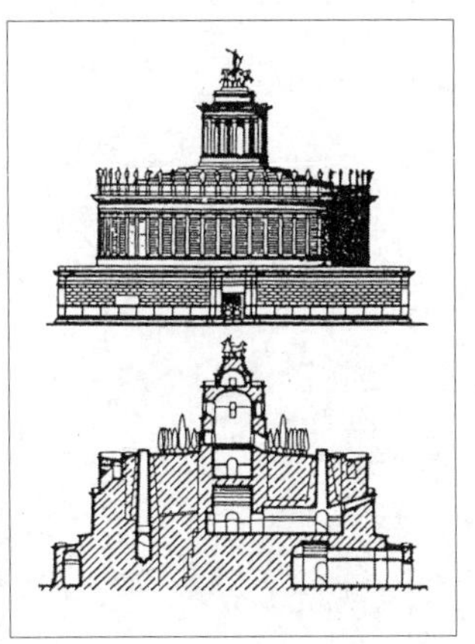

[3–31]

时　间		类　别
1—2世纪	塞戈维亚水道桥，塞戈维亚（西班牙） 全长约17千米的水道桥，塞戈维亚市内如今残存约800米。高度达7~30米。支撑水道的拱券是由粗石块堆砌而成。	建 筑 [3-32]
	列柱大道，杰拉西（约旦） 沿着杰拉西南北轴向的大街所建的列柱大道，长达600米。兴建当初列柱为爱奥尼亚式，但2世纪末改为科林斯式。	建 筑 [3-33]
2世纪中叶	黛安娜馆，欧斯提亚，罗马近郊（意） 建于罗马外港欧斯提亚约4~6层的多层公寓（Insula），它是这类型建筑的代表遗构。	建 筑 [3-34]
2世纪	剧场，波斯拉（叙利亚） 剧场直径约102米，舞台宽45米，舞台布景有2个凹陷部分。13世纪时改建为城堡。	建 筑 [3-35]

[3–32]

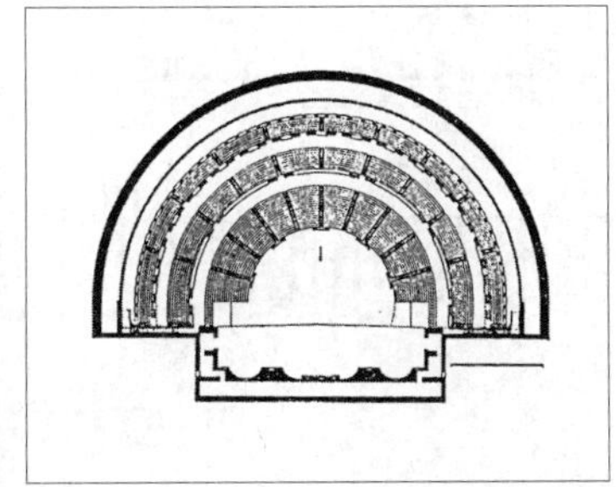

[3–35]

时 间		类 别 [索引编号]
约150	哥特人（Goths）南下（开始定居在黑海沿岸）	历史事件
2世纪	木乃伊棺木的装饰：《希腊、罗马化的埃及人肖像》	绘 画
	《费尤姆出土的少年肖像》（*Young boy: Faiyum mummy portrait*）	绘 画
161—180	马克·奥勒留（Marcus Aurelius Antoninus）皇帝在位（著书《沉思录》）	历史事件
	《马克·奥勒留骑马像》	雕 刻
166—169	卡比托林神庙，杜加（突尼斯） 正面4柱，外形接近正方形的圣殿（神室），具有高基座等北非神庙的典型特色。	建 筑 [3-36]
211—217	卡拉卡拉皇帝在位	历史事件
212—216	卡拉卡拉浴场，罗马（意） 罗马帝政时期具纪念性的复合式建筑。中心的浴场建筑物占地长220米，宽114米，包含了各种浴室和游泳池等，其周围建有柱廊、演讲厅、学者讲堂等。	建 筑 [3-37]

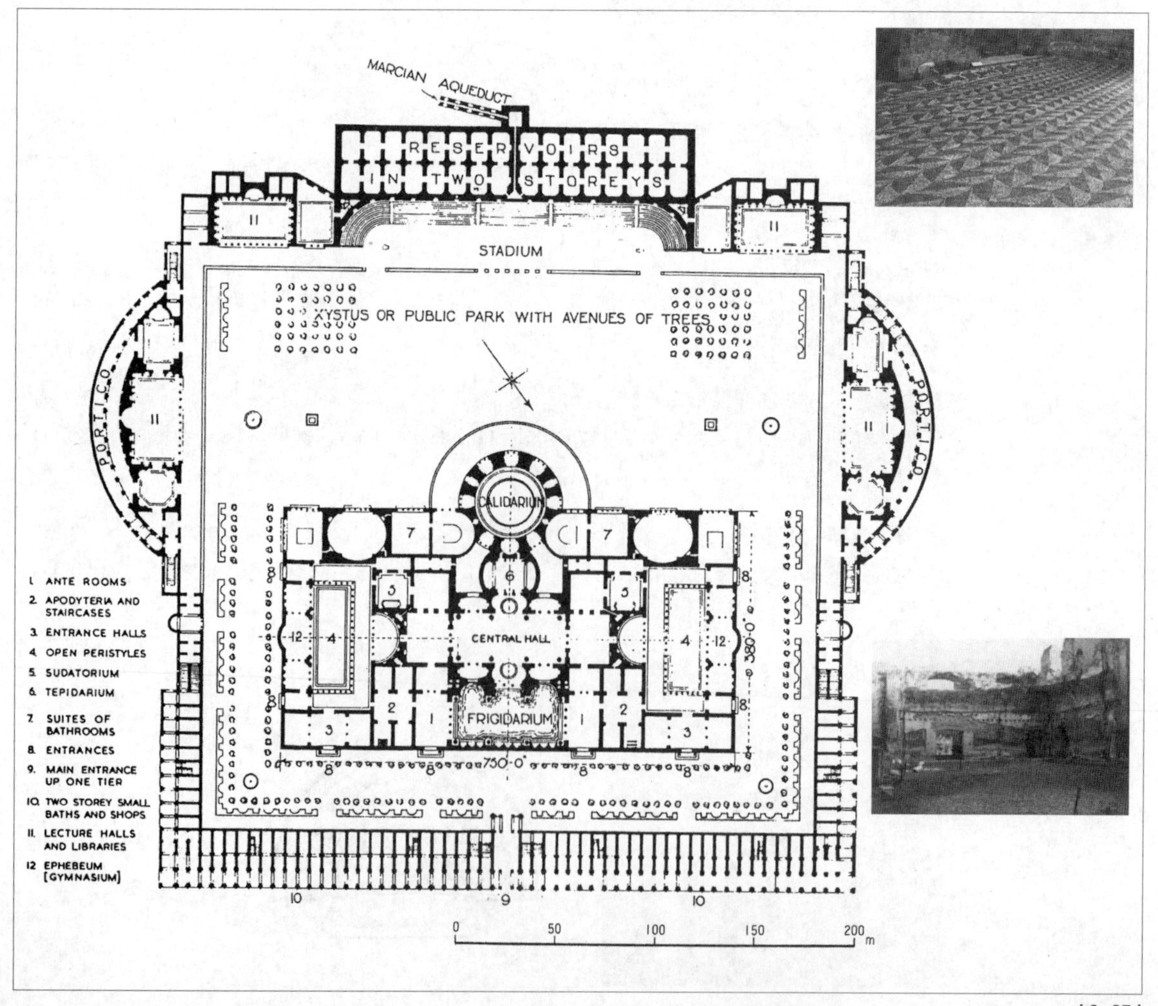

[3-37]

时　间		类　别 [索引编号]
216	广场和巴西利卡会堂，大莱普提斯（利比亚） 这是建筑在不完整地形上的罗马建筑，细部可看见东方建筑的特色。	建 筑 [3-38]

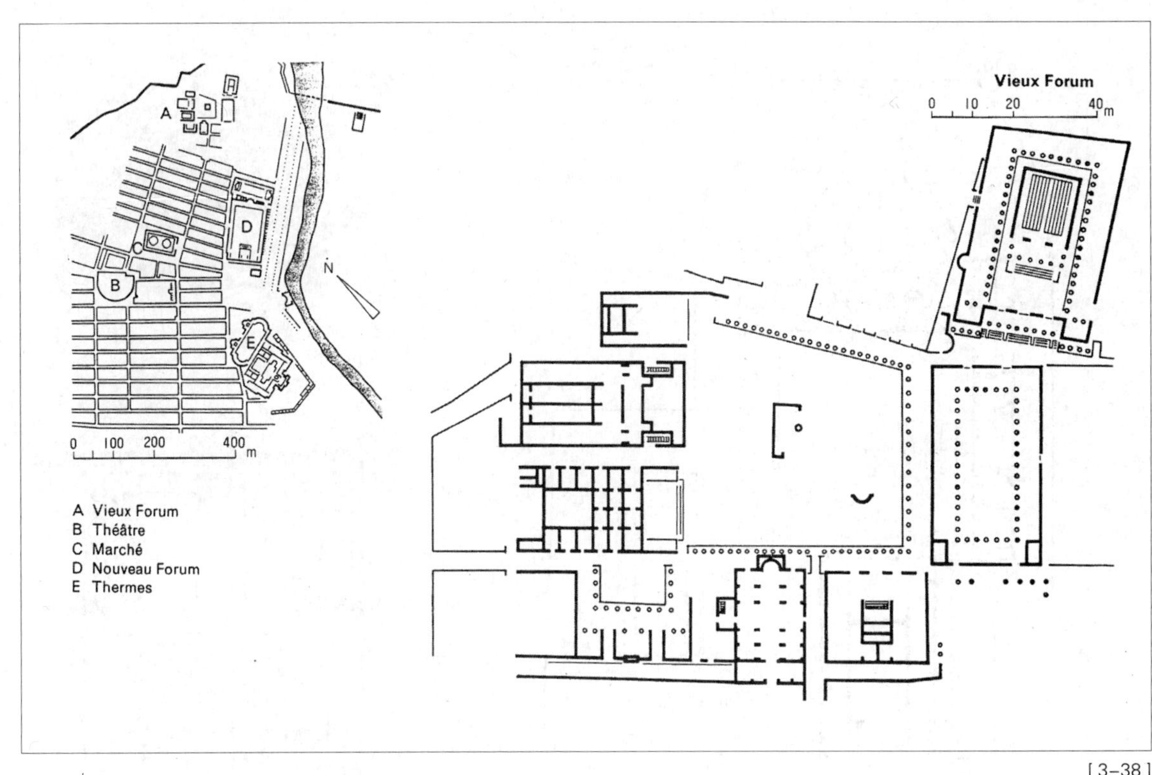

[3–38]

时　间		类　别 [索引编号]
3世纪前半叶	竞技场，艾尔杰姆（突尼斯） 北非最大的罗马建筑，此竞技场长径148米、短径122米、高36米，能容纳约3万人。	建 筑 [3-39]
约1—250	朱庇特神庙，巴尔贝克（叙利亚） 在通往大神庙的轴线上，建有八角形和长方形广场，是具纪念性的复合式建筑。	建 筑 [3-40]
250—302	基督教徒在罗马帝国受到迫害	历史事件
约270—280	奥勒利安城墙，罗马（意） 使用至1870年的罗马城墙。高6~8米、厚3.5米，每30米建有一高塔。	建 筑 [3-41]
293	戴克里先皇帝（Diocletianus）将罗马分割成四部分统治	历史事件
298—306	戴克里先浴场，罗马（意） 古代罗马最大的浴场。但是大部分已被破坏，目前经国立博物馆及米开朗基罗（Michelangelo）再利用后，变成天使圣塔玛利亚教堂（Santa Maris degli Angeli）。	建 筑 [3-42]

时　间 **类　别**

[索引编号]

约300—306　戴克里先宫殿，史帕拉托[克罗埃西亚（旧南斯拉夫）]　建 筑

建造得如同防御要塞般的别墅，建筑中采用有拱廊的柱廊等东方元素。　[3-43]

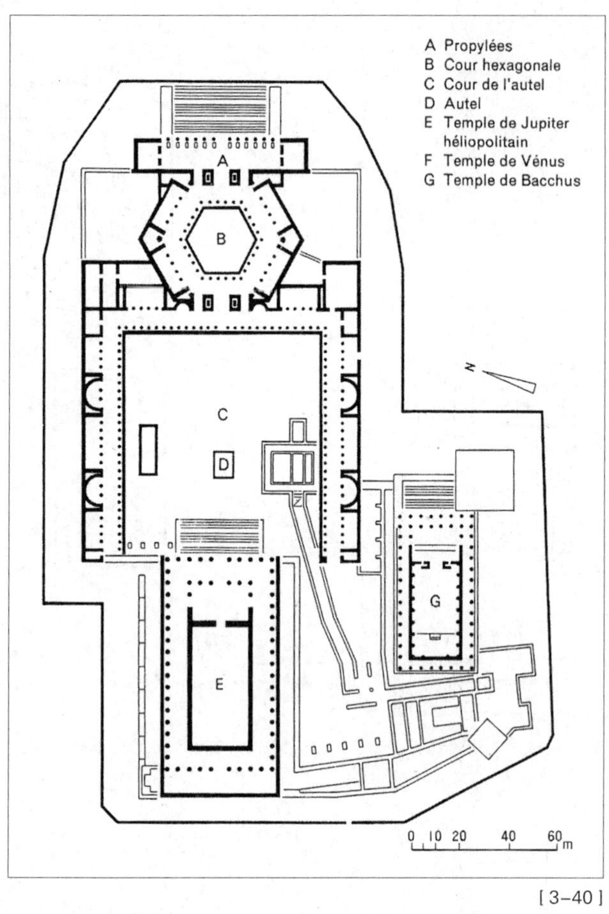

[3-40]

[3-42]

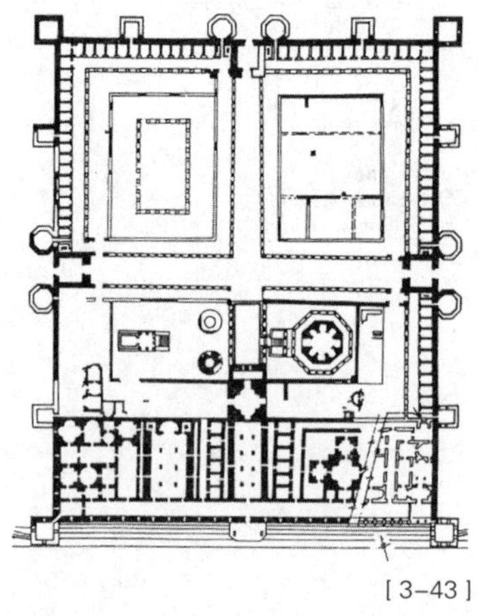

[3-43]

约300—310　巴西利卡会堂（宫殿大厅），特里尔（德）　建 筑

皇帝宫殿内部的大厅，如今还保留拱券形窗户及半圆壁龛（apse）。　[3-44]

4世纪初　米娜娃梅狄卡神庙，罗马（意）　建 筑

附属于皇帝的别墅，是建有混凝土圆顶的娱乐用建筑（Nymphaeum）。砖瓦墙面上，附有九个突出的半圆壁龛。　[3-45]

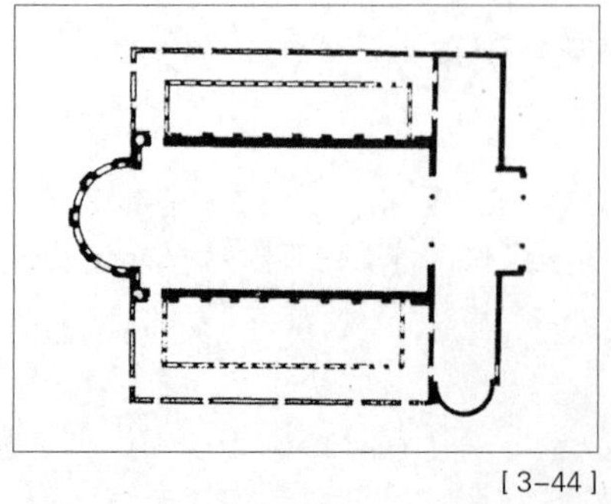

[3-44]

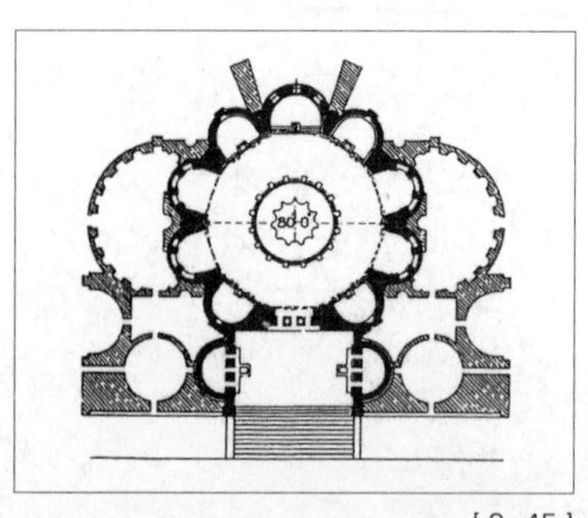

[3-45]

时 间		类 别 [索引编号]
	马克西米安皇帝（Maximianus）离宫地板的马赛克镶嵌画：《赫尔克里斯的冒险》（*The Labours of Hercules*）	绘 画
306—312	马克先提留斯会堂（君士坦丁皇帝会堂），罗马（意） 古罗马巴西利卡会堂遗构的代表作。由交叉拱顶（cuoss vault）形成的3个隔间，建构出长80米、宽25米、高35米的中殿。现今仅存北侧的通廊部分等。	建 筑 [3-46]
315	君士坦丁凯旋门，罗马（意） 3个拱券形式的横长凯旋门。表面装饰着许多取自过去纪念碑上的浮雕。	建 筑 [3-47]
约300—310	黑门，特里尔（德） 具有突出半圆塔的纪念性古城门，是德国现存的古建筑中保存状态最好的之一。	建 筑 [3-48]

[3-46]

[3-47]

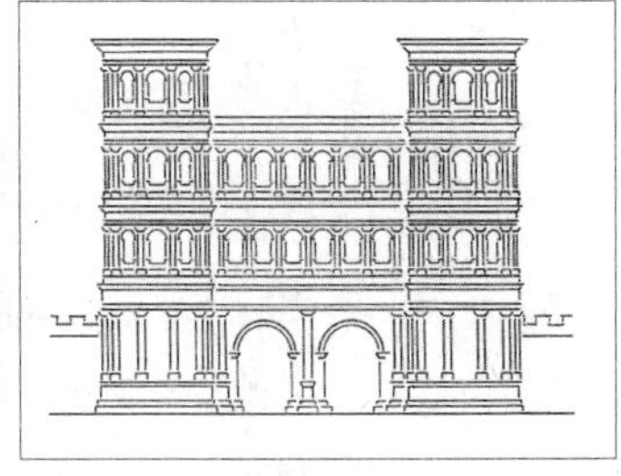
[3-48]

359	《朱尼厄斯·巴萨斯石棺》（Marble sarcophagus of Junius Bassus）	雕 刻
395	罗马帝国东西分裂	历史事件
410	西哥特人掠夺罗马	历史事件
1930	大原美术馆，仓敷（日本） 药师寺主计，渡边要 这是日本的罗马式建筑的实例。这幢地方性美术馆已成为仓敷的地区象征。建于基座上，正面有宏伟的爱奥尼亚式的列柱，呈现罗马神庙风格。	建 筑 [3-49]

拜占庭 | *Byzantine*

时　间		类　别 [索引编号]
250—302	罗马帝国的基督教徒受到迫害	历史事件
313	依据“米兰敕令”基督教合法化，395年成为罗马帝国的国教	历史事件
324—337	君士坦丁大帝在位	历史事件
4世纪前半叶	圣诞教堂，伯利恒（约旦） 由具纪念性的八角堂和具有双重通廊的教堂两个独立空间组合而成。	建 筑 [4-1]
324—329	阿斯南巴西利卡教堂，阿斯南（阿尔及利亚） 它是建筑年代确定的最古老教堂。西侧环形殿和中殿之间，采用由三个连环拱廊区分的建筑技巧，中殿和通廊间的廊柱采用2根一组的作法（双柱）等，呈现出北非教堂的特色。	建 筑 [4-2]
330	罗马帝国的拜占庭 (Byzantium) 迁都，改名为君士坦丁堡 (Constantinople)	历史事件
328—336	圣墓所，耶路撒冷（以色列） 顺着第一中庭、五廊式巴西利卡空间、第二中庭的顺序往建筑内部延伸，之后出现一个有双层通廊的圆形殿。	建 筑 [4-3]

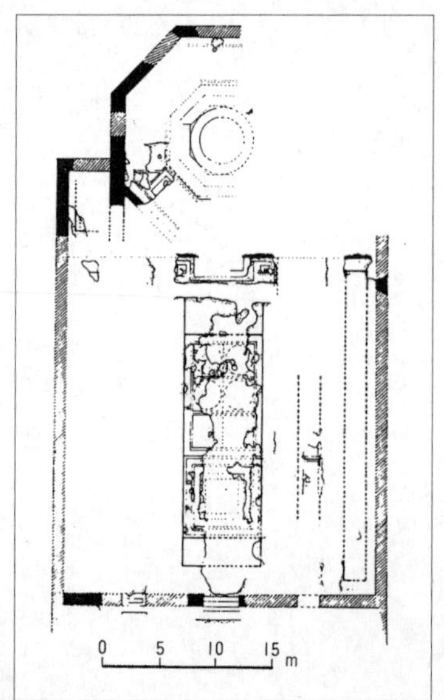

[4–1]

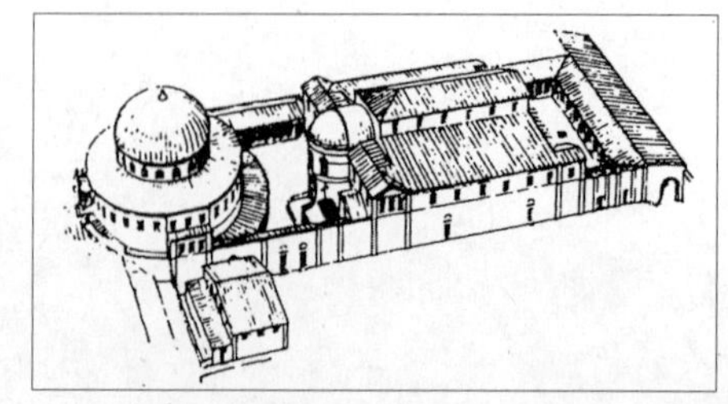

[4–3]

时　间		类　别 [索引编号]
约370	圣罗伦佐教堂，米兰（意） 具有独特平面的教堂，以正方形中殿和环绕周围的通廊为中心，各边建有突出的环形殿，附属的礼拜堂如今仍保有创建当时的马赛克镶嵌画。	建 筑 [4-4]
395	罗马帝国东西分裂	历史事件
约400	萨洛尼卡 (Thessaloniki)，圣季米特里奥斯教堂 (Agios Dimitrios) 的半圆屋顶马赛克镶嵌画：《圣科斯马斯和圣达米安》（*The Saints Cosmas and Damian*）	绘 画
410	西哥特人掠夺罗马	历史事件
约424	加拉·普拉西迪亚陵墓，拉文纳（意） 在希腊十字形平面的中央有三角穹圆顶（pendentive dome），翼部有隧道拱顶（tunnel vault，又称桶形拱顶）的砖造建筑。屋顶天花内有深蓝玻璃马赛克镶嵌画。	建 筑 [4-5]

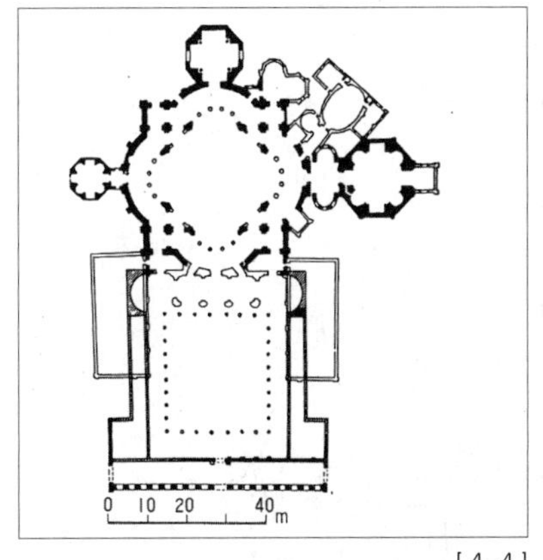

[4-4]

[4-5]

413—426	圣奥古斯丁（Aurelius Augustinus）《上帝之城》（*De Civitate Dei*）	建筑书
约425—426	拉文纳的加拉·普拉西迪亚陵墓的马赛克镶嵌画：《牧羊人》	绘 画
431	艾菲索斯宗教会议	历史事件
约432—440	罗马，圣母玛利亚教堂 (Basilica of Santa Maria Maggiore) 马赛克镶嵌画	绘 画

时间		类别 [索引编号]
约440	**白修道院，索哈杰近郊（埃及）** 具有附讲坛（tribune）的通廊，以及能通往三方祭殿的巴西利卡式空间。三叶形圣坛（bema）、有壁龛（niche）的环形殿及入口侧通廊等，都是日后埃及教堂的特色元素。	建筑 [4-6]
约400—450	**东正教洗礼堂，拉文纳（意）** 洗礼堂内有用马赛克、大理石、装饰用灰泥（stucco）等绘制的圣者图像，是早期洗礼堂中最美的建筑之一。	建筑 [4-7]

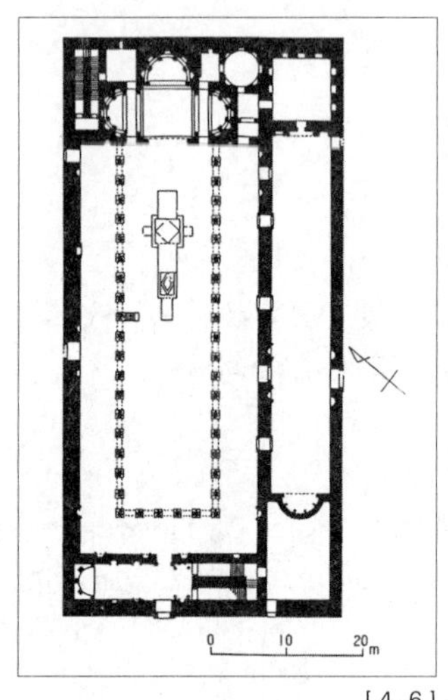

[4-6]

[4-7]

451	**东西教会开始分裂**	历史事件
约463	**圣约翰教堂，伊斯坦布尔（土耳其）** 承袭古典传统的教堂。许多部分都已坍塌，但它是那时期教堂中少数保留至今的实例。（现今该地称为Imrahor Camii）	建筑 [4-8]
464—465	**使徒·预言者·殉教者教堂，杰拉西（约旦）** 残留在杰拉西的罗马遗迹中的教堂遗构之一。具有内接十字形的集中式平面。	建筑 [4-9]
476	**西罗马帝国灭亡**	历史事件
约476—490	**圣西门教堂，卡拉特西曼（叙利亚）** 教堂中央为八角形平面的木造屋顶大厅，其东方有纪念教堂，另外三方设有仪式用附属建物。它显示出叙利亚在罗马时代之前，石造技术便很发达。	建筑 [4-10]

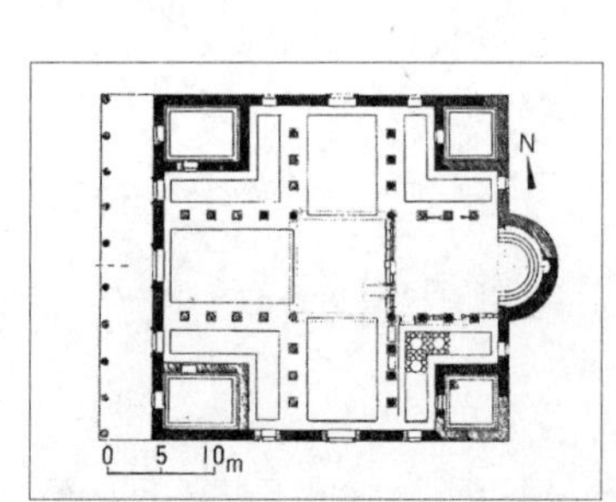

[4-9]

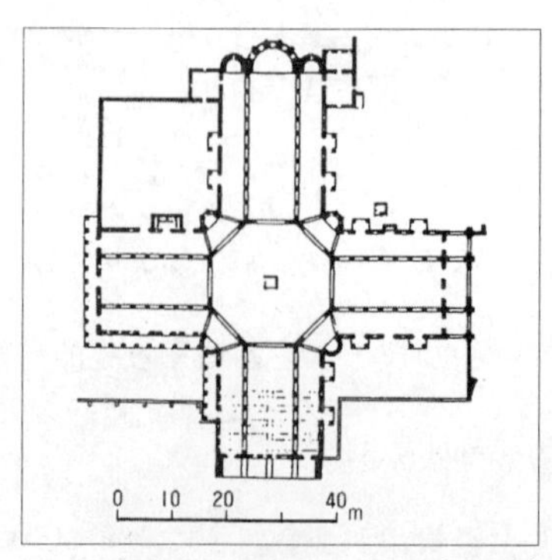

[4-10]

时　间		类　别 [索引编号]
5世纪末	圣德米特里教堂，萨洛尼卡（希腊） 具有双重五廊式通廊的巴西利卡教堂，有讲坛和交叉廊，是希腊规模最大的教堂。	建 筑 [4-11]
475—491	卡拉特西曼修道院，卡拉特西曼（叙利亚） 自木造半圆顶的八角堂往四方沿伸巴西利卡空间，形成十字形的平面。在通廊东端建有环形殿。	建 筑 [4-12]
6世纪初	亚拉罕修道院，亚拉罕（土耳其） 具有两层三廊式通廊的巴西利卡式修道院。环形殿有先行隔间的挑高天花，教堂中心强调垂直方向，是尝试结合长堂式和集中式两种形态的建筑物。	建 筑 [4-13]

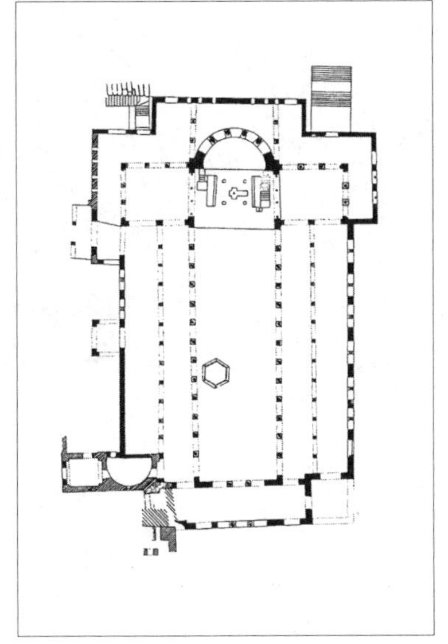

[4-11]

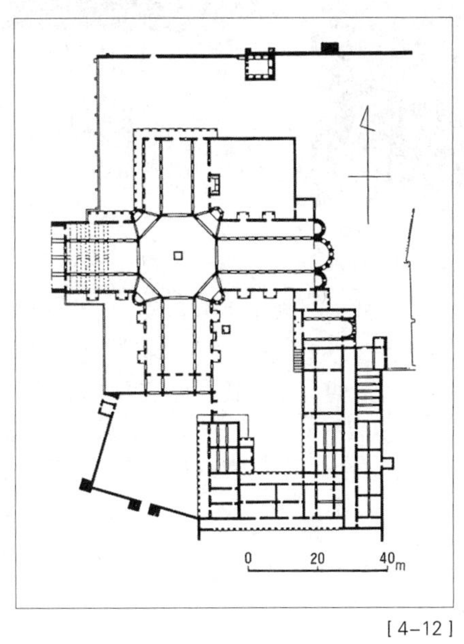

[4-12]

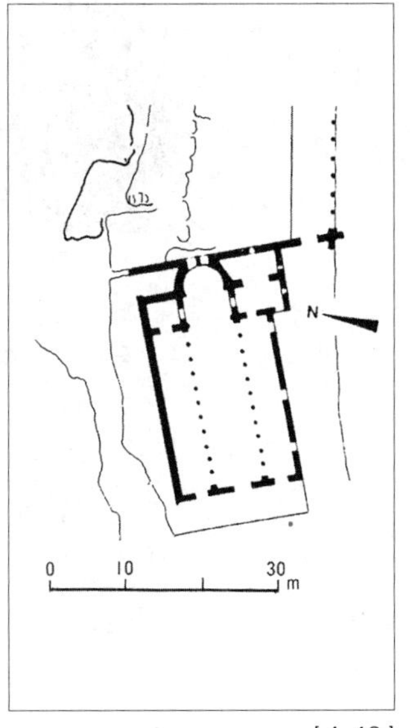

[4-13]

515	圣格欧基欧斯教堂（献堂），以斯拉（叙利亚） 在正方形四角设有壁龛状祭室，形成八角形平面，东侧具有突出的环形殿。	建 筑 [4-14]
520—526	狄奥多里克陵墓，拉文纳（意） 这是个石造陵墓，圆顶状天花是用一片直径10米的石灰石建构而成。	建 筑 [4-15]
527—565	查士丁尼大帝（Justinian）的黄金时代	历史事件

[4-15]

时 间 **类 别**
[索引编号]

532 **圣艾琳教堂（动工），伊斯坦布尔（土耳其）** 建 筑
它是具有圆屋和回廊的巴西利卡式教堂，在当时是少见的例子。740年时因地震受损，下层改建成拱券。同时废弃回廊的拱券，改成插入障壁等形式。 [4-16]

526—536 **圣塞尔吉乌斯和圣巴克乌斯教堂，伊斯坦布尔（土耳其）** 建 筑
在不完整的矩形空间中建有八角堂，上有半圆顶的集中式教堂，为查士丁尼大帝初期的建筑。 [4-17]

[4-16]

[4-17]

532—537 **圣索菲亚大教堂，伊斯坦布尔（土耳其）** 建 筑
安提乌欧斯（特拉里斯的），伊西多罗斯（米勒杜斯的） [4-18]
中央位置建有直径31米的大型圆顶，东西两侧以两个较低的半圆顶支撑，南北两侧则分别有两座巨大扶壁（buttress）支撑。558年圆顶倒塌后，又建了现在的圆顶。之后在994年和1346年时曾部分毁损，但分别都重新修建。

532—547 **圣维塔雷教堂，拉文纳（意）** 建 筑
在拉文纳初期的教堂建筑中，它特别著名，为八角形平面的砖造教堂，内部漂亮地装饰着5—6世纪的马赛克镶嵌画。被认为模仿515年建于叙利亚安提欧克（Antioch）的黄金教堂。 [4-19]

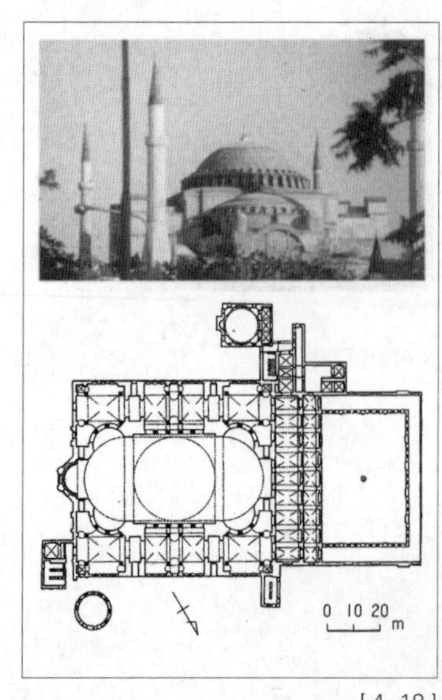

[4-18]

[4-19]

时 间		类 别 [索引编号]
约525—547	拉文纳，圣阿波利纳雷教堂、圣维他塔教堂的马赛克镶嵌画	绘 画
6世纪	西奈山 (Mount Sinai)，圣凯瑟琳修道院 (Saint Catherine's Monastery) 板画：《圣狄奥多罗斯和圣乔治与坐在宝座上的圣母和圣子》(*Madonna and child with St George and St Theodore*)	绘 画
约564	沃尔丹教堂，哈玛（叙利亚） 在长方形平面的中殿中央部分有圆顶，东西方具有隧道拱顶，是查士丁尼时代的典型圆顶巴西利卡式教堂。	建 筑 [4-20]
约549—564	西奈山，马赛克镶嵌画：《基督显圣容》	绘 画
570	穆罕默德诞生（570—632）	历史事件
6世纪初	双排象牙板：《大天使米迦勒》（Archangel Michael）	雕 刻
618	圣利浦吉梅教会，爱西米雅金（亚美尼亚） 具有内接四叶形平面， V字形断面壁龛外观等，呈现亚美尼亚地区集中式教堂特色，为一珍贵遗构。	建 筑 [4-21]
632—732	拜占庭帝国与伊斯兰帝国争夺近东和非洲	历史事件
6—7世纪	罗马，圣弗朗西斯科教堂（The church of Santa Francesca Romana）：《圣母子画像》（*The icon of the Madonna and Child*）	绘 画
8世纪初	圣索菲亚大教堂，萨洛尼卡（希腊） 在中央圆顶的四方建有隧道拱顶，是具有十字形平面的典型教堂范例。	建 筑 [4-22]
726	东罗马皇帝利奥三世（Leo Ⅲ）颁布禁止崇拜圣像的诏令	历史事件
762—776	伦巴第教堂，奇威达雷，乌迪内近郊（意） 它是现存于历史悠久的乌迪内近郊的遗构。小教堂中有大理石、灰泥装饰、壁画、马赛克镶嵌画等构成的壮丽壁饰，保存状态良好。	建 筑 [4-23]
873—874	斯库利普修道院圣堂，斯库利普（希腊） 由于十字中殿位于中殿几乎中央的位置，一方面它既是巴西利卡式教堂，一方面又具有希腊十字形平面。	建 筑 [4-24]

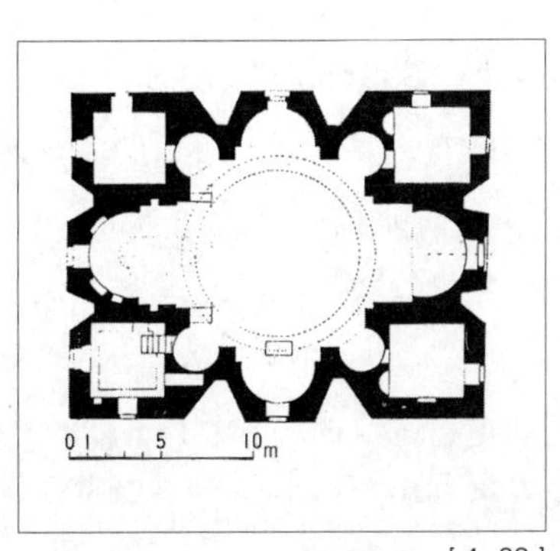

[4-23]

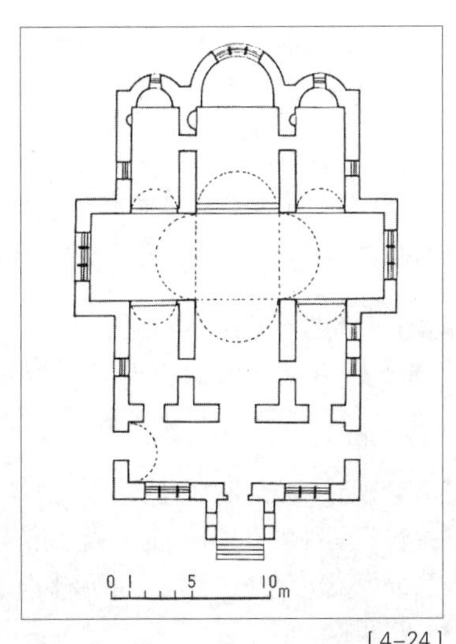

[4-24]

时　间		类　别 [索引编号]
10—11世纪	**施洗者圣约翰教堂，内塞巴尔（保加利亚）** 它是位于自古即繁荣的黑海沿岸古城内塞巴尔的教堂建筑之一。中央有圆顶，是结合希腊十字形和三廊式的建筑。	建 筑 [4-25]
约990	**俄罗斯改信俄罗斯正教**	历史事件
864—1008	**圣母玛利亚阿森塔教堂，威尼斯（意）** 它位于威尼斯泻湖（lagoon）中心地的托尔切诺（Torcello），是威尼斯最古老的教堂。相传于639年创建，但在864年和1008年时改建。地板和墙面都装饰着美丽的马赛克镶嵌画。	建 筑 [4-26]
989—1010	**阿尼大教堂，阿尼（土耳其）** 具有三廊式平面的亚美尼亚地区的遗构。柱墩上添加柱型和壁柱，与拱券相互呼应，以表现高耸感，石造天花等具有中世纪后期西欧建筑的初期特色。	建 筑 [4-27]
1011—1022	**圣路卡斯教堂，特耳菲近郊（希腊）** 中期拜占庭建筑的早期作品。建筑计划是环绕此教堂设计者的墓地，其广大的范围内装饰许着多马赛克镶嵌画。	建 筑 [4-28]

[4-26]

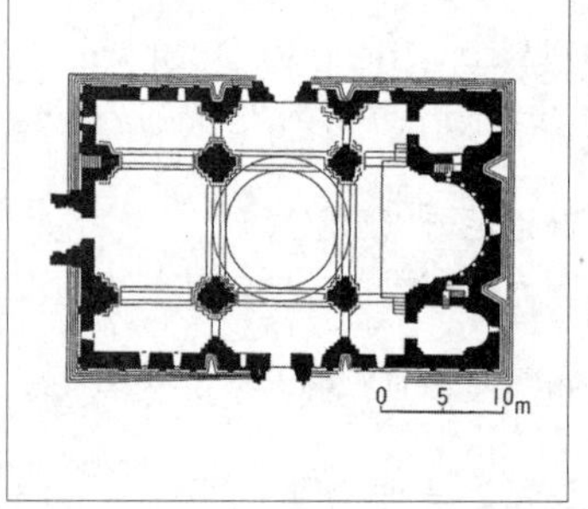

[4-27]

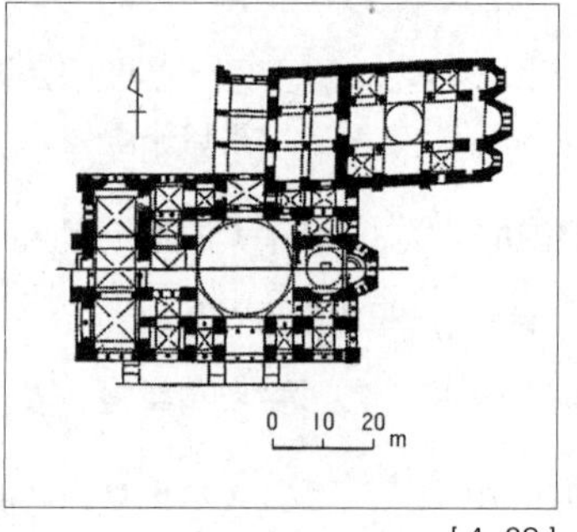

[4-28]

1045—1052	**圣索菲亚大教堂，诺夫哥罗德（俄）** 它是建于俄罗斯古都的石造教堂。具有拜占庭风格的大圆顶（cupola）外观，内部为五廊式，形成柱列林立的复杂空间。12世纪时增建塔楼等其他部分。	建 筑 [4-29]
1042—1055	**新摩尼修道院教堂，希俄斯岛（希腊）** 具有圆顶的八角形平面教堂。在君士坦丁九世统治时期开始动工。	建 筑 [4-30]
约1060—1070	**塞多罗伊教堂，雅典（希腊）** 外部有高密度装饰的小教堂。伊斯兰初期阿拉伯文字体之一的库法体（Kufic）装饰，到12世纪才完成，另外钟楼也是日后增建的。	建 筑 [4-31]
1063—1071	**圣马可教堂，威尼斯（意）** 它是建于圣马可广场具纪念性宏伟的拜占庭建筑。832年和978年时，改建为现今第三代建筑风格。希腊十字形平面上，具有五个圆顶，内部全镶着金黄色马赛克镶嵌画。	建 筑 [4-32]

时 间		类 别 [索引编号]
约1080	**达夫尼修道院，达夫尼（希腊）** 它是建于原为阿波罗圣域的代表性拜占庭建筑，以马赛克镶嵌画闻名于世。	建 筑 [4-33]
1118年左右—1137	**大能者修道院南教堂（动工），伊斯坦布尔（土耳其）** 它共有三个教堂并列组成，为大型的中期拜占庭复合式建筑，具有丰富的装饰。（现今该地称为Zeyrek Djami）	建 筑 [4-34]

[4–32]

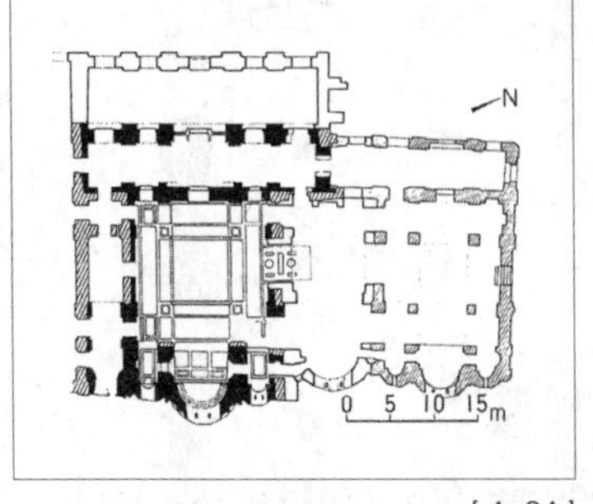

[4–34]

时 间		类 别 [索引编号]
12世纪	**纽埃岩石教堂，拉利贝拉（埃塞俄比亚）** 平面有五隔间的巴西利卡式岩窟圣堂。立面装饰呈现衣索比亚宫殿建筑的风格。	建 筑 [4-35]
	卡布里埃鲁法耶岩石教堂，拉利贝拉（埃塞俄比亚） 具有不规则平面的岩窟圣堂。外观装饰的元素很少，圣堂下有储水池，由此可见当地对水的信仰。	建 筑 [4-36]
	马哈内阿拉姆岩石教堂，拉利贝拉（埃塞俄比亚） 为环绕廊柱的五廊式圣堂，应该是由切开的凝灰岩所建造的宏伟雕刻建筑。	建 筑 [4-37]
1165	**波寇优波弗教堂，波寇优波弗村，弗拉迪米尔近郊（俄）** 具有素雅白壁的小村落教堂，建筑结构美丽工整，被誉为俄罗斯“黄金环”上的美丽结晶。	建 筑 [4-38]
1158—1180	**乌斯本斯基大教堂，弗拉迪米尔（俄）** 闪耀着金黄光辉的俄罗斯中叶最大教堂之一，为俄罗斯正教信仰的象征。创建时虽是中央有圆顶的三廊式教堂，但12世纪末时，又加建了环形殿、通廊和四个圆顶等，显得更为宏伟壮观。	建 筑 [4-39]
1193—1197	**圣得米翠斯教堂，弗拉迪米尔（俄）** 俄罗斯中叶的宫廷教堂代表作，12世纪中，由振兴基督教美术的弗拉迪米尔所建，墙面装饰着丰富美丽的雕刻。	建 筑 [4-40]
11—13世纪	**乔尔吉斯岩石教堂，拉利贝拉（埃塞俄比亚）** 此岩窟教堂是将凝灰岩挖掘成矩形，保留中央部分建造而成，底部具有三层基座的希腊十字平面教堂。	建 筑 [4-41]

时间		类别 [索引编号]
1282—1309	帕那吉雅帕利格利提沙教堂，阿尔塔（希腊） 具有宫殿风格（Palazzo）外观，又有西欧特色的特异巴列奥略（Palaiologos）王朝时期的教堂。	建筑 [4-42]

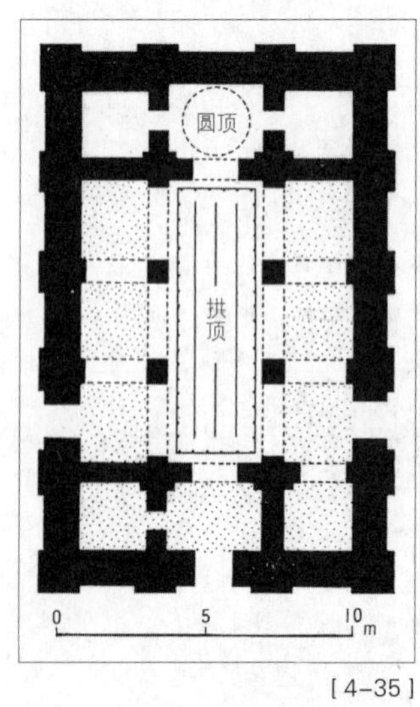

[4-35]

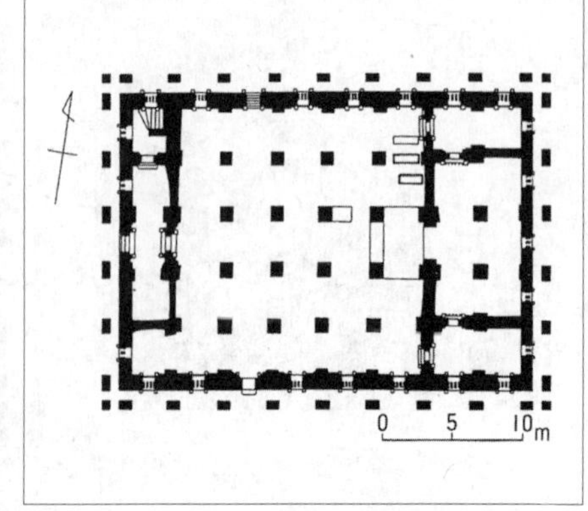

[4-37]

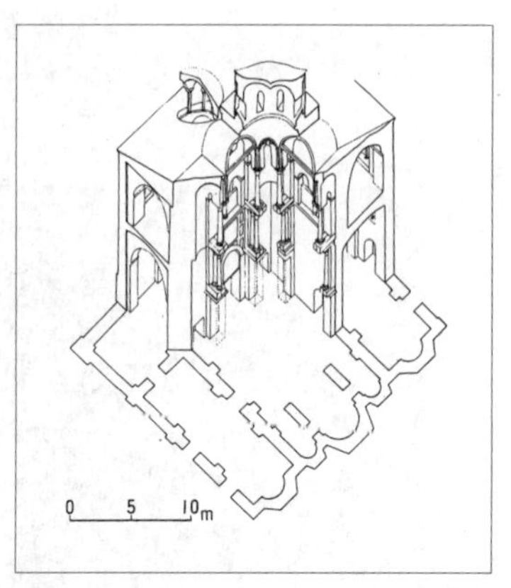

[4-42]

时间		类别 [索引编号]
1284—1300	康士坦丁李普士的南方教堂，伊斯坦布尔（土耳其） 应属于拜占庭文化复兴的作品。（现今该地称为Fenari Isa Mosque）	建筑 [4-43]
13—14世纪	万物创造者教堂，内塞巴尔（保加利亚） 用砖块、石材和陶片等华丽装饰的巴尔干半岛教堂建筑实例。	建筑 [4-44]
约1303—1320	科拉修道院，伊斯坦布尔（土耳其） 教堂保有马赛克镶嵌画与壁画，壁画为拜占庭后期的优秀绘画作品。（现今该地称为Kariye Camii）	建筑 [4-45]
1321	格拉查尼察修道院，格拉查尼察（塞尔维亚） 塞尔维亚建筑的代表作，共组合圆顶、半圆顶和四分之一圆顶，结构十分复杂。	建筑 [4-46]
1315—1321	伊斯坦布尔，科拉修道院的马赛克镶嵌画	绘画
14世纪	圣伊凡教堂，内塞巴尔（保加利亚） 保加利亚教堂建筑中，具有华丽装饰外墙的典型案例。虽建于古都内塞巴尔，但如今屋顶已坍塌，成为一片废墟。	建筑 [4-47]
约1410	卡列尼奇修道院，卡列尼奇（塞尔维亚） 单纯的三叶型平面，但外墙利用拱券等元素装饰。	建筑 [4-48]
1410—1420	《旧约三位一体》(*The Old Testament Trinity*)，鲁比列夫 (Andrei Rublev)	绘画
1488	沃罗内茨修道院，沃罗内茨（罗马尼亚） 建于罗马尼亚北部摩尔多瓦（Moldova）地区，是拜占庭风格教堂的代表案例。单纯的圆形屋顶是其特色，到了16世纪前半时，外墙上全都画上宗教画。	建筑 [4-49]

时 间		类 别 [索引编号]
1517	**库尔泰亚－德阿尔杰什修道院教堂，库尔泰亚－德阿尔杰什（罗马尼亚）** 位于罗马尼亚南部瓦拉其亚（Wallachia）地区的古都内，为一华丽教堂。相对于摩尔多瓦地区的壁画，此地区教堂外墙多以浮雕石板做装饰。	建 筑 [4-50]
1530—1532	**耶稣升天教堂，科洛姆庄园，莫斯科近郊（俄）** 在三层重叠独特山形墙装饰的八角塔上，具有帐篷型尖塔的石造教堂。配合时代将俄传统建筑形态重现的俄罗斯文艺复兴建筑的代表作。	建 筑 [4-51]
约1550	**壁画《最后的审判》**	绘 画
1555—1560	**圣巴西尔大教堂，莫斯科（俄）** 建于莫斯科红场，为俄罗斯文化象征而闻名于世。外观有许多具有独特大圆顶的大小尖塔，内部由许多圣殿组合成的复合式结构。	建 筑 [4-52]

[4-45]

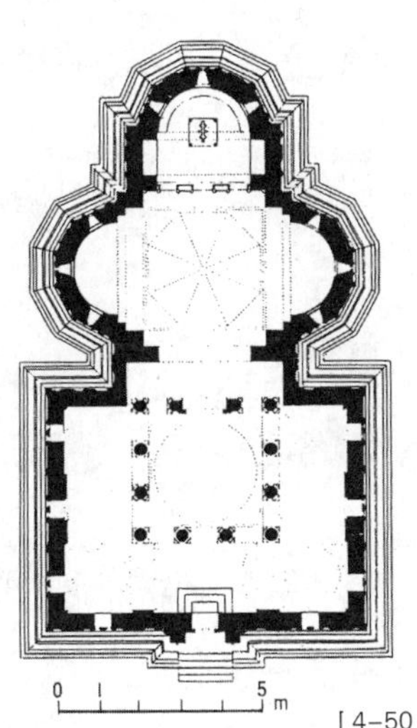

[4-50]

[4-52]

时 间		类 别 [索引编号]
1714	**基督变容教堂，基济岛（俄）** 北俄罗斯在17—18世纪时，建造了许多木造正教教堂，这是其中的代表例。在木构造的墙体上，共计有22个大圆顶，独特的外貌十分宏伟、壮观。	建 筑 [4-53]
1891	**日本东正教复活大教堂（Nikorai-do），东京（日本）** J.康德，冈田信一郎 这是日本的拜占庭建筑风格的实际案例。原本由俄罗斯人康德设计施工，关东大地震后由冈田先生改建成现今的样子。随处可见洋葱拱（Ogee arch）及三角穹圆顶（Pendentive）等风格特色。	建 筑 [4-54]

[4-53]

[4-54]

罗马式 | *Romanesque*

时间		类别 [索引编号]
313	依据“米兰敕令”基督教合法化，395年成为罗马帝国的国教	历史事件
约320	圣塔科斯坦察教堂，罗马（意） 君士坦丁皇帝为女儿建造的陵墓，13世纪时成为教堂建筑，是具有圆顶的圆形平面。	建筑 [5-1]
约400	旧圣彼得教堂，罗马（意） 君士坦丁大帝因基督教合法化后所建的中心教堂。是和罗马市场的巴西利卡会堂一起设计的初期基督教风格的代表作。近代被重建，如今已不存在。	建筑 [5-2]
约400—425	洗礼堂，弗雷瑞斯（法） 具有附壁龛的八角形平面，是从当时保存至今的许多小建筑物之一。	建筑 [5-3]
425—430	圣塔沙比那教堂，罗马（意） 具有初期基督教风格明亮的内部空间教堂。但是区分中殿和通廊的廊柱，不是用水平建材，而是用拱券支撑。	建筑 [5-4]

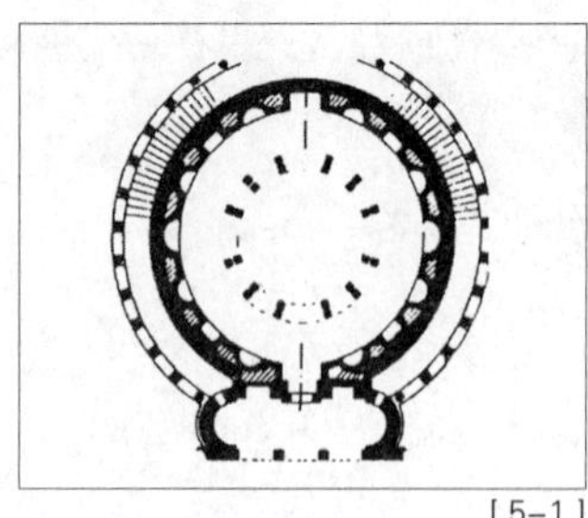
[5-1]

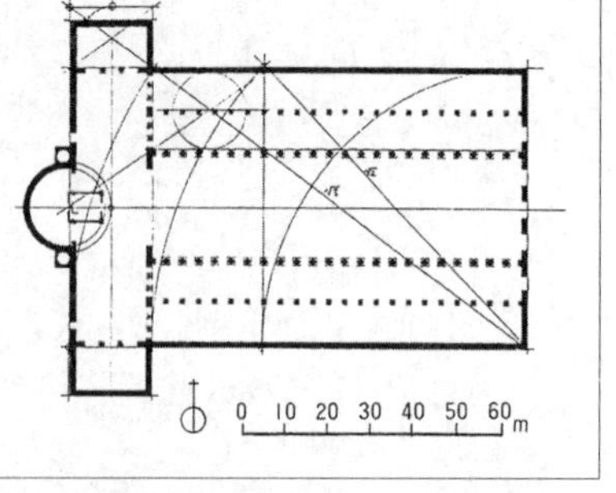

[5-2]

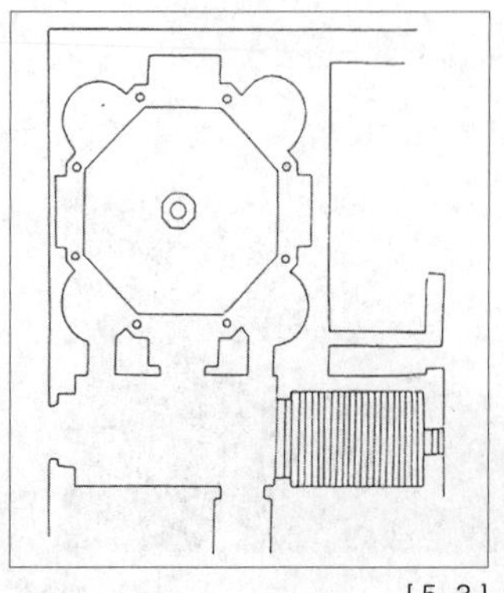
[5-3]

[5-4]

时　间		类　别 [索引编号]
约432—440	**拉特拉诺的圣·乔瓦尼大教堂附属洗礼堂，罗马（意）** 中央的洗礼槽环绕着两层大理石，列柱外围形成环绕通廊的八角形平面。后面的洗礼堂是建筑的原型。	建 筑 [5-5]
432—440	**圣母玛利亚大教堂，罗马（意）** 建于罗马中央的典型初期基督教教堂之一。单纯的巴西利卡式内部空间，爱奥尼克式列柱支撑水平楣梁，当初的构造保存尚佳。外观自16世纪后半以后有大幅的变更。	建 筑 [5-6]
451	教会开始东西分裂	历史事件
476	西罗马帝国灭亡	历史事件
468—483	**圣史提芬教堂，罗马（意）** 直径24米的圆形中央外围，具有宽10米的圆形后堂（chevet）。其外侧交错配置着四个祭室和四个中庭，教堂平面以圆形和十字形构成。	建 筑 [5-7]

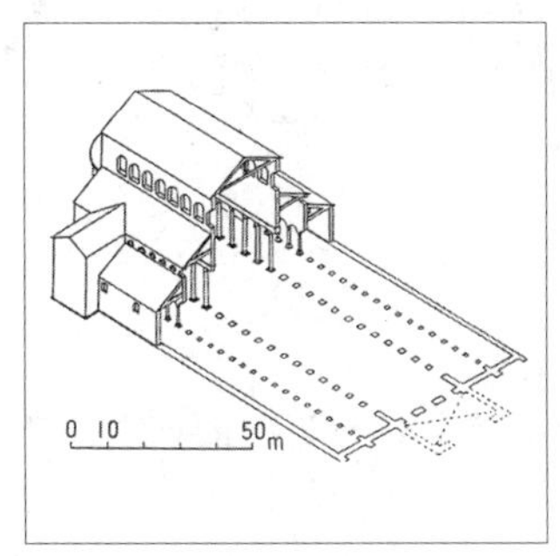

[5–5]

[5–6]

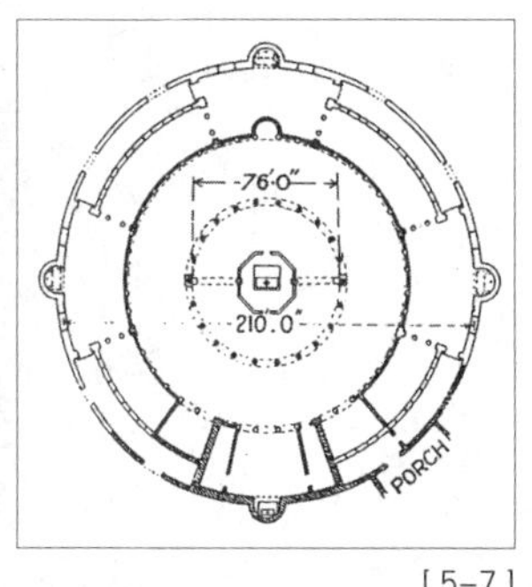

[5–7]

时　间		类　别 [索引编号]
486	法兰克王国墨洛温王朝（Merovingian）朝开始（　—751）	历史事件
529	本笃会（Benedict）成立	历史事件
432、578	**圣洛兰佐弗奥里列穆拉教堂，罗马（意）** 5—6世纪时相背所建的两个教堂，1216年时分别拆掉环形殿将它们合为一体，之后又建了门廊，成为现今的状态。	建 筑 [5-8]

时 间 **类 别** [索引编号]

493—520 圣阿波利纳雷斯教堂，拉文纳（意） 建 筑 [5-9]

拉文纳初期的教堂建筑， 10世纪和16世纪又分别加建钟塔与门廊。单纯的巴西利卡式内部空间，6世纪时装饰有美丽的马赛克镶嵌画。

约530—549 克拉塞圣阿波利纳雷斯教堂，拉文纳近郊（意） 建 筑 [5-10]

具有木造天花的巴西利卡式教堂。圣坛为三廊式，圆柱呈现出拜占庭建筑的细部，内壁装饰有马赛克镶嵌画。

[5–9]

[5–10]

约680 布利克斯沃斯教堂，北安普敦郡（英） 建 筑 [5-11]

它是现存同时期盎格鲁撒克逊教堂中，为数不多的大型教堂。

约650—700 圣约翰洗礼堂，普瓦捷（法） 建 筑 [5-12]

经过多次改建，建筑上方由雕有精巧装饰的石材所构成。

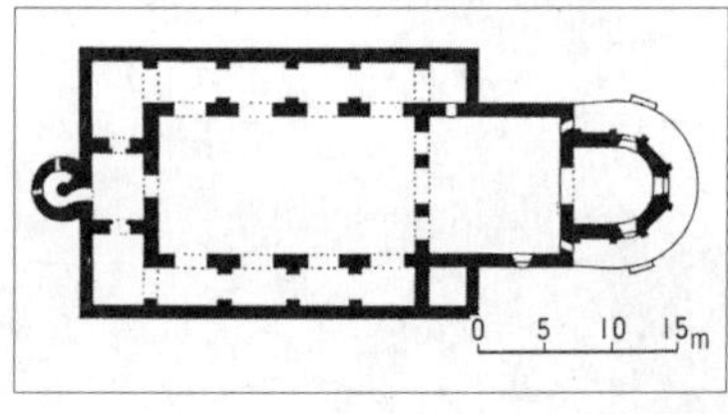

[5–11]

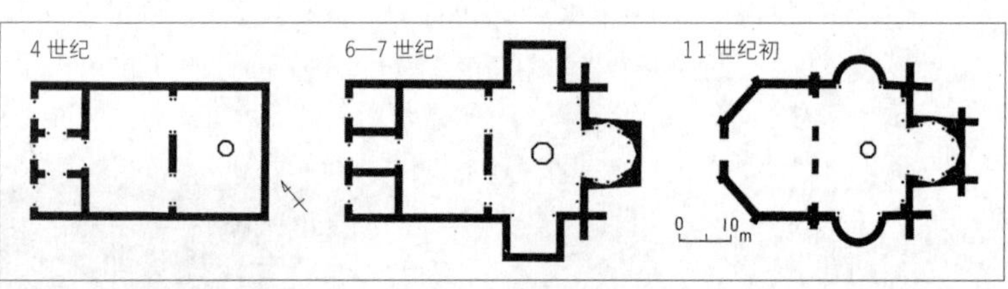

[5–12]

儒雅赫修道院地下室，儒雅赫，巴黎近郊（法） 建 筑 [5-13]

具有葬仪用礼拜室的墨洛温王朝（481—751）初期的建筑。巴黎市主教安琴卢贝尔（Agilbert）委托建造。

约698—721 《林第斯弗尼福音书》（*Lindisfarne Gospels*） 绘 画

751 法兰克王国卡洛林王朝（Carolingian）开始（ —987） 历史事件

756 在西班牙诞生伊斯兰教徒独立国 历史事件

772—795 科斯美汀圣母教堂，罗马（意） 建 筑 [5-14]

4世纪创建的祭祀神庙，教皇哈德良一世扩大变更兴建成教堂。12世纪时加盖引人注意的罗马式钟塔。

时 间 | | **类 别** [索引编号]

790—799 **阿布维尔修道院教堂，阿布维尔近郊（法）** 建 筑 [5-15]

在查理曼（Charlemagne）皇帝的资助下，教堂还原成当初的建设规模。东西圣坛、袖廊、6座钟塔等，在继墨洛温王朝后的卡洛林王朝建筑完成，是具有双圣坛式教堂的典范。

[5-14]

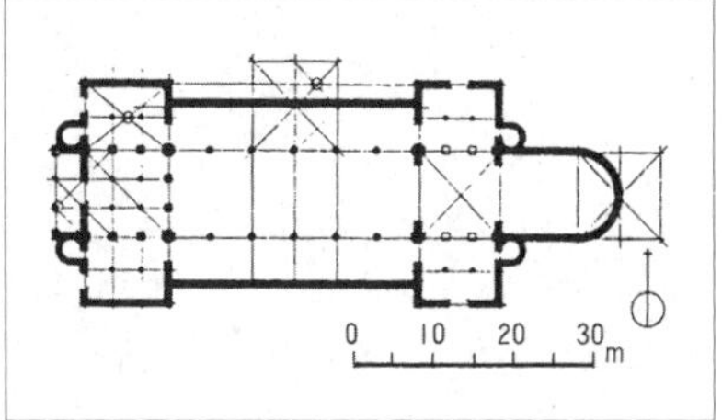

[5-15]

800 罗马教皇加冕查理曼（在位768—814）为罗马皇帝 历史事件

约800 《查理曼福音书》（*Gospel Book of Charlemagne*） 绘 画

约792—805 **查理曼大帝宫廷礼拜堂，亚琛（德）** 建 筑 [5-16]

充分呈现当时皇宫强权的纪念建筑。受到拉文纳圣维他雷教堂的影响，具有卡洛林王朝文艺复兴期的集中式平面，内部保存良好，完整呈现当时的状态。

约810 **洛尔希修道院楼门，洛尔希，赫本海姆近郊（德）** 建 筑 [5-17]

卡洛林王朝的楼门建筑，在色彩丰富的石板墙面上，建有三连拱券。

[5-16]

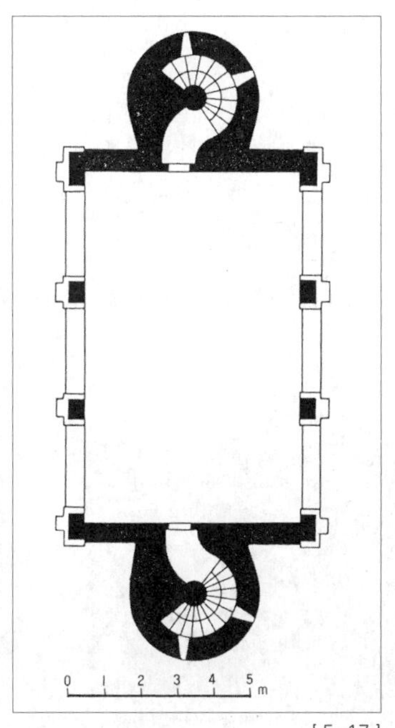

[5-17]

时 间		类 别 [索引编号]
816—835	《艾博福音书》（*Gospel Book of Archbishop Ebbo of Reims*）	绘 画
约820	圣加伦修道院计划案，圣加伦（瑞士） 这是现存最古老的修道院空间配置计划。计划中有附回廊的中庭，和其北侧以教堂为中心的必要设施等合理空间配置。教堂中还设有可供许多修道士弥撒的多座祭坛。	建 筑 [5-18]
约760—820	《凯尔斯书》（*The Book of Kells*）	绘 画
约830	普拉图的圣文森佐教堂，米兰（意） 位于意大利北部的伦巴底（Lombardia）地区，具有巴西利卡式平面的初期教堂建筑。外墙上装饰着当地特有的伦巴底带。	建 筑 [5-19]
843	依据凡尔登条约（Treaty of Verdun），法兰克王国被分割成三部分，即日后法国、德国、意大利的雏形	历史事件
848	圣母玛利亚教堂（献堂），奥维耶多（西班牙） 当初为皇宫内的教堂。从建筑中可见到初期的隧道拱顶架构及横拱（Transverse arch）。	建 筑 [5-20]
约870	《林道福音书》（*Lindau Gospel*）	绘 画
约875—877	《秃头王查理（Charles Ⅱ le Chauve）的圣书》	绘 画
873—885	圣维图斯教堂西屋，科威，赫克斯特近郊（德） 卡洛林王朝教堂建筑西屋（具有高塔的教堂西面建筑）的代表遗构，教堂于822—844年建造，西屋稍晚才建。目前，附属于17世纪建造的教堂。	建 筑 [5-21]
910	克伦尼教派（The Cluniac Order）创立	历史事件
962	鄂图一世（Otto Ⅰ）被加冕，神圣罗马帝国诞生	历史事件
约985	《鄂图大帝》	绘 画
987—1328	卡贝（Capetian）王朝（法国）开始	历史事件
7—10世纪末	圣劳伦斯教堂，阿文河畔布拉德（英） 在高墙围绕的长方形中殿东端，具有小的长方形室，南和北方也附有如袖廊般小室的小教堂。	建 筑 [5-22]
10世纪末	《圣贝尔坦福音书》（*St. Bertin Gospel*）	绘 画

[5-20]

[5-22]

时 间		类 别 [索引编号]
约980—1005	圣潘塔雷奥教堂西屋，科隆（德） 它是展现卡洛林王朝教堂建筑西构形式的良好范例。前室往左右伸出，中央具有方形塔，左右有圆筒状高塔。	建 筑 [5-23]
约955—1010	克伦尼修道院第二代教堂，克伦尼（法） 教堂具有本笃会（Benedict）式的层状配置圣坛。1000—1010年左右增建时，教堂西端的两座钟塔，附横拱的隧道拱顶的石造天花等，对日后教堂带来很大的影响，这种建造技术被充分运用（教堂现已不存在）。	建 筑 [5-24]
1015	《希尔德斯海姆的主教贝尔华德的青铜门》（Bishop Bernward Bronze of the Hildesheim）	雕 刻
1032	圣母玛利亚教堂（重建），瑞波尔（Ripoll）（西班牙） 西班牙初期罗马式典型教堂。立面雕刻被视为罗马式雕刻的杰作。	建 筑 [5-25]

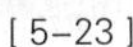
[5-23]

[5-25]

时 间		类 别 [索引编号]
1010—1033	圣米歇尔教堂，希尔德斯海姆（德） 具有西屋和双重圣坛，呈现卡洛林王朝建筑特色，是典型的初期罗马式教堂杰作。	建 筑 [5-26]
11世纪中期	《圣森威（音译）的启示录抄本》（*Revelation to John*），卡尔西亚（音译）	绘 画
1054	东西教堂分裂	历史事件
1061	史派尔大教堂（献堂），史派尔（德） 初期德国罗马式大型教堂建筑，对周边产生很大的影响。目前的状态是经过后世多次改建而成。	建 筑 [5-27]

[5-26]

[5-27]

时间		类别 [索引编号]
1018—1062	**圣米尼亚多教堂，佛罗伦萨（意）** 佛罗伦萨周边所见似初期文艺复兴（Proto-Renaissance）（赋予文艺复兴原型的中世末期建筑等）的罗马式教堂代表作。教堂墙面镶入不同颜色的大理石，装饰得十分美丽。西屋到了1170年左右才完成。	建 筑 [5-28]
1037—1066	**郡密耶圣母院教堂，郡密耶，鲁昂近郊（法）** 诺曼第地区的初期罗马式建筑。此时期法国的教堂天花一般都是木造。	建 筑 [5-29]

[5-28]

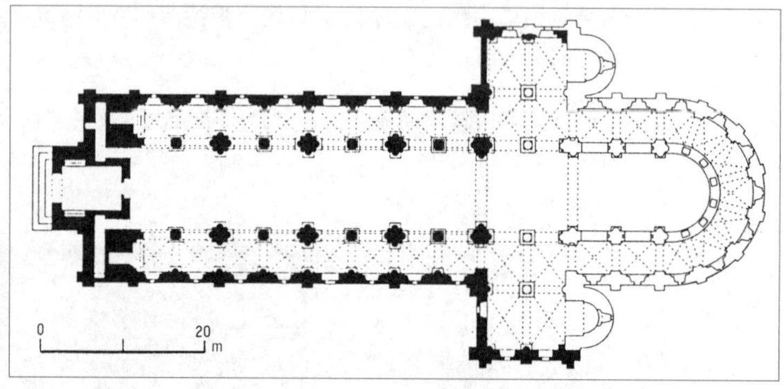

[5-29]

时间		类别 [索引编号]
约1062—1066	**圣三一教堂，康城（法）** 12世纪初，该教堂的木造天花改成石造的伪六分拱顶。墙面由3层构成，高窗部墙体凿成通路状，这也是诺曼底地区教堂的特色。	建 筑 [5-30]
1066—1154	**诺曼王朝（英国）开始**	历史事件
1067	**伦敦塔白塔（动工），伦敦（英）** 它是位于西欧极古老的大型城廓建筑，附设有诺曼风格的小礼拜堂。	建 筑 [5-31]

[5-31]

时间		类别 [索引编号]
约1064—1077	**布尔日教堂，康城（法）** 12世纪初所建，中殿有六分拱顶（rib vault）。西屋是具有强烈垂直感的双塔形式，为法国哥特式西屋的原型。	建 筑 [5-32]
1077	**卡诺莎悔罪（Walk to Canossa）事件** 据说被教皇格里高利七世（Gregorius Ⅶ）开除教籍的神圣罗马皇帝亨利4世，1077年在教皇停驻的卡诺莎城堡门前，站在雪中长达3天，终于让教皇收回驱逐令。卡诺莎是位于意大利北部的小村庄。	历史事件
1079	**温切斯特大教堂（动工），温切斯特（英）** 初期诺曼风格的交叉廊和地下圣堂（crypt），直到今天仍能看见当初的原貌。	建 筑 [5-33]

时　间 类　别

[索引编号]

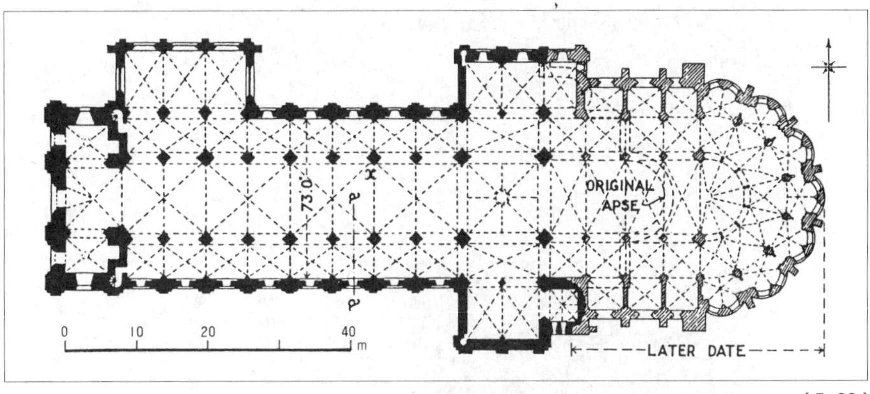

[5-32]

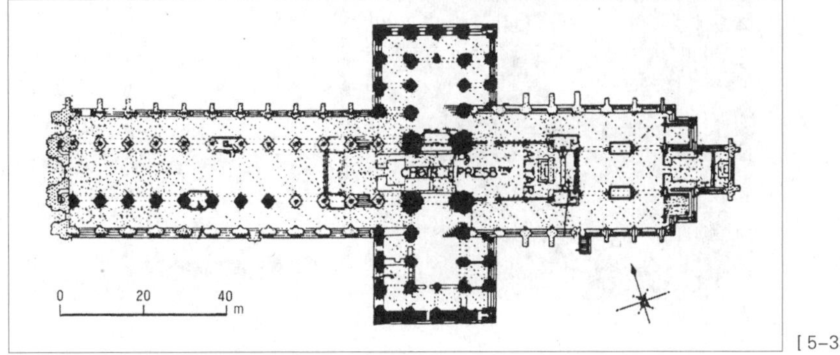

[5-33]

约1080 圣塞宁教堂（动工），土鲁斯（法） 建 筑

建于前往西班牙圣地亚哥朝圣步道（Camino de Santiago）途中，为朝圣教堂的典型案例。为了在内部行动通畅无阻，连袖廊也设有通廊。 [5-34]

1083 艾利大教堂（动工），艾利（英） 建 筑

3层构造的墙体虽然呈现出水平感，但从地板至天花耸立的半圆柱壁柱，也展现出极具垂直感的空间。中殿完成于1180年。 [5-35]

[5-35]

约1088 波隆那（bologna）大学创立 历史事件

约1090 土鲁斯，《圣塞宁教堂的使徒像》 雕 刻

时 间		类 别 [索引编号]
1093	达拉谟大教堂（动工），达拉谟（英） 具有量块感的诺曼风格建筑，是西欧最早架设肋拱顶的教堂。	建 筑 [5-36]
1063—1095	圣邦迪奥修道院教堂，科莫（意） 简朴的本笃会（Benedict）修道院教堂。除了伦巴底带外，缺少其他的装饰元素，外观上直接呈现五廊形式。	建 筑 [5-37]

[5-36]

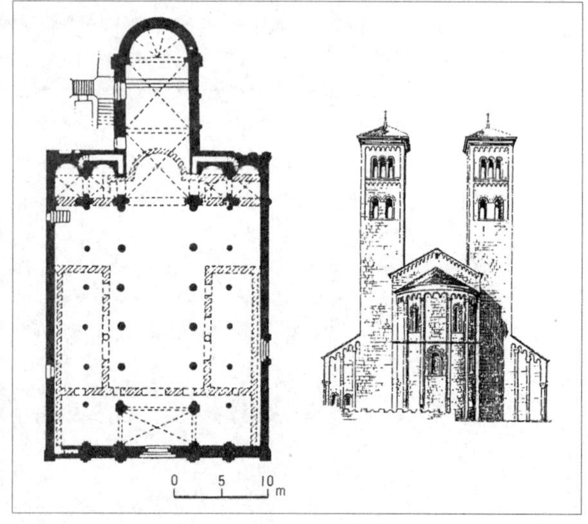

[5-37]

1096—1099	第一次十字军东征	历史事件
1098	西妥会（The Cistercian Order）创立	历史事件
11—12世纪	喀丹普的圣萨温修道院教堂，喀丹普的圣萨温（法） 通廊需支撑横向压力，因此和架设隧道拱顶的中殿几乎等高，内部有罗马式的华丽壁画装饰。	建 筑 [5-38]

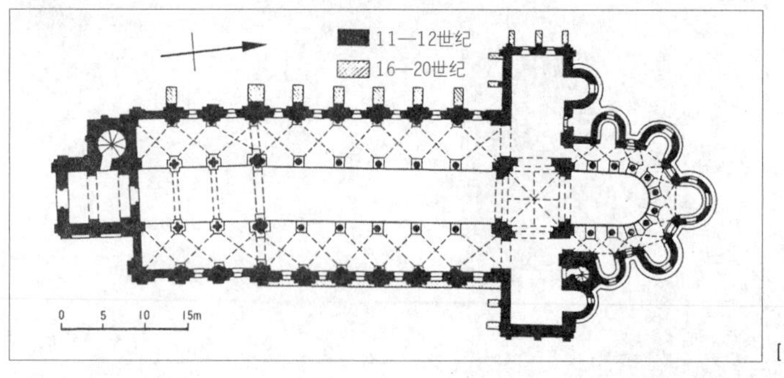

[5-38]

	勒普圣母大教堂，勒普（法） 最初是三廊式的前期罗马式教堂，使用双色石材、多瓣形拱券及其他细部等，都可见到受伊斯兰的影响。	建 筑 [5-39]
12世纪初	《圣劳伦斯殉教》	绘 画

时间		类别 [索引编号]

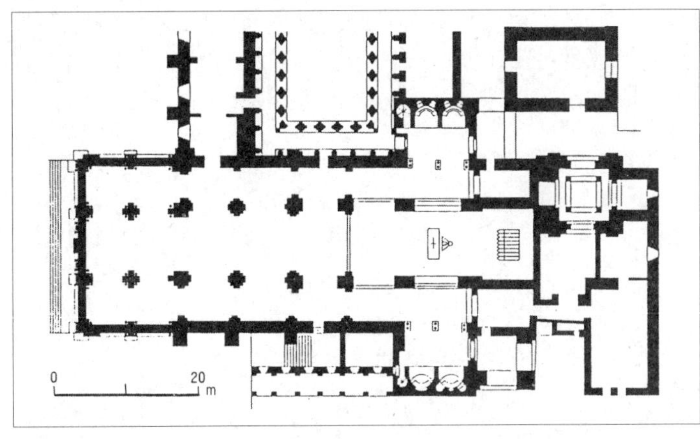

[5-39]

时间	内容	类别
11世纪末—12世纪初	《坐在王位的基督和与恶龙战斗的圣米歇尔》耶稣	绘画
11世纪—12世纪初	圣皮埃尔大教堂，皮埃尔（瑞士） 承袭克伦尼第二代教堂形式的修道院教堂。中央环形殿西侧设有层状的环形殿，前廊（narthex）具有双塔（现已不存）。	建筑 [5-40]
12世纪	圣尚巴提斯特圣母院教堂，巴莱勒蒙尼奥（法） 承袭克伦尼第三代教堂的风格，几乎在同时期改建。	建筑 [5-41]
12世纪初	《乔布记》	绘画
1063—1118	比萨大教堂（圣母玛利亚），比萨（意） 巴斯克托斯 意大利罗马式风格的代表遗构。外观以大理石装饰，墙面有成排的小拱廊。1118年时建造献堂，直到13世纪后半，才由建筑师兰那德（Rainald）全部建造完成。	建筑 [5-42]

[5-42]

时间	内容	类别
约950—1120	圣菲力贝尔教堂，图尔努（法） 属于初期罗马式的典型修道院教堂。东端的半圆形后堂最起初是作为放射型礼拜堂使用（949年时礼拜堂本身是献堂）。	建筑 [5-43]
12世纪前半叶	《布里圣经》（*Bury Bible*）	绘画

时间		类别 [索引编号]
1075—1122	**圣地亚哥康波斯特拉大教堂，圣地亚哥康波斯特拉（西班牙）** 位于和罗马、耶路撒冷同为朝圣圣地的圣地亚哥，为圣雅各布布（St. James）的墓地所在地，是典型的朝圣路教堂。	建筑 [5-44]
1098—1128	**圣安布洛乔教堂，米兰（意）** 此教堂拥有4世纪后半至今的历史，12世纪初改建成为今日的模样。1150年左右时，教堂本身只剩下中庭，是伦巴底地区罗马式教堂原型的珍贵遗构。	建筑 [5-45]

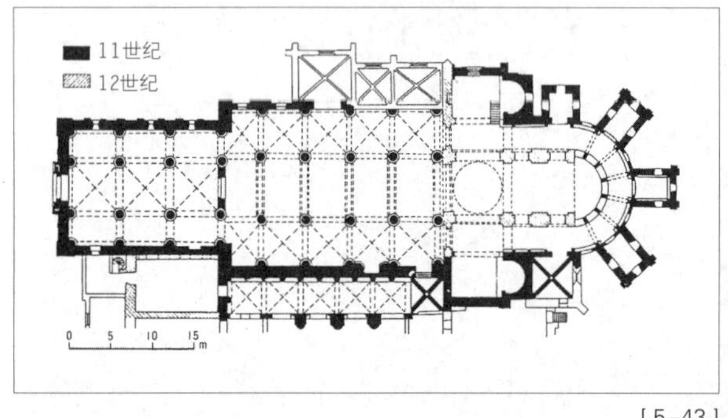

[5-43]

[5-45]

时间		类别 [索引编号]
约1105—1028	**昂古莱姆大教堂，昂古莱姆（法）** 具有单廊式十字形平面。祭殿的三个交叉部上有三角穹圆顶，袖廊上有尖形隧道拱顶。	建筑 [5-46]

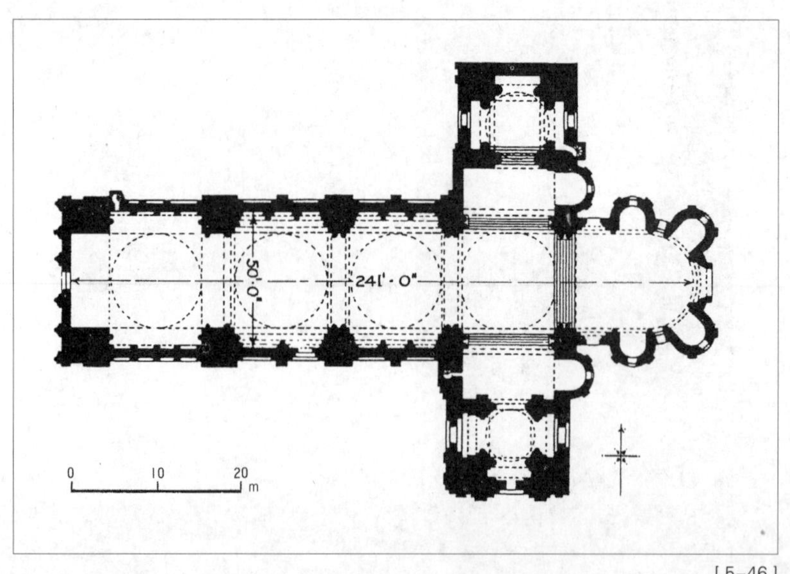

[5-46]

时　间		类　别 [索引编号]
约1088—1130	克伦尼修道院第三代教堂，克伦尼（法） 具有放射状环形的祭殿和圣坛。有两个袖廊，各具有二个祭殿。19世纪初遭破坏，如今建筑的大部分已不复见。	建筑 [5-47]

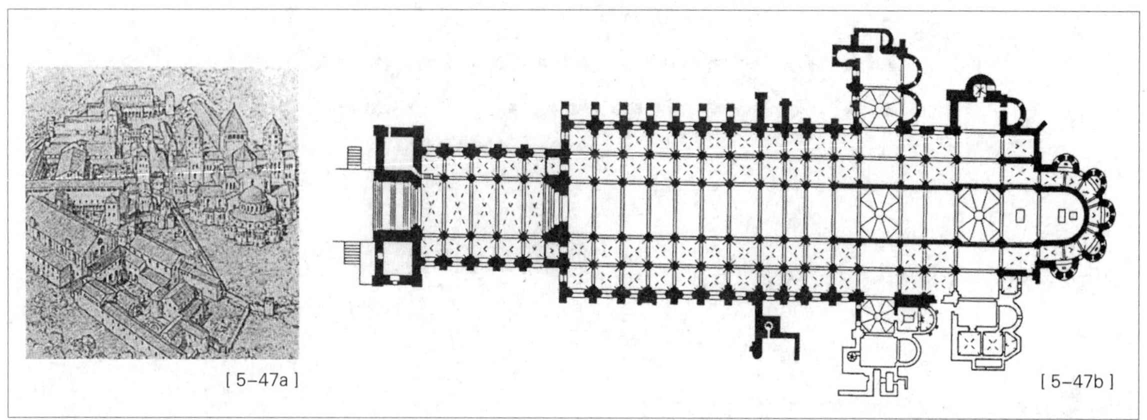
[5-47a]　[5-47b]

时　间		类　别 [索引编号]
约1130—1135	奥顿（Autun）大教堂浮雕：《最后的审判》（Last Judgement）	雕刻
约1029—1140	圣文森特教堂，卡多纳（西班牙） 最先运用横拱、柱型、壁龛等将墙面分段的技法。中殿比通廊高，且具有小高窗。	建筑 [5-48]
1130—1140	格兰第圣母院（完工），普瓦捷（法） 正西面配置有双层拱廊，运用丰富的雕刻作为装饰，展现当地教堂的特色，可说是当地最具代表性的教堂。	建筑 [5-49]

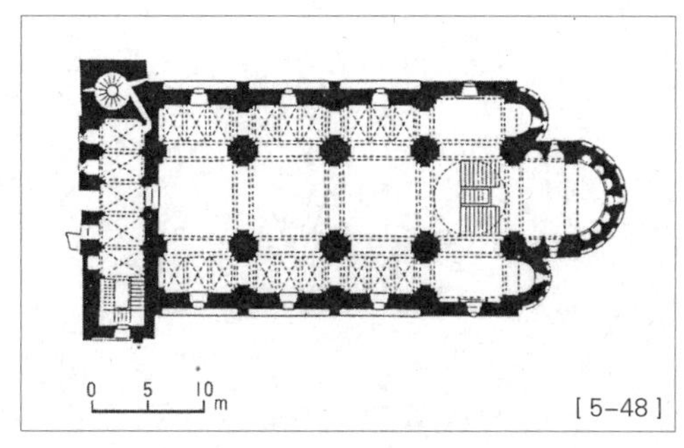

[5-48]

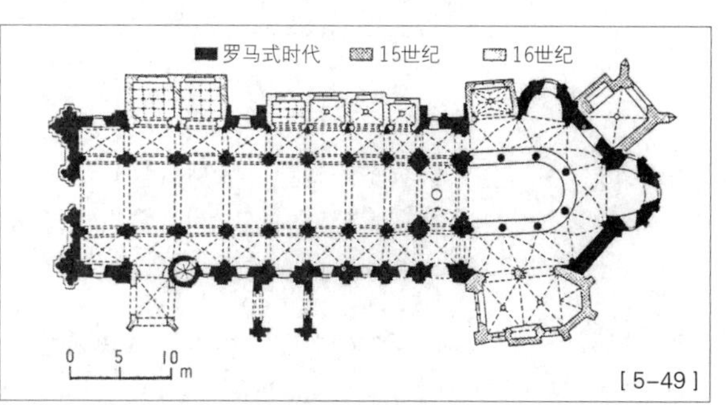

[5-49]

时　间		类　别 [索引编号]
1125—1145	图尔奈大教堂祭殿，图尔奈（比利时） 具有交叉廊的半圆形后堂及四层构造的墙面，强调垂直性等呈现初期哥特式特色，但塔的建造手法受到德国的影响，墙体轻量化等技法也采用诺曼底地区的形式。	建筑 [5-50]
1080—1146	隆德大教堂，隆德（瑞典） 这是北欧教堂受史派尔大教堂或伦巴底地区影响的最早的例子。12世纪中叶，在西侧的两个塔完成。	建筑 [5-51]

时 间		类 别 [索引编号]

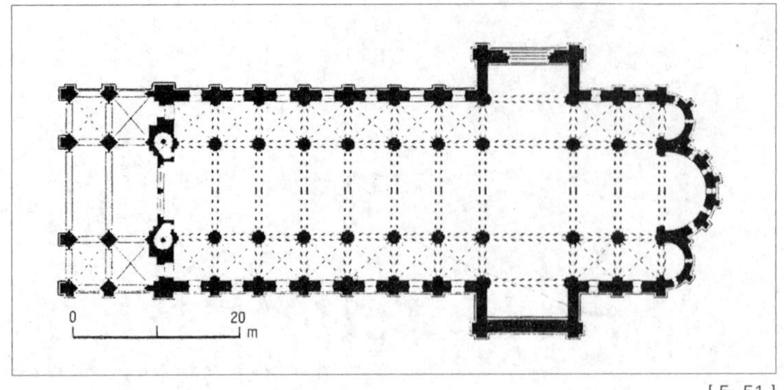

[5-51]

1120—1146	**奥顿大教堂，奥顿（法）** 教堂有交叉拱顶的通廊、横拱、隧道尖拱的中殿及三层结构的墙面等，具有克伦尼第三代教堂的原型结构。	建 筑 [5-52]
1139—1147	**枫特内修道院教堂，勃艮第（法）** 尖顶、无装饰的圆筒拱顶，无一不反映了罗马式教堂的风格。它是现存最古老的西妥会修道院。	建 筑 [5-53]

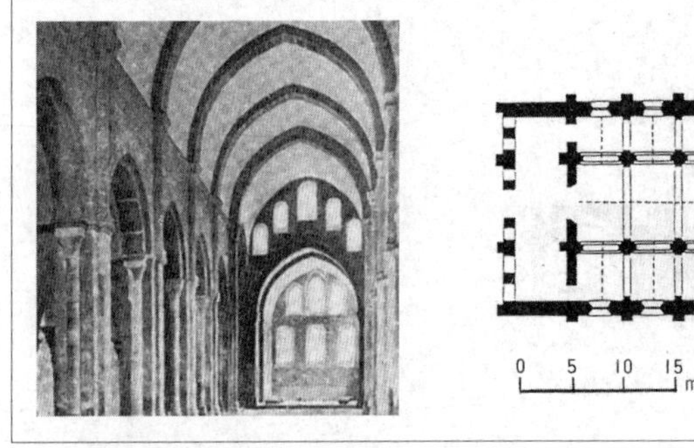
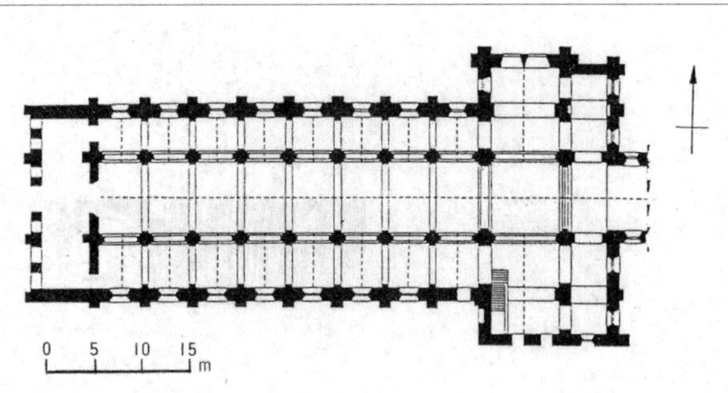

[5-53]

1140—1148	**崔斯特福圣母教堂，罗马（意）** 承袭初期基督教内部空间，具有支撑木造骨架结构及水平楣梁的古典列柱，可见到旨在回归过去的形式。	建 筑 [5-54]
约1130—1150	**乌尔内斯木板教堂，乌尔内斯（挪威）** 挪威目前约残存30座木造（stavkirke）教堂，它是其中的遗构之一。不仅以圆木砌造，使用的柱梁构造在北欧也算是特例。源自维京人（Viking）的龙形花纹装饰，已成为著名的乌尔内斯风格。	建 筑 [5-55]
约1150	**博根德教堂（完工），博根德（挪威）** 是现存挪威木造教堂中，风格最完备的。圣坛、祭殿、外部拱廊等，都各具有多重组合的屋顶。山形墙上连十字架都装饰有龙形图样。	建 筑 [5-56]
1130—1156	**玛利亚拉赫修道院教堂，科布伦茨近郊（德）** 它是德国罗马式建筑迎向成熟期时保存下来最美的案例。	建 筑 [5-57]

时 间 **类 别**

[索引编号]

[5-55]

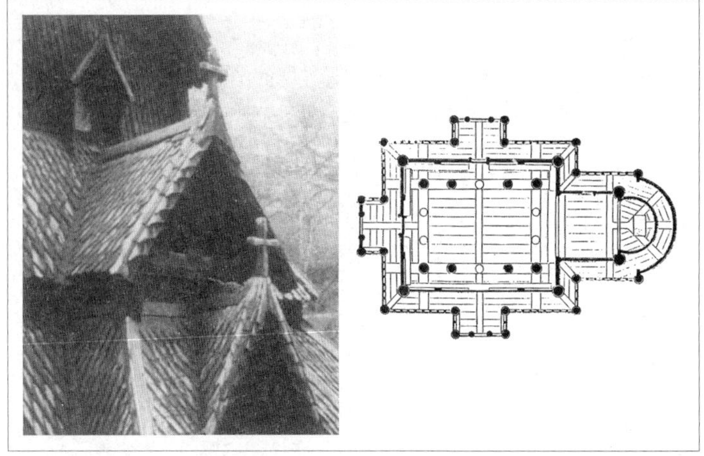

[5-56]

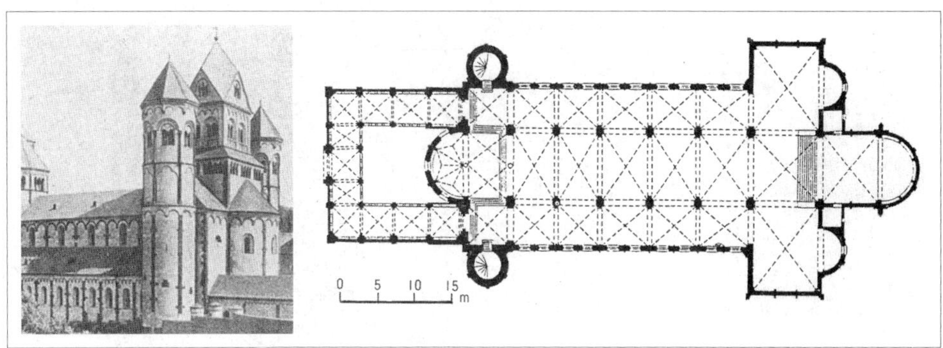

[5-57]

约1120—1160 马德莲教堂，维泽列（法） 建 筑

它是全面采用交叉拱顶的早期案例之一。从横拱等的配色和装饰上，都可见受到伊斯兰教的影响。 [5-58]

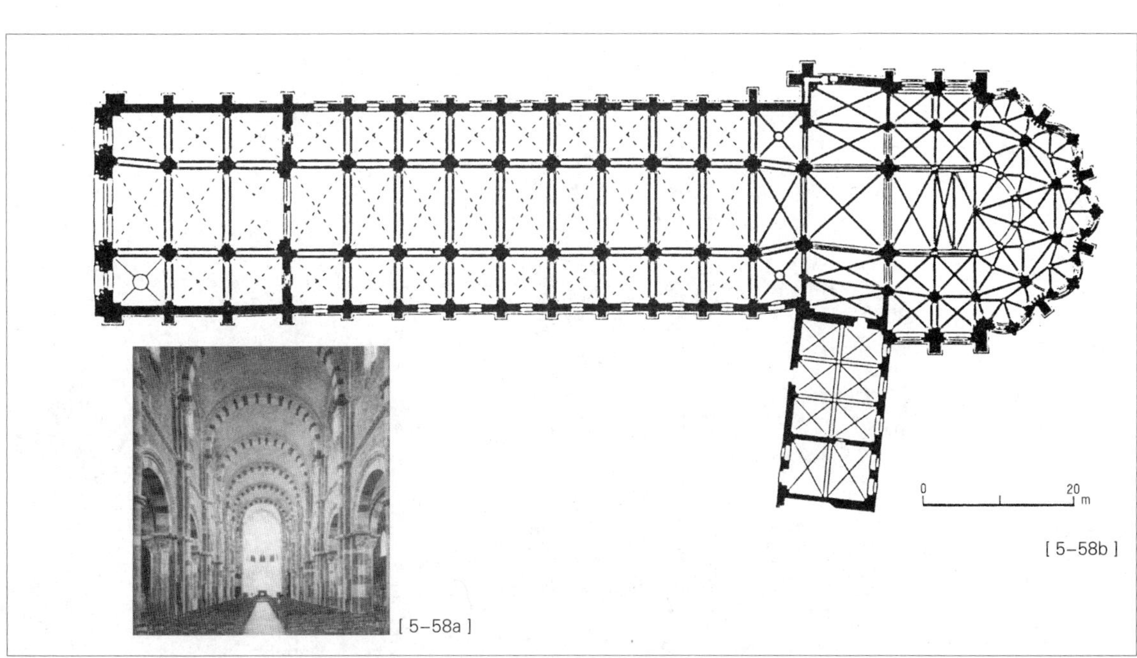

[5-58b]

[5-58a]

时 间		类 别 [索引编号]
约1140—1170	**彭帝尼修道院教堂（祭殿），彭帝尼（法）** 为法国现存西妥会最大的教堂。双重结构的墙面和肋拱顶是西妥派教堂的特色。	建 筑 [5-59]
约1170	**卡隆堡宫教堂，卡隆堡（丹麦）** 它是丹麦残存的中世纪砖造教堂。内接十字形平面中，以高塔部分为中心，四方向外伸展，伸展出去的空间上方同样建有高塔。	建 筑 [5-60]
约1170—1190	**巴黎大学创立**	历史事件
1171	**沃姆斯大教堂（初建），沃姆斯（德）** 保存非常良好的德国罗马式风格教堂。双重圣坛式，具有六个塔，中殿是架设肋拱顶。外墙上环绕着伦巴底带和檐廊。	建 筑 [5-61]

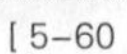

[5-60]

[5-61]

约1120—1173	**圣弗朗特教堂，佩里格（法）** 本笃会修道院的附属教堂。希腊十字平面上，建造具有采光窗的三角穹圆顶。	建 筑 [5-62]

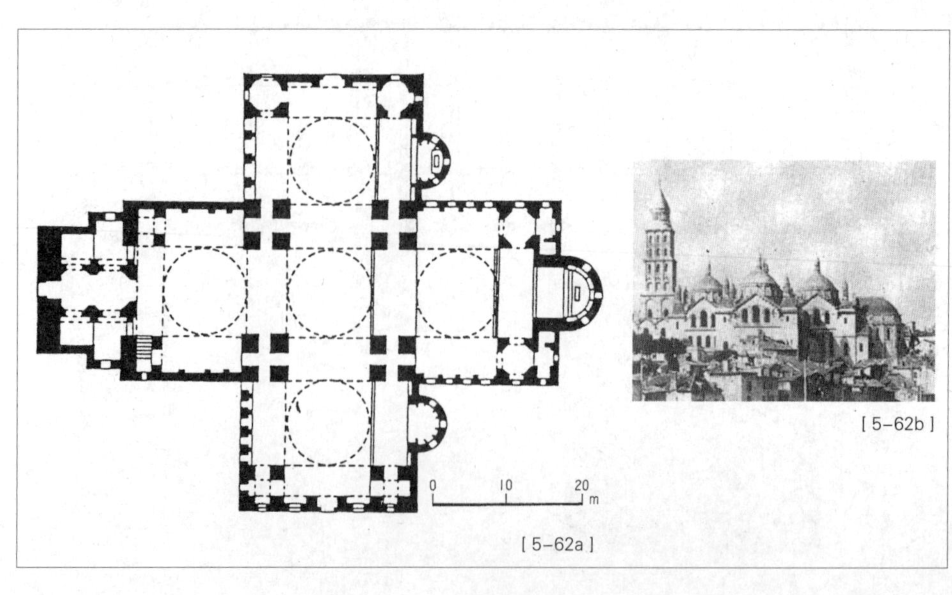

[5-62a]

[5-62b]

时　间		类　别 [索引编号]
约1125—1178	**圣泽诺大教堂，威诺纳（意）** 这座教堂奠定了意大利当时教堂的基石，置于地下圣堂的圣坛，其地板比祭殿还高。但在内部空间上，呈现意大利少见的上升感。	建 筑 [5-63]
1174—1189	**王室山教堂，王室山，巴勒摩近郊（意）** 诺曼王威廉二世（Guillaume Ⅱ）下令建造的教堂。外部装饰极端华丽，内部依旧约和新约圣书的故事，装饰着许多马赛克镶嵌画壁画。如今还保留美丽的回廊。	建 筑 [5-64]

[5–63]

[5–64]

时　间		类　别 [索引编号]
1196	**帕尔马洗礼堂（动工），帕尔马（意）** 据传是由雕刻家安泰拉米（Antelami，Benedetto）所做，具有八角形平面及柱列环绕的回廊。	建 筑 [5-65]
1095年—13世纪	**阿尔皮斯巴赫修道院教堂，弗罗伊登施塔特近郊（德）** 德国南西部本笃会建筑的代表遗构。一部分虽已改建为哥特式时期风格，但是建有水平木造天花的内部，则充分保存了罗马式的空间。	建 筑 [5-66]
11—13世纪	**佛罗伦萨大教堂圣乔瓦尼洗礼堂，佛罗伦萨（意）** 它是面向大教堂建造的八角形洗礼堂。外墙使用和佛罗伦萨周边中世建筑同色系的大理石，内部装饰着拜占庭风格的马赛克镶嵌画。里面的青铜门上为吉伯第（Lorenzo Ghiberti）所做的浮雕，透露出文艺复兴时期即将到来，是极著名的作品。	建 筑 [5-67]

[5–67]

时 间		类 别 [索引编号]
12—13世纪	海达尔教堂，海达尔（挪威） 为木造教堂，长20米、高26米，具有相当的规模，为木造教堂中特别大的案例。	建 筑 [5-68]
12世纪初	《莫瓦赛克》（Moissac），圣皮埃尔修道院（Abadia Sant Pierre）南门口	雕 刻
1202—1204	第4次十字军东征，1204年攻陷君士坦丁堡	历史事件
1035—1220	圣阿波斯坦教堂，科隆（德） 这座教堂除具有德国罗马式风格外，在东端还可看到受拜占庭影响的集中式三叶形圣坛。外墙由盲拱和檐廊构成。	建 筑 [5-69]

[5-68]

[5-69]

1226	亚西西的圣方济各（Francis of Assisi）去世	历史事件
约1235	《画帖》（*l'Album*）乌伊拉尔德和尼科 中世纪的建筑工匠创作，书中以图解方式介绍，可作为绘画、建筑的参考数据。	建筑书
1152—1275	比萨大教堂的洗礼堂与钟塔，比萨（意） 迪奥提沙维，N.+G.毕萨诺，乔瓦尼·迪·西蒙 在主教堂成为献堂后，洗礼堂和钟塔成为教堂广场完整施工计划中的一环。它们运用和大教堂同样的装饰图样，其中的钟塔以“比萨斜塔”之名闻名于世。	建 筑 [5-70]

[5-70]

时 间		类 别 [索引编号]
1062—1379	**明登大教堂西屋，明登（德）** 当初该教堂想具有如圣李基教堂般的卡洛林王朝建筑的西屋，因此将它变更为双塔式的西屋，此外里面的双塔里，也建造了2层高的钟室。	建 筑 [5-71]
1876	**圣心堂（动工），巴黎（法）** P. 保罗 受到佩里格的圣弗朗特教堂启发而建造的新罗马式教堂。	建 筑 [5-72]
1872—1877	**三一教堂，波士顿（美）** H.H. 理查森 波士顿的代表建筑，理查逊的首件作品。具有半圆形圣坛和十字形平面，交叉处建有巨型尖塔。细部的建筑灵感，主要是得自法国系罗马式建筑。	建 筑 [5-73]

[5-72]

[5-73]

1880—1883	**波士顿公共图书馆，昆士，麻萨诸塞州（美）** H.H.理查森 理查森成熟期的代表作。运用最典型的罗马式拱券和粗面石砌墙建筑图样，建构出极具分量感的建筑。	建 筑 [5-74]
1958	**碌山美术馆，穗高町（日本）** 今井兼次 这是日本的罗马式建筑风格的实际案例。这座纪念美术馆建于雕刻家荻原守卫（碌山）的出生地。以飞驒山派为背景，与当地田园风景融为一体，具有厚重的墙壁和简单的高塔组成的教堂式结构。	建 筑 [5-75]

[5-75]

哥特式 | *Gothic*

时　间		类　别 ［索引编号］
1140—1144	**圣丹尼大教堂西屋及内部圣坛（完工），巴黎（法）** 最早的哥特式建筑，由修道院长苏杰（Suger）建造。圣坛上部、交叉廊和中殿是在13世纪时重建。	建 筑 ［6-1］
约1147	**《维德利克司大修道院长的福音书》（*the Gospel Book of Abbot Wedricus*）**	绘 画
1162	**普瓦捷大教堂（动工），普瓦捷（法）** 虽为三廊式教堂，但因通廊直接承接中殿的拱顶，所以中殿与通廊的高度几乎相等，削弱了空间的垂直高耸感。	建 筑 ［6-2］
约1135—1168	**桑斯大教堂，桑斯（法）** 为巴黎大区（Ile-de-France）最早运用肋拱顶的大教堂。通廊的肋筋不是壁柱，而是从挑檐开始起拱。	建 筑 ［6-3］

［6–1］

［6–3］

11—12世纪	**昂杰大教堂祭殿，昂杰（法）** 尽管运用肋拱顶、壁柱等哥特风格，但单廊式的设计使空间呈现较强的水平感。	建 筑 ［6-4］
约1170—1190	**巴黎大学创立**	历史事件

时　间　　　　类　别

[索引编号]

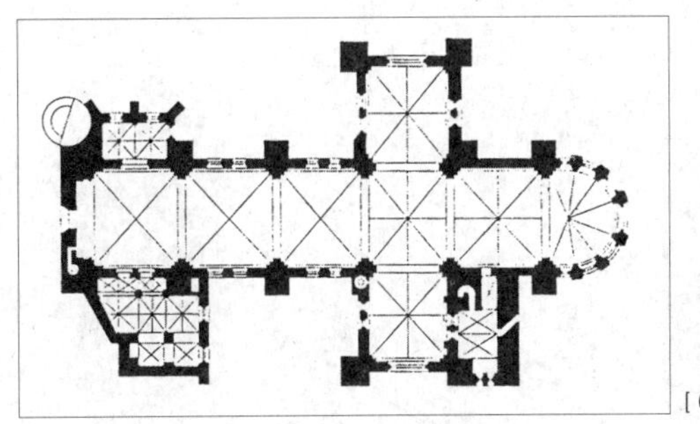

[6-4]

约1180　韦尔斯大教堂（动工），韦尔斯（英）　建 筑 [6-5]

它是英国人最早兴建的英国哥特式建筑。中殿高度将近宽度的两倍。圣坛和交叉廊的交界处，为了补强大塔的支柱，设计成“X”字形的拱券。

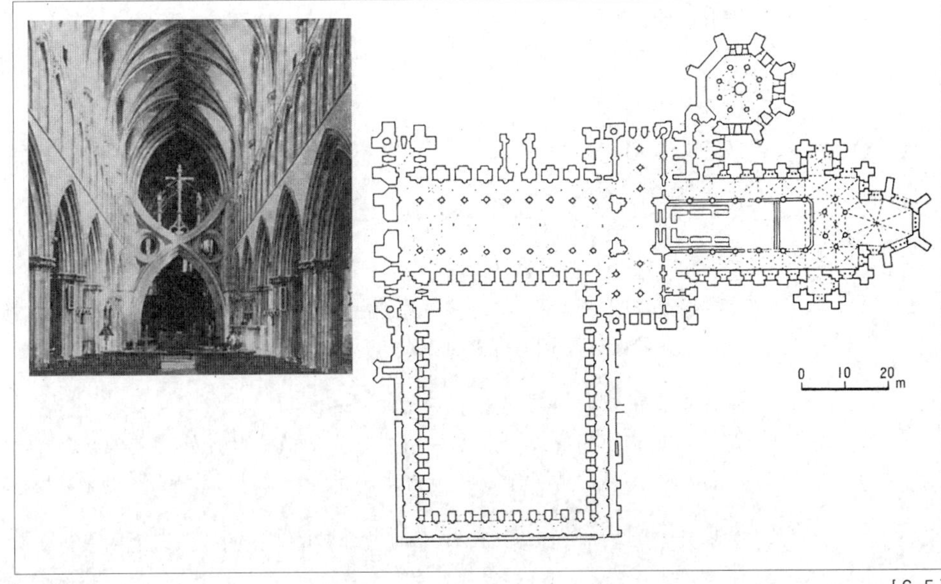

[6-5]

时 间		类 别 [索引编号]
1174—1184	**坎特伯里大教堂圣坛（完工），坎特伯里（英）** 邱拉姆·德·桑斯（桑斯的威廉） 邱拉姆将法国哥特风格传往英国，使得哥特式建筑得以在英国普及开来。	建 筑 [6-6]
约1185	**特隆赫姆大教堂（动工），特隆赫姆（挪威）** 它是受英国影响的挪威哥特式教堂。在东端的圣坛前端附有八角堂，西侧形成银幕型正面，建筑上充满13世纪后期的雕刻装饰。	建 筑 [6-7]
约1179—1191	**多佛城堡，多佛（英）** 三层式城堡建筑，主要作为居住设施，周围环绕壕沟和城墙，城墙为13世纪所建。	建 筑 [6-8]
1194	**沙特尔大教堂（动工），沙特尔（法）** 具有完整的扶壁等，是构造非常重要的建筑。拥有哥特式盛期的建筑立面。西屋的雕刻呈现出哥特式雕刻的发展过程。	建 筑 [6-9]

[6–6]

[6–7]

[6–9]

时 间		类 别
1196—1197	**盖雅城堡，盖雅（法）** 英国国王理查一世（Richard I）为了固守法国本土诺曼底，在连接鲁昂和巴黎通道中间所建造的城堡。	建 筑 [6-10]
12世纪初	**圣赛文修道院教堂（Church of Saint-Savin sur Gartempe）中殿拱顶壁画**	绘 画
1202—1204	**第4次十字军东征，1204年攻陷君士坦丁堡**	历史事件
12—13世纪初	**骑士堡，塔尔图斯近郊（叙利亚）** 十字军远征时，学习罗马、拜占庭和伊斯兰的筑城技术，所完成的圣约翰骑士团城堡，建于标高650米的山上。	建 筑 [6-11]
1210	**理姆斯圣母大教堂（动工），理姆斯（法）** 哥特式鼎盛期的建筑，最先采用以写实的植物叶片作为装饰线条的窗花格（tracery）。西屋的雕刻也是哥特式盛期杰作，对后期哥特式雕刻带来影响。	建 筑 [6-12]
1215	**依据大宪章（Magna Carta）的规定，英国国王的权力受到制限**	历史事件

时 间		类 别 [索引编号]
约1220	亚眠大教堂（动工），亚眠（法） 哥特式盛期的代表杰作。墙面具有3层结构，边壁拱廊的外墙也成为窗户。具有双重通廊、放射状祭室的圣坛等，为典型哥特式教堂。	建 筑 [6-13]
	布尔日大教堂中殿的彩色玻璃	绘 画
1220	约克大教堂（动工），约克（英） 它是中世纪英国面积最大的大教堂，具有初期英国式风格。拱顶为模仿石造的木造拱顶。	建 筑 [6-14]

[6–12]

[6–13]

[6–14]

1215—1225	圣乔治及圣巴克斯修道院，昂杰（法） 由于中殿和通廊等高，所以不采用飞扶壁，盖有类似圆顶的拱顶。	建 筑 [6-15]
1226	圣方济各（St. Francis of Assisi）去世	历史事件
1227	布尔格斯大教堂圣坛（动工），布尔格斯（西班牙） 双重的半圆形后堂明显是受到法国哥特风格的影响，教堂具有华丽的雕刻。	建 筑 [6-16]
1155—1230	拉昂大教堂，拉昂（法） 立面具有4层构成的初期哥特式建筑。为了承受中殿的推力，讲坛设置在通廊上。	建 筑 [6-17]

[6–17]

时间		类别 [索引编号]
约1240	**蒙特城堡（动工），普利亚（意）** 它是为了神圣罗马皇帝腓特烈二世建造的狩猎用城堡，具有特殊的八角形平面。	建筑 [6-18]
约1225—1245	**库西堡，库西（法）** 为了兼顾提升防卫力和改善居住特性，空间配置兼具城堡和领主住宅的功能。	建筑 [6-19]
1245	**西敏寺（开始重建），伦敦（英）** 亨利三世下令重建。在构造上明显可见受到巴黎的影响，内部遍布华丽的装饰。	建筑 [6-20]
1248	**科隆大教堂（全名：Hohe Domkirche St. Peter und Maria）（动工），科隆（德）** 这座德国哥特式大教堂，明显受到亚眠及波维大教堂（Beauvais Cathedral）等法国哥特式教堂的影响。中殿和尖塔是在1842—1880年的哥特复兴式风潮中依据当时的计划风格建造完成。	建筑 [6-21]
1243—1248	**神圣小教堂，巴黎（法）** 壮丽的辐射式（rayonnant）建筑。精致的窗花格和彩色玻璃形成大开口，让教堂内充满光线。	建筑 [6-22]

[6-20]

[6-21]

[6-22]

约1163—1250	**巴黎圣母院，巴黎（法）** 初期法国哥特式的杰作。祭殿最初即计划运用飞扶壁，但圣坛的飞扶壁是日后才加上去的。虽使用六分拱顶，但柱墩是运用同一截面的圆柱。	建筑 [6-23]
13世纪中期	**《道德圣经》（*Moralized Bible*）**	绘画
约1250—1260	**玛瑙堡大教堂（Naumburg Cathedral）圣坛障壁**	雕刻

时　间		类　别 [索引编号]
1228—1253	圣方济各教堂，艾西斯（意） 方济会（Franciscan）最初的教堂，该会通过盛大的仪式向民众宣扬教义。教堂建于圣艾西斯城郊区，为两层建筑，一楼有圣人的陵墓。	建筑 [6-24]

[6–23]

[6–24]

1256	林肯大教堂圣坛（动工），林肯（英） 这座大教堂的立面，是由具有繁复装饰的波白克（Purbeck）大理石和石灰石建构而成，高窗上有复杂图样的窗花格装饰。	建筑 [6-25]

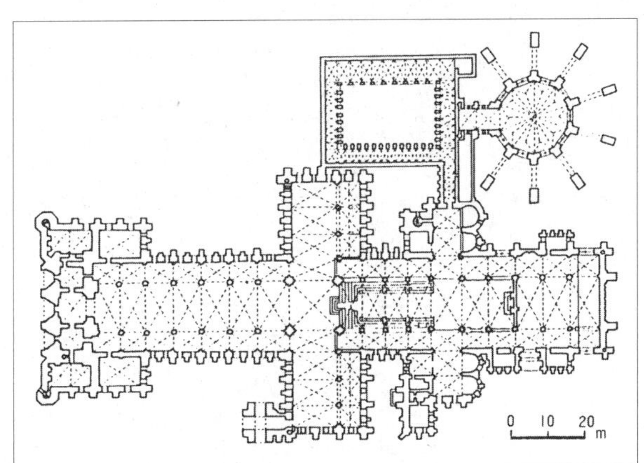

[6–25]

1236—1257	圣伊丽莎白教堂，马尔堡（德） 它是德国最初期的哥特式教堂，具有三叶形东侧部分。	建筑 [6-26]

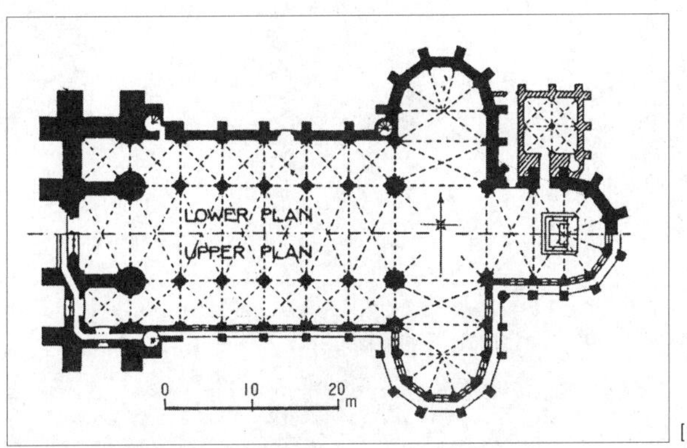

[6–26]

时　间		类　别 [索引编号]
约1235—1260	圣母玛利亚大教堂，特里尔（德） 具有德国偏好的集中式平面的哥特式教堂。以交叉部为中心，对称配置着小祭室。	建 筑 [6-27]

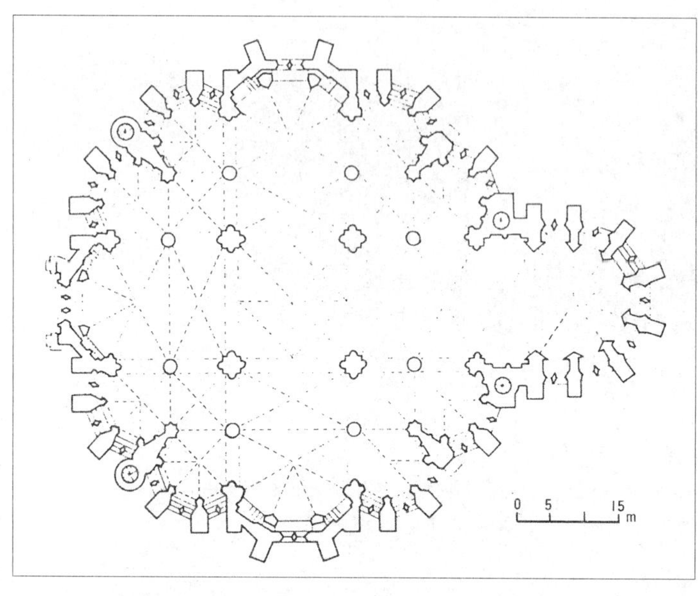

[6–27]

1262	圣拉德贡德教堂（动工），特鲁瓦（法） 哥特风格的盛期辐射式建筑作品。腰壁以外没有墙壁，彩色玻璃安装在近外墙表面，因此窗花格突出于玻璃表面。	建 筑 [6-28]
1220—1265	索尔兹伯里大教堂，索尔兹伯里（英） 英国的初期哥特式杰作。除了14世纪完成的交叉部高塔外，其他部分都在极短期间就建造完成，风格也统一。	建 筑 [6-29]

[6–28]

[6–29]

约1270	乌普萨拉大教堂（动工），乌普萨拉（瑞典） 它是北欧规模最大的中世纪大教堂建筑，具有法国哥特式风格半圆形后堂和放射状祭室。	建 筑 [6-30]

时 间		类 别 [索引编号]
	新旧犹太教堂，布拉格（捷克） 欧洲最古老的犹太教堂，现存于布拉格旧市区的犹太人墓地附近，具有哥特风格内部空间。	建 筑 [6-31]

[6–30]

[6–31]

时 间		类 别 [索引编号]
1253—1270	《圣路易诗篇》	绘 画
约1247—1272	**波维大教堂，波维（法）** 支撑飞扶壁的中间支柱，在下方承受半圆形后堂的柱子重心都朝外偏，以利用朝内的倒力平衡中殿，此教堂运用高度的建筑技巧建造完成。	建 筑 [6-32]

[6–32]

时 间		类 别 [索引编号]
1274	圣托马斯阿奎纳（St. Thomas Aquinas）卒	历史事件
1275—1293	马可波罗至中国和印度旅行	历史事件
1277	**斯特拉斯堡大教堂西屋，斯特拉斯堡（法）** 尔文·冯·史坦贝克 现今都还保留其建筑图。建造当时由于当地被德国统治，所以是德国式的哥特式建筑。因受到哥特（Goethe）赞赏而闻名。	建 筑 [6-33]
1282	**阿尔比大教堂（动工），阿尔比（法）** 属于单廊式，扶壁设计在内部，其间设置祭室。外部等还具有作为军事据点的功能。	建 筑 [6-34]

时间		类别 [索引编号]

[6-33]

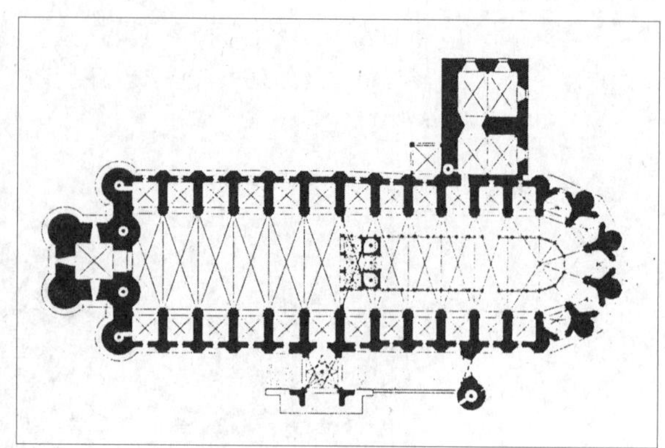
[6-34]

时间	内容	类别
1284	索尔兹伯里大教堂参事堂（完工），索尔兹伯里（英） 具有英国特有的八角形集中平面的参事教堂之一。中央竖立着柱墩，与外墙之间架设有环状肋拱顶。	建筑 [6-35]
1276—1286	城堡修道院，吕贝克（德） 它是收容穷人及病人的慈善机构，是欧洲最古老的建筑之一。在初期哥特式玄关中，还残存中世纪的壁画。	建筑 [6-36]
约1290	《最后的审判》，卡瓦利尼（Pietro Cavallini）	绘画
约1295	毕欧马利斯堡，韦尔斯（英） 爱华德一世最先采用的新型防卫城堡，其城墙平面设计成多层式同心圆状。	建筑 [6-37]
1295	《美男子菲利普的祈祷书》，画匠奥诺雷（Honoré）	绘画
1298	巴塞罗那大教堂（动工），巴塞罗那（西班牙） 周围配置高耸礼拜堂，令人印象深刻的教堂，是展现西班牙哥特式建筑风格的最佳案例。	建筑 [6-38]
约1215—1300	罗斯基尔德大教堂，罗斯基尔德（丹麦） 和丹麦皇室有很深渊源的砖造教堂。自罗马式期（1215）动工以来，直到近代还不断增建或改建，但现存的主要部分是法国初期哥特风格。	建筑 [6-39]

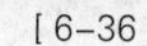
[6-36]

[6-38]

[6-39]

时 间		类 别 [索引编号]
13世纪末	圣像：《宝座上的圣母子》	绘 画
1303	教皇卜尼法斯八世（Bonifatius Ⅷ）受到法国国王腓力四世（美男子，在位1285—1314）的屈辱	历史事件
1304	道明会教堂，土鲁斯（法） 这是为了托钵修会建造的砖造教堂，为南法哥特式建筑的杰作。为区隔修道士和信徒的使用空间，教堂分成两廊式。	建 筑 [6-40]
约1306	布里斯托大教堂圣坛（动工），布里斯托（英） 在内侧建有成排只有骨架的拱券，在英国是与众不同的会堂型教堂。	建 筑 [6-41]
1305—1306	《约敬避居荒郊》（*Joachim*），乔托（Giotto di Bondone）	绘 画
1232—1307	圣安东尼奥教堂，帕杜亚（意） 建于圣安东尼奥的墓地，这座大教堂直到今天仍聚集许多远道而来的信徒。建筑融合了哥特和拜占庭风格。	建 筑 [6-42]
1308—1311	《圣母子荣登圣座》，杜乔（Duccio di Buoninsegna）	绘 画
1309—1376	教皇被软禁在亚维农	历史事件
1296—1310	锡耶纳市政厅（Palazzo Pubblico），锡耶纳（意） 这座建筑是锡耶纳这个中世纪城市繁荣的象征，建于著名的康波广场对面。内部装饰着马丁尼（Simone Martini）等画家美丽的壁画。曼吉亚塔楼则于1338—1348年建造。	建 筑 [6-43]
1310	奥维埃托大教堂西屋（动工），奥维埃托（意） L.马伊塔尼 和锡耶纳大教堂都具有装饰丰富的意大利哥特式教堂西屋的典型案例。最后在1600年左右完成。	建 筑 [6-44]

[6-42]

[6-43]

[6-44]

时间		类别 [索引编号]
1312	**赫罗纳大教堂圣坛（动工），赫罗纳（西班牙）** 它是卡塔声尼亚地区（Catalunya）经常可见，强调墙面的单廊式教堂。巴洛克风格的西屋于1723年完成。	建筑 [6-45]
1298—1314	**佛罗伦萨市政厅（维奇奥宫），佛罗伦萨（意）** 阿诺佛・迪・坎比奥 它是面向领主广场（Piazza della Signoria）建造的中世纪市政府建筑的典型案例。其宏伟壮观的程度，同和几乎同时期所建的锡耶纳公共大厦不分轩轾。	建筑 [6-46]

[6–45]

[6–46]

时间		类别 [索引编号]
1317	**潘普洛纳修道院（动工），潘普洛纳（西班牙）** 修道院的窗花格和山形墙的设计建造，被认为受到法国的影响。	建筑 [6-47]
1230—1323	**斯皮纳圣母教堂，比萨（意）** 以雕刻着精致装饰的大理石建造的哥特式教堂。后来又再度扩建。	建筑 [6-48]
1250—1330	**玛利亚教堂，吕贝克（德）** 即使在欧洲许多砖造教堂中，它都算是极宏伟美丽的作品。从这座教堂也充分显示出北德哥特式砖造建造技术的发展情况。1942年时因轰炸受损，战后又重建。	建筑 [6-49]

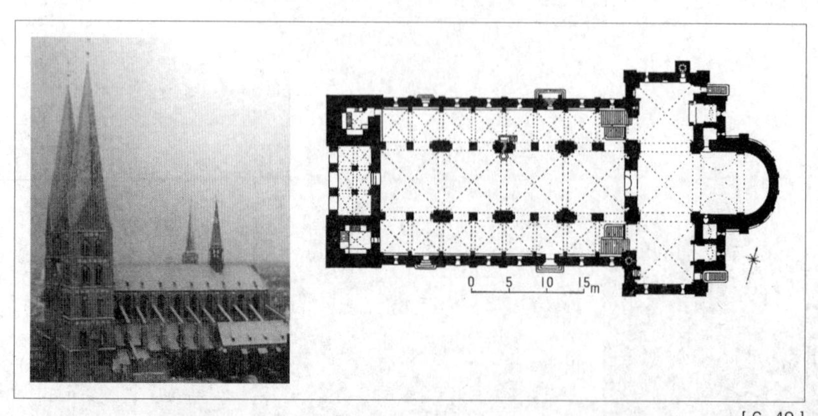

[6–49]

时间		类别 [索引编号]
1331	**魏森堡教堂，索斯特（德）** 后期哥特会堂式教堂，为以后的德国建筑带来很大的影响。	建筑 [6-50]

时 间		类 别 [索引编号]
1337	英法百年战争开始	历史事件
1338—1340	《善政和恶政》，安布洛吉欧 · 罗兰哲提（Ambrogio Lorenzetti）	绘 画
约1311—1340	**弗莱堡大教堂尖塔（动工），弗莱堡（德）** 这座尖塔建于1311年动工的八角塔上，全部覆着透明细致的窗花格，高度达115米。建筑之美与维也纳和斯特拉斯堡尖塔齐名，深受世人赞叹。	建 筑 [6-51]
1322—1342	**伊利大教堂交叉部的八角塔，伊利（英）** 灯笼状部分是木造，具有八角形平面。据说是沃尔辛厄姆的艾伦构思设计的。	建 筑 [6-52]

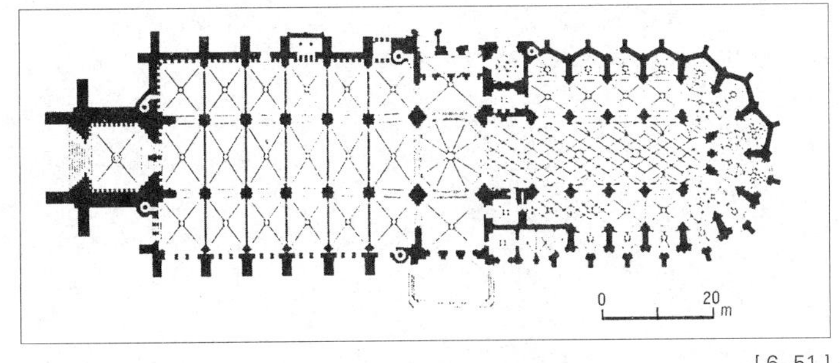

[6–51]

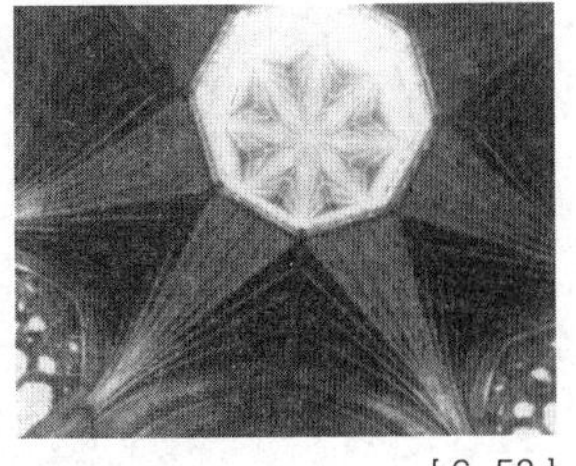
[6–52]

1334—1342	**教皇宫殿，亚维农（法）** 教皇亡命于亚维农时所建的哥特风格建筑，是规模极大的城堡建筑。	建 筑 [6-53]
1273—1344	**西妥会教堂，科林（德）** 砖造的巴西利卡式教堂。正面为西妥会教堂共通的严谨规格，但尖塔（pinnacle）和山形墙则表现得如哥特风格一般。拱顶在日后曾经崩塌，内部空间因重建而变更。	建 筑 [6-54]
1345	**维基奥桥，佛罗伦萨（意）** T.加迪 这是自中世纪以来即建于亚诺河上的双层桥，上面成为连接乌菲兹美术馆（Galleria degli Uffizi）和比提大厦（Palazzo Petti）的走廊，下方有栉比鳞次的店铺。	建 筑 [6-55]

[6–53]

[6–55]

约1348	黑死病流行	历史事件
约1244—1350	**弗罗茨瓦夫大教堂，弗罗茨瓦夫（波兰）** 波兰早期的哥特式教堂实例。13世纪（1244年动工）的半圆形后堂建造成西妥会传统的方形，中殿在14世纪时完成。	建 筑 [6-56]

时 间 类 别

[索引编号]

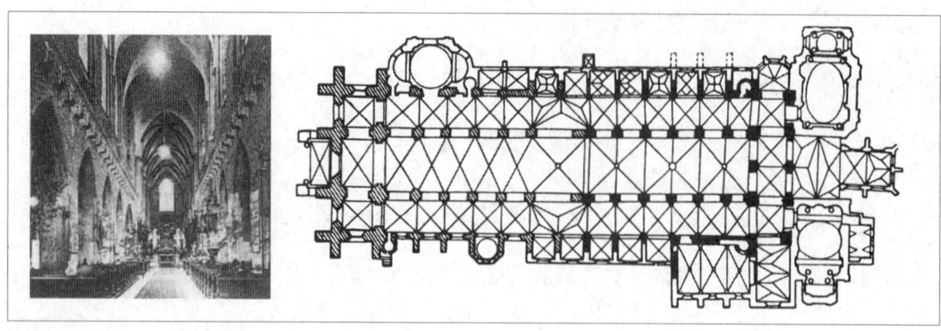

[6-56]

1351 **圣十字教堂，哥穆德（奥地利）** 建 筑

H. 帕勒 [6-57]

它是呈现德国后期哥特风格特色的早期建筑实例。帕勒一家是14世纪德国最著名的石匠家族。

约1337—1357 **格洛斯特大教堂圣坛，格洛斯特（英）** 建 筑

这座教堂是将1086—1160年时建造的构造体，一并重新改建为哥特风格。具有壮丽的网状窗花格，为垂直式哥特初期的伟大杰作。 [6-58]

1334—1359 **佛罗伦萨大教堂钟塔（乔托之钟塔），佛罗伦萨（意）** 建 筑

乔托·迪·邦多纳，A.毕萨诺，F.塔兰提 [6-59]

这座钟塔建于大教堂侧边，高达82米。最先由画家乔托设计建造，中途经过多次变更，最后由塔兰提完成。

1354—1361 **圣母教堂，纽伦堡（德）** 建 筑

面向中央市场（Haupt-markt）建造，立面呈阶梯状的教堂，具有会堂型内部空间。因战争受到破坏，1945年时又重建。 [6-60]

1296—1367 **佛罗伦萨大教堂（Santa Maria del Fiore），佛罗伦萨（意）** 建 筑

阿诺佛·迪·坎比奥，F.塔兰提 [6-61]

它是最先由阿诺佛建造的哥特式大教堂，塔兰提接着扩建成现在的规模。之后布内勒奇又加建大型圆顶，1875—1877年时再度重建西侧的立面。

[6-59]

[6-60]

[6-61]

时　间 **类　别**

[索引编号]

1318—1370 **土库大教堂，土库（芬兰）** 建 筑

这座中世纪教堂排除当地土著性风格，而采取欧洲风格的建造法，是芬兰为数不多的特例。13世纪已有建筑基础，到了14世纪时才完整的呈现哥特风格。 [6-62]

约1375 **艾希特大教堂西屋（完工），艾希特（英）** 建 筑

英国首见在附有回廊的立面，具有能穿越的巨大开口。 [6-63]

[6–62]

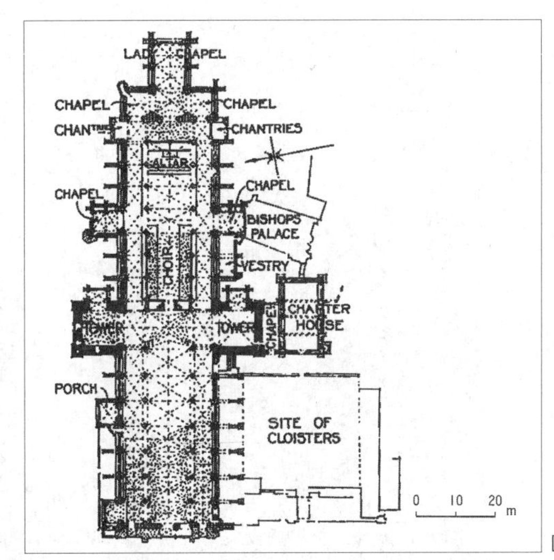

[6–63]

约1376 **布鲁日市政厅（动工），布鲁日（比利时）** 建 筑

在装饰着哥特风格的正面，放置着法兰德斯（Flandre）地区伯爵们的塑像，诉说着当时的繁荣。高塔于1482年完成。 [6-64]

1377 **乌尔姆大教堂（动工），乌尔姆（德）** 建 筑

帕勒家族，恩辛格家族 [6-65]

西屋的一座钟塔高达161米，为教堂钟塔中最高的。这幢教堂一直建造至16世纪，到了19世纪时又再度续建，终于于1890年时完成。

约1357—1377 **格洛斯特大教堂回廊，格洛斯特（英）** 建 筑

英国现存扇形拱顶天花的早期建筑案例。当时扇形拱顶不论在装饰或构造上都是全新的建筑法。 [6-66]

[6–65]

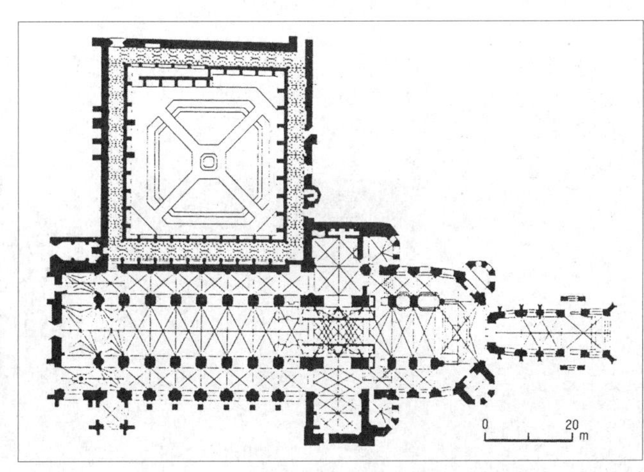

[6–66]

时 间		类 别 [索引编号]
1382	锡耶纳大教堂（Basilica S. M. Assunta）（完工），锡耶纳（意） 12世纪后半叶时开工，当时曾经变更计划预定建造一巨大教堂，然而直到1382年才完成预定计划的规模。教堂具有传统教堂特有的西屋，在六角形交叉部盖有圆顶。	建 筑 [6-67]
1344—1385	布拉格圣维图斯大教堂圣坛，布拉格（捷克） 马修·德拉斯（阿拉斯的马提亚），P.帕勒 位于伏尔塔瓦河畔丘陵上的城内大教堂。最初由自法国聘请来的马修建造，后来由德国人帕勒完成。极度精致华丽，能见到复杂的肋拱顶等设计，为明快的后期哥特式建筑。除了圣坛之外，其他部分是19—20世纪时完成的新哥特风格。	建 筑 [6-68]

[6-67]

[6-68]

1387	巴塔利亚修道院，巴塔利亚（葡萄牙） 葡萄牙王若昂一世（Joao I）建造，从建筑上可见到受英国垂直式及法国火焰式的影响。	建 筑 [6-69]
约1387	《坎特伯里故事集》，乔叟（Geoffrey Chauce） 本书以前往坎特伯里朝圣的人们轮流说故事的形式来呈现，为中世纪的文学杰作。	历史事件
1391	阿尔罕布拉宫狮子中庭，格拉纳达（西班牙） 四周环绕回廊的全新中庭，成为巨大伊斯兰城堡建筑的一部分。	建 筑 [6-70]
1395—1406	《摩西泉》，斯吕特（Claus Sluter）	雕 刻

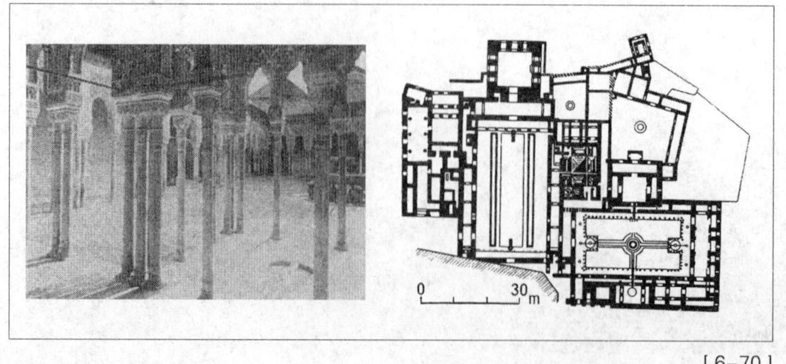

[6-70]

时 间		类 别 [索引编号]
14世纪初	《圣殇》（Pietà）雕像	雕 刻
	巴黎大教堂：《巴黎圣母子》	雕 刻
1394—1401	西敏寺大厅（改建），伦敦（英） H.伊夫利，H.赫德兰 西敏宫殿的大堂，由赫德兰负责典型的英国托臂梁屋顶（Hammer-beam roof）的架构。	建 筑 [6-71]

[6–71]

时 间		类 别 [索引编号]
1401—1402	佛罗伦萨大教堂圣乔瓦尼洗礼堂大门：《艾萨克献祭》(Sacrifice of Isaac)，吉伯第	雕 刻
1360—1402	阿尔卡萨城堡，塞戈维亚（西班牙） 卡斯提亚（Castilla）的彼得一世（Pedro I）扩建而成。在西欧建筑中，它呈现混入伊斯兰教建筑元素的西班牙摩尔风格（mooish）。	建 筑 [6-72]
约1384—1406	法院，普瓦捷（法） G. d. 达马尔坦 这幢建筑原本是建造作为贵族宅邸，后来成为法院，圣女贞德（Jehanne Darc）也是在此被审判。在具有火焰式窗花格的障壁上，设置有巨大的暖炉。	建 筑 [6-73]
1408	方济会教堂圣坛（动工），萨尔兹堡（奥地利） H. 史塔德海默 这幢建筑运用极显眼的细长柱墩，建造出清爽的内部空间。	建 筑 [6-74]
约1392—1411	皮耶丰堡，皮耶丰（法） 城堡的防御设施达三层之高，城内具有宽广的中庭，面向中庭设有行馆和礼拜堂等。	建 筑 [6-75]
15世纪初	罗荷亚教堂，罗荷亚（芬兰） 它是残存于芬兰地区，具有强烈土著建筑元素的中世纪石造教堂的代表案例。以花岗岩堆积成的方形墙上，仅建造山形屋顶，建筑构成十分单纯，内部绘有16世纪时还很幼稚拙劣的壁画。	建 筑 [6-76]

[6–75]

[6–76]

时 间		类 别 [索引编号]
约1377—1413	《威尔顿双联画》（*The Wilton Diptych*）	绘 画
1415	胡司（Jan Hus）以异端的罪名被处以火刑	历史事件
1413—1417	德·贝里伯爵（Duc de Berry）赞助制作的《最美时祈祷书》（*Les tres riches heures du Duc de Berry*），林堡兄弟（Limbourg brothers）	绘 画
1417	教会大分裂（1378—1417）结束，教皇回到罗马	历史事件
1423	《三王朝圣》，法布里亚诺的秦梯利（Gentile da Fabriano）	绘 画
1416—1425	**自治政府厅，巴塞罗那（西班牙）** 为西班牙后期哥特式建筑，日后曾大幅改建。	建 筑 [6-77]
1426	**圣母院教堂（动工），卡德贝克（法）** 诺曼底地区火焰式哥特建筑的代表案例。	建 筑 [6-78]
1427	**圣乔治教堂圣歌队席（动工），纳德林根（德）** K.海因则尔曼 这是技巧已臻成熟的后期哥特风格实例，出自于15世纪德国南部的重要工匠之一海因则尔曼之手。	建 筑 [6-79]
1340—1438	**总督宫，威尼斯（意）** 它是象征威尼斯共和国兴繁荣的巨型建筑，建筑中包含总督官邸、市政厅和法庭等。二楼有点缀着窗花格状装饰的回廊，清楚显示除了基本的哥特风格外，也受到东方建筑风格的影响。	建 筑 [6-80]
1439	**斯特拉斯堡大教堂尖塔（完工），斯特拉斯堡（法）** J.休兹 这座教堂建于历史上曾受德国统治，深受其文化影响的城市（德语：Straßburg），属于德国哥特式建筑作品。这座浮雕尖塔的内部楼梯间呈螺旋状往上收拢，下面的八角形基座是前任建筑师U.V.恩辛格所建造。	建 筑 [6-81]

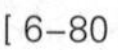

[6-80]

[6-81]

时 间		类 别
1421—1440	**黄金宫，威尼斯（意）** 马可·阿马迪欧，M.拉维提，G.+B.邦恩 在面向大运河所建的商馆中，它是中世纪遗构里保存状态最良好的。整幢建筑的装饰特色受到拜占庭和伊斯兰影响，是威尼斯哥特式的典型案例。	建 筑 [6-82]

时　间		类　别 [索引编号]
1294—1443	**圣十字教堂，佛罗伦萨（意）** 佛罗伦萨最具代表性的大教堂，属于不特别强调高度的意大利特有哥特风格。内部柱墩间有间距，因而呈现会堂型的空间感。	建 筑 [6-83]

[6–82]

[6–83]

时　间		类　别 [索引编号]
1443	**伯尔尼济贫院，伯尔尼（法）** 这幢是专门收容看护贫困病人的医疗木造建筑。除圣堂以外，其他部分都大规模运用哥特风格的代表案例。	建 筑 [6-84]
1304—1446	**维也纳大教堂（圣史蒂芬大教堂），维也纳（奥地利）** 被视为维也纳象征的大教堂。虽然建筑部分残留罗马式风格，但大部分都是后期哥特式期间扩建而成。基本上属于会堂型，但祭殿中殿的天花建得比通廊还高。	建 筑 [6-85]

[6–85]

时　间		类　别 [索引编号]
1446—1450	**谷登堡（Gutenberg）发明活版印刷术**	历史事件
1400—1449	**塔拉斯孔城，塔拉斯孔（法）** 沿着里昂河（Rhône）的城堡。塔和城墙为相同高度（48米），内廓整体的建造均以防卫为目标。	建 筑 [6-86]
1443—1451	**雅克·科尔宫，布尔日（法）** 在具有火焰式华丽装饰的中世纪末期私人宅邸中，它是最美丽豪华的。	建 筑 [6-87]
1453	**东罗马帝国灭亡**	历史事件

时　间		类　别 [索引编号]
	圣女贞德活跃，百年战争结束	历史事件
1402—1455	旧布鲁塞尔市政厅，布鲁塞尔（比利时） 这幢建筑面向市中心大广场（Grand-Place）建造，外墙具有华丽的蕾丝状装饰，为后期哥特式世俗建筑。钟塔高度达114米，其美丽精致即使在欧洲仍名列前茅。	建 筑 [6-88]
1455—1485	玫瑰战争 主要是英国封建贵族间为争夺王位而发生内乱。此战争名称的由来，是因对立的约克家族（House of York）以白玫瑰，兰开斯特家族（House of Lancaster）以红玫瑰为家徽之故。	历史事件
1442—1458	布尔戈斯大教堂双塔，布尔戈斯（西班牙） J.d.科隆尼亚 它是由教皇聘请科隆建筑师科隆尼亚所建造，为德国后期哥特式尖塔。	建 筑 [6-89]
1460	图尔大教堂西屋，图尔（法） 在哥特式末期的法国，它是最重要的建筑立面之一。	建 筑 [6-90]
1448—1463	鲁汶市政厅，鲁汶（比利时） M.d.雷昂 建筑上装饰着法国哥特式教堂般华丽丰富的火焰风格，为中世纪世俗建筑案例。	建 筑 [6-91]

[6–88]

[6–89]

[6–91]

1471	阿尔布雷希特城堡，麦森（德） 阿诺德・冯・韦斯特瓦兰 富多样化和不规则性的后期哥特式世俗建筑。在德国，它是原为贵族宅第的城堡，转变为宫殿的最佳案例。	建 筑 [6-92]
1463—1472	普莱西城堡，图尔近郊（法） 这幢是为了路易十一世所建的田园城堡，但并未采用以往既有的防御城堡形式。	建 筑 [6-93]

时 间		类 别 [索引编号]
1260—1477	**圣洛兰佐教堂，纽伦堡（德）** 从柱墩开始连接无切口的肋筋，是令人印象深刻的会堂型教堂。1403—1445年时扩建中殿，1439年时，K.海因则尔曼着手重建圣坛，最后整幢建筑由K.罗里彻完成。	建 筑 [6-94]
1478	**圣约翰教堂圣坛（动工），赫鲁特汉波斯（荷兰）** 这座是源自罗马式时期具悠久历史的教堂，但遗构属于哥特式时期建筑。在北荷兰的哥特式教堂中，它是罕见具有丰富装饰的教堂。	建 筑 [6-95]
1481	**圣乔治礼拜堂（动工），温莎（英）** 拱顶具有枝肋的后期垂直式哥特建筑作品。	建 筑 [6-96]
1461—1483	**英凡塔多宫，瓜达拉哈拉（西班牙）** J.格亚斯 这幢建筑具有世俗建筑适用的哥特风格，现存立面外观和中庭。	建 筑 [6-97]
1466—1488	**圣母教堂，慕尼黑（德）** J.甘霍夫 为砖造教堂，因获得里根斯堡的石匠长K.罗里彻的建言而顺利完成。第二次世界大战后再重建。	建 筑 [6-98]

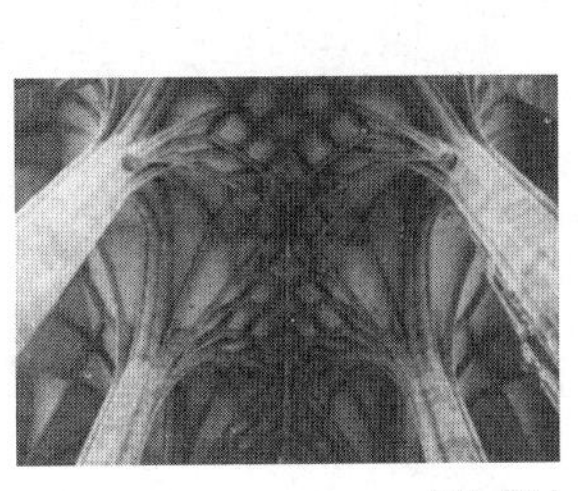

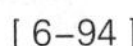

[6–94]

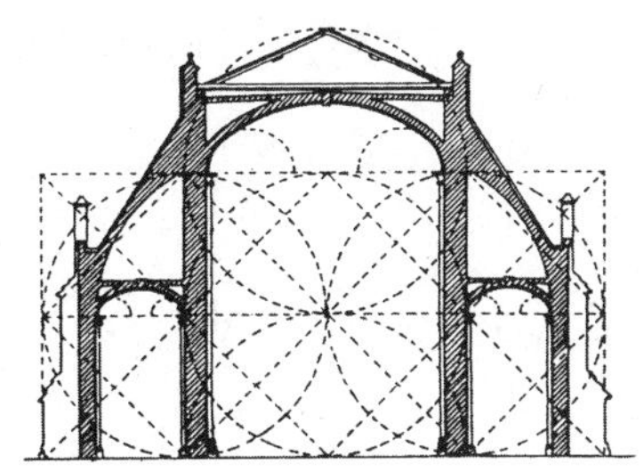

[6–96]

[6–98]

时 间		类 别 [索引编号]
1488	**普法兰克教堂西侧正面（动工），阿布维尔（法）** 教堂立面显示当时正是火焰式蓬勃发展阶段。	建 筑 [6-99]
约1486—1492	**圣巴勃罗教堂，瓦拉朵丽（西班牙）** 为基督教支配下的西班牙伊斯兰教徒所创作出的穆德哈尔风格（estilo mudejar）教堂之一，装饰极具特色。	建 筑 [6-100]
1492	**哥伦布发现西印度群岛**	历史事件
	格拉纳达陷落，西班牙统一	历史事件
1482—1494	**布尔戈斯大教堂的康德斯塔布礼拜堂，布尔戈斯（西班牙）** S.d.科隆尼亚 具有星形拱顶的八角形礼拜堂，是卡斯提亚地区最美丽的后期哥特式建筑作品。	建 筑 [6-101]

时 间		类 别 [索引编号]
1390—1495	圣马丁教堂，兰茨胡特（德） 它是砖造的三廊式会堂型教堂，室内林立极细长的柱墩，支撑着星状肋拱顶。高达133米的高塔也以砖头建造。	建 筑 [6-102]

[6–101]

[6–102]

1498	克吕尼饭店（动工），巴黎（法） 它是为克吕尼大修道院长所建的别馆，饭店附有枝肋拱顶架构的小礼拜堂。	建 筑 [6-103]
	瓦斯科·达·伽马（Vasco da Gama）抵达印度	历史事件
1499	圣安娜教堂（动工），安娜堡（德） 德国后期哥特式重要教堂。特色是具有线条扭曲的肋拱顶。	建 筑 [6-104]

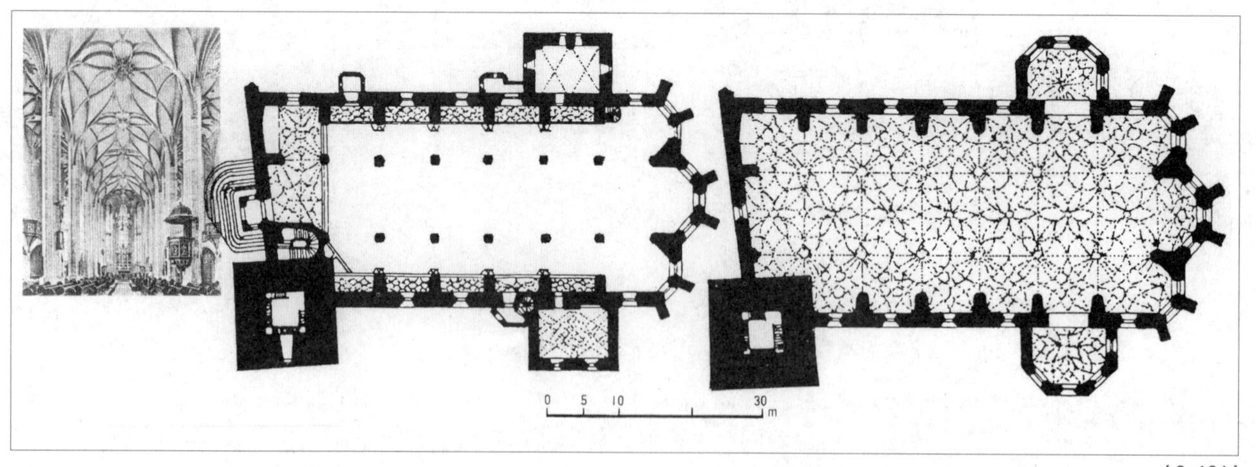

[6–104]

约1481—1500	鲁昂大教堂的奶油塔（动工），鲁昂（法） 它是非常华丽的火焰式哥特尖塔。当时是以奶油的消费税作为资金所建造，故称此名。	建 筑 [6-105]
1343—1502	圣母玛利亚教堂，格但斯克（波兰） 它是作为波兰天主教象征的巨型后期哥特式教堂。正面耸立着高78米的大塔，具有德国式会堂型内部空间。	建 筑 [6-106]

时间		类别 [索引编号]
1493—1502	旧皇宫的维拉迪斯拉夫大厅，布拉格（捷克） B.黎德 它是由巨型会堂形成的建筑。外观上虽然有成排纯粹的意大利文艺复兴式窗户，然而内部的细部却随意混合着哥特式和文艺复兴式，整个天花都覆着绘有交错曲线的拱顶。	建筑 [6-107]

[6–105]

[6–106]

[6–107]

时间		类别 [索引编号]
1503	教皇尤利乌斯二世（Julius Ⅱ）（任用米开朗基罗、拉斐尔等艺术家）即位	历史事件
1499—1507	三一教堂，梵登（法） 窗户具有窗花格等，正面为典型的火焰风格。	建筑 [6-108]
1507	特鲁瓦大教堂西侧正面，特鲁瓦（法） M.夏毕斯 火焰式哥特风格的后期建筑作品。	建筑 [6-109]
1508—1515	国王学院礼拜堂（完工），剑桥（英） 整个堂内都覆着扇形拱顶，使内部融为一体，形成垂直式的华丽空间。	建筑 [6-110]

[6–110]

时间		类别 [索引编号]
1515	法国国王弗朗西斯一世（Francis Ⅰ）即位	历史事件
1502—1516	贝伦区杰罗尼摩斯修道院，里斯本（葡萄牙） 波以塔克 这座修道院呈现葡萄牙后期哥特达到巅峰的曼努埃尔（manuel）风格，院内具有装饰得极华丽的教堂和回廊。	建筑 [6-111]

时　间		类　别 ［索引编号］
1512—1516	阿尔斯菲尔德市政厅，阿尔斯菲尔德（德） 这幢遗构完整保留了中世纪德国市政厅的风貌。面向中央广场建造，一楼是开放的石造拱廊，二楼以上的木骨架构造（Half-timber）墙面依序向外突出。	建 筑 ［6-112］
1517	马丁·路德发表（Martin Luther）《95条论纲》，宗教改革运动从此开始蓬勃发展	历史事件
1503—1519	西敏寺的亨利7世礼拜堂，伦敦（英） 英国垂直式哥特建筑代表作。拱石呈钟乳石状，建于顶点的扇形拱顶形成美丽的天花。	建 筑 ［6-113］
1519—1522	麦哲伦一行人完成环游世界一周	历史事件
1401—1521	塞维亚大教堂，塞维亚（西班牙） 这座教堂是由原先的旧回教清真寺改建为基督教堂，在重建阶段转变成今天的五廊式巨型哥特风格。	建 筑 ［6-114］

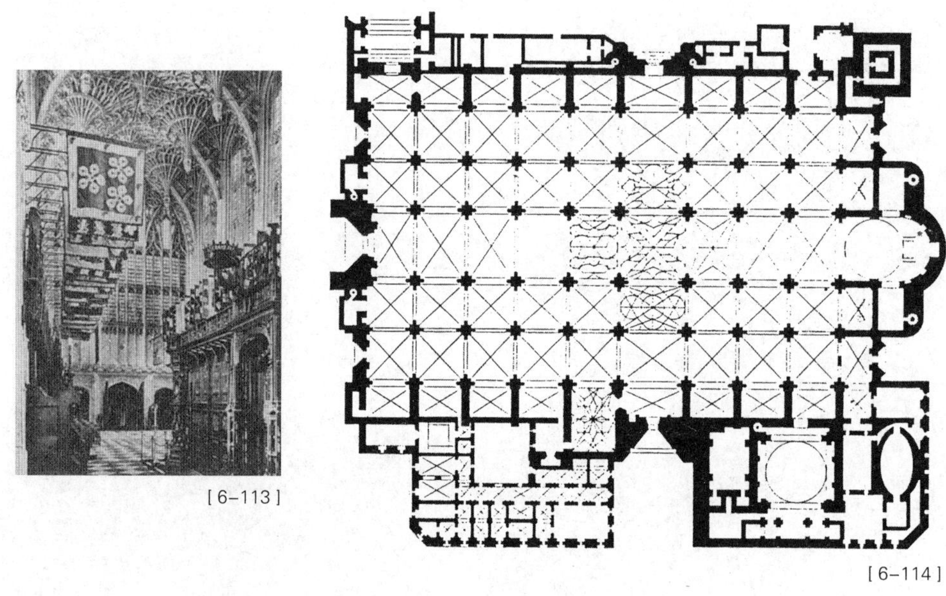

［6–113］

［6–114］

约1436—1521	圣马克鲁教堂，鲁昂（法） 教堂具有火焰式西屋，斜向展开的门廊（porch），呈偶数分立的圣坛环形殿，置于中央的里柱等，该教堂具有和盛期哥特风格截然不同的特色。	建 筑 ［6-115］
1306—1529	帕尔马大教堂，马略卡岛（西班牙） 具有宽广、高耸天花的通廊，但因柱墩很细，所以巴西利卡式的空间构成很不明显。	建 筑 ［6-116］
1513—1532	圣尼古拉教堂，布鲁，布宫伯雷斯近郊（法） 凡·鲍格汉 这座火焰式教堂作品是出身于佛兰德的工匠凡·鲍格汉所建。放在内部的美男子腓力四世（Philip Ⅳ）的墓则是文艺复兴风格。	建 筑 ［6-117］

时 间		类 别 [索引编号]
1534	亨利五世下令英国脱离罗马教会	历史事件
1495—1545	圣尼古拉门教堂，南锡（法） 属于后期哥特式教堂，肋拱顶的图样十分复杂，边壁拱廊处理得如同装饰镶板（panel）一般。	建 筑 [6-118]
1545—1563	依据特伦托会议（Council of Trent），近代天主教教会序幕开启	历史事件
1512—1548	圣芭芭拉大教堂，库特纳赫拉（捷克） B.黎德 由三个大尖塔支配整体，拥有独特外观的教堂。内部为会堂形式，与布拉格的维拉迪斯拉夫厅具有共通特色，都有装饰复杂的肋筋。	建 筑 [6-119]
1555	依据奥格斯堡宗教和约，基督新教（Protestant）获得承认	历史事件
1572	市政厅，阿拉斯（法） 它是在宗教战争建造停滞期完成的建筑，呈现过度的装饰性。	建 筑 [6-120]
1588	英国击败西班牙无敌舰队	历史事件
1563—1591	塞戈维亚大教堂圣坛，塞戈维亚（西班牙） 它是西班牙具有纯粹哥特风格的教堂，采用有华丽图饰的肋拱顶。	建 筑 [6-121]

[6-115]

[6-119]

[6-121]

1386—1645	米兰大教堂（Santa Maria Nascente），米兰（意） 教堂具有大理石建造的巨型、精致的哥特式纪念碑。建造工程从圣坛开始，1577年时峻工，到了17世纪时西屋几近完成，然而外墙蕾丝状细部到了19世纪时才开始建造。	建 筑 [6-122]
约1750—1770	草莓山庄，特威克南（英） H.华尔波尔 它是从自家别墅改建为哥特式风格的山庄，不论外部、内部都充满哥特式元素，为哥特式复兴的开端作品。	建 筑 [6-123]

时 间		类 别 [索引编号]
1825—1831	圣约翰学院新馆，剑桥（英） T.瑞克曼，H.哈金森 为新哥特式学院。瑞克曼是《英国建筑风格识别尝试》（1817）的作者，“初期英国式”、“装饰式”、“垂直式”等用语，都在本书中获得确立。	建 筑 [6-124]
1839—1846	三一教堂，纽约（美） R.厄普约翰 模仿英国教区教堂，为美国哥特式复兴初期作品，水平已接近欧洲。	建 筑 [6-125]
1841—1846	圣吉尔斯教堂，奇德勒（英） A.W.N.普金 这座教堂完美重现14世纪中期（装饰式）教区教堂的风格，普金在施工时，一如中世纪石匠般谨慎仔细地进行装饰。	建 筑 [6-126]

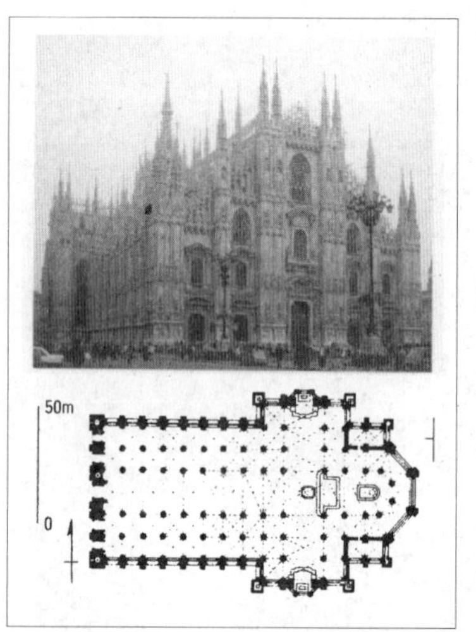

[6–122]

[6–123]

[6–126]

1849	《建筑的七盏明灯》(*The Seven Lamps of Architecture*)，J.罗斯金 (John Ruskin) 罗斯金在书中依据七项标准来评论建筑价值。本书既是中世纪建筑评论书，也是浪漫主义的建筑理论书。	建筑书
1854—1855	圣尤金教堂，巴黎（法） LA.波以路 它是在教堂建筑中最早运用铁构造的建筑师波以路的代表作，为新哥特风格。	建 筑 [6-127]
1846—1857	圣克罗蒂德教堂，巴黎（法） F.C.高鸟，T.巴鲁 这座教堂是铁造屋顶的新哥特风格。立面塔上具有如理姆斯的圣尼凯斯（St. Nicaise）教堂般的尖塔。	建 筑 [6-128]
1859	全圣教堂（完工），伦敦（英） W.巴特菲德 英国高派教会（High Church）的哥特风格复古大将巴特菲德的代表作。是由建造小中庭三方的教堂和附属红砖建筑构成的哥特式建筑。	建 筑 [6-129]

时　间		类　别 [索引编号]
1855—1861	牛津博物馆，牛津（英） T.N.迪安，B. 伍德华德 继国会大厦之后的新哥特式世俗建筑。拉斯金也曾大力协力。	建 筑 [6-130]

[6–128]

[6–129]

[6–130]

1840—1864	英国国会大厦，伦敦（英） S.C.贝利，A.W.N.普金 1836年设计比赛时，贝利荣获优胜的作品。规则精确的立面，具有两座对比的塔和小塔。精密的垂直风格细部是普金所设计。	建 筑 [6-131]

[6–131]

1864—1867	康格尔顿市政厅，柴郡（英） E.W.戈德温 初期法国中世纪风格的典型案例。但是采用意大利风格的多彩建材。	建 筑 [6-132]
	圣德尼大教堂，圣德尼（法） E.E.维奥列多=勒=杜克 呈现维多利亚全盛期（high Victorian）哥特式的多样化特色，开创出法国哥特式的新风貌。	建 筑 [6-133]

时 间		类 别 [索引编号]
1863—1872	**爱伯特纪念碑，伦敦（英）** S.G.G.史考特 维多利亚全盛期具代表性的哥特式作品，1862年设计比赛获选案，是高度达53.4米的巨型纪念碑。它以14世纪哥特式纪念碑为模板，组合了各式各样的石材建造而成。	建 筑 [6-134]
	《建筑论述》（*Discourses on architecture*），E.E.维奥列多=勒=杜克 以“构造”概念论述建筑的理论书。	建筑书
1865—1874	**圣班卡拉斯国际车站，伦敦（英）** S.G.G.史考特，W.H.巴洛 史考特的代表作，是和密德兰铁路旅馆（Midland Holtel）一起设置的车站。与国会大厦并列为哥特式复古大建筑，工程师巴洛在月台上架盖炼铁制的抛物线大拱顶。	建 筑 [6-135]
1867—1875	**克布勒学院，牛津（英）** W.巴特菲德 属于色彩多样化的新哥特风格建筑。虽然巴特菲德的建筑作品大多是教堂，但也有大学和学校。	建 筑 [6-136]

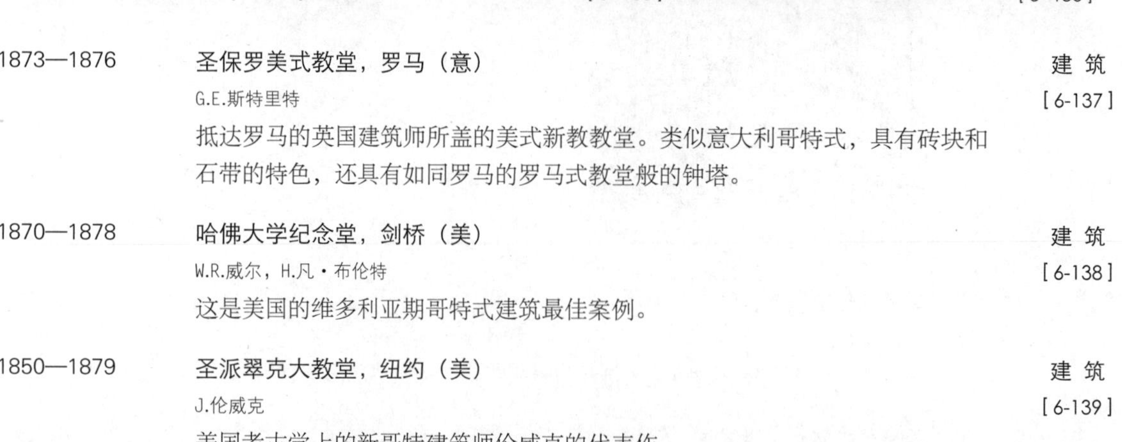

[6-134] [6-135] [6-136]

时 间		类 别 [索引编号]
1873—1876	**圣保罗美式教堂，罗马（意）** G.E.斯特里特 抵达罗马的英国建筑师所盖的美式新教教堂。类似意大利哥特式，具有砖块和石带的特色，还具有如同罗马的罗马式教堂般的钟塔。	建 筑 [6-137]
1870—1878	**哈佛大学纪念堂，剑桥（美）** W.R.威尔，H.凡・布伦特 这是美国的维多利亚期哥特式建筑最佳案例。	建 筑 [6-138]
1850—1879	**圣派翠克大教堂，纽约（美）** J.伦威克 美国考古学上的新哥特建筑师伦威克的代表作。	建 筑 [6-139]
1856—1879	**佛提夫教堂，维也纳（奥地利）** H.v. 费史提尔 它是维也纳法兰约瑟夫城计划中的一环，是当时所建的新哥特式教堂。	建 筑 [6-140]

时 间		类 别 [索引编号]
1873—1880	三一学院，哈特福德，康乃狄克州（美） W.伯吉斯 英国建筑师在美国设计的作品。维多利亚哥特风格，被视为美国大学中最优秀的建筑，但实际上，伯吉斯仅设计四个中庭中的一个，且并未参与施工。	建 筑 [6-141]

[6-138]

[6-140]

[6-141]

时 间		类 别 [索引编号]
1872—1883	维也纳市政厅，维也纳（奥地利） F.V.施密特 维也纳的新哥特式代表作品。整体建筑上林立许多小塔如绘画一般的构成，也显出略带折中主义的倾向。	建 筑 [6-142]
1885—1904	匈牙利国会大厦，布达佩斯（匈牙利） I.斯丹德尔 它是出现于20世纪最晚的大型新哥特式建筑实例。位置居于面向多瑙河的佩斯那侧，外观横长、宏伟壮观。	建 筑 [6-143]
1904	利物浦大教堂（设计比赛），利物浦（英） S.G.G史考特（孙） 这座大教堂是1904年建筑设计比赛的入选案，于1977年完成。基本上为19世纪哥特式，但是平面和立面都呈现崭新的风格，拱顶高达52.7米。	建 筑 [6-144]
1911	《哥特形式论》，沃林格尔	建筑书
1932	圣路加国际医院礼拜堂，东京（日本） J.VW.巴贾米尼 这是日本的哥特式建筑实例。为宗教团体设立医院的附属礼拜堂。运用不太尖锐的尖拱拱顶架构，构成近似初期哥特风格的内部空间。	建 筑 [6-145]

[6-142]

[6-143]

文艺复兴 | *Renaissance*

时间		类别 [索引编号]
约1305—1306	《哀悼基督》，乔托	绘画
约1415—1417	《圣乔治像》，多纳泰罗（Donatello）	雕刻
1417	教会大分裂（1378—1417）结束，教皇回到罗马	历史事件
1418	佛罗伦萨大教堂圆顶（设计比赛），佛罗伦萨（意） F.布内勒奇 比赛最后采用布内勒奇的提案，内径达42米的双层扇形构造的大型圆顶，艾伯蒂赞赏它的设计更优于古代。1420—1434年间建造，成为意大利文艺复兴开始绽放的象征。	建筑 [7-1]

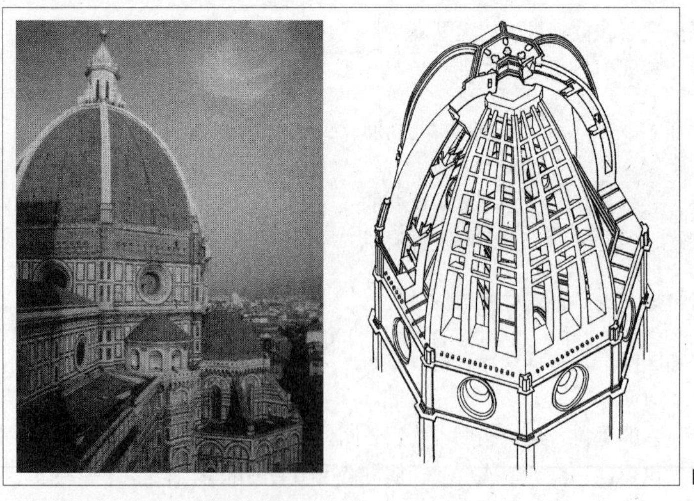

[7–1]

时间		类别 [索引编号]
1421	佛罗伦萨孤儿院（动工），佛罗伦萨（意） F.布内勒奇 这幢建筑被认已脱离哥特式，展现明快优雅的最初期文艺复兴式作品。面向广场的立面，以细柱支撑的拱廊形成轻快的节奏感。	建筑 [7-2]
1423—1425	《哈巴谷》Habbakuk（Lo Zuccone），丹纳特罗（David Donatello）	雕刻
约1425—1428	《报佳音》（*Robert Campin*），弗雷马尔大师（Robert Campin 又称Master of Flemalle）	绘画

时间		类别 [索引编号]
1427	《失乐园》，马赛其欧（Masaccio）	绘画
约1430—1432	《大卫》（David），丹纳特罗	雕刻
约1435	佛罗伦萨大教堂圣乔瓦尼礼拜堂：天国之门，吉伯提（Lorenzo Ghiberti）	雕刻
1436	圣灵教堂（设计），佛罗伦萨（意） F.布内勒奇 这是依据单纯的几何学理论所构成的整齐空间，充分呈现初期文艺复兴的特色。布内勒奇死后，虽然1487年时由A.马内提（Manetti）建造完成，但立面并未完成。	建筑 [7-3]

[7-2]

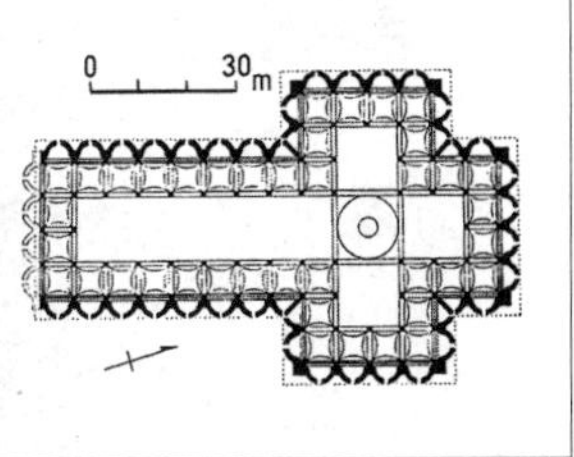

[7-3]

时间		类别 [索引编号]
1434—1437	天使圣母教堂，佛罗伦萨（意） F.布内勒奇 布内勒奇基于对古代的研究，这座是文艺复兴期最早采用集中式的教堂，但最后并未完成。	建筑 [7-4]
约1438—1443	《报佳音》，安吉利柯（Fra Angelico）	绘画
1429—1442	圣十字教堂佩奇家族礼拜堂，佛罗伦萨（意） F.布内勒奇 不论在装饰和平面上，这幢小礼拜堂显示和拜占庭风格有所关连，由于复古为古罗马风格，空间显得简朴有秩序。	建筑 [7-5]
1445—1450	《加塔美拉塔骑马纪念像》（Gattamelata），丹纳特罗	雕刻
1446—1450	谷登堡发明活版印刷术	历史事件

时间		类别 [索引编号]
约1447	**梵蒂冈宫尼古拉五世的诸室，罗马（意）** 这是教皇尼古拉五世展开的梵蒂冈大整修计划中完成的部分。	建筑 [7-6]
约1450	《圣母子》，利比（Fra Filippo Lippi）	绘画
约1446—1451	**鲁奇拉大厦（Palazzo Rucellai），佛罗伦萨（意）** L.B.艾伯蒂 这幢大厦与以往不同还具有立面。在文艺复兴期首度运用仿古罗马圆形竞技场的三重列柱。	建筑 [7-7]

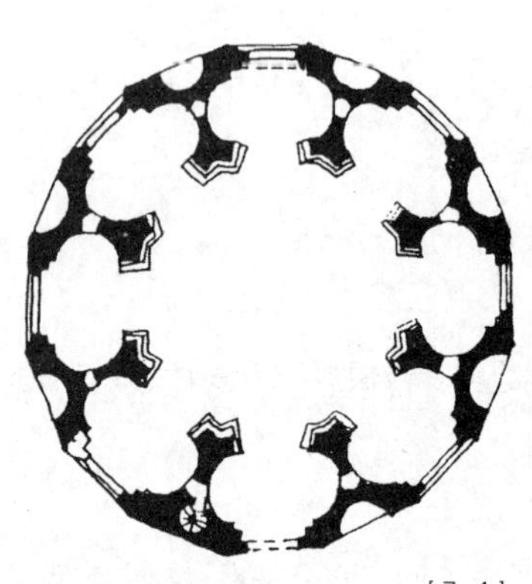
[7-4]

[7-5]

[7-7]

1452	**《建筑十书》，L.B.艾伯蒂** 艾伯蒂受罗马时代维特鲁威《建筑十书》的影响，也完成这本以十卷构成的建筑理论书，成为文艺复兴建筑理论的支柱。	建筑书
1453	**圣女贞德活跃，百年战争结束**	历史事件
1446—1455	**马拉特斯提阿诺神殿（圣方济各教堂），里米尼（意）** L.B.艾伯蒂 原为哥特式教堂，在文艺复兴期改建为纪念堂。立面除了有统一的凯旋门风格外，各处都尝试让古代建筑风格重现，然而最后并未完成。	建筑 [7-8]

[7-8]

1455—1485	**玫瑰战争** 主要是英国封建贵族间为争夺王位而发生内乱。此战争名称的由来，是因对立的约克家族（House of York）以白玫瑰，兰开斯特家族（House of Lancaster）以红玫瑰为家徽之故。	历史事件
1456	《乔瓦尼·契里尼》（Giovanni Chellini），罗塞里诺（Bernard Rossellino）	雕刻

时 间		类 别 [索引编号]
1458	**比提大厦（动工），佛罗伦萨（意）** 这是继梵蒂冈宫之后，意大利工程规模最大的宫殿建筑。原案是布内勒奇设计，1558—1570年时由安马那提（Bartolommeo Ammannati）增建翼部和中庭侧墙面，独特的粗石砌墙面使外观显得非常突出。	建 筑 [7-9]
1459	**圣塞巴斯提亚诺教堂，曼托瓦（意）** L.B.艾伯蒂 这是采用希腊十字形平面的最早文艺复兴式教堂。立面基本上采用神庙风格，但檐部处被窗户截断。	建 筑 [7-10]

[7–9]

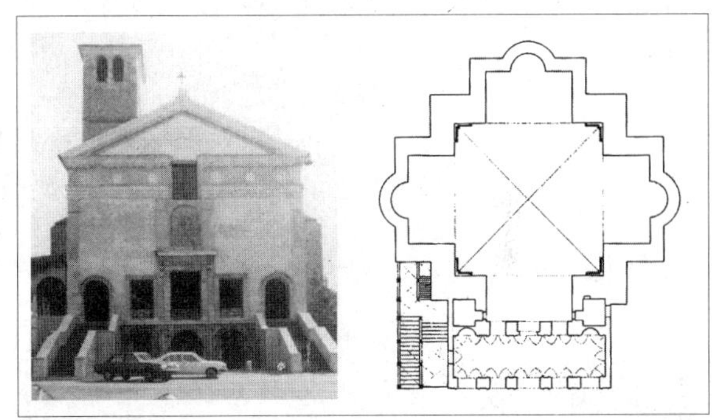

[7–10]

	三王朝圣，戈佐利（Benozzo Gozzoli）	历史事件
1425—1460	**圣罗伦佐教堂，佛罗伦萨（意）** F.布内勒奇 这是美第奇（Medici）家族的教堂，这座教堂显示布内勒奇遵照比例的典型建筑手法，使平面和内部空间显得井然有序。立面目前是未完成状态。	建 筑 [7-11]

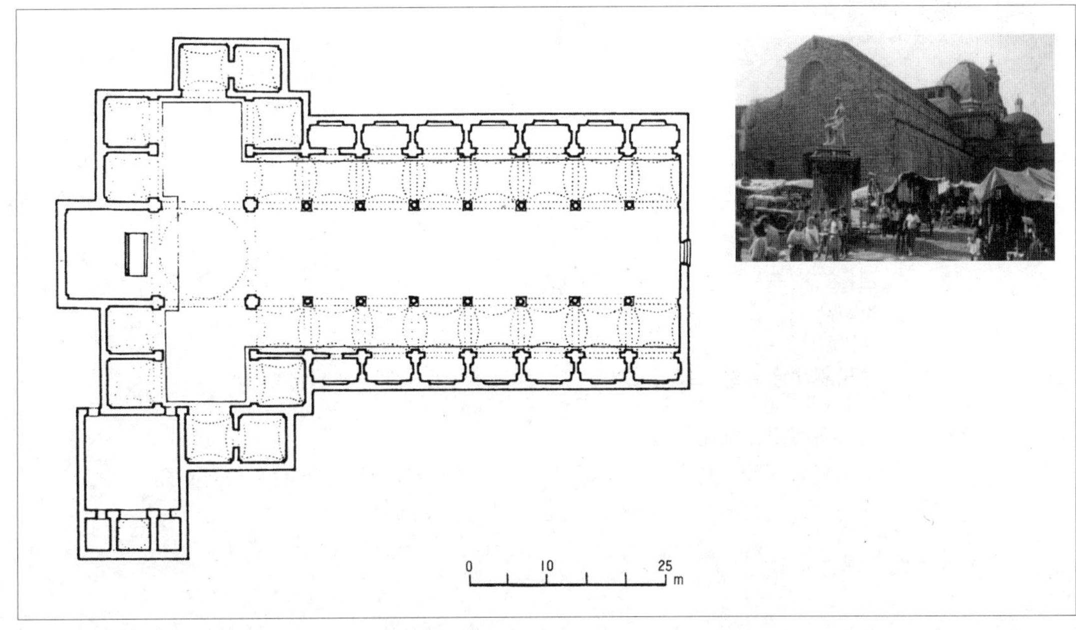

[7–11]

时间		类别 [索引编号]
1444—1460	美第奇别墅酒店，佛罗伦萨（意） 米开罗佐·迪·巴雷托罗梅欧 这是由美第奇柯西摩一世（Cosimo Ⅰ de Medici）委托信赖的建筑师设计的自宅，为托斯卡纳地区文艺复兴期宅邸建筑的原型。	建筑 [7-12]
约1460	《圣母子与天使》，德拉·罗比亚（Della Robbia，Andrea）	绘画
1451—1461	《建筑论》（*Trattato d' architettura*），费拉烈特 本书是以描述虚拟的理想都市"Sforzinda"的形式，来说明理想建筑和都市的建筑书。	建筑书
1460—1462	皮恩扎大教堂（重建），皮恩扎（意） B. 罗塞里诺 这是由教皇庇护二世（Pius Ⅱ）下令，从都市计划的观点所设计的教堂，与比克罗米尼（Piccolomini）家族宫殿和市政厅一起围绕建于广场周围。外观上明显受艾伯蒂的影响，但内部采用意大利罕见的会堂形式。	建筑 [7-13]

[7-12]

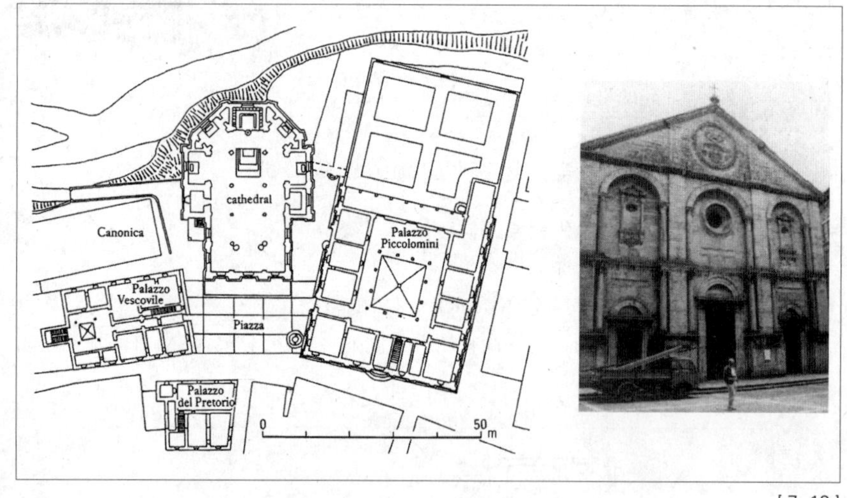

[7-13]

时间		类别 [索引编号]
1456—1465	马乔雷医院，米兰（意） 费拉烈特 它是大小共有九个中庭的医院建筑。在费拉烈特之后，继续以后期哥特式风格进行建造，在1624年左右时，以混合风格的风貌完成。	建筑 [7-14]
约1465	《乌尔比诺公爵夫妇肖像》，法兰契斯卡（Piero della Francesca）	绘画
约1443—1466	新堡凯旋门，拿坡里（意） 文艺复兴期间在13世纪所建新堡（Castel Nuovo）入口塔之间，插入了这个大理石门。门的形式为两列纵向建筑，具有丰富的风格细部。	建筑 [7-15]

时 间		类 别 [索引编号]
1467	《寻爱绮梦》（*Hypnerotomachia Poliphili*），法兰契斯科 · 柯罗讷（Francesco Colonna） 本书故事内容描写青年普力菲罗想和宝莉拉（Polia）结婚，前去参拜爱神维娜斯的过程，透过具有古代寓意的场面来铺展故事。书中描写的场面，后来有些艺术都受到影响。	建筑书
1458—1470	圣母堂立面，佛罗伦萨（意） L.B.亚伯提 这座是艾伯蒂增建立面的中世纪教堂。他参照佛罗伦萨近郊的罗马式，同时采用将整个立面以简单的整数比例划分的手法来建造。	建 筑 [7-16]

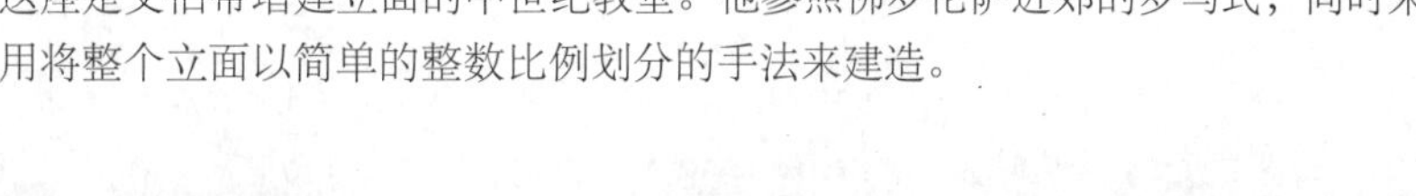

[7–14]

[7–15]

[7–16]

约1470	《抱海豚的男孩》(Putto con Dolfino)，韦罗基奥 (Andrea del Verrocchio)	雕 刻
1455—1471	威尼斯宫，罗马（意） 虽然建筑中有一部分呈现中世纪城堡风格，但它是罗马最早出现的文艺复兴式宫殿。出自于哪位设计师众说纷纭。	建 筑 [7-17]
1468—1472	总督宫中庭，乌尔比诺（意） L.d.劳拉纳 残存于地区城市乌尔比诺的文艺复兴建筑。整体包含蒙特费特洛（Monteſltro）家族的图书馆、剧场等，属于大型复合建筑，其中雅致的中庭举世闻名。	建 筑 [7-18]

[7–17]

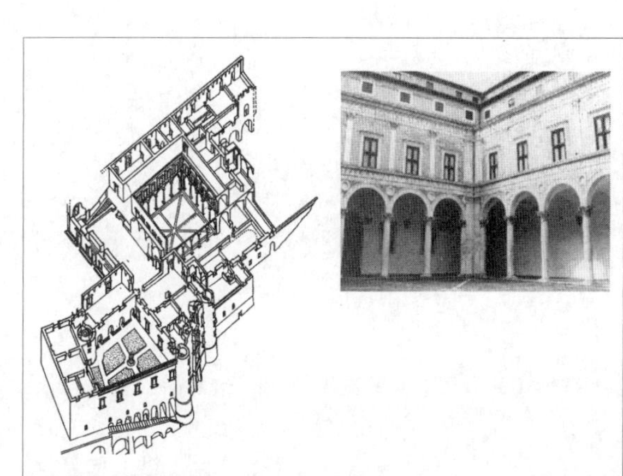

[7–18]

时　间		类　别 [索引编号]
1472	圣安德利亚教堂（动工），曼托瓦（意） L.B.亚伯提 这是艾伯蒂最后的作品，立面构成结合了古代神庙和凯旋门风格。内部则尝试参考古代大浴场和巴西利卡的空间性。	建 筑 [7-19]
1470—1473	马乔雷圣母教堂克雷欧尼礼拜堂，贝加莫（意） G.A.阿梅迪奥 这件建筑作品具有北意初期文艺复兴特有的多彩立面，也可说是倾向中世纪的装饰性。	建 筑 [7-20]
1474	《枢机主教弗朗切斯科贡扎加的到来》（*Arrival of Cardinal Francesco Gonzaga*），曼帖那（Andrea Mantegna）	绘 画
约1481—1496	《巴尔托洛梅奥·科莱奥尼骑马纪念碑》(Bartolomeo Colleoni)，韦罗基奥	雕 刻
约1475	《赫尔克里斯和海德拉》（Heracles & the Hydra），安东尼奥·波拉约克（Antonio del Pollaiuolo）	雕 刻
约1478	《春》（*La Primavera*），波提切利（Sandro Botticelli）	绘 画
约1480	《维纳斯的诞生》（*Birth of Venus*），波提切利	绘 画
1481	《基督赠圣彼得钥匙》（*Christ Giving the Keys to St. Peter*），佩鲁吉诺（Pietro Perugino）	绘 画
1484	圣母玛利亚教堂，普拉托（意） G.d.桑加洛 这是奉献给罗伦索·美第奇（Lorenzo de Medici）的教堂，是具有希腊十字形平面的初期文艺复兴式教堂。	建 筑 [7-21]

[7-19]

[7-20]

[7-21]

1480—1485	美第奇别墅，普吉卡诺（意） G.d.桑加洛 罗伦索·美第奇下令建造的作品，是人文主义者汇集的最早都市郊外别墅成功案例。	建 筑 [7-22]

时　间		类　别 [索引编号]
约1485	《狂喜的圣弗朗西斯》(*St. Francis in Ecstasy*)，乔瓦尼·贝利尼(Giovanni Bellini)	绘 画
1485	《悦乐之园》(*The Garden of Earthly Delights*)，波希 (Hieronymus Bosch)	绘 画
1485—1490	《圣母一生》(*Life of the Virgin Mary*)，基尔兰达约 (Domenico Ghirlandaio)	绘 画
1474—1486	法恩札大教堂，法恩札（意） G.d.米札诺 米札诺的代表作，采用初期文艺复兴风格的大教堂建筑实例。	建 筑 [7-23]
约1482—1486	圣沙提洛教堂，米兰（意） D.布拉曼德 布拉曼德利用透视法，使教堂呈现并不存在的圣坛深度。圣器室的一面点饰着细致的装饰雕刻，展现北意初期文艺复兴的特色。	建 筑 [7-24]

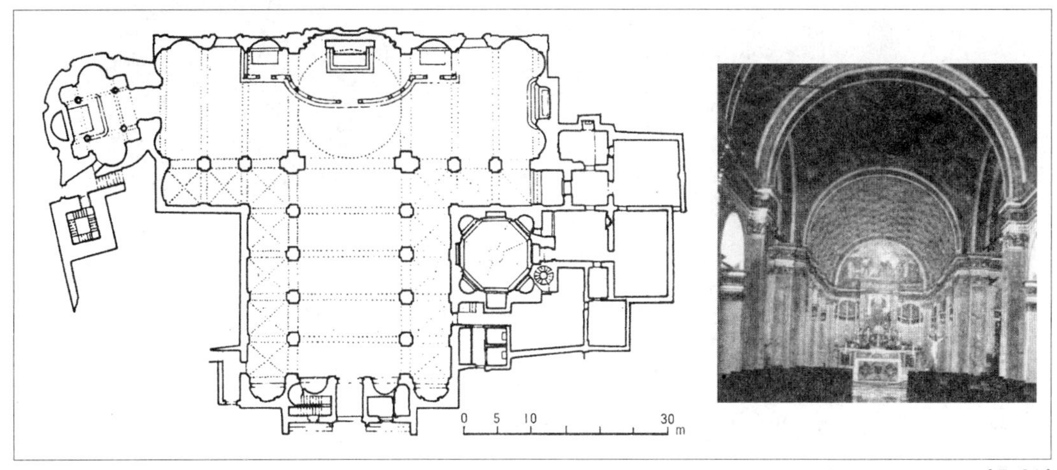

[7-24]

1481—1489	米拉科利教堂，威尼斯（意） P.隆巴尔多 这座教堂建在威尼斯小运河和小路错综交织的都市空间中。一方面它单纯由圆筒拱顶和拜占庭圆顶构成，另一方面运用有色大理镶板的立面和内部，呈现出独特的装饰性。	建 筑 [7-25]

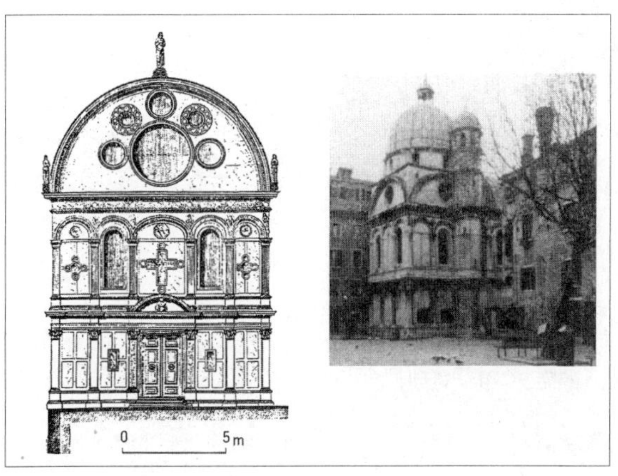

[7-25]

时　间　　**类　别**

［索引编号］

1484—1490　感恩圣母玛利亚教堂，科托纳（意）　建 筑 [7-26]

法兰契斯卡·迪·乔治·马丁尼

马丁尼作为初期文艺复兴建筑师，比他作为评论家的影响力还要大，这座教堂是他作品之一。具有拉丁十字形平面和调和、明快的内部空间。

1492　哥伦布发现西印度群岛　历史事件

约1485—1495　圣马可学校，威尼斯（意）　建 筑 [7-27]

M.柯度奇，P.隆巴尔多

威尼斯六个学校之一。半圆形山形墙并立，墙面由有色大理石组合构成。

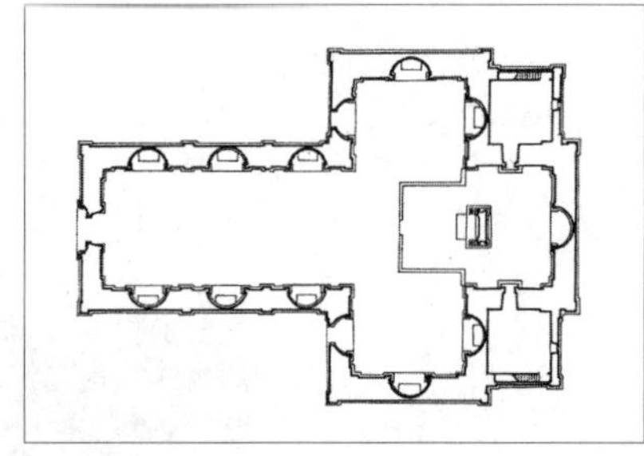

[7-26]

[7-27]

1495　萨佛纳罗拉（Girolamo Savonarola）将佛罗伦萨改为神权政治　历史事件

1495—1497　《最后的晚餐》，达芬奇（Leonardo da Vinci）　绘 画

1492—1497　感恩圣母玛利亚教堂圣坛，米兰（意）　建 筑 [7-28]

D.布拉曼德

这是布拉曼德米兰时代的主要作品。拆掉约30年前所建的教堂圣坛后重建，虽然单纯，但是风格极具分量感。

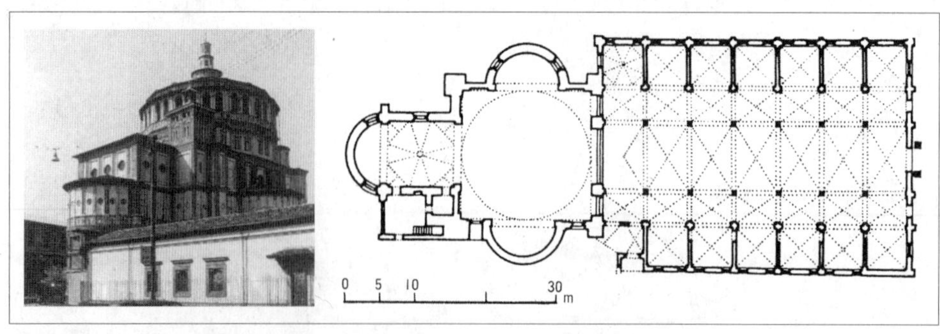

[7-28]

1498　瓦斯科·达·伽马抵达印度　历史事件

《自画像》，杜勒（Albrecht Durer）　绘 画

约1498—1500　梵蒂冈，圣彼得大教堂（奠基）：《圣殇》（Pietà），米开朗基罗　雕 刻

时　间		类　别 [索引编号]
1501—1504	《大卫像》（David），米开朗基罗	雕 刻
1502	蒙托利欧圣彼得修道院（动工），罗马（意） D.布拉曼德 这是建于圣彼得殉道处的小礼拜堂，以罗马圆形神庙为建筑范本，外围环列着16根多利克柱。由于属于古典主义建筑，因此成为日后的欧洲建筑指标之一。	建 筑 [7-29]
1503	教皇尤利乌斯二世即位	历史事件
约1503	《蒙娜丽莎的微笑》，达芬奇（Leonardo da Vinci）	绘 画
1500—1504	圣母玛利亚修道院中庭，罗马（意） D.布拉曼德 中庭的上、下层，改变了柱间处理方式与间隔，充分显示出布拉曼德优异的空间比例感。	建 筑 [7-30]

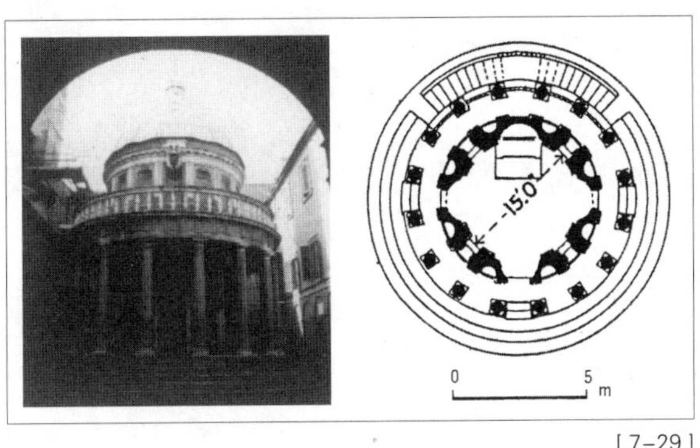

[7-29]

[7-30]

时　间		类　别
1504	梵蒂冈宫的夏宫中庭（计划），罗马（意） D.布拉曼德 中庭的建造源于教皇尤利乌斯二世下令扩张宫殿工程，阶梯状平台设计是为了连续扩大中庭。但最后仅完成一部分，布拉曼德死后设计即被变更。	建 筑 [7-31]
1506	格拉纳达大教堂附属王室礼拜堂，格拉纳达（西班牙） E.d.埃格斯 这座礼拜堂混合了哥特和文艺复兴式元素，属于早期的西班牙银匠装饰风格（Plateresque）建筑案例。	建 筑 [7-32]
	圣彼得大教堂（奠基），罗马（意） D.布拉曼德 在古巴西利卡式教堂毁坏后，布拉曼德将它设计成具有大圆顶的集中式教堂。但是他的设计未能实现，因为直到巴洛克时期，过程中方案都不断被大幅变更。	建 筑 [7-33]
1507	埃斯泰尔戈姆大教堂巴可兹礼拜堂（动工），埃斯泰尔戈姆（匈牙利） 纯粹的意大利文艺复兴式建筑，为16世纪初此风格被引进匈牙利的最佳案例。	建 筑 [7-34]
1508—1512	《西斯廷礼拜堂》（*Cappella Sistina*）屋顶天花壁画，米开朗基罗	绘 画

时间		类别 [索引编号]

[7-31]

[7-33]

[7-34]

时间	内容	类别
1500—1509	凡多拉明·卡拉基宫，威尼斯（意） M.柯度奇 在面向大运河的商馆中，它的规模留给人特别宏伟、华丽的印象。保留双连窗等中世纪感觉风格，三层列柱和柱式造型都非常精巧。	建筑 [7-35]
1509	《神圣比例》（*Divina Proportione*），F.L 帕乔利 本书论述建筑、绘画的几何学比例理论，文艺复兴时期其他的理论书也深受本书的影响。	建筑书
	英国国王亨利八世即位	历史事件
1509—1510	《雅典学院》（*The School of Athens*），拉斐尔（Raffaello Sanzio）	绘画
1509—1511	法列及那别墅，罗马（意） B.贝鲁奇 这是夹着台伯河设置在市街两岸的优雅住宅建筑。外观构成上中央凉亭长延两侧，拉斐尔等人在各房间画有壁画作为装饰。	建筑 [7-36]
1511	加入图画的维特鲁威《建筑十书》出版，F.焦孔多 古罗马建筑书加入136张图解并校订后，成为世界最早的图解版建筑书，被献呈给法皇尤利乌斯二世。	建筑书
约1511—1512	《艾森汉姆祭坛画》(*Isenheim Altarpiece*)，格吕内瓦尔德 (Matthias Grünewald)	绘画
约1510—1512	卡布里尼大厦（拉斐尔之屋），罗马（意） D.布拉曼德 这幢大厦是采用粗石砌和有柱础的多利克柱式的双层组合，为盛期文艺复兴的城市宅邸立面带来新的风格。拉斐尔也曾居住在这里一段时间，但是后来被拆毁，现已不存。	建筑 [7-37]
约1513—1515	《摩西》，米开朗基罗	雕刻
约1514—1515	《椅中圣母》（*Madonna della Seggiola*），拉斐尔	绘画
1515	汉普敦宫（动工），伦敦近郊（英） 这幢伦敦郊外的宫殿，最初建造是作为渥尔西大主教的宅邸，之后被献给亨利八世。这是英国在装饰上显示开始受意大利文艺复兴影响的首件建筑作品。	建筑 [7-38]

时 间 类 别

[索引编号]

[7-35]

[7-36]

[7-38]

时间		类别
	法国国王弗朗西斯一世（Francis Ⅰ）即位	历史事件
1516—1517	仕女别墅，罗马（意） 拉斐厄洛·桑吉奥（拉斐尔） 16世纪时，在罗马周边建造给高阶圣职者的别墅典型案例，但最后并未完成。	建 筑 [7-39]
1517	马丁·路德发表《95条论纲》，宗教改革运动从此开始蓬勃发展	历史事件
1519	香波城堡（动工），香波（法） P.涅弗 沿罗瓦尔河興建的城堡中，它是最具纪念性的作品。具有巨大的左右对称平面，其中央有着名的双重螺旋梯。	建 筑 [7-40]
1519—1522	麦哲伦一行人完成环行世界一周	历史事件

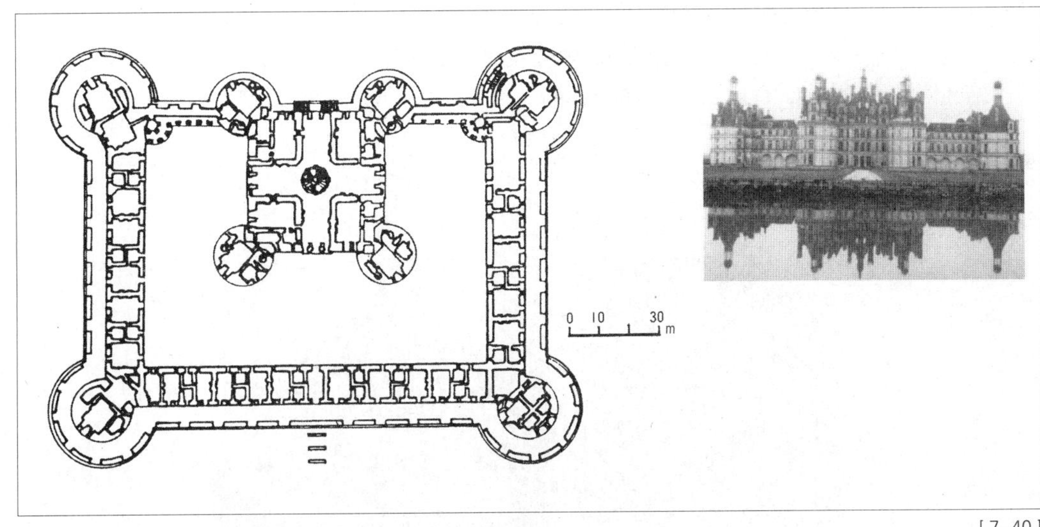

[7-40]

时间		类别 [索引编号]
1515—1522	**雪浓梭堡，雪浓梭（法）** 雪浓梭堡是T.波赫尔（Thomas Bohier），在雪尔河（Le Cher）畔拆除原来的大城堡再建造的城堡。16世纪后半，德洛尔姆（Philibert De l'Orme）加建了桥，比朗（Bullant）又在桥上增建画廊。	建筑 [7-41]
1517—1523	**富格莱之家，奥格斯堡（德）** 这是支撑奥格斯堡兴盛繁荣的富格尔家族（Jakob Fugger），计划兴建共53户的低房租共同住宅，是远早于19世纪大企业兴建公司宿舍的先例。	建筑 [7-42]
1519—1523	**布尔戈斯大教堂黄金梯，布尔戈斯（西班牙）** D.d.西洛埃 西洛埃依照布拉曼德在贝尔佛第宫中庭所建的原型，是具有装饰风格的楼梯。	建筑 [7-43]

[7-41]

[7-42]

[7-43]

时间		类别 [索引编号]
1523—1526	《四使徒》（*The Four Holy Men*），丢勒	绘画
1515—1524	**布罗瓦中庭立面，布罗瓦（法）** 弗朗西斯一世时代，运用北意大利文艺复兴风格增建的城堡，中央有开放式大螺旋梯。	建筑 [7-44]
1524	**科纳罗凉廊，帕杜亚（意）** G.M.法尔科内托 帕杜亚贵族科纳罗家族建于自宅土地内，预备作为在中庭上演的戏剧背景的回廊。	建筑 [7-45]
1518—1525	**阿泽勒丽多堡，阿泽勒丽多（法）** 建于水畔的优美小城堡，被视为法国建筑的精华作品。堞口（machicolation）及屋顶窗保留了中世纪的风貌，不过井然有序的平面和墙面处理，却呈现新的设计原理。	建筑 [7-46]

[7-44]

[7-46]

时 间		类 别 [索引编号]
1525—1530	《弗朗西斯一世》，克卢埃（François Clouet）	绘 画
1526—1530	《圣母升天》(*Assunzione della Vergine*)，柯雷吉欧 (Antonio Allegri da Correggio)	绘 画
1527	**阿尔罕布拉宫查理五世宫殿（设计），格拉纳达（西班牙）** P.曼朱卡 这是原本计划兴建于西班牙的洗练意大利盛期文艺复兴式独特建筑，但最后并未完成。	建 筑 [7-47]

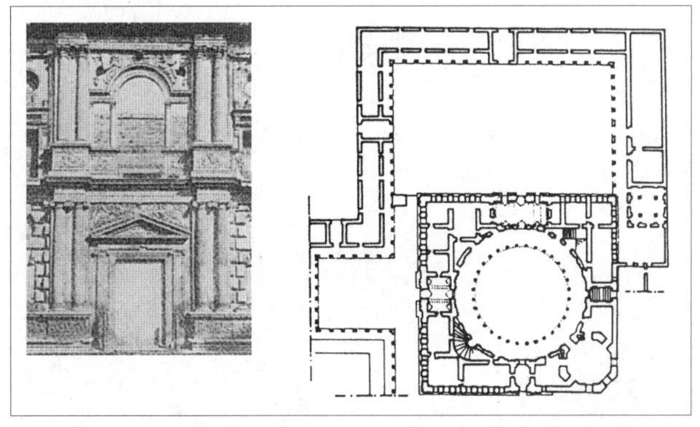

[7–47]

时 间		类 别 [索引编号]
	波西亚宫（动工），斯皮特安德劳（奥地利） 这幢是奥地利初期呈现意大利风格的罕见宫殿建筑之一，具有优雅的中庭。	建 筑 [7-48]
1528	**格拉纳达大教堂（动工），格拉纳达（西班牙）** D.d.西洛埃 西洛埃最高的代表杰作，是充分展现银匠装饰风格的重要作品。	建 筑 [7-49]
	枫丹白露宫（动工），枫丹白露（法） 弗朗西斯一世从意大利聘请矫饰主义画家参加长廊的内部设计，对日后荷兰、英国、德国的文艺复兴建筑有很大的影响。	建 筑 [7-50]

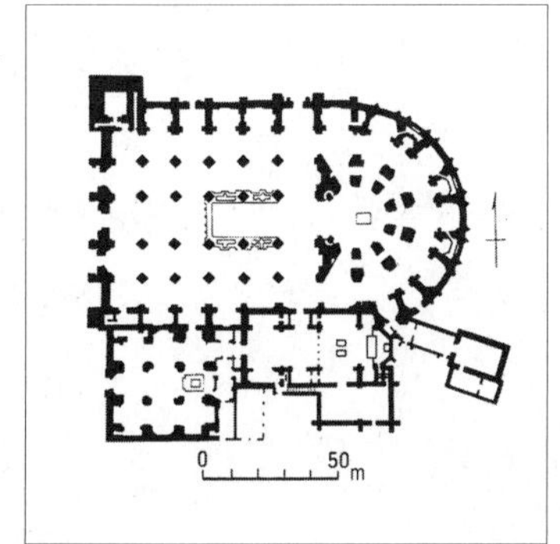

[7–49]

[7–50]

时　间		类　别 [索引编号]
1529	亚历山大之战(La Bataille d' Alexandre)，阿尔特多费尔(Albrecht Altdorfer)	历史事件
1520—1530	萨拉曼卡大学图书馆立面，萨拉曼卡（西班牙） 普安・德・阿拉法 西班牙文艺复兴初期的银匠装饰风格代表作品。这幢建筑在哥特式架构上，还加入融合伊斯兰和哥特风格的穆达哈尔艺术风格（Mudejar），立面呈现出极繁复大量的文艺复兴装饰风格。	建 筑 [7-51]
1530	《帕里斯的审判》（*The Judgment of Paris*），老克拉纳赫（Lucas Cranach the Elder)（父）	绘 画
1519—1533	克拉科夫大教堂西奇蒙礼拜堂，克拉科夫（波兰） B.贝雷齐 这是哥特式大教堂再增建的礼拜堂，是出身意大利的建筑师贝雷齐引进的初期文艺复兴风格建筑。	建 筑 [7-52]

[7-51]

[7-52]

时　间		类　别
1521—1534	圣罗伦佐教堂新圣器室，佛罗伦萨（意） 米开朗基罗 新圣器室位于布内勒奇所建的旧圣器室左右相对的位置，内部雕刻着著名的日与夜、黄昏与黎明的雕像。这幢建筑脱离正统文艺复兴时期建筑窠臼，呈现米开朗基罗鲜明的性格。	建 筑 [7-53]
	佛罗伦萨，圣罗伦佐教堂新圣器室：《罗伦佐之墓》，米开朗基罗	雕 刻
1534	亨利五世下令英国脱离罗马教会	历史事件
1500—1535	瓦维尔山皇宫中庭，克拉科夫（波兰） 为波兰最具历史的宫殿所增建的中庭，具有文艺复兴典型风格的拱廊。	建 筑 [7-54]
1535—1541	《最后的审判》，米开朗基罗	绘 画
约1535	《长颈圣母》（*Madonna with the Long Neck*），巴米加尼诺（Francesco Parmigianino)	绘 画

时　间 **类　别**

[索引编号]

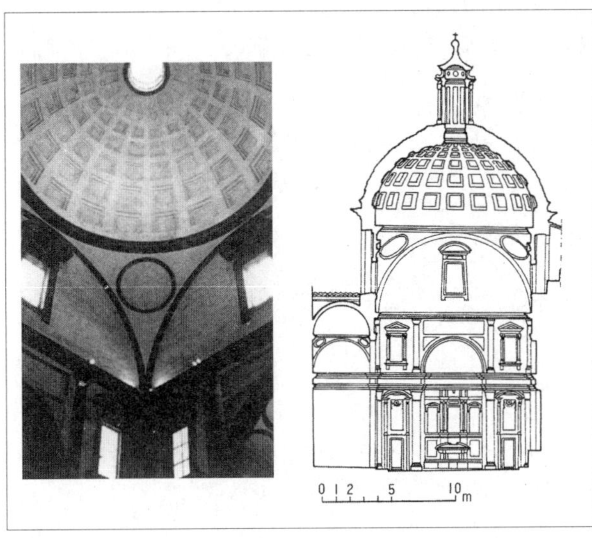

[7-53]

1532—1536 **马西摩府邸，罗马（意）** 建 筑 [7-55]

B.贝鲁奇

为初期矫饰主义的代表性宅邸，是最早采用双柱形式组合呈弧形立面的建筑，具有独创形式的中庭。

约1536 **卡比托林广场（设计），罗马（意）** 建 筑 [7-56]

米开朗基罗

它是古罗马以来设计作为政治中心的城市广场，强调轴线的构成，为巴洛克式广场的初期案例。也首次尝试在建筑上建造巨柱式。实际的建设最后由波尔塔于1605年完成。

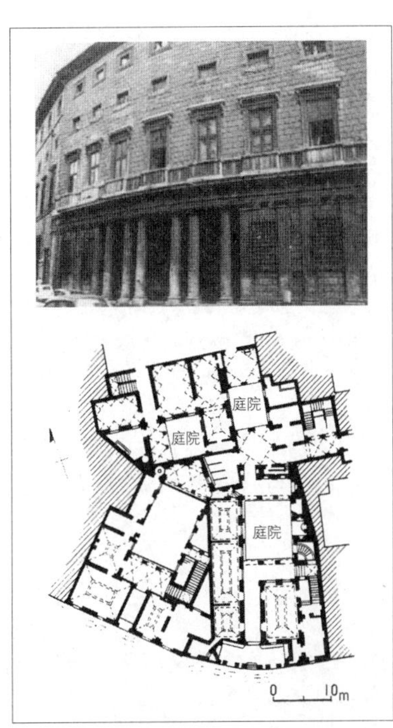

[7-55]

[7-56]

时 间 **类 别** [索引编号]

1536年以后 兰茨胡特皇宫，兰茨胡特（德） 建 筑
在文艺复兴较晚扎根的德国，这幢建筑属于较早期完成的典型意大利式宫殿。 [7-57]

1535—1537 布鲁日史料馆，布鲁日（比利时） 建 筑
这幢建筑的构图混合了传统元素和文艺复兴风格，以豪华的壁炉上缘前饰（mantelpiece）而闻名于世。 [7-58]

1537 格兰达府邸，威尼斯（意） 建 筑
J.桑索维诺 [7-59]
这幢面向威尼斯大运河的住宅建筑，完全有别于哥特式装饰，是呈现古典主义造型的早期建筑实例。

1537—1551 《论建筑》（*L'Architettura*），S.塞理欧 建筑书
以6册一套的形式出版的建筑书。书中所描述的五种柱式，直到被日后的维尼奥拉和帕拉底欧取代为止，一直是意大利之外地区最权威的图解内容。

1489—1539 史卓齐宫，佛罗伦萨（意） 建 筑
B.d.米札诺，S.克罗讷卡 [7-60]
佛罗伦萨住宅建筑发展达到顶峰的代表作品。外墙以三层琢石砌建造，内部是采用拱廊的明亮中庭。

[7-57]

[7-59]

[7-60]

约1539 总督宫卡法勒力（中庭），曼托瓦（意） 建 筑
朱里奥・罗曼诺 [7-61]
附加在哥刚萨加（Gonzaga）家族巨大复合住宅建筑的中庭。第二层的粗石壁上装饰着螺旋形柱式。

1539—1540 《享利八世》，小汉斯荷尔拜因（Hans Holbein der Jüngere）（子） 绘 画

1539—1543 《弗朗西斯一世的盐罐》，切里尼（Benvenuto Cellini） 雕 刻

1533—1540 新城门，威诺纳（意） 建 筑
M.桑米凯立 [7-62]
它是作为防御设施而建造的牢固城门。以古罗马的马乔雷门为范本，是以砖块迭造而成。

1526—1541 得特宫，曼托瓦（意） 建 筑
朱里奥・罗曼诺 [7-63]
自由发挥脱离古典建筑法则的手法，所完成的矫饰主义典型建筑。面向中庭墙面上的“断落三槽石（triglyph）”尤其著名。

时　间　　　　类　别 [索引编号]

[7-61]

[7-63]

1543　葡萄牙人抵达种子岛　历史事件

约1540—1544　**朱里奥·罗曼诺自宅，曼托瓦（意）**　建筑 [7-64]

朱里奥·罗曼诺

建筑师罗曼诺晚年建造了这幢自宅，他以成熟精湛的技术，将矫饰主义的特色发挥至极致。在细部表现上，一反古典建筑语法的奔放造型相当醒目，使整体建筑显得相当精密洗练。

1534—1545　**法尼塞邸，罗马（意）**　建筑 [7-65]

A.d.桑加洛

它是最具纪念性罗马盛期文艺复兴宅邸作品之一。上层部分由米开朗基罗接手于1589年完成。

[7-64]

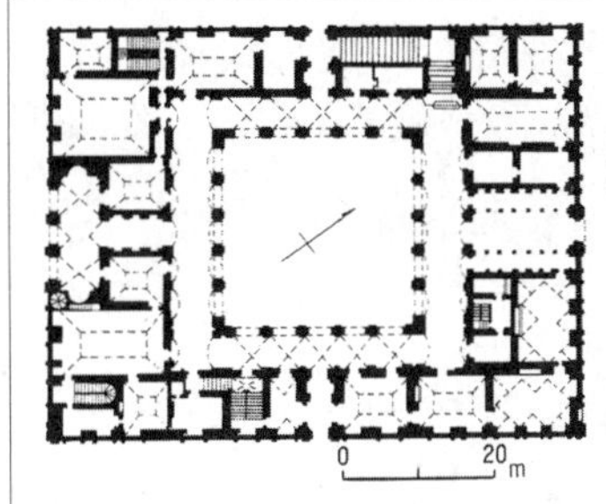

[7-65]

1545—1554　《帕修斯》（Perseus），切利尼　雕刻

1545—1563　依据“天特大公会议”（Council of Trent）近代天主教教会开始发展　历史事件

1546　**圣彼得大教堂圆顶（设计），罗马（意）**　建筑 [7-66]

米开朗基罗

继布拉曼德和A.d.桑加洛的设计之后，由米开朗基罗接手，他致力于减轻半圆顶重量和提升其坚固度。在1588—1590年期间他仅做了一些变更，之后由G.d.波尔塔实际建造完成。

1546　**卢浮宫方形中庭（动工），巴黎（法）**　建筑 [7-67]

P.勒斯寇特

无法动摇的结构，完整呈现法国文艺复兴风格的建筑作品。装饰部分由雕刻家勾钟（Jean Goujon）负责。

时 间		类 别 [索引编号]
1547	阿内堡（动工），阿内（法） P.德·洛尔姆 充分展现文艺复兴建筑风格，为法国最具典范的作品。立面部分移建至巴黎布杂艺术学院（Ecole des Beaux-Arts）的中庭加以保存。	建 筑 [7-68]

[7-66]

[7-67]

[7-68]

1548	坎比亚索别墅，热那亚（意） G.阿莱西 这是活跃于热那亚和米兰的建筑师阿莱西早期的古典主义住宅作品。从构成显示仿自罗马的法列及那别墅。	建 筑 [7-69]
	《圣马可的奇迹》（*The Miracle of St. Mark Freeing the Slave*），丁托莱托（Tintoretto）	绘 画
1548—1549	《无辜者之泉》（Fountain of the Innocents），古戎（Jean GOUJON）	雕 刻
	圣德尼修道院教堂：弗朗西斯一世之墓，皮埃尔·庞当（Pierre Bontemps）	雕 刻
1549	巴西利卡法院（动工），威森察（意） A.帕拉底欧 它是帕拉底欧初期建筑的著名代表作，直至1617年才完成。建筑立面巧妙运用帕拉底欧母题（Palladian Motif），是目前既存中世纪建筑中，拥有文艺复兴风格拱廊的作品。	建 筑 [7-70]

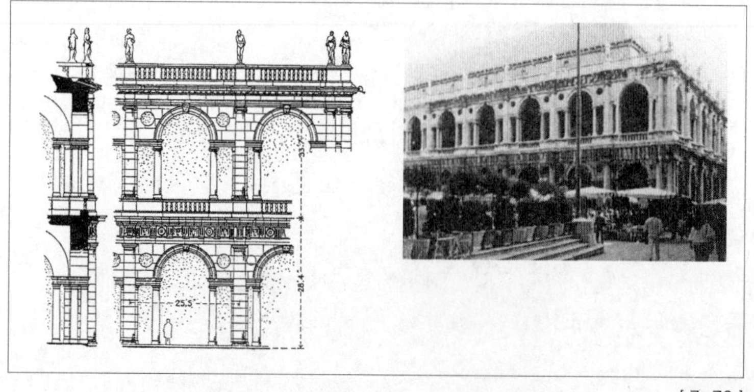

[7-70]

时 间		类 别 [索引编号]
1550	**圆厅别墅（动工），威森察近郊（意）** A.帕拉底欧 建筑史上最著名的别墅。该建筑呈现严谨的古典比例，被视为充分展现文艺复兴建筑的理想，对日后欧洲建筑有深远的影响。至16世纪末时，才由斯卡莫齐建造完成。	建筑 [7-71]

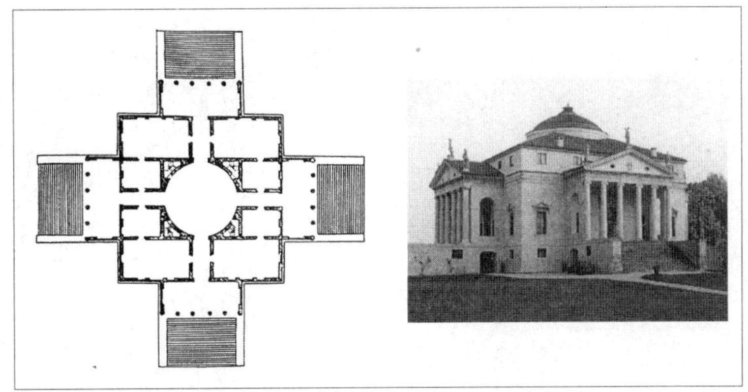

[7-71]

	《艺术家传记》（*The Lives of the Artists*），G.瓦扎里 为文艺复兴时期艺术家的列传，是很珍贵的记录，可作为当时艺术家们的基本史料。	建筑书
1536—1552	**城堡区（Hradčany）山丘的夏宫，布拉格（捷克）** P.d.史帝拉，及其他 这是早期典型意大利文艺复兴建筑，由来自意大利的建筑师们建造，建筑周围环绕着细身列柱支撑的轻爽拱廊。	建筑 [7-72]
1537—1553	**埃纳雷斯堡大学，埃纳雷斯堡（西班牙）** R.吉尔·德·翁塔侬 在细部虽然残留哥特风格，但建筑形态经过整理，建筑已呈现出纯粹的几何化，被誉为从银匠装饰风格往正统文艺复兴风格迈进了一大步。	建筑 [7-73]
1550—1554	**凯利卡提大厦，威森察（意）** A.帕拉底欧 下层不仅采用粗石墙面，还有回廊设计，具有罗马传统中从未见的新构造住宅建筑。上层中央部分建有向外突出的墙面，与开放的敞廊形成对比。1554年时建设中断，直到17世纪末才完成。	建筑 [7-74]

[7-72]

[7-74]

时间		类别 [索引编号]
1551—1555	朱利亚别墅，罗马（意） G.B.d.维尼奥拉 教皇尤利乌斯三世较小规模的别墅，建筑与中庭融为一体的构成具独创性。安马那提和瓦扎里后来也参与了庭园的设计。	建筑 [7-75]

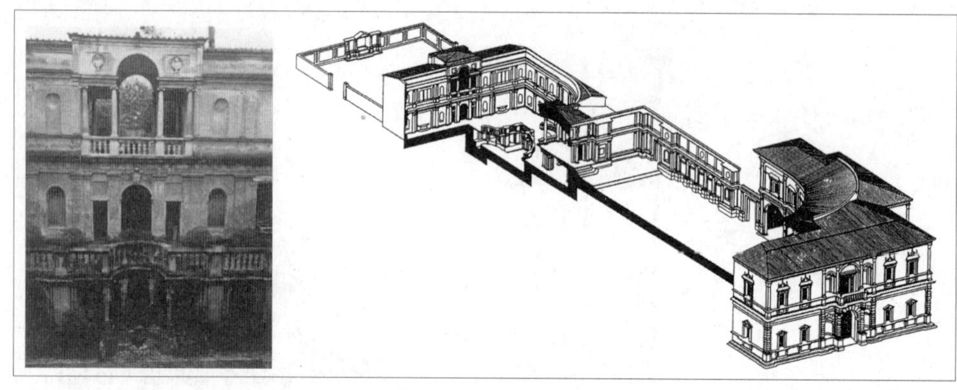

[7-75]

时间		类别 [索引编号]
约1555	埃库昂城堡玄关，埃库昂，巴黎近郊（法） J.比朗 这个16世纪前半期建造的城堡，比朗自己增建了北翼，玄关部分他运用习自罗马的巨柱式列柱。巨柱式对日后法国建筑也带来很大的影响。	建筑 [7-76]
1555	依据“奥格斯堡和约”新教徒（Protestant）得到承认	历史事件
约1555—1556	《伊卡鲁斯的坠落》（*The Fall of Icarus*），布勒哲尔（Pieter Bruegel de Oude）	绘画
1556	海德堡城之阿尔托海因里希馆（动工），海德堡（德） 德国文艺复兴风格的公共建筑，这件作品对各都市的市政府都带来影响。三层重叠的柱式，使墙面呈现纯意大利风格的明快构成，佛兰德（Flandre）工艺家们以雕刻将细部装饰得十分丰富。	建筑 [7-77]
1557	托马尔修道院回廊，托马尔（葡萄牙） D.d.德拉法 这是葡萄牙建造的盛期文艺复兴风格的建筑实例。回廊二楼部分，采取帕拉底欧母题来处理柱间。	建筑 [7-78]
1557—1558	巴巴罗别墅（设计），马塞（意） A.帕拉底欧 作为贵族农业生产据点的设施，也是帕拉底欧别墅建筑的典型案例。由中央的神庙风格立面主屋，和左右农作业用的柱廊（翼廊）所构成。	建筑 [7-79]

[7-77]

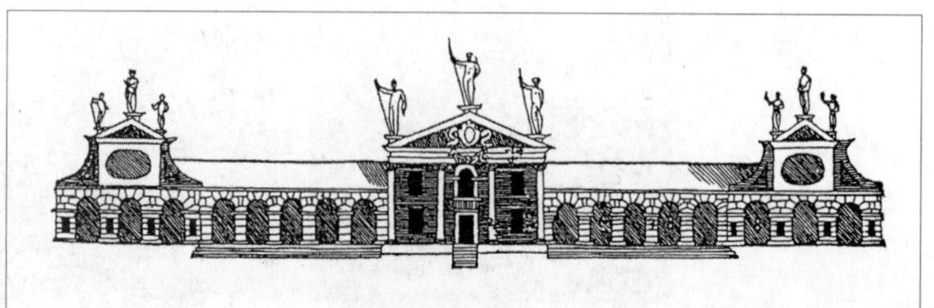

[7-79]

时　间		类　别 [索引编号]
1558	英国女王伊丽莎白一世即位	历史事件
1490—1560	**巴维亚修道院立面，巴维亚近郊（意）** G.A.阿梅迪奥 这幢中世建造的加尔都西会（Carthusian）修道院，到了文艺复兴时期又加建了立面。保留铺贴彩色大理石的伦巴底后期哥特式构成，具有古典柱式和长廊，上面装饰着精巧的雕刻与浮雕。	建 筑 [7-80]
1556—1560	**纺织会馆（改建），克拉科夫（波兰）** S.古驰 此建筑将古都克拉科夫的旧市街中央市场广场一分为二所建的商业设施。在14世纪建造的主体周围，16世纪时又加建了文艺复兴式的护墙（parapet）和拱廊。	建 筑 [7-81]
1558—1562	**梵蒂冈庭园庇护四世休养室，罗马（意）** P.李哥利欧 隐建于梵蒂冈庭园内，以供静养的小宅邸。繁复的装饰显示李哥利欧研究古建筑的成果，极度展现矫饰主义的优雅感。	建 筑 [7-82]

[7-80]

[7-81]

[7-82]

1562	**《建筑五大柱式的规则》（*Regola delli Cinque Ordini d'Architettura*），GB.d.维尼奥拉** 介绍古典主义建筑五大柱式的精密图解书。在意大利和法国，是一本具有深远影响力的权威教科书。	建筑书
1563	**艾斯科丽亚（动工），马德里（西班牙）** J.B.d.托雷多 菲利普二世（Philip Ⅱ）下令建造，是一个包含陵墓、教堂等功能的复合式建筑。托雷多死后，J.d.赫瑞拉继续建造，1584年时完成了这个外观单纯明亮的巨大宫殿。	建 筑 [7-83]
1525—1564	**塞维亚市政厅，塞维亚（西班牙）** D.d.里亚诺 仿北意大利市政厅建筑，呈现西班牙对文艺复兴认知发展的作品。但是，仍残留银匠风格装饰过多的倾向。	建 筑 [7-84]

时 间 类 别
[索引编号]

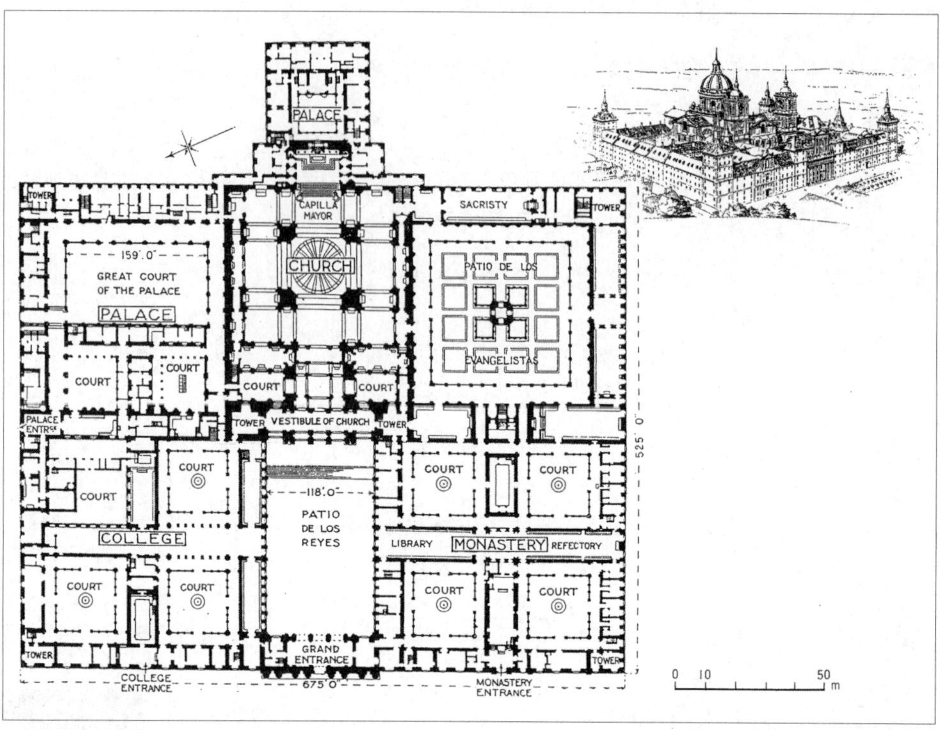

[7-83]

1561—1565 安特卫普市政厅，安特卫普（比利时） 建 筑

C.弗洛里斯 [7-85]

这幢建筑整体构成是以意大利盛期文艺复兴的宫殿为模板，再加入北方式山形墙等元素。此案例充分显示除意大利以外的建筑师们也要学会文艺复兴的风格的心情。

庇护门，罗马（意） 建 筑

米开朗基罗 [7-86]

教皇庇护4世下令新设计的罗马市城门。自由组合的古典图样，呈现米开朗基罗独特的造型创意。

[7-85]

[7-86]

时　间		类　别 [索引编号]
1565	《雪中猎人》（*The Hunters in the Snow*），彼得·勃鲁盖尔	绘 画
1524—1568	**劳伦图书馆，佛罗伦萨（意）** 米开朗基罗 受到教皇克里蒙7世（Clement Ⅶ）的委托，米开朗基罗为圣罗伦佐教堂设计的图书馆。入口处墙面与众不同的构成和雕刻阶梯，成为大胆的矫饰主义的先驱而闻名。	建 筑 [7-87]
1568	荷兰对西班牙开始展开独立战争	历史事件
1569	**阿兰胡埃斯宫，阿兰胡埃斯，马德里近郊（西班牙）** J.d.赫瑞拉 这是被委任接手建造西班牙皇家宫殿建筑的赫瑞拉所建造的宏伟意大利风格代表作品。	建 筑 [7-88]
1570	**《建筑四书》，A.帕拉底欧** 此建筑理论书堪称文艺复兴建筑书的集大成，对后世的英国尤其具有深远的影响力。	建筑书
1569—1571	**考古馆，慕尼黑（德）** 巴伐利亚大公艾伯特五世（Albert V），将这幢建造在主教宫（Residenz）的一隅，原是为了保存自己的收藏用。为德国最早的博物馆。	建 筑 [7-89]
约1565—1572	**艾斯特别墅之水风琴喷泉，提弗利，罗马近郊（意）** P.李哥利欧 李哥利欧1549年所设计建造的艾斯特别墅庭园内，原本就计划兴建这座水风琴喷泉。喷泉整体都装点着奇特的装饰图样。	建 筑 [7-90]

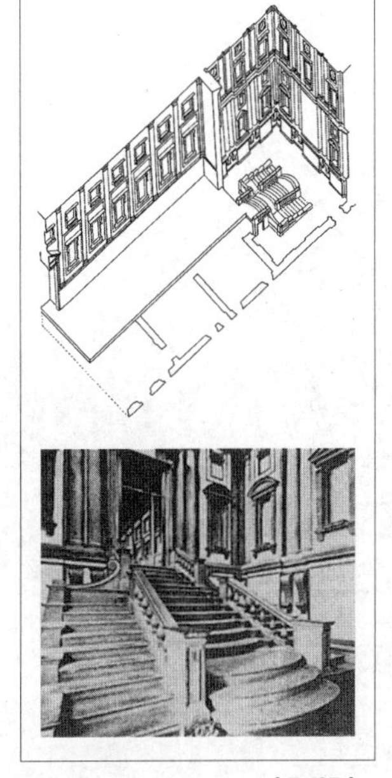
[7-87]

[7-88]

[7-90]

时　间		类　别 [索引编号]
1572	**朗格里特庄园，维特郡（英）** R.史密森 以史密森代表作而受瞩目的乡村别墅（在贵族领地的本宅邸）。从建筑上可见到古典主义的对称外观和中世以来的平面设计。	建 筑 [7-91]

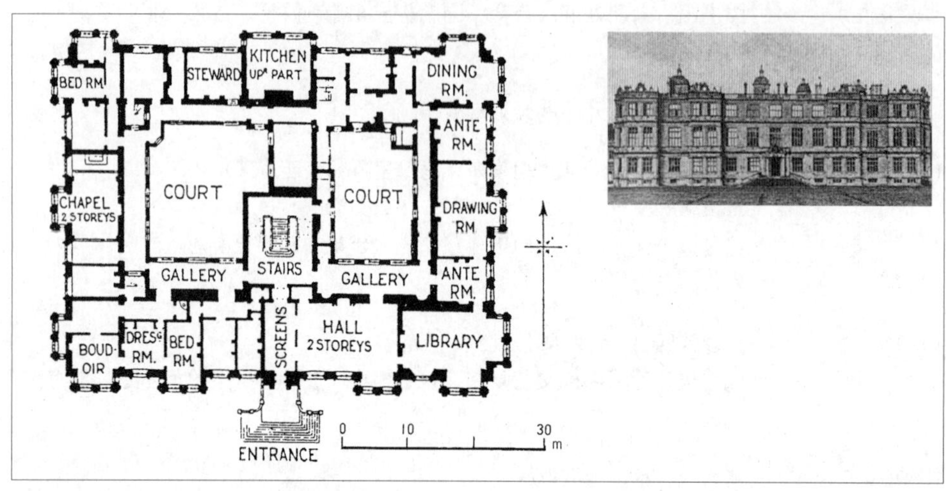

[7-91]

1569—1573	**科隆市政厅门廊（增建），科隆（德）** W.费纽肯 在14世纪哥特风格的市政厅建筑立面，又独立加建了意大利文艺复兴风格的门廊部分。	建 筑 [7-92]
1559—1575	**法尼塞别墅，卡布拉罗拉，罗马近郊（意）** G.B.d.维尼奥拉 这幢是建于五角形城堡基座上具纪念性的别庄。中庭侧墙面封锁，而立面开放的建筑构成，形成翻转效果的矫饰主义建筑。	建 筑 [7-93]

[7-92]

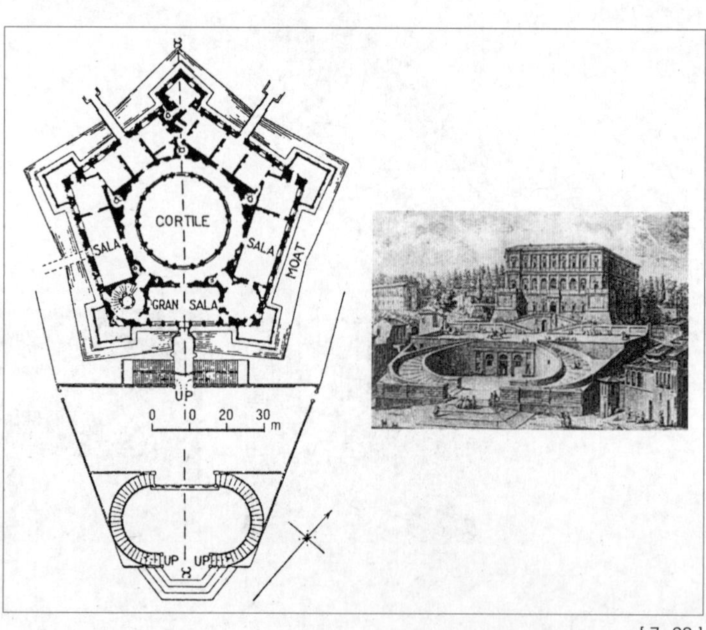

[7-93]

时 间		类 别 [索引编号]
1570—1575	**柯比庄园，北安普敦郡（英）** 这幢乡村别墅可见到巨柱式壁柱等，这是意大利府邸和别墅惯用的建筑手法。当时在J.索普汇整著名的伊丽莎白朝建筑蓝图集中也有记载。	建 筑 [7-94]
约1568—1578	**兰特别墅，维特波，巴岗伊亚近郊（意）** G.B.d.维尼奥拉 位于城市郊区以展现庭园之美为主的典型别墅。在前方几何化庭园和后方天然庭园之间，建筑构成两个单纯的方形。	建 筑 [7-95]
1560—1580	**乌菲兹宫，佛罗伦萨（意）** G.瓦扎里 这是建筑师、《艺术家列传》的作者瓦扎里的主要作品。此建筑主功能是市政厅，也包含教堂、剧场、图书馆和商店等建筑。如同夹着狭长中庭般的建筑呈平行伸展。	建 筑 [7-96]
1576—1581	**雪浓梭堡展览馆，雪浓梭（法）** J.比朗 在建于16世纪前半期的城堡上再增建的展览馆。德·洛尔姆设计但未实现的桥上展览馆，比朗将其实现。这是比朗唯一现存为了凯瑟琳·梅迪西（Catherine de Médicis）所做的作品。	建 筑 [7-97]
1583	《掠夺萨宾族妇女》（Ratto delle Sabine），波隆那（Giambologna）	雕 刻
1568—1584	**耶稣教堂，罗马（意）** G.B.d.维尼奥拉，G.d.波尔塔 为基督教会的中心教堂。内部构成是以架有圆筒拱顶的宽广中殿作为礼拜堂。1575年由波尔塔完成的教堂立面，特色是在二楼两侧具有螺旋形风格（scroll），自此之后，此风格被称为耶稣教堂（Il Gesu）型立面而普遍化，许多教堂都相继仿效。	建 筑 [7-98]

[7–96]

[7–97]

[7–98]

1584	**昂古莱姆饭店，巴黎（法）** 风格酷似比朗的作品，但被认为可能是当时的皇家建筑师简·巴提斯特·杜·赛尔索（Jean Baptiste Androuet du Cerceau）的作品。	建 筑 [7-99]
	《威尼斯的荣光》，维诺内些（Paolo Veronese）	绘 画

时　间		类　别 [索引编号]
1580—1584	**奥林匹克剧场，威森察（意）** A.帕拉底欧 这座位于奥林匹亚学社（Academia Olympica）的木造屋剧场，是文艺复兴时期剧场建筑的重要案例。舞台背景以透视画法所呈现的街道景观图，为帕拉底欧死后由史卡莫齐完成。	建 筑 [7-100]
1577—1585	**瓦里居，剑桥郡（英）** 由中世纪建筑改建而成的大宅邸。特别是中庭的设计，混合了法国古典主义和法兰德地区的矫饰主义，显示英国已引入欧洲大陆的新风格。	建 筑 [7-101]
1585	**瓦拉朵丽大教堂（设计），瓦拉朵丽（西班牙）** J.d.赫瑞拉 依照赫瑞拉的设计虽然建筑仅完成了其中的一部分，但是这个设计案日后对中南美地区的大教堂建筑带来很大的影响。	建 筑 [7-102]
1581—1586	**主教宫的格勒坦赫夫，慕尼黑（德）** 采用佛罗伦萨矫饰主义（尤其是瓦扎里）风格的宅邸。据推测可能是出身自法兰德地区，当时在慕尼黑活动的建筑师苏斯特瑞斯（Friedrich Sustris）的作品。	建 筑 [7-103]
1537—1588	**圣马可图书馆，威尼斯（意）** J.桑索维诺 最早在威尼斯完成的盛期文艺复兴古典主义风格建筑作品。一楼是面向圣马可广场展开的回廊和店铺，具有城市空间构成元素的作用。	建 筑 [7-104]
1580—1588	**沃拉顿府邸，诺丁罕郡（英）** R.史密森 它是史密森所建与郎里特庄园齐名的乡村别墅。外观的四面和左右都维持对称，相较之下内部房间则具有非对称构成。	建 筑 [7-105]

[7-100]

[7-104]

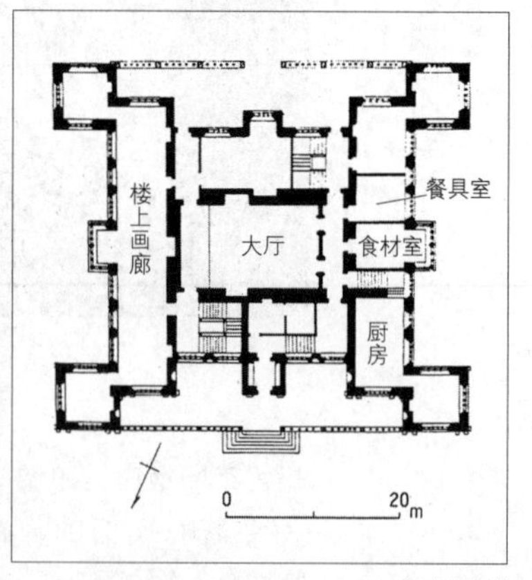

[7-105]

时 间		类 别 [索引编号]
1583—1588	**波波里花园的石洞入口，佛罗伦萨（意）** B.波翁塔伦蒂 此入口位于波波里花园的东隅，为一人工洞窟（grotto），先由瓦扎里建造，后由波翁塔伦蒂完成。山形墙和拱券外观如同溶解的钟乳石一般的奇怪风格（Bizzaria）。	建 筑 [7-106]
1588	**英国海军击败西班牙无敌舰队**	历史事件
约1590	**祖卡罗宫，罗马（意）** F.祖卡罗 祖卡罗本身主持圣路卡学院（Accademia di San Luca）。这幢建筑的立面开口部，雕有各式奇形怪状（grotesque）的脸部雕刻，属于奇异（Bizzaria）风格的作品。	建 筑 [7-107]
1588—1591	**丽都桥，威尼斯（意）** A.达・庞特 这是架设在大运河上的少数桥梁之一。历经浮桥、木桥的时代，自16世纪前半期开始，透过帕拉底欧、桑索维诺之手设计建造的石桥，最后由达・庞特建造完成。桥上设有整排的小商店。	建 筑 [7-108]
1577—1592	**救世主教堂，威尼斯（意）** A.帕拉底欧 这是帕拉底欧晚年在威尼斯设计的作品。结合万神庙风格的立面构成，与圣乔治教堂的作法相似。	建 筑 [7-109]

[7-106]

[7-108]

[7-109]

1592	**布商工会，不伦瑞克（德）** 文艺复兴时期德国各都市均可见的商业建筑典型案例。其特色是建有许多矮楼层和区分细致的山形墙。	建 筑 [7-110]
1593	**帕马诺瓦都市计划（拟订），帕马诺瓦（意）** V.史卡莫齐 它是文艺复兴期的理想都市，是几乎全按计划完成的稀有案例。城外环绕着星形护城河，城内街道从建有大教堂的中央广场呈放射状向外延伸。	建 筑 [7-111]

时　间　　　　类　别

[索引编号]

1590—1595

观景楼，佛罗伦萨（意）　　建 筑 [7-112]

B.波翁塔伦蒂

充满奇想的繁复建筑装饰，再加上土木工程的计划规模，充分显示它出自佛罗伦萨矫饰主义建筑师波翁塔伦蒂之手。

1583—1597

圣米歇尔教堂，慕尼黑（德）　　建 筑 [7-113]

F. 苏斯特瑞斯

这幢建筑大概是德国最早出现受矫饰主义影响的耶稣会教堂。它具有覆以圆筒拱顶的巨大中殿和精致的意大利风格装饰。

[7-110]

[7-111]

[7-113]

1590—1597

哈德威克庄园之展示长廊，德比郡（英）　　建 筑 [7-114]

R.史密森

这是史密森晚年设计作为陈列美术品用的长廊。长达50米的宽广空间，装饰着灰泥涂饰的天花板、檐壁和暖炉。

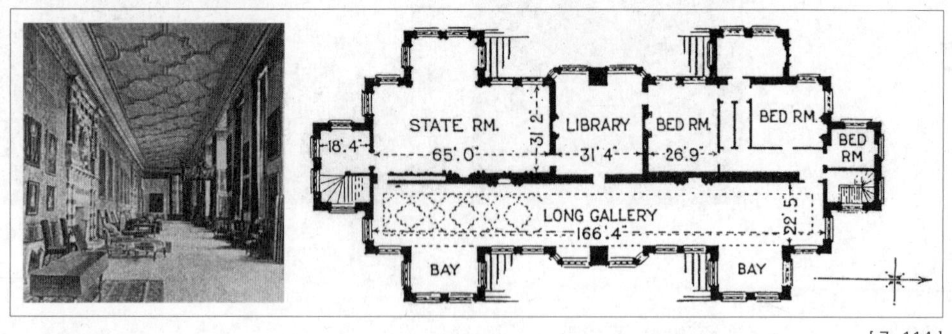

[7-114]

1598

阿尔多布兰迪尼别墅，弗拉斯卡提，罗马近郊（意）　　建 筑 [7-115]

G.d.波尔塔

这是建于罗马郊外的华丽建筑。庭园构成以喷泉为中心，在此建筑上能预见巴洛克风格。

《建筑论》， W.迪特林　　建筑书

丰富介绍北方文艺复兴建筑装饰的建筑书。

时　间		类　别 [索引编号]
1597—1603	**莱登市政厅立面，莱登（荷兰）** L.d.凯伊 荷兰文艺复兴风格先驱建筑师的代表作。以安特卫普市政厅为范本，在装饰等方面却显示出独立性。	建 筑 [7-116]
1582—1605	**圣文森特德佛拉教堂，里斯本（葡萄牙）** F.泰吉 具有独树一格的立面，成为日后葡萄牙和巴西教堂建筑的原形。	建 筑 [7-117]
约1605	**贝拉宅邸中庭，纽伦堡（德）** J.渥尔夫（父） 这是为了当地富豪所建的都市住宅中的狭长中庭。受到迪特林《建筑论》的影响，中庭有丰富的灰泥装饰，充分展现北方矫饰主义的特色。在第二次世界大战时受到破坏，日后又重建。	建 筑 [7-118]
1566—1610	**圣乔治修道院教堂，威尼斯（意）** A.帕拉底欧 此教堂位于圣马可广场对岸的小岛上，同时兼设拥有美丽回廊的修道院。犹如神庙风格重叠的教堂立面，在帕拉底欧死后才建造完成。	建 筑 [7-119]

[7–116]

[7–119]

时　间		类　别 [索引编号]
约1610	**比克堡城堡黄金厅，比克堡（德）** 城堡拥有豪华的内部空间，为展现北方矫饰主义的最佳案例。墙面全都镶饰着装饰图样，完全没有空白处，形成的阴影让人产生某种幻想空间。	建 筑 [7-120]
约1607—1611	**赫特福德宫，赫特福德郡（英）** R.赛西尔 索尔兹伯里侯爵R.赛西尔命令工匠R.利明吉（音译）所建造的詹姆士时期（Jacobean）风格的自宅。与过去伊丽莎白时期风格相比，外观上更接近真正文艺复兴风格。	建 筑 [7-121]
1605—1614	**阿沙芬堡城堡，阿沙芬堡（德）** G.瑞丁杰 这幢城堡完成后的外观，对日后德国的离宫建筑有很大的影响。它是著名的中世纪城堡遗迹，同时各部分都呈正方形的平面设计，也成为法国城堡仿效的重点。	建 筑 [7-122]

时 间 **类 别**

[索引编号]

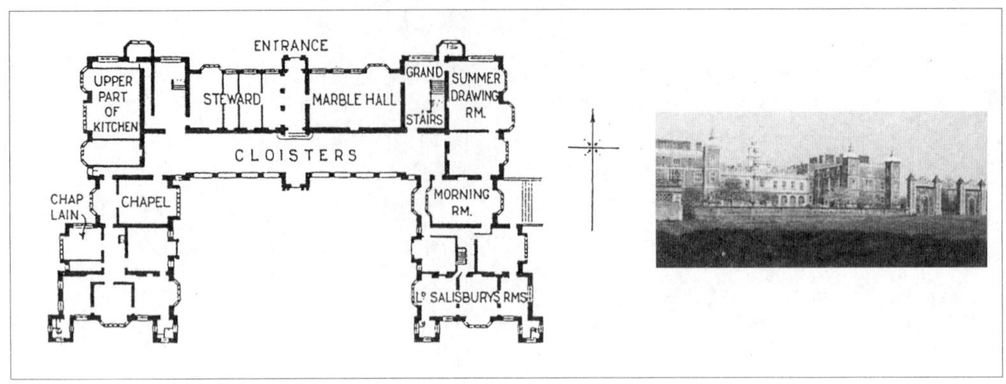

[7-121]

1614 **萨尔兹堡大教堂（动工），萨尔兹堡（奥地利）** 建 筑 [7-123]

S.索拉利

在德国圈内最早的典型意大利式教堂，以罗马耶稣教堂为范本建造而成。

1618 **绅士运河“巴尔托洛齐宅邸”，阿姆斯特丹（荷兰）** 建 筑 [7-124]

H.d.凯泽

在沿着运河的商人之家中，这是拥有较早时期山形墙形式的建筑。上部附有起卸货用的滑车，红砖墙与白灰泥镶饰相互辉映煞是美丽。

1618—1648 **三十年战争** 历史事件

以德国为中心引发的宗教、政治战争。神圣罗马皇帝最后订立《威斯特发里亚和约》（*Peace of Westphalia*），战争终告结束。

1602—1620 **腓特烈古堡，希里罗德近郊（丹麦）** 建 筑 [7-125]

H.+L.史丁温克尔

这是荷兰建筑师引进丹麦的文艺复兴风格宫殿。不过当时国王克里斯蒂安四世（Christian IV）对建筑设计多方干预。到了1699年左右又进行大幅改建。

[7-123]

[7-124]

[7-125]

时　间		类　别 [索引编号]
1615—1620	奥格斯堡市政厅，奥格斯堡（德） E.霍尔 这件作品可证明德国对盛期文艺复兴风格已透彻了解。第二次世界大战时曾遭到破坏，日后又重建。	建 筑 [7-126]
1620	西教堂（动工），阿姆斯特丹（荷兰） H.d.凯泽 它是幢风格稳健的教堂，堪称荷兰古典主义先驱。荷兰和德国基督教教堂都受其风格的影响。	建 筑 [7-127]

[7–126]

[7–127]

时　间		类　别
1615—1621	圣查尔斯波罗米欧教堂，安特卫普（比利时） F.阿奎隆，P.胡赛斯 这是比利时早期建造的非哥特风格教堂，拥有矫饰主义的立面和圆筒拱顶的内部空间，1718年火灾烧毁后又重建。	建 筑 [7-128]
1621	荷兰西印度公司成立	历史事件
1616—1622	纽伦堡市政府，纽伦堡（德） J.渥尔夫（子） 与后期哥特风格的市政厅接合的增建部分，是研究将意大利建筑移至德国获致成功的实例之一。	建 筑 [7-129]
1619—1622	怀特霍尔宫国宴厅，伦敦（英） I.琼斯 在伦敦中心区大宫殿重建计划中，它是唯一实现的部分，是英国最早完全依照古典主义原则完成的建筑。	建 筑 [7-130]
1619—1625	哥本哈根证券交易所，哥本哈根（丹麦） H.+L.史丁温克尔 这幢克里斯蒂安四世时期的建筑，当初是为了作为商品交易所而建。具有荷兰风格的山形墙，以及北欧商业象征的独特盘卷龙尾造形的中央尖塔，已成为该城市的地标。	建 筑 [7-131]
1616—1635	女王府，伦敦近郊格林威治（英） I.琼斯 这是自意大利归国的皇室建筑师琼斯的代表作之一。单纯的墙面和笔直的线条造型，为英国早期严谨的古典主义建筑实例。	建 筑 [7-132]

时间 类别 [索引编号]

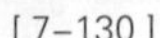
[7-130]

[7-131]

[7-132]

1633—1635 **莫理斯皇家美术馆，海牙（荷兰）** 建筑 [7-133]

J.v.坎彭

荷兰古典主义住宅建筑代表作。立面配置着山形墙和爱奥尼亚式的巨大壁柱，屋檐边呈向后翻卷的独特造型。最后可能是由P.波斯特接手完成。

1641—1642 **贵族院（设计），斯德哥尔摩（瑞典）** 建筑 [7-134]

S.d.拉・瓦里

它是由出身法国的皇室建筑师拉・瓦里设计的古典主义风格作品，它被认为是北欧最均衡对称的建筑。后来由儿子J.d.拉・瓦里和J.温布斯接手续建，至1674年时完工。

[7-133]

[7-134]

1642—1649 **清教徒革命** 历史事件

面对英国查理一世（Charles Ⅰ）的专制，清教徒展开政治革命。

约1650 **柯尔山庄，波克郡（英）** 建筑 [7-135]

S.R.普雷特

这是受瞩目的琼斯后继者的绅士建筑师普雷特的作品。他以合理的平面设计而闻名，被视为当时最进步的住宅建筑，但是在第二次世界大战后被烧毁。

1656 **凯瑟琳教堂（动工），斯德哥尔摩（瑞典）** 建筑 [7-136]

J.d.拉・瓦里

中央具有半圆顶的集中式教堂。此形式日后成为北欧各国基督新教教堂的建筑模范。

1661—1715 **法王路易十四实行绝对王权** 历史事件

时　间		类　别 [索引编号]

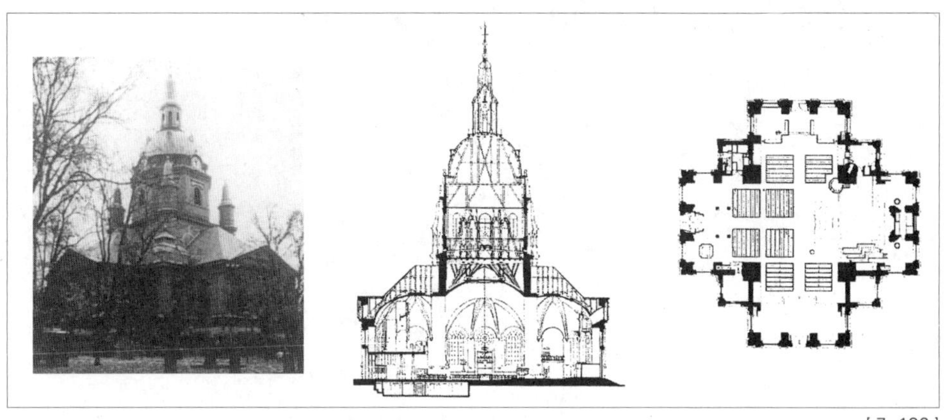

[7-136]

1662	绅士运河之克罗姆特宅邸，阿姆斯特丹（荷兰） P.温布斯 这是面向阿姆斯特丹运河所建的商人住宅代表作，在石造建筑上并列着四个称为垂直山形墙的屋型山形墙。	建 筑 [7-137]
1648—1665	阿姆斯特丹市政厅（现为皇宫），阿姆斯特丹（荷兰） J.V.坎彭 这是坎彭受到意大利的影响，在荷兰确立个人独特风格的重要作品。面向水坝广场（de Dam）建造，象征17世纪荷兰商业荣景的重厚石造建筑。	建 筑 [7-138]
1666	伦敦发生大火	历史事件
1664—1667	克拉连登公寓，伦敦（英） S.R.普雷特 这是伦敦最早建造的大规模古典主义住宅。兼具传统形式和居住便利性，日后被广为仿效，但建筑本身在1683年时遭到破坏，现已不存。	建 筑 [7-139]
1673	维特鲁威《建筑十书》法语译本，C.帕劳特 古罗马建筑书基本的法语译本，译者帕劳特在书中添加许多注释。	建筑书
1904	大阪府立中之岛图书馆（旧大阪图书馆），大阪（日本） 住友本店临时建筑部，野口孙市 这是日本的文艺复兴式建筑实例，是住友财团捐赠给大阪市的图书馆。十字形平面中央设有圆顶，前面构成采取科林斯式的神庙风格门廊，让人连想到帕拉底欧的别墅建筑风格。	建 筑 [7-140]

[7-137]

[7-138]

[7-140]

巴洛克 | *Baroque*

时间		类别 [索引编号]
1597—1603	圣苏珊娜教堂正面，罗马（意） C.马德诺 基本上它属于耶稣教堂（Il Gesu）型，但外观更具强烈的跃动感，是最早真正具有巴洛克式立面的建筑案例。	建筑 [8-1]
约1603	《基督的复活》（*La Resurección*），葛雷哥（El Greco）	绘画
1605—1611	圣母玛利亚教堂保罗礼拜堂，罗马（意） F.彭齐欧 为教皇保罗五世（Paulus V）所建的礼拜堂。教皇日后召来伯尼尼续建礼拜堂的内部装饰。	建筑 [8-2]
1613	卢森堡宫（动工），巴黎（法） S.d.布罗斯 运用量块来表现的特点，在表面装饰上与杜 · 赛尔索及比朗的作品有了明显的区别。19世纪时又扩张重建。	建筑 [8-3]

[8–1]

[8–3]

1605—1614	圣彼得大教堂中堂与正面，罗马（意） C.马德诺 马德诺将米开朗基罗设计的集中式平面变更为巴伐利卡式。虽然转变为重方向性的巴洛克式空间，结果造成如果站得与教堂距离太近，在视觉上新建部分会遮住大圆顶。	建筑 [8-4]

时　间 **类　别**

[索引编号]

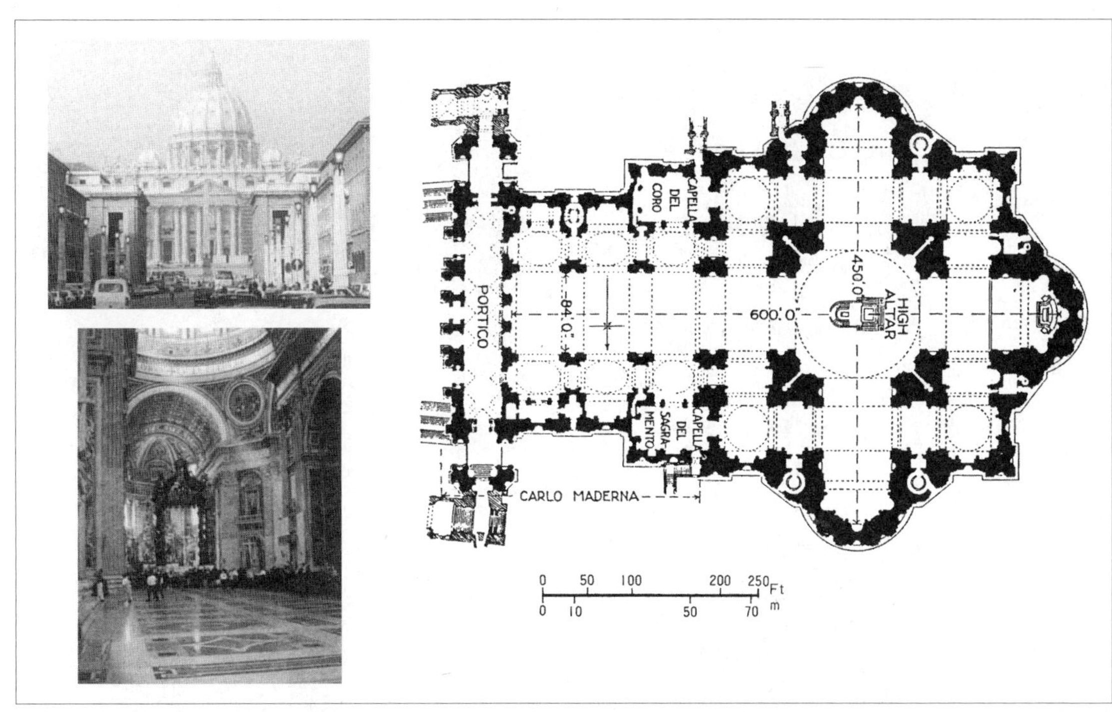

[8–4]

1614　勒马市宫殿与教堂（计划），勒马（西班牙）　建 筑

F.d.摩拉　[8-5]

这是包含更新宫殿和建造六座教堂的都市计划。特色是脱离赫瑞拉作品的严格性，成为西班牙巴洛克式建筑的先驱。

[8–5]

时 间		类 别 [索引编号]
1618—1648	三十年战争（以德国为中心引发的宗教、政治战争。神圣罗马皇帝最后订立威斯特发里亚和约，战争终告结束）	历史事件
1616—1621	圣杰维教堂，巴黎（法） 据分析可能是S.d · 布罗斯的作品。已呈现法国古典主义建筑的风格，为F.芒萨尔的前驱者。	建 筑 [8-6]
1621	荷兰西印度公司成立	历史事件
1622	圣安德鲁教堂圆顶与正面，罗马（意） C.马德诺 这座教堂马德诺的代表作之一，壮观圆顶上还有窗口。正面后来稍被变更，最后于1661—1665年时完成。	建 筑 [8-7]
1622—1625	《玛丽 · 美第奇的生涯》（*The Landing of Marie de' Médici at Marseilles*），鲁本斯（Pieter Paul Rubens）	绘 画
1623	《大卫》（Davide），伯尼尼	雕 刻
1624	苏利宅邸，巴黎（法） J.杜 · 赛尔索 路易十三世时期巴黎饭店（他在市内的别馆）之一，是细部具有丰富雕刻的多色彩的都市建筑。	建 筑 [8-8]
1624—1625	卢浮宫钟楼（动工），巴黎（法） J.勒默西埃 这项工程是中庭整备计划的一部分，增建时刻意要和上世纪勒斯寇特完成的部分与风格保持调和。	建 筑 [8-9]

[8-6]

[8-8]

[8-9]

1624—1626	圣毕比亚纳教堂正面，罗马（意） G.L.伯尼尼 伯尼尼接受教皇乌尔班八世（Pope Urban Ⅷ）的委托进行改建的小教堂。它是伯尼尼建筑师经历中，第一件负责装饰的作品。	建 筑 [8-10]

时　间		类　别 [索引编号]
1627	亚雷维的克大学（设计），米兰（意） F.M.李奇诺 这是巴洛克初期的建筑师李奇诺的作品，是早期将立面设计成弯曲形的建筑实例。	建 筑 [8-11]
	《快乐的酒徒》，哈尔斯（Frans Hals）	绘 画
1625—1629	华尔斯坦宫，布拉格（捷克） A.史伯沙，及其他 米兰建筑师们所建造的宫殿，是中欧早期巴洛克式建筑实例。	建 筑 [8-12]
1629	圣彼得教堂（完工），根特（比利时） 这座教堂明显受到意大利和法国的影响，西端具有圆顶，是独创且有活力的作品。建筑师不详。	建 筑 [8-13]
1628—1633	巴贝里尼宫，罗马（意） C.马德诺，G.L.伯尼尼，F.布罗米尼 罗马最具代表性的巴洛克式宫殿建筑。马德诺死后由伯尼尼接手继续完成，但是实际设计时担任助理的布罗米尼也有很大的贡献。	建 筑 [8-14]

[8–12]

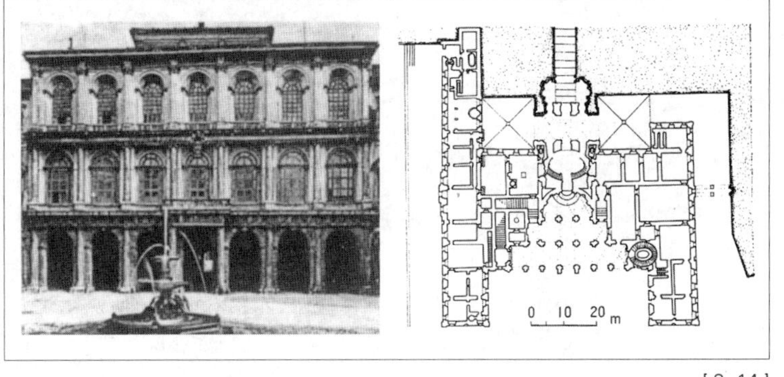

[8–14]

时　间		类　别 [索引编号]
1633	皇宫（动工），巴黎（法） J.勒默西埃 建筑师勒默西埃设计的作品，受到宰相利希留（Armand Jean du Plessis，cardinal et duc de Richelieu）的支持。	建 筑 [8-15]
1625—1634	圣保罗圣路易教堂，巴黎（法） E.A.马托兰吉，狄兰德神父 它是法国耶稣会教堂的建筑案例，在风格上占有极重要的位置。	建 筑 [8-16]
约1632—1634	《爱之园》，鲁本斯	绘 画
1635	伦敦，怀特霍尔宫国宴厅的天花板壁画，鲁本斯	绘 画
约1635	《查理一世狩猎》(*Charles I at the Hunt*)，范戴克 (Anthony van Dyck)	绘 画
约1636—1637	《掠夺萨宾族妇女》（*The Rape of the Sabine Women*），尼古拉·普桑 (Nicolas Poussin)	绘 画

时间		类别 [索引编号]
1635—1638	布罗瓦之奥连翼，布罗瓦（法） F.芒萨尔 这是法国古典主义代表建筑师芒萨尔的著名城堡改建计划，不过最后仅完成这个翼部。形成巧妙明亮的平面和配置，以及急倾斜的直线屋顶等特色。	建筑 [8-17]

[8–15]

[8–17]

时间		类别 [索引编号]
约1640	圣安德烈教堂之圣伊期德罗礼拜堂，马德里（西班牙） 这是西班牙从矫饰主义朝巴洛克风格发展的过渡期作品。	建筑 [8-18]
1635—1642	索尔邦教堂，巴黎（法） J.勒默西埃 这是利希留赠与大学的教堂，随处都能清楚看到受到罗马巴洛克风格的影响。	建筑 [8-19]
1642—1649	清教徒革命 面对英国查理一世的专制，清教徒展开政治革命。	历史事件
1642	《夜巡》（*Night Watch*），伦布朗（Rembrandt Harmensz，van Rijn）	绘画
约1645	瓦得古拉丝修道院教堂（设计），巴黎（法） F.芒萨尔 这是为了1638年所建的修道院的教堂。J.勒默西埃取代被解聘的芒萨尔继续完成了教堂。	建筑 [8-20]

[8–19]

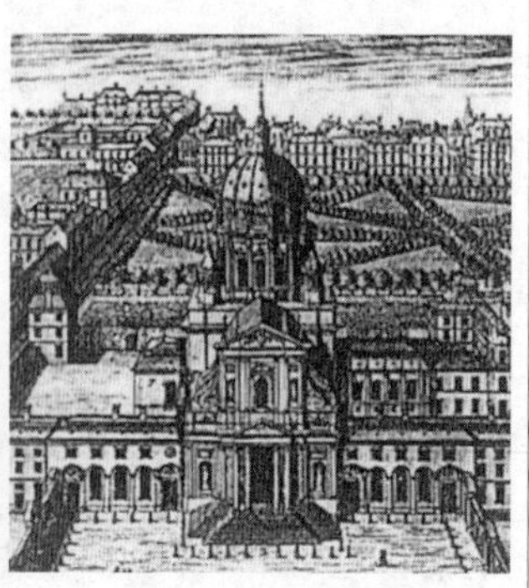
[8–20]

时间		类别
1645	《木匠约瑟夫》（*Joseph the Carpente*），拉图尔（Georges de La Tour）	绘画
1645—1652	科尔纳罗礼拜堂（Cappella Cornaro）的雕刻，伯尼尼	雕刻

时 间		类 别 [索引编号]
1626—1650	圣伊纳爵教堂，罗马（意） O.格拉西 受到矫饰主义的耶稣教堂的影响，强调具绘画性的立面和深度感的内部空间等，可明显看出已具备巴洛克风格的特色。	建 筑 [8-21]
1635—1650	圣马丁那·路加教堂，罗马（意） PB.d.科托纳 整体都以巴洛克式建筑语法完成的教堂。仅以弧形曲线的立面，搭配不规则配置的壁柱来强调跃动感。	建 筑 [8-22]
1642—1650	拉菲特别墅（拉菲特宅邸），巴黎近郊（法） F.芒萨尔 这是建筑师芒萨尔成熟期的代表杰作。采长方体主屋两端附有凉亭的形式，整体巧妙的运用壁柱来加以统一。	建 筑 [8-23]

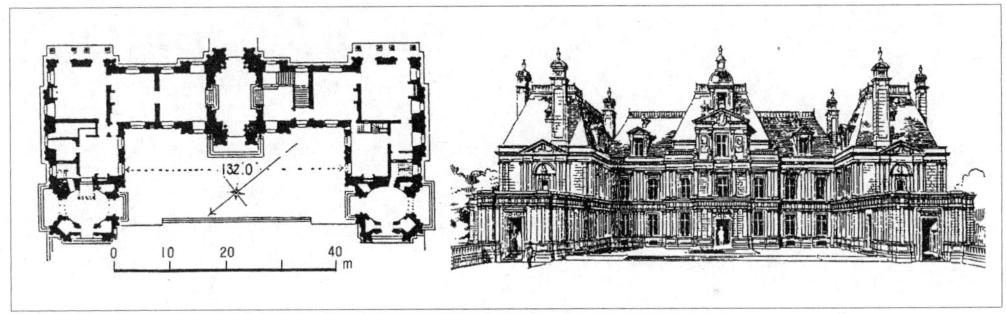

[8-23]

1646—1650	圣文森佐·阿那斯特索教堂，罗马（意） M.隆吉（小） 这是面向特拉维喷泉（许愿池）广场建造的教堂。中央部竖立每三根密集靠拢的独立圆柱，前方有向前突出的立面，呈现盛期巴洛克的典型风格。	建 筑 [8-24]
1656	《侍女们》(*Las Meninas*)，委拉斯开兹 (Diego Rodríguez de Silva y Velázquez)	绘 画

[8-24]

时　间		类　别 [索引编号]
1656—1657	圣彼得广场，罗马（意） G.L伯尼尼 这是以284根多利克柱廊环绕的宽240m的巨大椭圆形广场。当初的构想是想建一座能容纳广大群众接受教皇祝福的圆形剧场。	建 筑 [8-25]

[8-25]

	圣母玛利亚大教堂正面，罗马（意） P.B.d.科托纳 再次开发这座教堂前广场的同时，也计划变更正面。半圆形门廊和特异山形墙的创新组合，对许多巴洛克式建筑师都产生过影响。	建 筑 [8-26]
1659	白色圣母玛利亚教堂，塞维亚（西班牙） P.d.十M.d.波贾 极度展现西班牙巴洛克风格过度装饰特性的作品。内部所有部分全都覆满了旋涡状的灰泥装饰。	建 筑 [8-27]

[8-26]

[8-27]

	《奥菲斯与尤丽提丝》（*Orpheus and Eurydice*），尼古拉·普桑	绘 画
约1640—1660	兰贝尔别馆，巴黎（法） L.勒沃，C.勒布伦 都市宅邸建筑的代表作，勒沃的建筑才华首度绽放光芒的作品。楼梯、回廊构成和室内装饰上他尤其投注了心血。	建 筑 [8-28]
1642—1660	沙皮恩扎圣依佛教堂，罗马（意） F.布罗米尼 这是座独创教堂建筑，几乎没有与它类似的作品。拥有星形般的六角形平面，以及自圆顶如螺旋般向上延伸的顶塔。	建 筑 [8-29]

时间		类别 [索引编号]
1660	《自画像》（*Self-Portrait*），伦布朗	绘画
1657—1661	沃勒维孔堡，默伦，巴黎近郊（法） L.勒沃，C.勒布伦，A.勒诺特尔 路易十四的财政大臣富凯（Nicolas Fouquet）下令建造的极豪华宏伟的宅邸。勒沃负责建筑，勒布伦负责室内装饰，勒诺特尔则负责兴建衬托城堡更加壮观的美丽庭园。这是三个人最早合作的作品，成为凡尔赛宫的先驱。	建筑 [8-30]
1661—1715	法王路易十四实行绝对王权	历史事件
1661	《水车小屋》，雷斯达尔（Jacob Izaaksoon van Ruisdael）	绘画
1662	四国学院（动工），巴黎（法） L.勒沃 它是宰相芒萨尔林（Jules Mazarin）去世捐赠建造的学校，现为法兰西研究院。该建筑具有弧形翼部，是法国极罕见的巴洛克式建筑。	建筑 [8-31]

[8-29]

[8-30]

[8-31]

时间		类别 [索引编号]
1663—1664	伊沙姆旅社，肯特郡（英） H.梅伊 这是将荷兰帕拉底欧主义引进英国的建筑师梅伊现存的唯一作品。他组合砖块和石头，在正面中央部具有以巨柱式的壁柱支撑的山形墙，此构成在英国被许多建筑模仿。	建筑 [8-32]
约1664	格拉纳达大教堂西屋（设计），格拉纳达（西班牙） A.卡诺 西班牙巴洛克风格初期代表作品。卡诺去世后才开始建造。	建筑 [8-33]

时 间		类 别 [索引编号]

1664 **薛尔顿剧场（完工），牛津（英）** 建 筑 [8-34]

S.C.雷恩

这是雷恩初期的作品，已经充分展现他在建筑构造上的卓越才能。

齐吉欧德斯卡吉大厦，罗马（意） 建 筑 [8-35]

G.L伯尼尼

伯尼尼赋予贵族宅邸新的表现，这幢建筑日后成为欧洲的模范作品。地上台阶墙面保持平滑，上面再统一运用双层份的复合柱式的巨柱加以整合。

[8-34]

[8-35]

1661—1665 **凡尔赛宫（第一次增建），凡尔赛，巴黎近郊（法）** 建 筑 [8-36]

L.勒沃，A.勒诺特尔，C.勒布伦

这是1624年建造的狩猎用别庄，路易十四下令由勒沃负责直到1665年，接着由勒诺特尔负责兴建庭园，勒布伦负责内部装饰。直至18世纪都还继续进行增建或改建，最后终于完成了这个独一无二的巨型建筑。它也成为欧洲各国宫殿建筑的典范，造成极深远的影响。

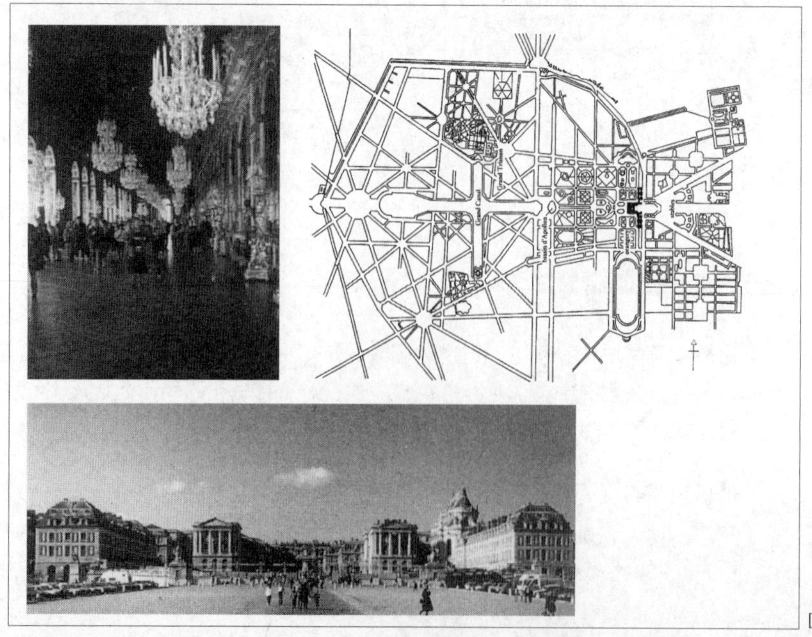

[8-36]

时 间		类 别 [索引编号]
1653—1666	**圣阿尼泽教堂，罗马（意）** F.布罗米尼 受到教皇英诺森十世（Pope Innocentius X）的委托，拉伊纳尔迪于1652年开始动工兴建，来年起由布罗米尼接手。教堂面向纳佛那（Navona）广场，中央圆顶和两翼钟塔由呈弧形的立面连接。	建 筑 [8-37]
1663—1666	**梵蒂冈大阶梯，罗马（意）** G.L.伯尼尼 这是位于圣彼得大教堂和梵蒂冈教廷之间的大阶梯。伯尼尼巧妙运用透视图效果，成功地让阶梯看起来比实际长度还长。	建 筑 [8-38]

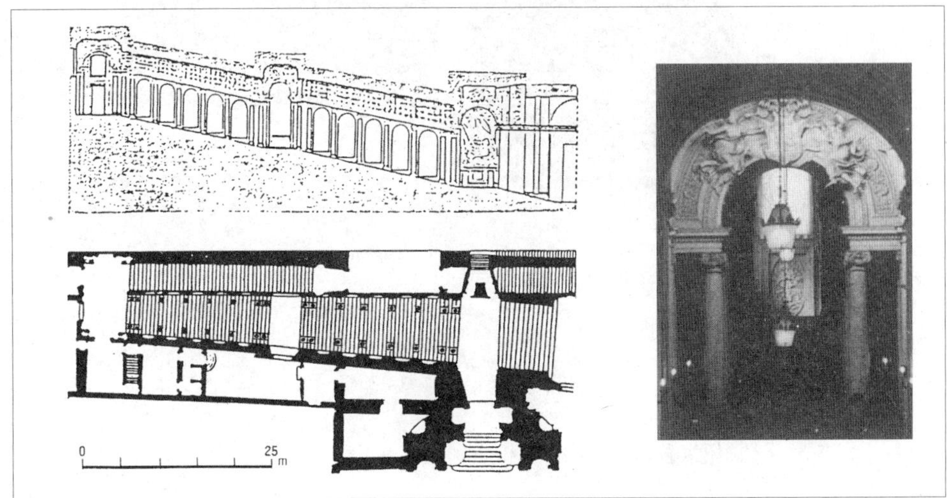

[8–38]

1666	**伦敦都市计划，伦敦（英）** S.C.雷恩 这是该年伦敦发生大火后，雷恩设计的都市重建计划。虽然最后并没有依照计划完成，但来年根据重建法，确立了道路宽度和砖造建筑的构造基准，揭开了近代都市伦敦的新篇章。	建 筑 [8-39]

[8–37]

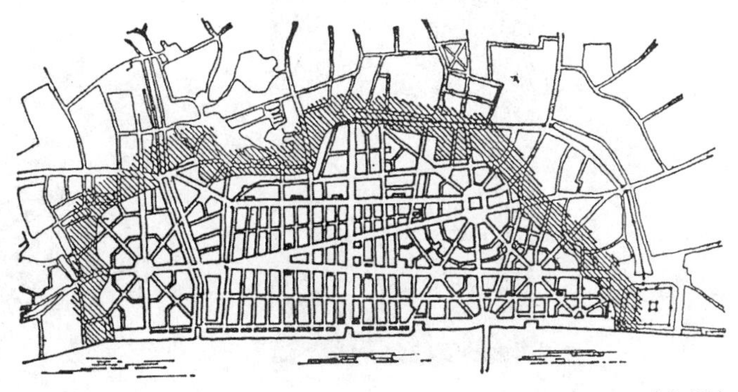

[8–39]

	伦敦发生大火	历史事件
	《写信的女人》(*A Lady Writing*)，乔纳斯·维梅尔（Johannes Vermeer）	绘 画

时 间 | 类 别 [索引编号]

1638—1667 **四喷泉圣卡罗教堂，罗马（意）** 建 筑 [8-40]

F.布罗米尼

巴洛克式的代表教堂之一，具有椭圆形顶和翻卷波状墙面，是一座独创性很高的小教堂。1638—1641年建造教堂主体，1665—1667年又加建立面。

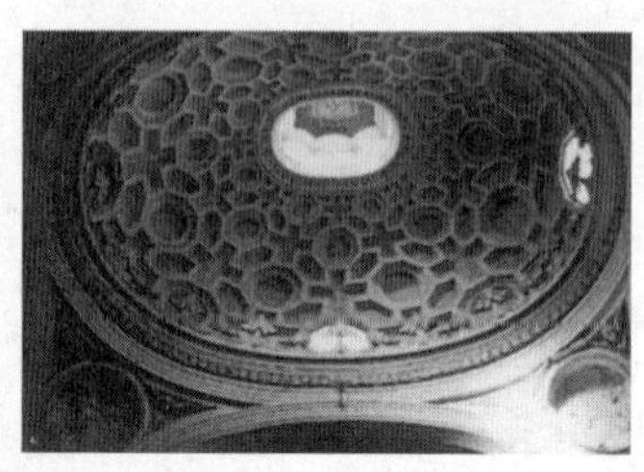
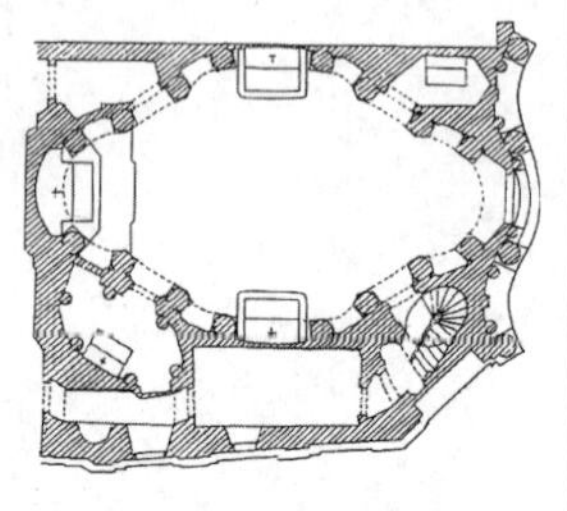

[8–40]

1663—1667 **金碧地利圣母堂，罗马（意）** 建 筑 [8-41]

C.拉伊纳尔迪

这座教堂建筑承袭伯尼尼盛期巴洛克风格，呈现戏剧性的跃动感。希腊十字形平面中殿，和架有圆顶的四角形平面礼拜堂相连的内部空间前所未见。

1668 **帕绍大教堂（重建），帕绍（德）** 建 筑 [8-42]

C.鲁拉哥

为了增加天花板的装饰面，而采用浅拱顶架构，是这幢教堂的最大特色。

1658—1670 **奎里那圣安德烈教堂，罗马（意）** 建 筑 [8-43]

G.L.伯尼尼

伯尼尼建造充满动感又宏伟的巴洛克式教堂建筑代表作。不论整体平面、圆顶或门廊等，到处都采用椭圆形造型。

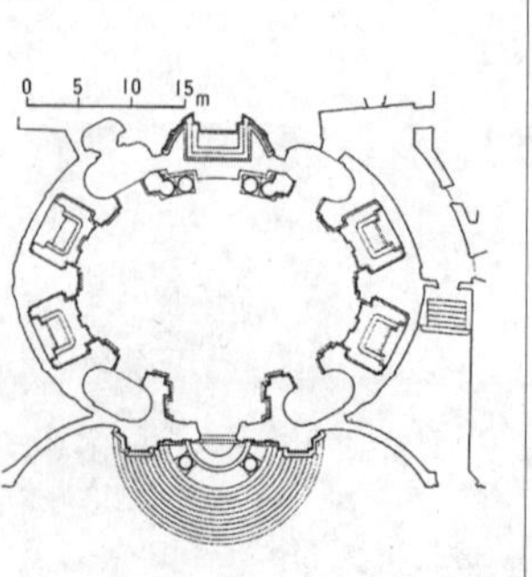

[8–43]

1650—1671 **耶稣会圣米歇尔教堂，鲁汶（比利时）** 建 筑 [8-44]

赫休斯神父

脱离意大利和法国影响的建筑作品，展现比利时独特的巴洛克风格。立面没建高塔，教堂装点着豪华的装饰。

时 间		类 别 [索引编号]
1671	圣丹尼门，巴黎（法） N.-F.布朗戴 这是奉行古典主义建筑理论的建筑师布朗戴的实作。调和的比例和沉稳的装饰，被视为17世纪巴黎最美的建筑物之一。	建 筑 [8-45]
1671—1683	《克东勒的米龙》（Milon de Crotone），普杰（Pierre Puget）	雕 刻
1663—1672	爱斯特哈泽宫殿，艾森修塔特，苏普朗近郊（匈牙利） C.M.卡尔伦 匈牙利贵族宫殿引进巴洛克风格的较早建筑实例。	建 筑 [8-46]
1672—1685	《耶稣之名的荣光》（*Triumph of the Name of Jesus: Ceiling of Il Gesù*），高里（Gaulli，Giovanni Battista）	绘 画
1673	维特鲁威《建筑十书》法语译本，C.帕劳特 古罗马建筑书基本的法语译本，译者帕劳特在书中添加许多注释。	建筑书
1670—1677	巴黎伤兵之家，巴黎（法） L.布里昂 这个废兵院的形式是由数个中庭环绕而成。平面计划和立面的严谨度与艾斯科丽亚宫类似。	建 筑 [8-47]

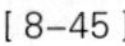

[8-45]

[8-46]

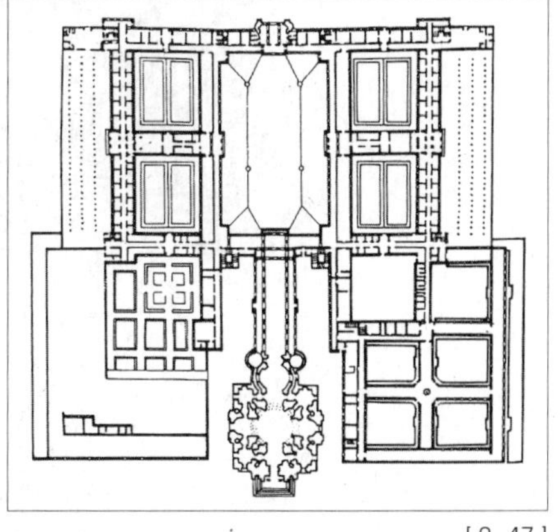

[8-47]

1678	卢浮宫东立面（完工），巴黎（法） C.帕劳特 实际上排除伯尼尼的弧形曲线动势设计案后，决定采取素人建筑师帕劳特设计的并立双柱立面。它呈现出法国古典主义的严格性，但已没有急倾斜的大屋顶。	建 筑 [8-48]

[8-48]

时 间 **类 别** [索引编号]

1663—1679 佩萨罗宅邸，威尼斯（意） 建 筑 [8-49]

B.隆格纳

整体沿袭大运河沿岸府邸的传统构成，但是一楼部分的深凹凸的粗石墙面，以及二、三楼的大深度的廊柱处理，都显示出巴洛克的建筑风格。

1679—1684 《凡尔赛宫镜厅天花板壁画》，勒布伦 绘 画

1682 俄罗斯彼得大帝即位 历史事件

1682—1683 圣玛策禄堂，罗马（意） 建 筑 [8-50]

C.方塔纳

方塔纳的代表作品之一。尤其是装饰富丽的凹立面，展现出巴洛克式建筑对称平衡之美，日后许多建筑都曾模仿。

1679—1685 卡里亚诺宅邸，都灵（意） 建 筑 [8-51]

G.葛利尼

它是拥有椭圆形大厅的宅邸，但并未建造完成。建造时参考了伯尼尼卢浮宫东正面的设计。

[8-49]

[8-51]

1631—1687 安康圣母教堂，威尼斯（意） 建 筑 [8-52]

B.隆格纳

这是建于威尼斯大运河入口附近，具代表性的巴洛克式教堂，在八角形平面上载着大圆顶。初建于1631年以感谢圣母玛利亚平息疫情，约20年后大致完成，献堂则在1687年完工。

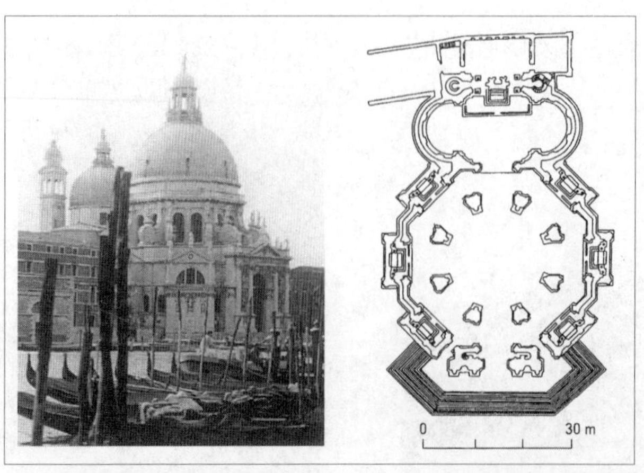

[8-52]

时 间 **类 别**
[索引编号]

1668—1687 **圣罗伦佐教堂，都灵（意）** 建 筑 [8-53]

G.葛利尼

这件作品的特色是具有8个交错半圆拱券的圆顶架构。据说是受到科多瓦（Córdoba）的伊斯兰清真寺的影响。

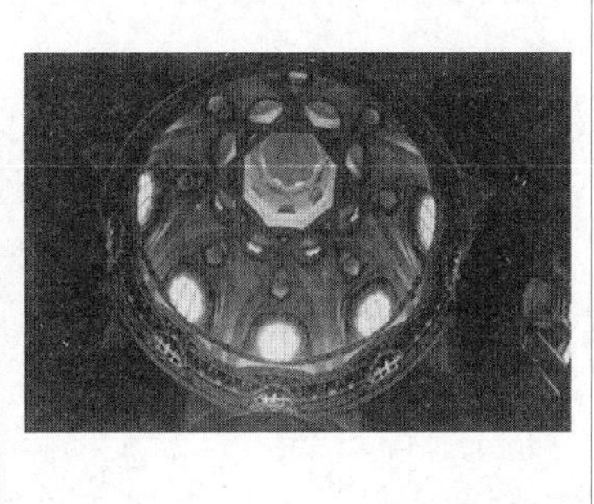

[8-53]

1672—1687 **圣史蒂芬教堂，伦敦（英）** 建 筑 [8-54]

S.C.雷恩

伦敦大火后，雷恩设计建造的城市教堂之一。具有融合巴伐利卡式和集中式平面，中央还盖有直径13米的圆顶。

1688 **英国光荣革命** 历史事件

国王詹姆斯二世被放逐，由于革命中无人伤亡，因而被称为光荣革命。

1663—1690 **特亚提纳教堂，慕尼黑（德）** 建 筑 [8-55]

A.巴烈里，E.祖卡利

这座教堂由巴烈里引进意大利的设计，由祖卡利实际兴建完成的建筑，拥有丰富多样的灰泥装饰。

[8-54]

[8-55]

1677—1692 **维拉努夫宫，维拉努夫，华沙近郊（波兰）** 建 筑 [8-56]

A.罗奇

在距离华沙中心约10千米的郊区建造的夏季离宫。这代表波兰也出现成熟的巴洛克式建筑。

时 间 | 类 别 [索引编号]

1667—1694 **都灵大教堂之圣辛度礼拜堂，都灵（意）** 建 筑 [8-57]

G.葛利尼

这座礼拜堂顶部冠以特异的圆顶，以表现天上幕堂（Tabernacle），在葛利尼设计之前此样式。

1689—1694 **汉普敦宫喷泉中庭，伦敦近郊（英）** 建 筑 [8-58]

S.C.雷恩

雷恩为这座16世纪的皇室宫殿进行大改建时，此一喷泉中庭是计划中实现的一部分。环绕中央圆形池的红色墙面上，设有各种大小形状的窗户和拱廊。

[8-57]

[8-58]

1696 **格林威治皇家医院（动工），格林威治，伦敦近郊（英）** 建 筑 [8-59]

S.C.雷恩

在建筑师雷恩兴建的众多作品中，这个医院展现了非常宏伟的巴洛克式风格。在较里面的位置，有I.琼斯设计的女王府成为整体空间构成的焦点。雷恩之后由豪克斯穆尔和范布勒负责建造。

丽泉宫（动工），维也纳（奥地利） 建 筑 [8-60]

J.B.费瑟范厄拉

这是为了哈布斯堡王朝（House of Habsburg）建于维也纳郊外，附有庭园的巴洛克式大宫殿。室内许多地方在18世纪时都改造成洛可可风格。

[8-59]

[8-60]

时 间		类 别 [索引编号]
1697	斯德哥尔摩皇宫（动工），斯德哥尔摩（瑞典） N.泰辛（子） 这是北欧最具纪念价值的建筑。明显可看出它受到伯尼尼巴黎卢浮宫设计的影响，整体都维持严谨的风格规范。	建 筑 [8-61]
1694—1698	萨沃伊欧根亲王宫楼梯间，维也纳（奥地利） J.B.费瑟范厄拉 这是奥地利巴洛克式的重要建筑师范厄拉的初期作品。它是城市内的宫殿，楼梯间以巨大的男像柱来支撑阶梯。	建 筑 [8-62]
1662—1700	皇后岛宫，斯德哥尔摩近郊（瑞典） N.泰辛父子 这是瑞典巴洛克式的重要建筑师泰辛父子的代表作。父亲参考凡尔赛宫也纳入庭园的设计，由儿子接手继续完成。	建 筑 [8-63]

[8-61]

[8-63]

1701	普鲁士王国成立	历史事件
1701—1713	西班牙王位继承战争（王位继承问题引发英、法为主轴的王位争夺战争）	历史事件
1702	梅克本笃会修道院（动工），梅克（奥地利） J.普兰陶尔 这是建造许多修道院的建筑师普兰陶尔最著名的作品，居于俯视多瑙河的位置具有戏剧性效果。	建 筑 [8-64]

[8-64]

时 间 **类 别** [索引编号]

1689—1703 **圣安娜教堂，克拉科（波兰）** 建 筑 [8-65]

帝尔曼·范·甘默连

这是自荷兰移居波兰的建筑师甘默连的作品。他将纯粹的意大利巴洛克式建筑引进波兰。

1701—1703 **圣布莱德教堂尖塔，伦敦（英）** 建 筑 [8-66]

S.C.雷恩

建于伦敦城市教堂上的壮丽高塔。尖塔的构成是在四角基部上累迭五层八角锥体，顶部则设计成方尖碑状。

1703 **瓦伦西亚大教堂正面（动工），瓦伦西亚（西班牙）** 建 筑 [8-67]

K.鲁道夫

出身奥地利的建筑师鲁道夫，采用罗马、巴黎的新趋势开始初建教堂。日后由另一位建筑师接手，直至1740年左右才完成。

1686—1705 **圣弗洛瑞安修道院，林兹近郊（奥地利）** 建 筑 [8-68]

C.A.卡尔伦

这座建筑出自于活跃在南德及奥地利的意大利建筑师卡尔伦之手，具有以灰泥装点的豪华装饰。

1705 **布伦亨宫（动工），牛津近郊（英）** 建 筑 [8-69]

S.J.范布勒

安妮皇后赐与第一代马堡公爵（Duke of Marlborough）的大宅邸，为英国巴洛克风格巅峰之作。庭园由L.布朗负责，确立了风景式英国庭园的建筑手法。

[8-65]

[8-67]

[8-69]

1698—1706 **柏林城市宫，柏林（德）** 建 筑 [8-70]

A.施吕特尔

这是将15世纪以来反复凌乱增建的城堡，加以改建成整齐有序的王宫计划。施吕特尔模仿伯尼尼的手法，从建筑上虽然能看出受到法国古典主义的影响，但最后仅完成一部分。第二次世界大战时曾遭到严重的破坏。

时 间		类 别 [索引编号]

1677—1707 **巴黎伤兵之家圣路易教堂，巴黎（法）** 建 筑 [8-71]

J.阿杜安芒萨尔

冠以壮丽圆顶的集中式教堂。展现古典主义风格的同时，还兼具在法国较少见的巴洛克式建筑的宏伟感。

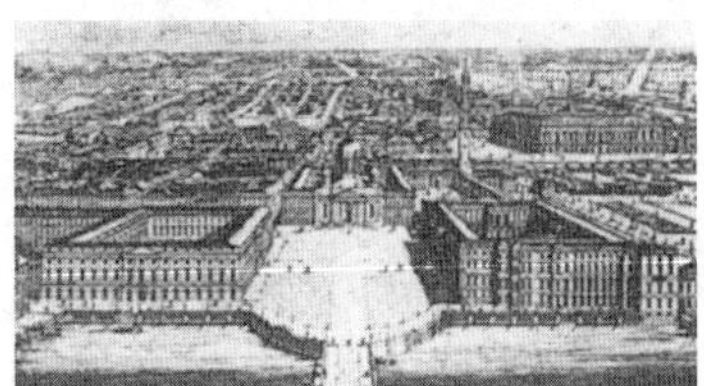

[8-70]

[8-71]

1675—1710 **圣保罗大教堂，伦敦（英）** 建 筑 [8-72]

S.C.雷恩

伦敦市区的象征，为英国最大的纪念碑。为了取代1666年因大火烧毁的旧教堂，重建这座能与旧教堂匹敌的圣彼得大教堂（1675年奠基）。它是在巴伐利卡式平面上架设巨大圆顶的构成。

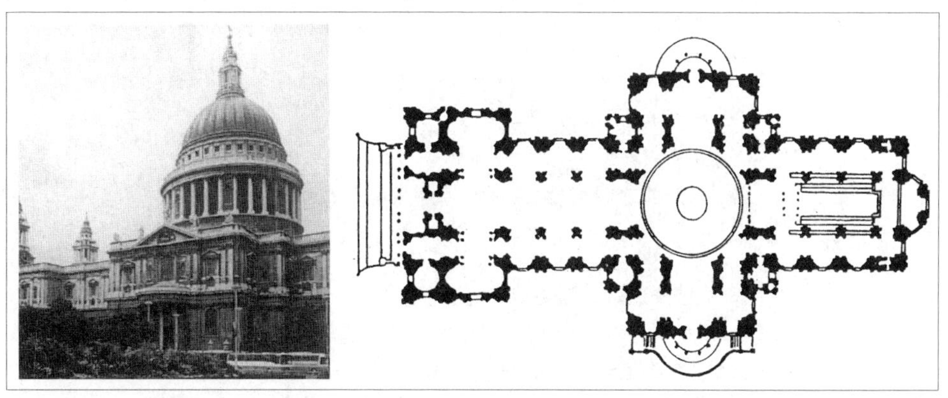

[8-72]

1709—1713 **巴斯坦教堂，巴斯坦（西班牙）** 建 筑 [8-73]

J.B.d.丘里格拉

这是为了富裕银行家所建的小都市建设计划核心建筑。设计者是丘里格拉，不过却具有如上一世代建筑师赫瑞拉作品般的严谨度，整体装饰还不至于呈现丘里格拉风格（Churrigueresque）[①]（以丘里格拉来命名）。

①丘里格拉风格指装饰过度的豪华建筑风格。——译者注

时 间		类 别 [索引编号]
1713	圣方济各教堂（重建），基多（厄瓜多尔） 1580年左右建造的立面接近意大利后期文艺复兴风格，1713年以后重建的内部主祭坛等，则应用源自西班牙的巴洛克风格。在中南美洲属于极致豪华的建筑。	建 筑 [8-74]
约1715	《田园的奏乐》，安东尼·华多（Antoine Watteau）	绘 画
1713—1716	金斯基宫，维也纳（奥地利） J.L.v.希德布兰特 这是巴洛克时期在维也纳建造的许多优雅宫殿建筑的代表作。它反映出无法远眺的都市建地情况，因此比起整体的均衡感更注重正面前厅周围的装饰。	建 筑 [8-75]

[8-73]

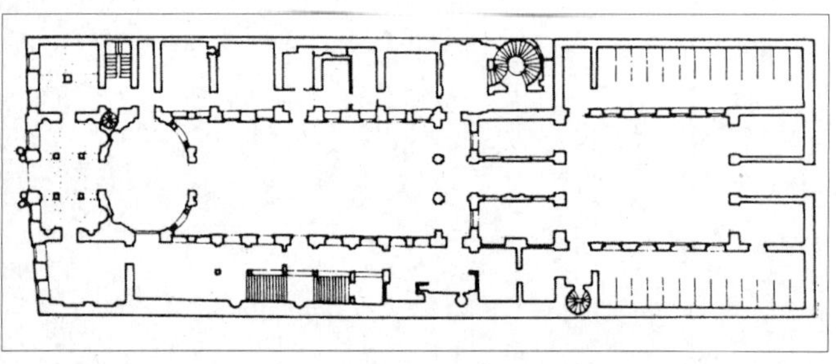
[8-75]

时 间		类 别 [索引编号]
1716	皇宫内部装饰，巴黎（法） G.＝M.欧本诺尔 宫廷建筑师欧本诺尔亲自设计室内装饰的作品，充分显示当时法国洛可可风格的特色。	建 筑 [8-76]
1717	兰贝尔别馆，巴黎（法） R.d.科特 初期洛可可风格代表建筑师科特，在他建造的巴黎宅邸中，这是现存少数的案例之一。	建 筑 [8-77]
1717	马夫拉修道院，马夫拉（葡萄牙） J.F.鲁多维克 这是为葡萄牙王约翰五世（John V）所建，包含王宫的大型后期巴洛克式复合建筑。教堂和图书室都装饰着意大利风格的雕像。	建 筑 [8-78]
	《舟发西苔》（*Embarkation for Cythera*），安东尼·华多	绘 画
约1720	圣约翰教堂，伦敦（英） T.阿切尔 曾直接接触过罗马巴洛克式建筑的英国建筑师阿切尔，回国后依据《五十新教堂建造令》所建造的教堂。东西侧具有大门廊的的特异形式，细部也有突出的独创手法。	建 筑 [8-79]

时　间		类　别 [索引编号]
1720	**美国别墅，布拉格（捷克）** K.I.迪森霍佛 这幢具有中国风格双层屋顶的小型住宅，充分传达了这位稍微标新立异的建筑师的风格风格，是波西米亚早期洛可可式建筑实例之一。	建 筑 [8-80]
1717—1721	**威尔腾堡修道院教堂，威尔腾堡（德）** C.D.+E.Q.阿萨姆 这是多瑙河畔本笃会修道院的附属教堂。教堂利用圣坛后方圣乔治（Saint George）屠龙雕像背后散发的光线，呈现如同幻想浮现般的戏剧效果。	建 筑 [8-81]
1718—1721	**夫人府的楼梯间，都灵（意）** F.尤瓦拉 这是在既有建筑正面增建的大楼内楼梯间，时兴于北意巴洛克时期具纪念价值的大阶梯代表作。	建 筑 [8-82]

[8-80]

[8-81]

[8-82]

时　间		类　别
1711—1722	**茨温格宫，德勒斯登（德）** M.D.贝波尔曼 这是由具有萨克森（Saxony）选帝候爵位的奥古斯都委托所建，为位于易北河畔庆宴用宫殿建筑。	建 筑 [8-83]
1719—1722	**泽列纳-霍拉的内波穆克圣约翰朝圣教堂，萨尔近郊（捷克）** G.S.阿切尔 这是意大利裔捷克建筑师阿切尔的代表作，在伯尼尼巴洛克式中融合了他特有的哥特风格。教堂的构成很复杂，在五角星形平面周围，还建了五个椭圆形平面的礼拜堂。	建 筑 [8-84]
1722	**圣法南度育幼院的入口，马德里（西班牙）** P.d.瑞伯拉 瑞伯拉将丘里格拉兄弟用于祭坛的风格，应用在这幢建筑上完成造型奇异的入口。	建 筑 [8-85]
1721—1723	**上夏宫，维也纳（奥地利）** J.Lv.希德布兰特 这是为了萨沃伊家族的欧根亲王所建的奥地利巴洛克式宫殿建筑杰作。其优雅的风格，与费瑟范厄拉的重厚形成强烈的对比。	建 筑 [8-86]

时 间 **类 别**

[索引编号]

[8–83]

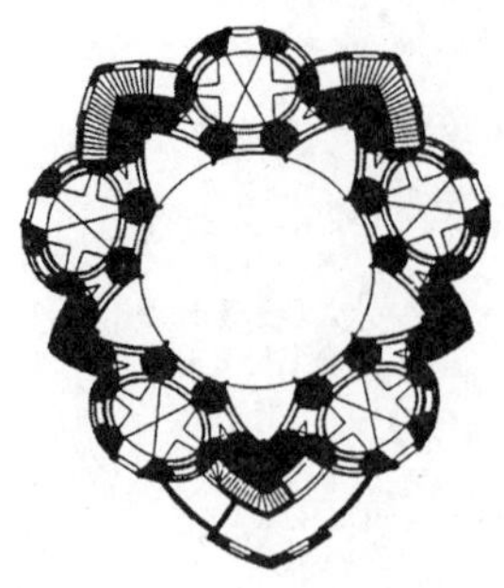

[8–84]

[8–86]

1723 《特拉维喷泉》（Fontana di Trevi），萨尔威（Nicolo Salvi） 雕 刻

1712—1724 圣安妮大教堂，伦敦（英） 建 筑

N.豪克斯穆尔 [8-87]

这是豪克斯穆尔基于《50新教堂建造令》，所建造的六座教堂之一。由于受到雷恩和范布勒的影响，他的建筑呈现对罗马建筑及哥特建构法的关心。

1716—1725 卡尔教堂（圣卡尔波罗茅斯教堂），维也纳（奥地利） 建 筑

J.B.费瑟范厄拉 [8-88]

这是范厄拉结合自意大利所学的所有手法，所建造的维也纳具代表性的巴洛克式教堂建筑。雄浑的整体构成和庄重的内部构成，是范厄拉建筑中最具纪念价值的作品。

[8–87]

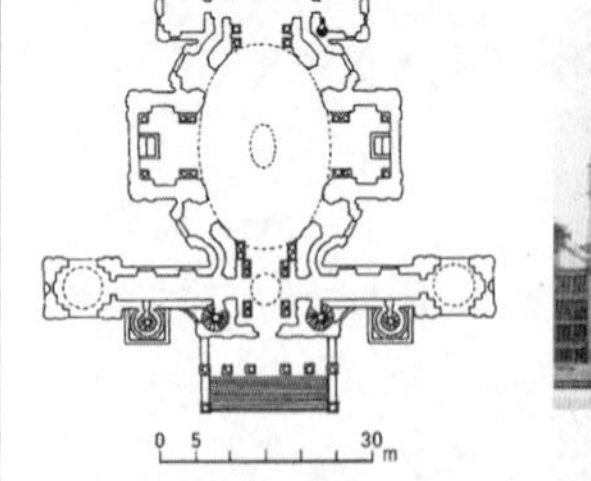

[8–88]

1699—1726 霍华德城堡，约克近郊（英） 建 筑

S.J.范布勒 [8-89]

这是建筑师范布勒第一件作品，为卡莱尔伯爵（Charles Howard，3rd Earl of Carlisle）所建的乡村别墅。他明确的节奏感整合全长200米的建筑，中央架设布伦亨宫所没有的大圆顶。庭园内的霍华德家族宗祠（1729年初建）是由助手豪克斯穆尔所建。

时 间		类 别 [索引编号]
1723—1726	西班牙阶梯，罗马（意） F.德・桑克蒂斯 由西班牙广场（Piazza di Spagna）通往顶端圣三一教堂（Trinità dei Monti）的巨型城市阶梯。在阶梯间穿插四个舞蹈场地，阶梯时而弯曲、时而分岔，精彩展现壮观的都市空间。	建 筑 [8-90]

霍华德家族祠堂

[8–89]

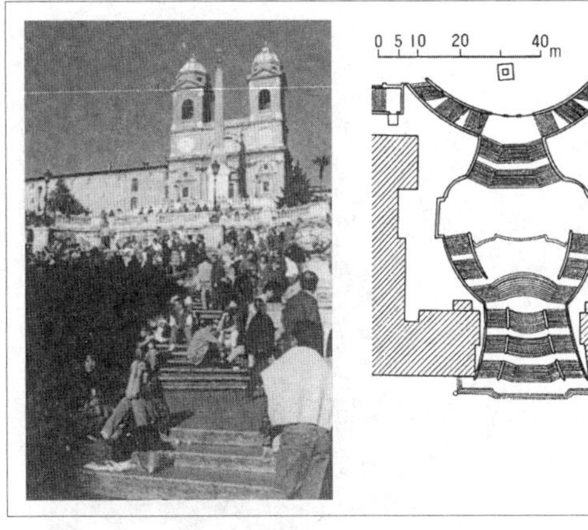

[8–90]

时 间		类 别 [索引编号]
1726—1730	维也纳，卡尔教堂的天花板画，罗特麦尔（Johann Michael Rottmayr）	绘 画
1727	卡图加修道院圣器室，格拉纳达（西班牙） L.d.阿雷瓦洛，M.瓦克斯 这个建筑具有受中南美风格影响的繁复装饰性，充分显示西班牙建筑当时卓越的发展情形。	建 筑 [8-91]
1728	《鳐鱼》（*The Skate*），夏丹（Jean-Baptiste Siméon Chardin）	绘 画
1730	岩上的圣约翰内波穆克教堂，布拉格（捷克） K.I.迪森霍佛 在布拉格的许多巴洛克式教堂中，这座教堂的构成尤其大胆。建造在岩石上的立面反复凹凸，两侧的塔则配置在45°斜角上。	建 筑 [8-92]

[8–91]

[8–92]

时 间		类 别 [索引编号]
1717—1731	史柏加教会，都灵近郊（意） F.尤瓦拉 尤瓦拉在都灵及其周边建筑的许多建筑中，这件作品尤其出色。入口上部盖有圆顶，是其他建筑中不曾有的形式。	建 筑 [8-93]
1721—1732	托雷多大教堂透明圣坛，托雷多（西班牙） N.托梅 这座法国哥特式教堂利用光线和装饰，呈现如幻境般圣坛景象。此一令人惊奇的独创性，展现丘里格拉风格最佳效果，也显示出西班牙巴洛克式的发展已达顶峰。	建 筑 [8-94]

[8-93]

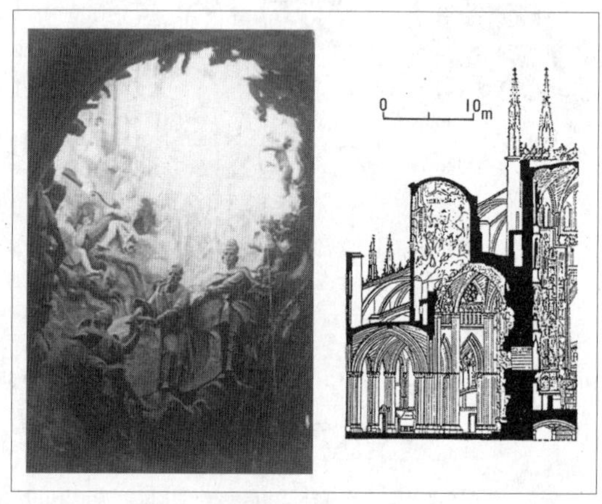

[8-94]

1732	《朗贝斯克小姐》（*Mademoiselle de Lambesc as Minerva，Arming her Brother the Comte de Brionne*），纳蒂埃（Jean-Marc Nattier）	绘 画
1719—1733	斯图皮尼基猎宫，都灵（意） F.尤瓦拉 这幢宫殿是为了萨沃伊家族的维多利奥 · 阿马德奥二世（Vittorio Amedeo II）所设计的狩猎用宅邸，不断分岔延长的翼部环绕着八角形中庭。	建 筑 [8-95]

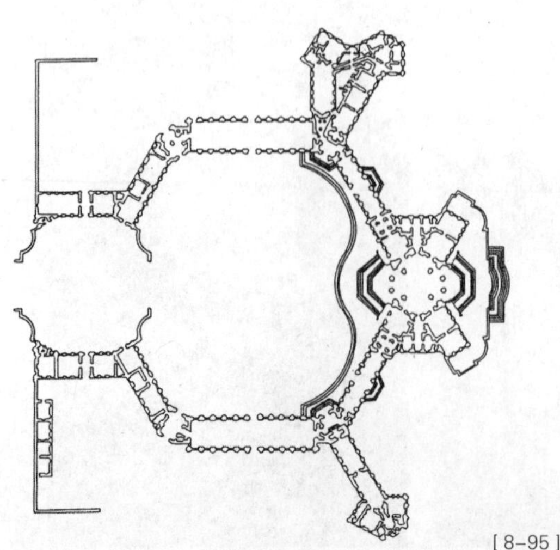

[8-95]

时 间		类 别 [索引编号]
1724—1734	**圣艾尔蒙教堂的西侧入口，塞维亚（西班牙）** L.d.费格罗亚 在塞维亚的巴洛克式创始者费格罗亚的建筑中，这幢作品装饰得特别宏伟壮丽。	建 筑 [8-96]
1732—1735	**恭煦达王宫，罗马（意）** F.傅格 在拥有古典主义洗练风格的意大利后期巴洛克式建筑师傅格的建筑中，这是最高雅优美的作品。	建 筑 [8-97]
1733—1736	**拉特拉诺的圣乔瓦尼大教堂正面，罗马（意）** A.加利莱 在1731年设计比赛中获选的加利莱，运用严谨的古典主义设计，所完成的大型正面。	建 筑 [8-98]
1734—1736	**鹿公园，哥本哈根近郊（丹麦）** L.图拉 位于哥本哈根北部郊区的国王狩猎用休憩行馆。这幢建筑是极典型的巴洛克式构成的小作品。	建 筑 [8-99]
1720—1738	**吉拉卡萨诺府邸楼梯间，拿坡里（意）** F. 圣费立斯 这个楼梯间具有全新的平面设计，是运用花岗岩和大理石一起建造的壮丽作品。	建 筑 [8-100]
1714—1739	**基督教堂，伦敦（英）** N.豪克斯穆尔 这是豪克斯穆尔依据《50新教堂建造令》所设计的六座教堂之一。从尖塔的形态等，显示出他对于哥特式的关心。	建 筑 [8-101]
1734—1739	**宁芬堡皇宫的阿玛利安堡，慕尼黑（德）** F.屈维利埃 这是在宫殿的广大庭园内所建的狩猎行馆。特别是中央的“镜室”，墙上镶嵌镜子的精致、可爱装饰和糅合洛可可式的装潢举世闻名。	建 筑 [8-102]

[8-98]

[8-99]

[8-102]

时 间		类 别 [索引编号]
1737—1739	苏比斯府邸（现为国立古文书馆），巴黎（法） G.布弗朗 这幢城市宅邸最早由戴拉梅尔（Pierre-Alexis Delamair）开始建造，后由布弗朗接手完成室内装饰。特别是二楼的椭圆大厅（Salon ovale）等其他房间，堪称优雅精巧的洛可可室内装饰的最高杰作。	建 筑 [8-103]
1738—1739	圣母玛利亚亲临礼拜堂（瓦利诺托的礼拜堂），瓦利诺托，卡里那诺近郊（意） B.维托内 在许多维托内建造的小镇教堂中，这幢在构造上特别具有创意，而且还架设罕见的三重拱顶。	建 筑 [8-104]
1739	《从市场回来》（*Return from the Market*），夏丹	绘 画
1739—1742	《女王玛利亚之墓》(Tomb of Maria Clementina Sobieska)，布拉奇 (Pietro Bracci)	雕 刻
1739	《教宗本笃十三世像》（Benedict XIII），马基尼安（Carlo Marchionni）	雕 刻
1740	腓特烈大帝（Friedrich der Grose）即位	历史事件
1740	《柯兰船长肖像》（*Captain Thomas Coram*），霍加斯（William Hogarth）	绘 画
	《维娜斯的欢欣》（*The Triumph of Venus*），布雪（François Boucher）	绘 画
1742	《出浴的黛安娜》（*Diana Leaving the Bath*），布雪	绘 画
1722—1743	圣母教堂，德勒斯登（德） G.巴尔 这是当时德勒斯登的教授级建筑师巴尔的作品，为巴洛克式基督教新教教堂的代表作。内部空间构成如集中式剧场般极具独创性，后来受到战争的破坏。	建 筑 [8-105]

[8–103]

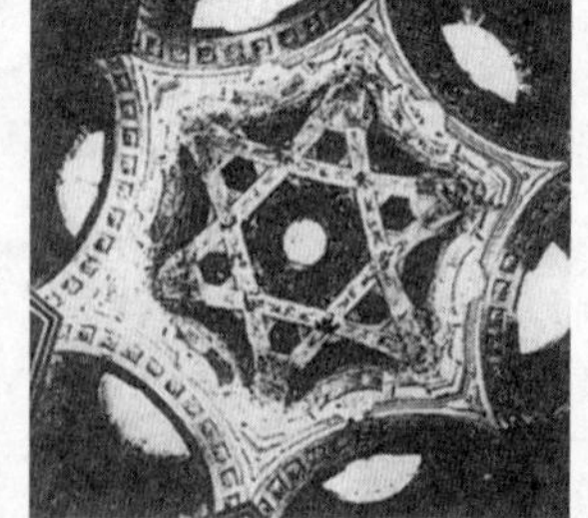
[8–104]

[8–105]

时 间		类 别
1719—1744	主教宫，符兹堡（德） J.B.纽曼 这是为了主教国王所建的宫殿。置于内部的大楼梯间，轻爽的构造和丰富的洛可可雕刻装饰融合一体，形成非常壮丽的效果。	建 筑 [8-106]

时　间　　　　类　别
[索引编号]

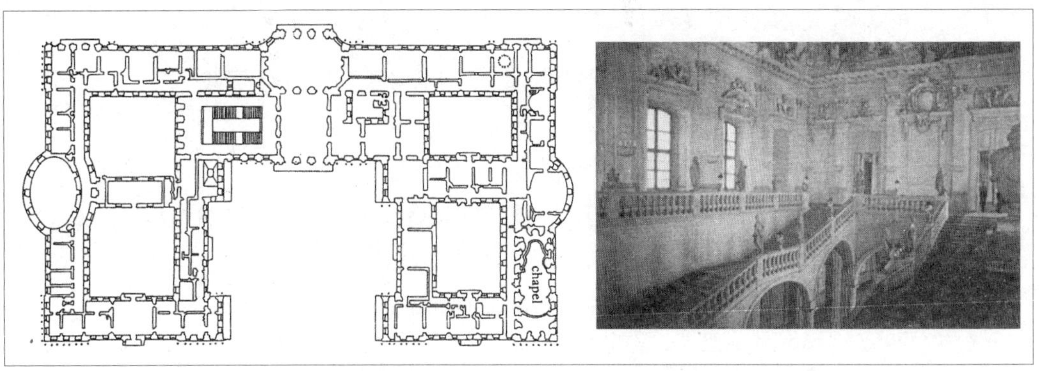

[8-106]

1733—1746　**圣约翰·尼伯慕克教堂，慕尼黑（德）**　建 筑 [8-107]

C.D.+E.Q.阿萨姆

这是作为住宅装饰家的阿萨姆兄弟，在自宅边自费建造的教堂。这座小规模教堂建筑与装饰完美结合，是充分展现宗教的佳作。

1745—1747　**忘忧宫，波茨坦（德）**　建 筑 [8-108]

G.W.v.克诺伯斯多夫

这是在柏林郊区波茨坦为俄罗斯腓特烈大帝所建的宫殿。建筑置于六层平台状庭园的最上面，内部储藏室装饰成洛可可风格。

1732—1748　**克雷利哥斯教堂，波尔图（葡）**　建 筑 [8-109]

N.纳佐尼

这座具有丰富装饰的宏伟教堂，是由自意大利移居至葡萄牙的代表性巴洛克建筑师纳佐尼建造。

1744—1748　**拜罗伊特宫廷剧场，拜罗伊特（德）**　建 筑 [8-110]

J.圣·皮耶，约瑟，G.嘉利·达·比比恩纳

这座剧场的形式是具有正面客席和四层观览席，为18世纪许多宫廷歌剧院的典型案例。剧场装饰是由活跃于剧场、舞台装置设计界的嘉利·达·比比恩纳家族的乔瑟伯（Giuseppe）。

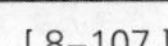
[8-107]

[8-108]

[8-110]

时 间		类 别 [索引编号]
约1748—1750	《安德鲁斯夫妇》(*Mr. and Mrs. Andrews*)，庚斯博罗 (Gainsborough、Thomas)	绘 画
1738—1750	圣地亚哥康波斯特拉大教堂正面，圣地亚哥康波斯特拉（西班牙） F.d. 卡萨斯·依·诺佛亚 为了保护教堂门廊的罗马式雕刻，其周围建造了此一新的立面。	建 筑 [8-111]
1747—1750	《爱神丘比特用赫剌克勒斯的粗木棍做弓》（Cupid fashioning a Bow out of the Club of Hercules），埃德姆·布夏东（Edmé Bouchardon）	雕 刻
1750—1760	弗朗西斯一世皇帝纪念像（Emperor Franz I），摩尔（音译）	雕 刻
1751	符兹堡，主教宫的皇帝房间的天花板壁画，提埃波罗 (Giovanni Battista Tiepolo)	绘 画
1747—1752	克卢什王宫，克卢们（葡萄牙） M.维森特·德·奥利韦拉 这是洛可可建筑师奥利韦拉指导建造的宫殿建筑。巨大建筑覆以装饰繁复的立面，现今内部装饰已遭破坏。	建 筑 [8-112]
1752	《休憩女孩》(*Nude on a Sofa*)，布雪	绘 画
	《庞巴度夫人》（*Mme de Pompadour*），莫里斯·康坦·德·拉图尔（Maurice Quentin de La Tour）	绘 画
1753	《欧巴洛》(*Europa*)，提埃波罗	绘 画
1745—1754	威斯教堂，施坦加登近郊（德） D.齐默尔曼 显示巴伐利亚地区洛可可建筑发展至顶峰的代表作。长圆形与长方形组合的平面，优雅的灰泥装饰和壁画与建筑融合成一体。	建 筑 [8-113]

[8–111]

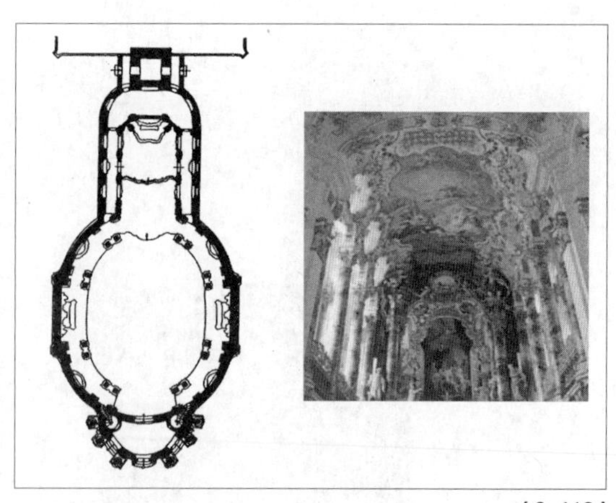
[8–113]

1754	《马赛港》，约瑟夫弗纳特（Joseph Vernet）	绘 画
约1755	《画家之妻》（*Portrait of the Artist's Wife*），雷姆塞（Allan Ramsay）	绘 画
1755	《给孩子读圣经的父亲》（*Father Reading the Bible to His Children*），格勒兹（Jean-Baptiste Greuze）	绘 画

时 间 类 别
[索引编号]

1750—1754 安玛丽堡宫殿（现为皇宫），哥本哈根（丹麦） 建 筑 [8-114]

N.艾格维德

这是丹麦洛可可式代表性建筑师艾格维德的作品。设计当初便将其纳入新市镇都市计划的一环，四幢法国风格宫殿采取围绕八角形广场的配置。

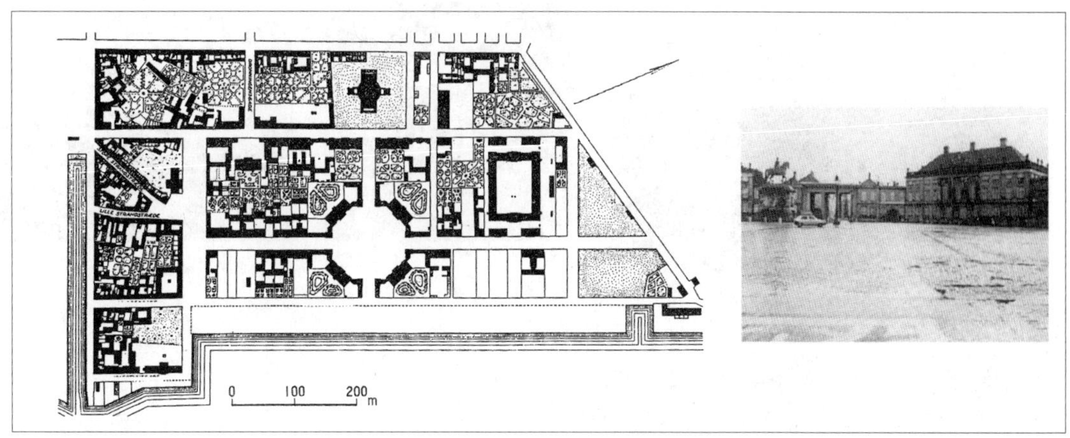

[8-114]

1752—1756 史坦尼斯拉斯广场，南锡（法） 建 筑 [8-115]

E. 埃瑞·德·康尼

师承布弗朗的建筑师埃瑞，为了洛林（Lorraine）公爵拟订这项建筑计划，是少数洛可可式都市计划的杰作。三个广场呈直线配置，西端是皇家广场（Place Royale）。除了面向广场的市政府外的其他建筑，都装点着精致的装饰，广场和道路接点的铁门，特别设计成闪耀着华丽的金色光辉。

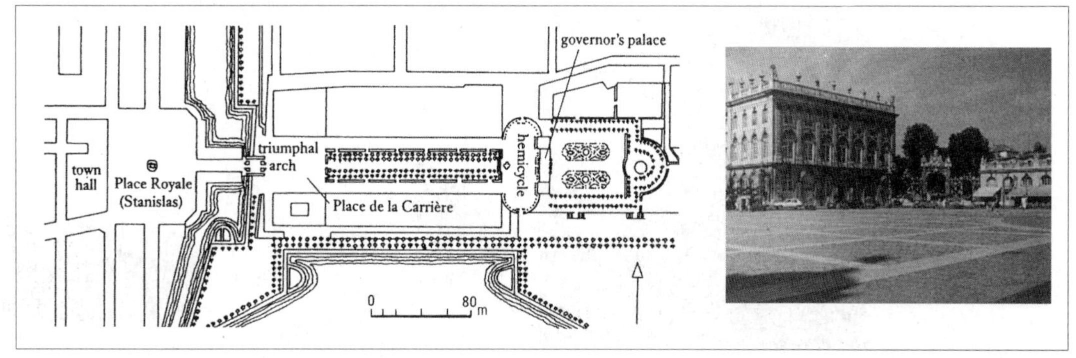

[8-115]

1756 弗雷德瑞克教会（设计），哥本哈根（丹麦） 建 筑 [8-116]

N.H.乔汀

始于艾格维德，后由图拉（Thurah）接手的这项建筑设计，由法国聘来的乔汀将其变更为具有巨大门廊和圆顶的宏伟巴洛克风格。到了1876—1894年时，建筑才由费迪南·迈尔达赫（Ferdinand Meldahl）续建完成。

1747—1757 沙皇村宫殿，沙皇村（今称普希金）（俄） 建 筑 [8-117]

B.F.拉斯提里

这是俄罗斯巴洛克式建筑指导者、出生法国的意大利建筑师拉斯提里的代表作。横长的正面装饰许多浮雕，显现极致的豪华风格。

时 间		类 别 [索引编号]
1664—1757	**宁芬堡皇宫，慕尼黑（德）** A.巴烈里，G.A.维斯卡尔迪 这是为了巴伐利亚国王参考凡尔赛宫所设计的郊区型宫殿。前面具有大庭园。	建 筑 [8-118]

[8–116]

[8–117]

[8–118]

时 间		类 别 [索引编号]
1756—1758	**凯乌露教堂，凯乌露（芬兰）** A.哈克拉 这是在尚无建筑师的芬兰内陆地区，以当地梁柱所建造的木造教堂。建筑上随处可见的独创细部，显示哈克拉基于部分知识模仿中欧巴洛克式建筑。	建 筑 [8-119]
1703—1759	**小城区圣尼古拉教堂，布拉格（捷克）** C.+K.I.迪森霍佛 出身于巴伐利亚在布拉格定居，确立戏剧性波西米亚巴洛克式建筑师家族的代表作品。最早这座教堂是由父亲克里斯成建造，之后由儿子纪莱恩 · 依格纳兹接手完成圆顶和塔。	建 筑 [8-120]

[8–119]

[8–120]

时 间		类 别 [索引编号]
1760—1775	**以焦炭为燃料的制铁用熔矿炉制成**	历史事件
1754—1761	**维斯修道院图书室，巴登 - 符腾堡（德）** D.齐默尔曼 这是南德工匠出身的建筑师齐默尔曼的作品。沿着墙壁附有优雅栏杆的回廊，呈现过去巴洛克式图书室不曾有的洛可可式柔和感。	建 筑 [8-121]

时 间		类 别 [索引编号]
1732—1762	**特拉维喷泉，罗马（意）** N.萨尔威 在罗马众多喷泉中，特拉维喷泉规模又因特别宏伟而闻名。如同凯旋门般的建筑背景，壮丽的雕刻群像彷佛嬉戏于喷泉中。	建 筑 [8-122]
1754—1762	**圣彼得堡冬宫（俄罗斯冬宫博物馆），圣彼得堡（俄）** B.F.拉斯提里 为了罗曼诺夫（Romanov）王朝所建的首都宫殿。除了具有宏伟壮丽的外观外，内部拥有精致的洛可可风格装饰。	建 筑 [8-123]
1762	**圣方济各哈维尔教堂正面，提波兹左特兰（墨西哥）** 这幢建筑脱离西班牙巴洛克式的窠臼，是具有极自由表现的墨西哥地区都市的丘里格拉风格遗构。以壁柱区隔的正面上充斥着装饰。	建 筑 [8-124]
1763	**洛特阿姆因修道院教堂（完工），洛特阿姆因（德）** J.M.费歇尔 在费歇尔许多作品中，这座教堂比起奥托博伊伦修道院教堂等设计上显得稍微收敛保守。	建 筑 [8-125]
1736—1764	**马德里皇宫，马德里（西班牙）** F.尤瓦拉，G.B.沙捷迪 旧王宫发生火灾后，菲利普五世依照都灵建议聘请尤瓦拉完成设计案，他死后弟子沙捷迪做了变更后加以完成。	建 筑 [8-126]

[8–122]

[8–123]

[8–126]

1740—1765	**兹威法坦修道院教堂，施瓦本（德）** J.M.费歇尔 这件作品充分展现费歇尔的建筑特色。比较上垂直性强，充满光线的内部，与费西玛耶（Johann Michael Feuchtmayer）建造的洛可可装饰相互结合，形成漂浮般的空间感。	建 筑 [8-127]
1765—1776	瓦特改良蒸汽机	历史事件
约1765	《沐浴者》（*Les Baigneuses*），福拉哥纳尔（Jean Honoré Fragonard）	绘 画
1766—1782	《彼得大帝骑马像》（Equestrian Statue of Peter I the Great），法尔康涅（Falconet，Etienne-Maurice）	雕 刻
1766	《圣布鲁诺》（Saint Bruno），乌东（Jean-Antoine Houdon）	雕 刻

时 间		类 别 [索引编号]
1744—1767	本笃会修道院教堂，奥托博伊伦（德） J.M.费歇尔 在与负责灰泥装饰的费西玛耶等人密切的合作之下，费歇尔将这座教堂的建筑与装饰做了完美的整合。	建 筑 [8-128]
1755—1769	圣加伦修道院教堂，圣加伦（瑞士） J.M.毕尔，P.托姆布 这座教堂是在南德和瑞士建造修道院被称为福拉尔贝格派（Vorarlberg）的建筑师们，所建造的德国风格巴洛克式建筑作品。	建 筑 [8-129]

[8–129]

[8–128]

1770	《沃尔夫将军之死》（*The Death of General Wolfe*），威斯特 (Benjamin West)	绘 画
	《被狮子惊吓的白马》（*Horse Attacked by a Lion*），史特伯斯 (George Stubbs)	绘 画
1770—1780	《黛安娜和她的伙伴们》(Diana and her Companions)，维米尔 (Johannes Vermeer)	雕 刻
1743—1772	维森海里根朝圣教堂，维森海里根，班兹近郊（德） J.B.纽曼 在集合椭圆形的复杂平面和洛可可装饰的相乘效果之下，营造出这间朝圣教堂非常优雅、轻爽的空间感。	建 筑 [8-130]

[8–130]

时间		类别 [索引编号]
约1773	《自画像》，雷诺兹爵士（Sir Joshua Reynolds）	绘画
1752—1774	**卡塞塔皇宫，卡塞塔（意）** L.万维泰利 卡洛七世（Carlo Ⅶ）将万维泰利召至拿坡里所设计的意大利巴洛克式最后的大宫殿。从广大庭园的远景等，可看出受到凡尔赛宫的影响。	建筑 [8-131]
1774—1778	**史提夫斯加登皇宫，特隆赫姆（挪威）** 这北方城市特隆赫姆中存留至今的的贵族住宅。这幢两层建筑细部虽是巴洛克式装饰，但是构造上仍为木造的，横向共并列着19个窗户。	建筑 [8-132]

[8–132]

时间		类别 [索引编号]
1780	**钟楼，拉·帕鲁马·迪尔·康达多（西班牙）** A.M.费格罗亚 横跨整个巴洛克时期直至新古典主义时期，以塞维亚为主要活动中心的费格罗亚建筑家族，这件作品就是该家族的安东尼奥·马奇亚斯的作品。他遵循家族传统，在建筑上展现极优美的风格。	建筑 [8-133]
1783	**潘普洛纳大教堂正面，潘普洛纳（西班牙）** V.罗利古斯 这座教堂属于后期巴洛克风格，严谨、收敛的的表现，明显朝向新古典主义的方向发展。	建筑 [8-134]
1748—1792	**凯佩雷朝圣教堂，符兹堡（德）** J.B.纽曼 这是建于城边山丘的教堂，具有奇特尖塔的独特外观引人注目。内部的灰泥装饰是由费西玛耶设计建造。	建筑 [8-135]
1909	**迎宾馆（旧赤坂离宫），东京（日本）** 片山东熊 这是日本的巴洛克式建筑实例。当时设计是作为东宫御所，具有向前围入前庭的弧形两翼等的堂皇构成。内部装饰极尽华丽繁复，显示明治时期的西式建筑发展已达到顶峰。	建筑 [8-136]

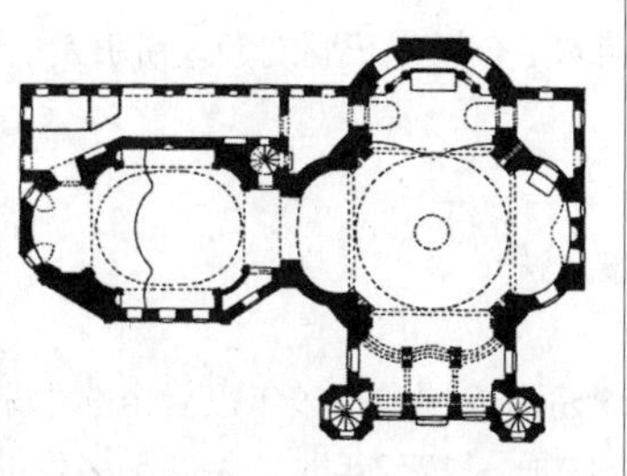

[8–135]

[8–136]

新古典主义 | *Neo-classicism*

时 间		类 别 [索引编号]
约1725	奇兹威克府，伦敦郊外（英） R.B.伯林顿 这是英国帕拉底欧主义重要拥护者伯林顿爵士所完成的作品。形式上以帕拉底欧的圆厅别墅为样本。	建 筑 [9-1]

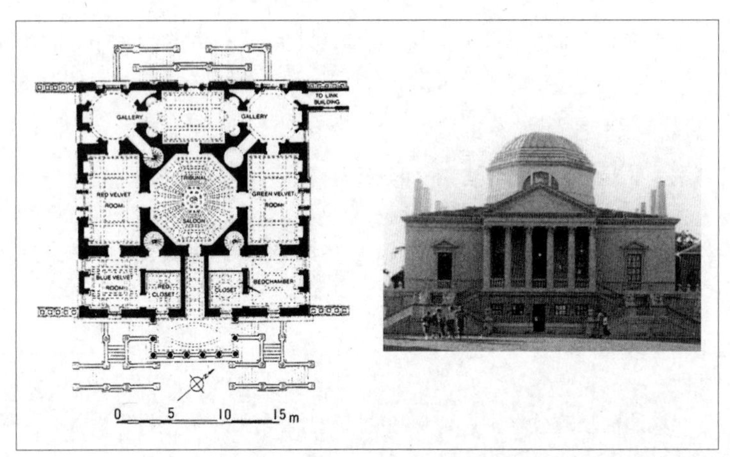

[9–1]

时 间		类 别 [索引编号]
1722—1726	圣马丁教堂，伦敦（英） J.吉比斯 面向特拉法加广场（Trafalgar Square）所建的教堂。整体构成组合神庙风格门廊和尖塔，以及环绕巨柱式壁柱的侧面壁等，日后许多建筑都加以模仿。	建 筑 [9-2]
1740—1748	奥地利王位继承战争 玛利亚·特蕾西亚继承哈布斯堡王朝的领地所引发的国际战争。	历史事件
1740	腓特烈大帝即位	历史事件
1719—1749	苏尔毕斯教堂，巴黎（法） G.-M.欧本诺尔，G.N.塞凡多尼 这是17世纪的教堂续建而成的，1719年以后由欧本诺尔完成了洛可可式中殿和圣母礼拜堂。巨大的立面是1732年时，将塞凡多尼的设计变更一部分后建造完成，它是对于洛可可和巴洛克式反动的初期新古典主义建筑案例。	建 筑 [9-3]

时　间　　　　**类　别**

[索引编号]

1737—1749　拉德克里夫图书馆，牛津（英）　建 筑 [9-4]

J.吉比斯

这是收藏拉德克里夫博士藏书的图书馆，显示受到意大利矫饰主义的影响，在英国是极罕见的例子。其构成是在科林斯双柱环绕的圆堂上，以扶壁支撑圆顶。

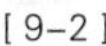

[9–2]

[9–3]

[9–4]

1752　亚贝尔格·迪·波瓦利医院，拿坡里（意）　建 筑 [9-5]

F.傅格

这是罗马建筑师傅格在拿坡里留下的大规模古典作品，当初是奉卡洛七世之令建造。

《休憩的女孩》，布雪　绘 画

《庞巴度夫人》，莫里斯·康坦·德·拉图尔　绘 画

1753　《建筑论丛》（*Essai sur l'architecture*），M.-A.洛及尔　建筑书

阐述建筑理论的建筑书，是新古典主义建筑美学方面极重要的著作。

《欧巴洛》（*Europa*），提埃波罗　绘 画

1754　《马赛港》，约瑟夫弗纳特　绘 画

时　间		类　别 [索引编号]
1755	万神庙（圣贞维耶芙教堂），巴黎（法） J.-G.苏福楼 这是参考罗马圣彼得大教堂建筑具有圆顶的新古典主义教堂。平面呈现基本的希腊十字形。	建 筑 [9-6]

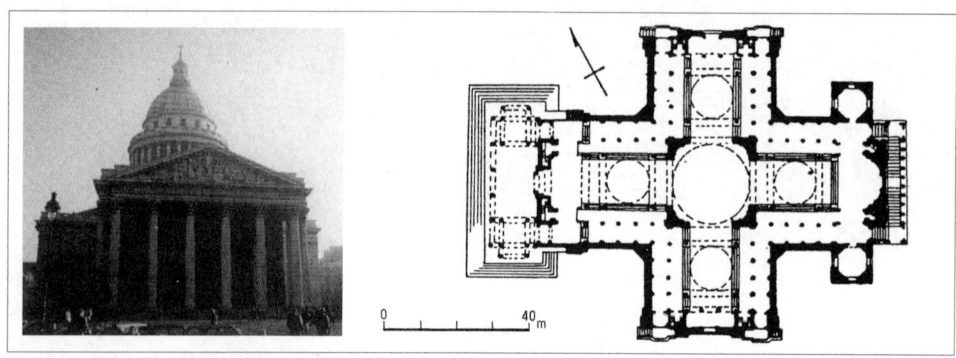

[9-6]

时　间		类　别
	《希腊美术模仿论》（*Gedanken uber die Nachahmung der griechischen Werke in der Malerei und Bildhauerkunst*），J.J.温克尔曼 这本美术史书中论述希腊雕刻，主张希腊美术应作为艺术上的模范，呈现新古典主义的明确立场。	建筑书
约1755	《画家之妻》，雷姆塞	绘 画
1755	《给孩子读圣经的父亲》，格勒兹	绘 画
1760—1775	以焦炭为燃料的制铁用熔矿炉制成	历史事件
1761	《罗马的庄严和建筑》，G.B.皮拉尼西 描写幻想中的罗马古城的版画集。本书刺激了建筑师们的想象力，为后世带来许多影响。	建筑书
	《农村新娘》（*The Marriage Contract*），格勒兹	绘 画
1762	《雅典的古代遗物》（*The Antiquities of Athens and Other Monuments of Greece*），J.史都华 本书基于实际测量，为最早将古希腊建筑样貌介绍至西欧的书籍。对于新古典主义建筑带来很大的影响。	建筑书
1765	斯特拉斯堡都市改造计划案，斯特拉斯堡（法） J.-F.布朗戴 以皇家广场为中心，包含拓宽街道，建造剧场和市政府等大规模计划，几乎都未实现。1771—1777年发行的著名《建筑课程》（*Cours d'architecture*）中有详细的记述。	建 筑 [9-7]

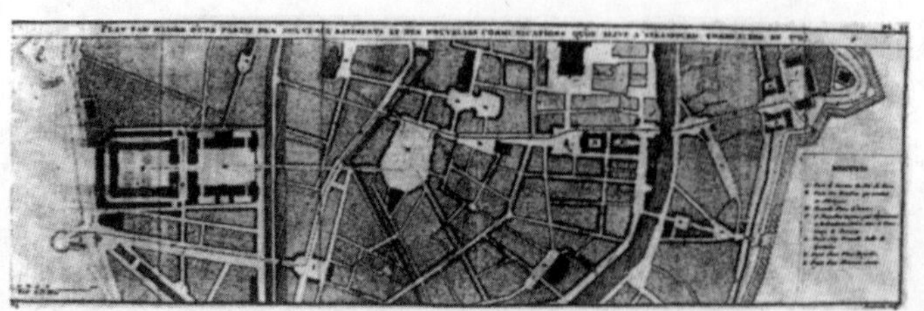

[9-7]

时 间		类 别 [索引编号]
1765—1776	瓦特改良蒸汽机	历史事件
约1765	《沐浴者》，福拉哥纳尔	绘 画
1751—1768	军事学校，巴黎（法） J.-A.加布利尔 路易十五世时期的首席建筑师加布利尔，许多宫殿的增、改建都由他负责，除宫殿之外这是他建造的最大规模建筑。	建 筑 [9-8]
1761—1768	凡尔赛宫之小堤亚侬宫，凡尔赛，巴黎近郊（法） J.-A.加布利尔 这是为了庞贝多夫人（Madame de Pompadour）在凡尔赛宫殿庭园内所建的正方形平面小型建筑。整个设计依循纯粹的古典主义，完成后外观坚实完美。	建 筑 [9-9]
1764—1768	普里奥拉脱圣母教堂，罗马（意） G.B.皮拉尼西 这是身为建筑理论家和铜版画家的皮拉尼西唯一的建筑实作。他运用单纯的几何化量体和古代部分装饰元素的建筑手法。	建 筑 [9-10]

[9-9]

[9-10]

时 间		类 别
1760—1769	席恩之屋（改建），伦敦近郊（英） R.亚当 席恩之屋是由亚当改建伊丽莎白王朝时期的建筑内部而成。其中北侧长廊特别着知，特色是配合空间形态改变成古典风格。	建 筑 [9-11]

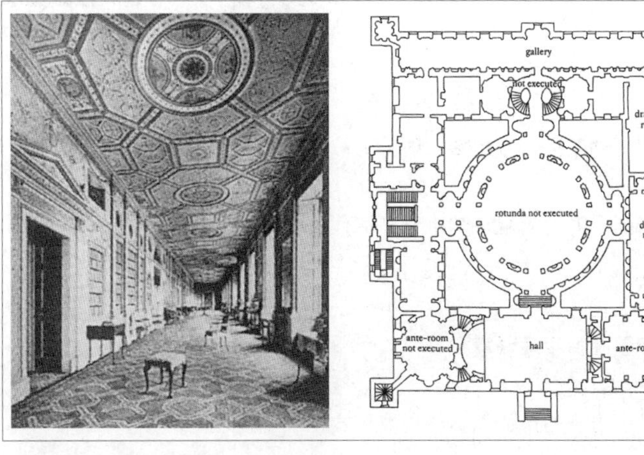
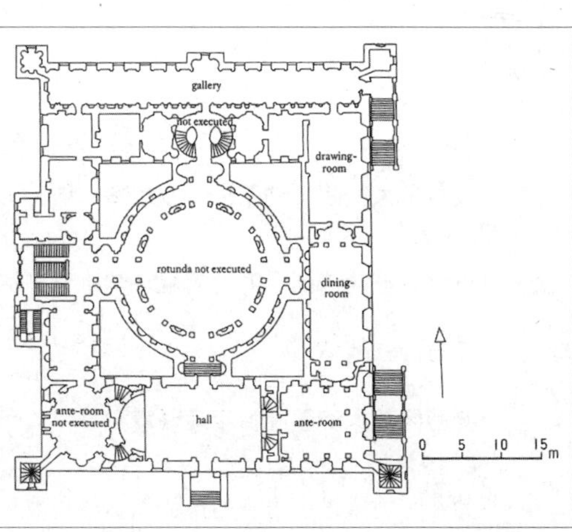

[9-11]

时　间		类　别 [索引编号]
1770	《沃尔夫将军之死》，威斯特	绘 画
1770	《被狮子惊吓的白马》，史特伯斯	绘 画
1770—1780	《戴安娜和她的伙伴们》，维米尔	雕 刻
1773年以后	河川管理员住宅计划案（法） C.-N勒杜 在勒杜著作《从和美术、习惯、法律的关系来考察建筑》一书中介绍的理想村建筑群之一。是单纯组合几何立体所构成。	建 筑 [9-12]

[9-12]

约1773	《自画像》，雷诺兹爵士	绘 画
1774	普里斯托利（Joseph Priestley）发现氧	历史事件
1754—1775	巴斯圆环与巴斯皇家新月楼，巴斯（英） J.伍德（父子） 在自古以来具有悠久历史的温泉养生地巴斯所建造的圆形和弯月形广场，以及面向广场的成排住宅群。完美的都市景观，日后有许多建筑纷纷仿效。	建 筑 [9-13]

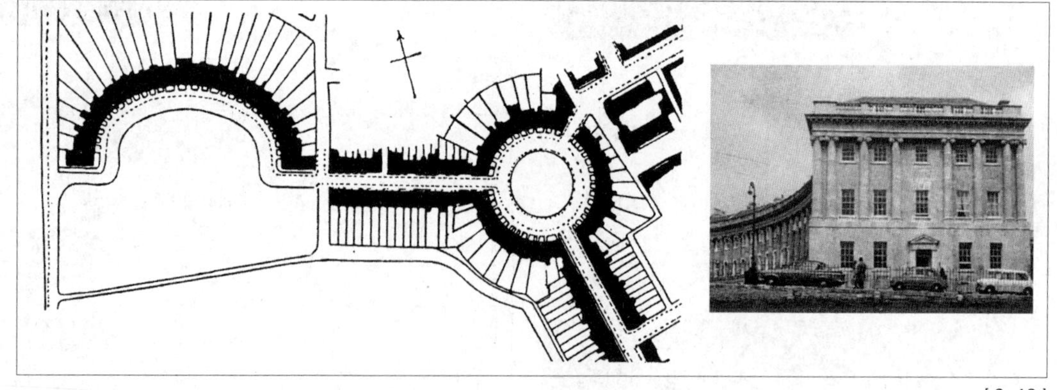

[9-13]

1775	波尔多大剧院（动工），波尔多（法） L.维克多 就学于罗马法国研究所的建筑师维克多的代表作。	建 筑 [9-14]
1775—1783	美国独立战争	历史事件
1776	梵蒂冈美术馆圆厅，罗马（意） M.西蒙内提 梵蒂冈美术馆中为陈列古雕刻，教皇庇护六世下令建造的部分。	建 筑 [9-15]

时 间		类 别 [索引编号]
1776	《伏尔泰裸像》（Voltaire nude），毕加尔（Jean-Baptiste Pigalle）	雕 刻
1777	巴葛蒂尔，巴黎（法） F.-J.贝兰杰 也是风景庭园作家的贝兰杰，在布洛涅森林（Boulogne）的英国风庭园中，所配置的纯粹以装饰为目的的建筑，这种建筑又称“装饰性建筑（folly）”。呈现均称的新古典主义，约花了64日完成。	建 筑 [9-16]
1771—1777	《建筑课程》（*Cours d'architecture*），J.-F.布朗戴 这是历经20年持续论述的研究所用讲义。也是法国古典主义建筑的代表性教科书。	建筑书
1776—1778	史卡拉歌剧院，米兰（意） G.皮尔马里尼 这是著名的歌剧殿堂，为米兰新古典主义建筑师皮尔马里尼的代表作。节制简单的立面和丰富装饰的内部，形成明显对照和落差。	建 筑 [9-17]
1778	《沃森与鲨鱼》（*Watson and the Shark*），科普利（Copley，John Singleton）	绘 画
	《伏尔泰坐像》（Voltaire），乌东	雕 刻
	《西蒂斯和她的朋友》（Thetis and her Nymphs），班克斯（Thomas Banks）	雕 刻
1773—1779	阿克西纳盐场，阿克西纳（法），（Arc-et-Senans） C.-N勒杜 这是勒杜接受制盐所监事委任，所设计的一个大城镇。构想上是在索渥（Chaux）森林中，建造工厂、事务建筑、劳工住宅等，但仅实现一部分即告中止。	建 筑 [9-18]
约1780—1790	《丘比特和普绪克》(Amor and Psyche)，克洛迪昂 (Clodion、Claude Michel)	雕 刻

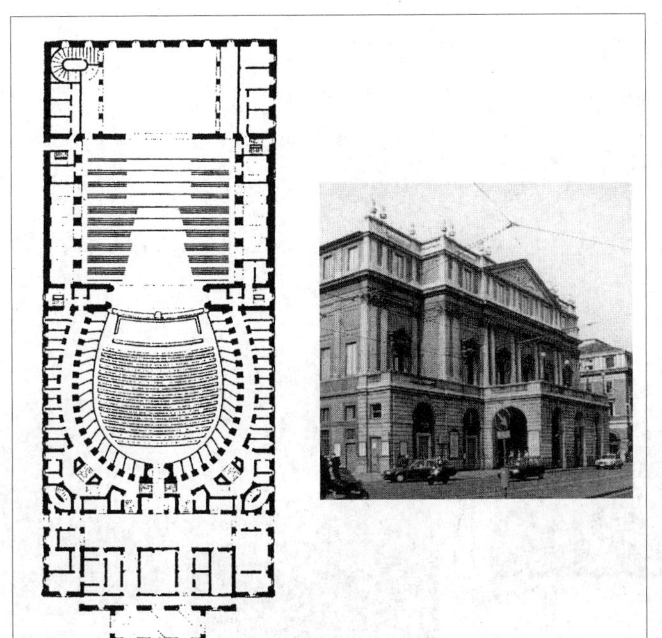
[9–17]

[9–18]

时　间		类　别 [索引编号]
1782—1787	《教宗克雷芒十四世（Clement XIV）像》，卡诺瓦（Antonio Canova）	雕　刻
1782—1790	《被遗弃的普绪克》（Psyche abandoned），帕茹（Augustin Pajou）	雕　刻
1784	牛顿纪念堂计划案（法） E.L.布雷 这是象征依循理性的法国革命风格的计划案。在大学执教的布雷，为了用于教育而完成这项工程计划，具有以巨大球形为中心的纯粹几何化构成。	建　筑 [9-19]

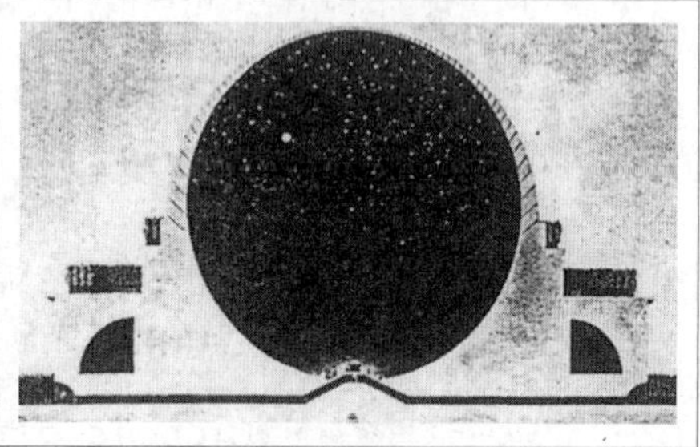

[9-19]

时　间		类　别 [索引编号]
1784—1786	《风景》，科曾斯（John Robert Cozens）	绘　画
1785	发明电动织布机	历史事件
1776—1786	萨默赛特之屋，伦敦（英） W.张伯斯 这件大规模的政府机关建筑，是由遵循庄重的新古典主义建筑师张伯斯建造，曾被误认为亚当的作品。	建　筑 [9-20]
1787	圣路克医院，伦敦（英） G.丹斯（子） 这幢医院建筑采取简略化的古典主义表现，具有左右对称的正面。	建　筑 [9-21]
	《苏格拉底之死》，戴维（Jacques Louis David）	绘　画
1787—1793	《丘比特和普绪克》，卡诺瓦	雕　刻
1788	布兰登堡门，柏林（德） C.G.龙汉 位于菩提树大道（Unter den Linden）西端，在这座城门的顶端立有雕刻家沙多（Gottfried Schadow）雕塑的四头马战车。它也是残留巴洛克式元素的早期新古典主义建筑。	建　筑 [9-22]

[9-20]

[9-21]

时　间		类　别 [索引编号]
1788—1792	《乔治·华盛顿》（Bust of George Washington），乌东	雕 刻
1784—1789	维烈特之门，巴黎（法） C.-N.勒杜 勒杜负责的建造一整排入巴黎市征税用的房门，这是现存的四座门房之一。构成上是组合几何化量体，在平坦的直方体上再设立高圆筒状鼓环。	建 筑 [9-23]
1789	法国大革命	历史事件
	美国首任总统华盛顿就职	历史事件
1790	“地球神庙”，计划案（法） J.-J.勒克 这是与布雷和勒杜同时期的建筑师勒克，展现他幻想中的建筑设计图之一。支撑廊柱的檐部上乘载着代表地球的球体，从内部看球体上穿孔射入的光线表现星光。	建 筑 [9-24]

[9–23]

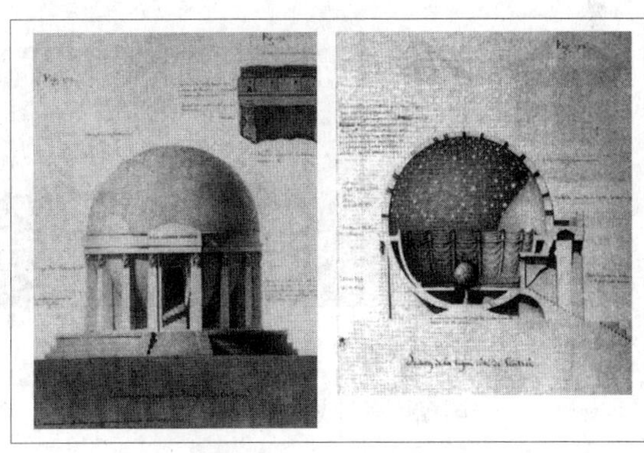
[9–24]

1790	《亚历山大·凡·迪亚·马克像》（Alexander von der Mark），沙多	雕 刻
1791	夏洛特广场，爱丁堡（英） R.亚当 建筑师亚当晚年花了十年时间，在爱丁堡竭尽心力设计建造的作品之一，此广场是设计作为新都市计划的一环。	建 筑 [9-25]

[9–25]

1792	法国第一共和开始	历史事件
1793	贝尔吉欧索李耶别墅，米兰（意） L.波拉科 这幢规模宏伟的别墅建筑，在粗石砌的基部上，承载着爱奥尼亚式的巨柱以及装饰着雕刻的主要部分。内部则装饰阿皮亚尼绘制的壁画。	建 筑 [9-26]

时 间		类 别 [索引编号]
1793	罗伯斯庇尔领导下的恐怖政治	历史事件
1793	《马拉之死》（*Death of Marat*），戴维（Jacques Louis David）	绘 画
1795—1806	《约瑟夫二世像》（Equestrian statue of the Emperor Joseph Ⅱ），泽纳（Zauner，Franz Anton von）	雕 刻
1796	《桥上的拿破仑》（*Napoleon Bonaparte on the Bridge at Arcole*），格罗（Antoine-Jean Gros）	绘 画
1797	腓特烈大帝纪念堂计划案，柏林（德） F.纪利 这是几乎只留下建筑计划案的天才建筑师纪利，为普鲁士国王设计的纪念碑。巨大基座上以希腊多利克柱式神庙为中心，周围竖立着具有隧道拱顶的凯旋门和方尖碑等。	建 筑 [9-27]

[9–27]

1798	国家剧院计划案，柏林（德） F.纪利 这仿佛是20世纪建筑的独创计划案。由单纯的几何化量体组合，在外观上明确显示其功能。	建 筑 [9-28]

[9–28]

约1798	詹纳（Edward Jenner）开始接种牛痘	历史事件
1800	《查理四世一家》（*The Family of Charles Ⅳ*），戈雅（Francisco José de Goya y Lucientes）	绘 画

时 间		类 别 [索引编号]
1802	《拿破仑胸像》，高尔贝（Corbet， Charles-Louis）	雕 刻
1804	拿破仑成为皇帝	历史事件
1791—1806	沙皇村宫殿，旧沙皇村（今称普希金）（俄） G.A.D.关仁奇 这是住在俄罗斯的意大利建筑师关仁奇，在圣彼得堡近郊所建的宫殿。为匀整、调和的新古典主义早期案例。	建 筑 [9-29]
1806—1807	卡鲁塞尔凯旋门，巴黎（法） C.贝希尔，P.F.L方塔纳 受拿破仑重用的两位建筑师，在卢浮宫附近所建的凯旋门。他们将拿破仑夺自威尼斯圣马可教堂的四头青铜马像装饰在门的顶部。	建 筑 [9-30]
1807	富尔顿（Fulton）的蒸气船首航	历史事件
1804—1808	巴黎商品交易所，巴黎（法） A.T.布隆尼亚特 这幢宏伟的新古典主义建筑采用罗马帝政时期的壮观科林斯式廊柱。1895年时又修改增建。	建 筑 [9-31]
1808	《斜躺的包丽娜》（The reclining Pauline Bonaparte），卡诺瓦	雕 刻
1769—1809	蒙提塞罗住宅，夏洛茨维尔，维吉尼亚州（美） T.杰弗逊 美国总统杰弗逊的自宅。建于小高丘上，建筑参考帕拉底欧的别墅，在中央具有圆顶。	建 筑 [9-32]

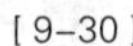

[9–30]

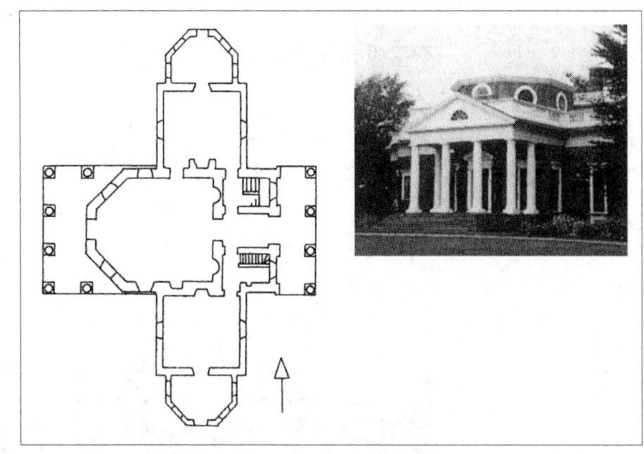

[9–32]

1811	《露易斯女王》（Louise），劳赫（Christian Daniel Rauch）	雕 刻
1812	《皇家卫队的骑兵军官》（*Ufficiale del Cavalleggeri Della Guardia Imperiale*），杰利科（Théodore Géricault）	绘 画
1812—1813	索恩自宅，伦敦（英） S.J.索恩 这是充满浪漫气氛属于如画派（picturesque）的醒目建筑作品。组合各式各样平面、水平差距、通风空间和天窗等，构成相当复杂。	建 筑 [9-33]

时 间 **类 别**

[索引编号]

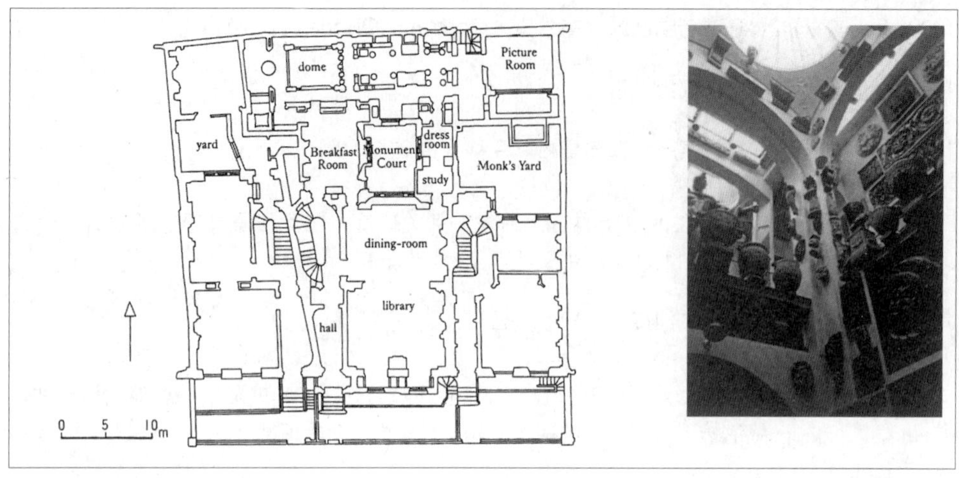

[9-33]

1811—1814 **达利奇学院美术馆，伦敦（英）** 建 筑 [9-34]

S.J.索恩

这件是表现细致、幻象的新古典主义的个性化建筑师索恩的作品。他脱离各种传统风格的桎梏，完成这幢构成抽象的崭新建筑。

1814 **史蒂芬逊（George Stevenson）发明蒸汽火车** 历史事件

1814—1815 **《1808年5月3日的马德里》（*The Third of May*），戈雅** 绘 画

1814 **《宫女》（*La Grand Odalisque*），安格尔（Jean-Auguste-Dominique Ingres）** 绘 画

1815 **拿破仑被流放到圣赫勒拿岛（Saint Helena）** 历史事件

1816 **新皇家侍卫之屋，柏林（德）** 建 筑 [9-35]

K.F.辛克尔

辛克尔的初期作品。面向菩提树大道（Unter den Linden）建造，是具有希腊多利克柱式门廊的小型建筑。

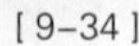

[9-34] [9-35]

1809—1817 **圣卡罗歌剧院，拿坡里（意）** 建 筑 [9-36]

E.C.勒康特，A.尼可里尼

这是自1737年以来具有悠久历史的意大利三大歌剧院之一。现今的建筑是在19世纪初改建而成，立面是尼可里尼的意大利新古典主义代表作。观众席呈马蹄形有六层，共3500个席位，以高传真音响和豪华的室内装潢而闻名于世。

时 间		类 别 [索引编号]
1819	卡诺维亚诺神庙（动工），帕沙诺（意） A.卡诺瓦，G.A.塞尔法 这是雕刻家卡诺瓦在出生地建造的模罗马式的万神庙、以雕刻做装饰的神庙。	建 筑 [9-37]
1818—1821	柏林国家剧院，柏林（德） K.F.辛克尔 以希腊神庙风格为基础，正面具有爱奥尼亚式门廊的剧场建筑。	建 筑 [9-38]

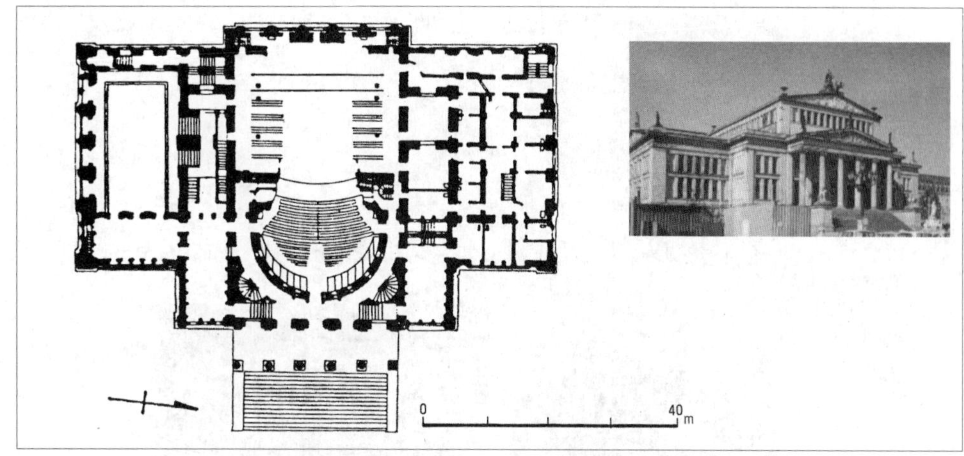

[9–38]

1821	法拉第（Michael Faraday）发现发电机的原理	历史事件
1821	《哥特（Goethe）半身像》，劳赫	雕 刻
1822	希腊独立战争	历史事件
1806—1823	海军总部，圣彼得堡（俄） A.沙卡洛夫 这是由俄罗斯建筑师沙卡洛夫设计的亚历山大帝时期新古典主义代表作。建筑与当时的都市计划呈有机的关连性。	建 筑 [9-39]
1824	《北极海》，弗里德里希（Caspar David Friedrich）	绘 画
1825	皇家高等学校（动工），爱丁堡（英） T.汉弥尔顿 这是建在有“北方雅典”之称的爱丁堡的学校建筑。基于考古学模仿雅典卫城的入口大门，忠实地呈现希腊复古式建筑的作品。	建 筑 [9-40]
1825	世界首条铁路完成	历史事件

[9–39]

[9–40]

时间		类别 [索引编号]
1812—1827	**女子监狱，符兹堡（德）** P.施毕特 这是具有高大正面的建筑。受到布雷、勒杜等人的影响，施毕特采取古典主义形态和巨大量体配置，以呈现建筑性格和机能。	建筑 [9-41]
1817—1826	**维吉尼亚大学，夏洛茨维尔，维吉尼亚州（美）** T.杰弗逊 兼具建筑师身份的美国第三任总统杰弗逊，自政界引退后所设立的大学。配置在山丘斜面，显示受到法国影响的新古典主义建筑群，整体都有合理的构成。	建筑 [9-42]
1826—1827	**坎伯兰连栋街屋，伦敦（英）** J.纳希 这是伦敦唯一的宫廷都市计划家纳希，在摄政公园（Regents Park）东侧建造的大规模连栋住宅。	建筑 [9-43]

《巴比纽河岸》（音译），科罗（Jean-Baptiste Camille Corot）

[9–42]

[9–43]

1826	**老博物馆，柏林（德）**	绘画
1823—1830	K.F.辛克尔 19世纪德国代表性建筑师辛克尔建造的纪念碑作品。省略山形墙的单纯箱形外观，以及并列的细致爱奥尼克列柱，形成屏幕般的正面，充分表现新古典主义建筑的近代风貌。	建筑 [9-44]

波兰银行，华沙（波兰）

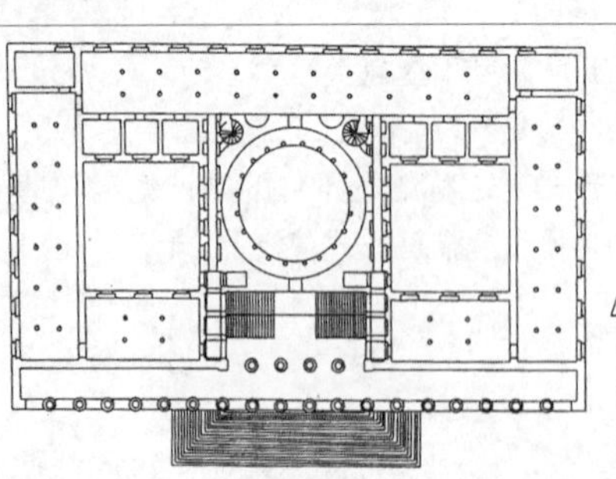

[9–44]

1828—1830	A.克拉齐 这是19世纪初，华沙主要建筑师克拉齐所建的大规模公共建筑。两层楼的长长墙面他以连续的拱券来处理。	建筑 [9-45]

时　间		类　别 [索引编号]
1830	法国七月革命	历史事件
1825—1832	卡罗菲利斯剧院，热那亚（意） C.F.巴拉比诺 这座剧院建筑的周边环境计划时也充分考虑进去，装饰部分在第二次世界大战时遭到破坏。	建 筑 [9-46]
1832	《路易 · 伯坦像》（*Louis-Francois Bertin*），安格尔	绘 画
1791—1833	英格兰银行，伦敦（英） S.J.索恩 该银行在1732—1734年时，由乔治 · 辛普森（George Sampson）开始建造，之后由索恩长期参与设计建造。除了被称为“提佛利角落”的边角之外，建筑由几乎无窗的外墙构成，内部空间位居三个圆顶之下。	建 筑 [9-47]
1833—1836	《马赛曲浮雕》（La Marseillaise），吕德（François Rude）	雕 刻
1816—1834	雕刻馆，慕尼黑（德） L.v.克伦泽 这是收藏古代雕刻的新古典主义美术馆。包括巴伐利亚王鲁德威克一世（Ludwig Ⅰ）所收集的雕刻。	建 筑 [9-48]

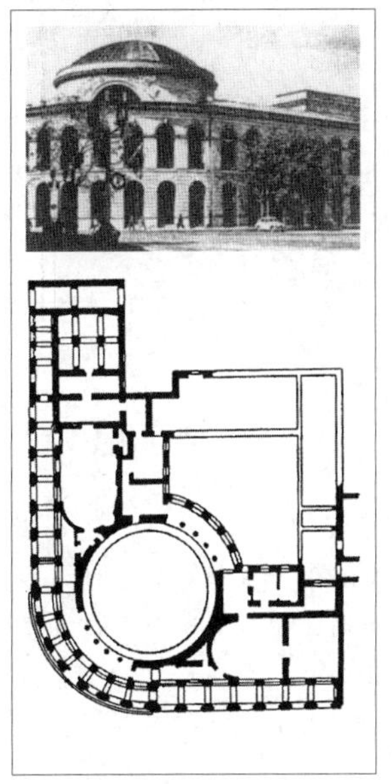

[9–48]

[9–45]

[9–47]

时　间		类　别
1806—1835	凯旋门，巴黎（法） J.F.T.查尔格林等 拿破仑为纪念胜利在香榭丽舍（Champs-Élysées）大道建造高50米、宽45米，尺寸大小史无前例的凯旋门。查尔格林死后，G.A.布鲁耶（音译）继续完成。	建 筑 [9-49]
1837	维多利亚女王登基	历史事件
1806—1838	和平凯旋门，米兰（意） M.L.卡诺拉 拿破仑统治下米兰建筑师卡诺拉建造的凯旋门。	建 筑 [9-50]

时间		类别 [索引编号]
1839	达盖尔银板照相术	历史事件
1839	《奴隶船》（*The Slave Ship*），泰纳（Joseph Mallord William Turne）	绘画
1832—1840	赫尔辛基大学本馆和图书馆，赫尔辛基（芬兰） C.L.恩格尔 紧邻国会（Senate）广场西侧所建的大学建筑，从外观看来涂饰黄灰泥墙面上配置着列柱。前者的前厅及后者的阅览室等，都可见到纯粹的新古典主义空间。	建筑 [9-51]

[9-49]

[9-51]

1836—1841	里昂法院，里昂（法） L.P.巴尔塔 这是在法国综合理工学院（Ecole Polytechniqu）和布杂艺术学院（Ecole des Beaux-Arts）执教的建筑师巴尔塔的实作。是采用科林斯式巨大廊柱的帝政风格建筑。	建筑 [9-52]
1806—1842	玛德莲教堂，巴黎（法） P.威侬 当初原本计划要作为拿破仑军的光荣圣殿（Temple de la Gloire），在完成前变更成帝政风格的巨大教堂建筑。呈现罗马式高基座上竖立科林斯的神庙形式。内部以三角穹圆顶（Pendentive）支撑三个大圆顶。	建筑 [9-53]
1831—1842	瓦哈拉，瑞根斯堡近郊（德） L.v.克伦泽 这是为纪念历史上日耳曼裔人物所建的纪念堂。这幢建筑建于多瑙河平原上的广大高台上，具有多利克式围柱的纯希腊神庙式外观，但内部采用铁骨架构，和装设玻璃的屋顶。	建筑 [9-54]
1844	摩尔斯（Morse）改良电报机	历史事件
1836—1845	匈牙利国家博物馆，布达佩斯（匈牙利） M.波拉克 欧洲周边国家首都中，19世纪时出现许多新古典主义建筑，这是其中较大规模的公共建筑实例。附阶梯的大门廊具有神庙风格的立面。	建筑 [9-55]

时 间 类 别

[索引编号]

[9–53]

[9–54]

约1845 《横度密苏里河的毛皮商人》（*Fur traders on Missouri River*），宾厄姆（George Caleb Bingham） 绘 画

1823—1847 大英博物馆，伦敦（英） 建 筑 [9-56]

S.R.史马克

用来收藏反映英国当时国力的伟大收藏品的著名博物馆。构成上以希腊神庙风格爱奥尼亚柱门廊为中心，左右伸展的翼部与突出部分连接。

[9–55]

[9–56]

1839—1847 图华森美术馆，哥本哈根（丹麦） 建 筑 [9-57]

G.宾德斯贝尔

建筑窗户等方面的处理具有独创性，内外都采用彩饰法（polychromy）加以装饰，为一多彩鲜丽的新古典主义作品。

[9–57]

时间		类别 [索引编号]
1833—1848	**圣文森保罗教堂，巴黎（法）** J.I.希托夫 这是采用初期基督教元素的巴西利卡式教堂，为19世纪初多彩色装饰建筑实例。	建筑 [9-58]
1848	**法国二月革命** 在德国、匈牙利、奥地利、意大利三月革命失败，法国开始展开第二共和（路易·拿破仑）。	历史事件
约1822—1850	**埃斯泰尔戈姆大教堂，埃斯泰尔戈姆（匈牙利）** J.S.帕克，J.希尔德 这是具有大圆顶和门廊的壮丽新古典主义建筑。	建筑 [9-59]
1830—1852	**赫尔辛基大教堂，赫尔辛基（芬兰）** C.L.恩格尔 这是在柏林学习新古典主义建筑的恩格尔，所建造的希腊十字形平面教堂建筑。它是首都赫尔辛基19世纪都市计划中的一环，面向中央的国会广场建造。	建筑 [9-60]
1838—1854	**奥斯陆大学，奥斯陆（挪威）** C.H.古罗修 这是奥斯陆引进德国风格新古典主义的作品。古罗修这件设计案辛克尔也有参与中的一部分。廊柱柱头部分等处也使用铸铁建造。	建筑 [9-61]

[9-59]  [9-60]  [9-61]

时间		类别 [索引编号]
1859	**田纳西州议会大厦（完工），那什维尔（美）** W.斯特里克兰 这是四周配置爱奥尼亚柱门廊的新古典主义建筑。	建筑 [9-62]
1848—1860	**大山门，慕尼黑（德）** L.v.克伦泽 进入国王广场（Konigsplatz）的大门。克伦泽晚期所以设计的纯希腊风格建筑作品。	建筑 [9-63]
1843—1863	**自由殿堂，克尔罕近郊（德）** L.v.克伦泽 这是在邻多瑙河的山丘上所建的巨大圆形战胜纪念堂。与瓦哈拉齐名以自然为背景的纪念碑形式，是克伦泽特别受瞩目的作品。	建筑 [9-64]
1869	**大西大厦，格拉斯哥（英）** A.汤姆森 这幢建筑的构成是在以直线为基调的平滑墙面上，附加爱奥尼亚柱式门廊。	建筑 [9-65]

时　间　　　　类　别 [索引编号]

[9-63]

[9-64]

1873—1883　**奥地利国会，维也纳（奥地利）**　建 筑 [9-66]

T.v.汉森

这是丹麦出身的历史主义建筑师汉森建造的大型作品。面向维也纳环城大道（Link Strasse）建造。

1886　**《建筑心理学序说》，H.沃夫林**　建筑书

这是提出美术史上的基础概念的沃夫林，在22岁时写下的学术论文。

1871—1889　**旧行政办公大楼，华盛顿（美）**　建 筑 [9-67]

A.B.姆雷特

美国财务院所属建筑师姆雷特所建的政府机关建筑。是南北战后成为主流的第二帝政风格的代表作品。

1887—1898　**波士顿公共图书馆，波士顿（美）**　建 筑 [9-68]

C.F.麦金，W.R.米德，S.怀特

这是由麦金、米德和怀特三人设计建造，早期的古典主义建筑实例。可看出受到拉布罗斯特设计的圣几内维图书馆等建筑的影响。

[9-66]

[9-68]

1902—1911　**宾州车站，纽约（美）**　建 筑 [9-69]

C.F.麦金，W.R.米德，S.怀特

这是以罗马卡拉卡拉浴场为样本所构筑的大规模车站建筑。完美融合古典主义的造型和近代的技术（现已不存）。

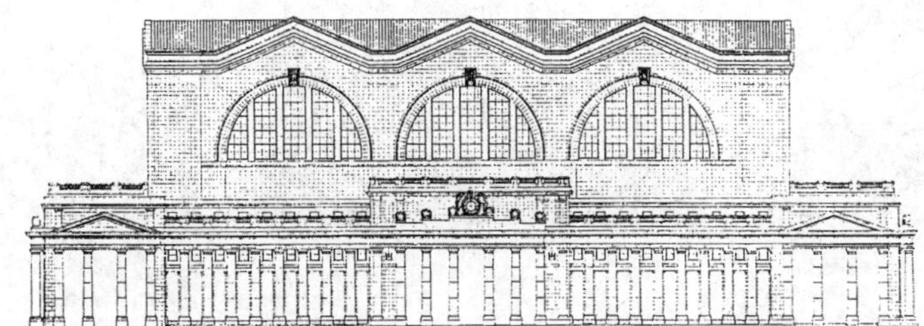
[9-69]

时间		类别 [索引编号]
1919—1924	**哥本哈根中央警察署，哥本哈根（丹麦）** H.卡普曼，A.拉芬 1920年代丹麦的北欧新古典主义作品。具有面向道路往内凹的入口，以及环绕廊柱的圆形平面大中庭。	建筑 [9-70]
1923—1925	**于韦斯屈莱工人俱乐部，于韦斯屈莱（芬兰）** A.阿尔托 阿尔托年轻时期建造的地区城市建筑作品。除了受到20世纪20年代北欧新古典主义的影响外，也呈现很完整的流派特色。	建筑 [9-71]

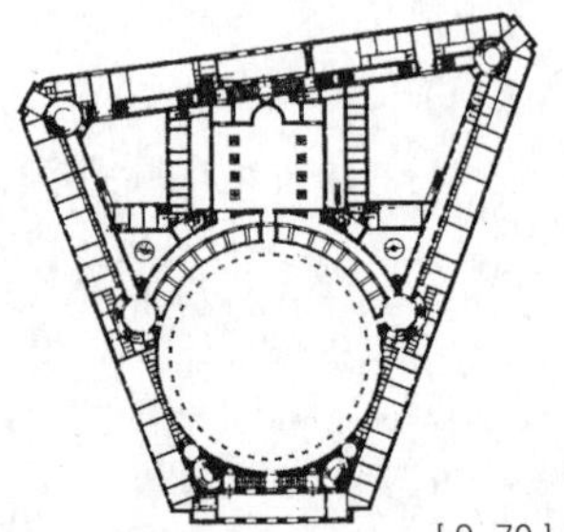

[9-70]

[9-71]

时间		类别 [索引编号]
1920—1928	**斯德哥尔摩市立图书馆，斯德哥尔摩（瑞典）** E.G.阿斯普兰德 这是在北欧引进近代建筑的建筑师阿斯普兰德的初期代表作。他运用北欧新古典主义语汇，单纯组合圆筒和直方体来表现这幢建筑的外观，内部也采用与此相呼应的明亮构成。	建筑 [9-72]
1927—1931	**芬兰国会大厦，赫尔辛基（芬兰）** J.S.西伦 这是依据1924年设计比赛获选案所建造的北欧新古典主义作品。整体都贴上方块花岗岩，正面竖有14根简化的巨柱。	建筑 [9-73]
1931	**米兰中央车站，米兰（意）** E.蒙托里 这是欧洲规模最大的铁路车站。与罗马泰尔米尼车站（Roma Termini railway station）想比，在它几乎令人感到窒息的繁复装饰下，展开内部广大的空间。	建筑 [9-74]

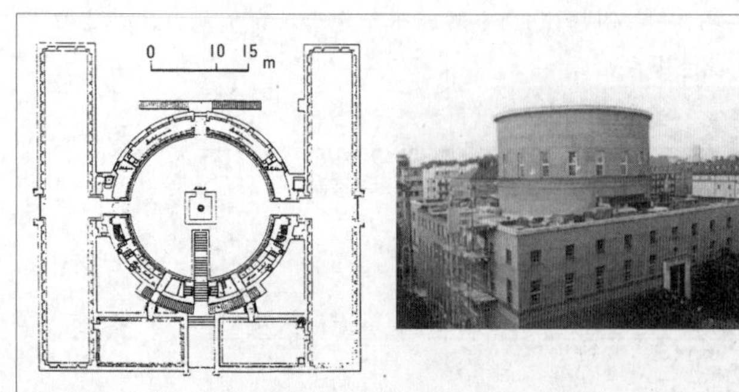

[9-72]

[9-73]

时 间		类 别 [索引编号]
1934	**齐柏林广场（德国纳粹党大会会场），纽伦堡（德）** A.施佩尔 这是为召开纳粹党大会，在纽伦堡建造可容纳10万人的大型户外会场。立面并列着长390米的廊柱，到了夜晚会以许多探照灯照明。	建 筑 [9-75]
1937	**巴黎市立近代美术馆，巴黎（法）** A.奥贝尔，J.＝C.东迪尔，M.达斯图吉 这幢美术馆在1937年世界博览会时，建造在靠近夏乐宫（Palais de Chaillot）附近塞纳-马恩省北岸的巴黎东京宫美术馆（Palais de Tokyo）的一部分。是立面具有廊柱的20世纪新古典主义建筑。	建 筑 [9-76]
1939	**柏林都市改建案，柏林（德）** A.施佩尔 施佩尔奉希特勒之命进行的纳粹党的德国首都大改造计划。计划中以直线道路与宏伟的大会堂（Great Hall）和凯旋门连结。	建 筑 [9-77]

[9-74]

[9-76]

[9-77]

时 间		类 别
1940	**德国国防部，卡塞尔（德）** K.尚菲尔德，E.温德尔 显示纳粹主义时期德国建筑趋势的案例。外观上属于新古典主义风格，但也呈现某种现代感。	建 筑 [9-78]
1934	**明治生命馆，东京（日本）** 冈田信一郎 明治生命馆是日本新古典主义建筑实例。这幢建于皇宫护城河畔的大型都市办公大楼，主正面配置着10根五层楼高的巨柱，整幢建筑展现浓厚的纪念馆氛围。	建 筑 [9-79]

[9-78]

[9-79]

折中主义 | *Eclecticism*

时间		类别 [索引编号]
1754—1756	忘忧宫之中国风茶馆，波茨坦（德） 这是在西欧美术折中纳入中国风格的中国风（chinoiseri）建筑实例之一。圆形建筑的周围廊柱和屋檐，采用非西欧的装饰，还配上中国风奏乐人物雕像。	建筑 [10-1]
1759	涡石灯塔，普利茅斯近郊（英） J.斯米顿 内陆运河建造者斯米顿另一项建筑杰作。这个灯塔过去曾进行各种混凝土实验建造，难度很高一直未完成，在欧洲是广为人知的工程。	建筑 [10-2]
1763—1769	皇后岛宫之中国风凉亭，斯德哥尔摩近郊（瑞典） C.F.阿德克兰兹 这是18世纪中国风建筑流行至北欧的实例。以红色为主色的外墙和波浪状屋檐令人印象深刻。	建筑 [10-3]

[10-1]

[10-2]

[10-3]

时间		类别 [索引编号]
1779	科尔布鲁克代尔的铸铁拱桥，什罗普郡（英） A.达比 这是最早运用铸铁作为构造建材的桥梁建筑。但是风格却是模仿木桥，还可见到哥特风格。	建筑 [10-4]
1785	朗布耶宫女王酪农场，朗布耶（法） 这座农场可能是H.罗伯特所设计的，是一座具有圆顶房间和石洞（grotto）的田园风酪农场。	建筑 [10-5]

时　间		类　别 [索引编号]
1780—1786	凡尔赛宫之“皇后农庄”，凡尔赛，巴黎近郊（法） H.罗伯特，R.米克 画家罗伯特和建筑师米克一起合作，为皇后玛丽·安东妮德（Marie Antoinette）所建的农村和田园庭园。	建 筑 [10-6]

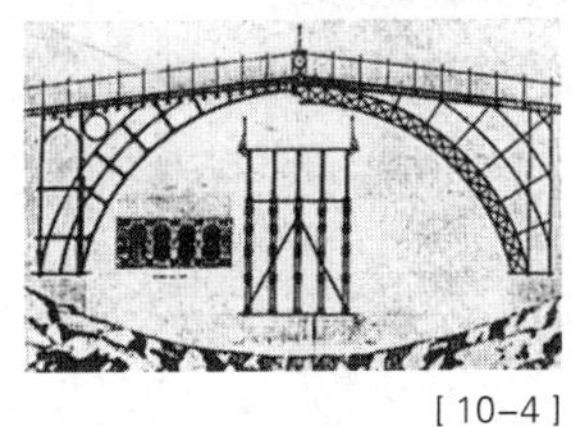
[10–4]

[10–6]

时　间		类　别 [索引编号]
1813	史坦利纺织厂，斯特劳德谷（英） 这幢工厂建筑的主风格铁拱券是以平板来支撑。	建 筑 [10-7]
1813	查塔姆海军造船厂，伦敦（英） 这幢造船厂具有并列着无装饰长方形窗户的正面，以及铁制大架构的内部空间。	建 筑 [10-8]
1814	史蒂芬生发明蒸汽火车	历史事件
1814—1815	《1808年5月3日的马德里》，戈雅	绘 画
1814	《大宫女》，安格尔	绘 画
1815	拿破仑被流放到圣赫勒拿岛（Saint Helena）	历史事件
1821	法拉第（Michael Faraday）发现发电机的原理	历史事件
	《哥特（Goethe）半身像》，劳赫	雕 刻
1822	希腊独立战争	历史事件

时　间		类　别 [索引编号]
1815—1823	皇家阁，莱顿（英） J.纳希 乔治四世的离宫。以印度伊斯兰风格为基调，揉合了各式各样东方风格，属于如画派（Picturesque）的多彩建筑。	建 筑 [10-9]
1824	《北极海》，弗里德里希	绘 画
1800—1825	新兰纳克，新兰纳克（英） R.欧文 企业家为了工厂劳工早期开发的小区建筑。除了住宅外，还包含商店、教育设施等。	建 筑 [10-10]

[10-9]

[10-10]

时　间		类　别
1825	世界首条铁路完成	历史事件
1826	《巴比纽河岸》（音译），科罗（Jean-Baptiste Camille Corot）	绘 画
1827	圣凯瑟琳码头，伦敦（英） T.特尔福德 邻泰晤士河铁桥（Tower Bridge）的下游所建的早期码头建筑之一，主要是用来运送酒类和羊毛。砖造建筑上有拱券形窗户，一楼形成开放式柱廊。	建 筑 [10-11]
1830	法国七月革命	历史事件
1829—1832	旅人俱乐部，伦敦（英） S.C.贝利 这是分别运用各种风格的维多利亚初朝主要建筑师贝利的作品。他模仿15世纪意大利文艺复兴府邸建筑，显示英国历史主义已蓬勃发展。	建 筑 [10-12]
1832	《路易·伯坦像》，安格尔	绘 画
1833—1836	《马赛曲浮雕》，吕德	雕 刻
1816—1837	佩多奇咖啡屋，帕杜亚（意） G.贾培利 虽然动工时预计要完成新古典主义建筑，但在1837年时，又增建了在意大利较罕见的新哥特式翼部，形成两者融合为一的独特风貌。	建 筑 [10-13]
1821—1837	费城南部监狱，费城（美） J.哈维兰 这座监狱具有自中央方便监视，呈放射状向外延伸的独居房舍，它对于日后的监狱建筑带来很大的影响。	建 筑 [10-14]

时 间		类 别 [索引编号]

[10-12]

[10-13]

时间	内容	类别
1837	维多利亚女王登基	历史事件
1839	发明达盖尔银板照相术	历史事件
1839	《奴隶船》，泰纳	绘 画
1831—1840	慕尼黑国立图书馆，慕尼黑（德） F.v.葛特内 这幢图书馆会让人连想到意大利初期文艺复兴宅邸建筑。异常宽大的正面，再加上似乎刻意配置的连续单纯拱券形窗户，构成所谓的“Rundbogenstil”。	建 筑 [10-15]

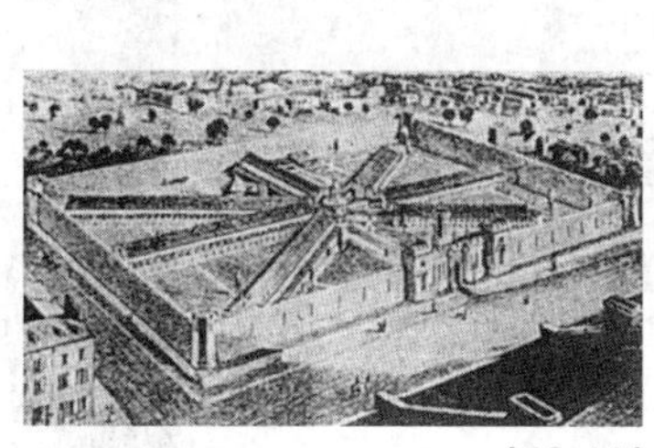
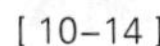
[10-14]

[10-15]

时间	内容	类别
1836—1840	尤斯顿火车站，伦敦（英） P.哈德威克 这是运用希腊多利克式外观如神庙般的火车站。它虽然是最早兼设饭店的伦敦终点火车站，但在1968年时已新建，所以当时的建筑如今已不复见。	建 筑 [10-16]
1840	查茨沃斯大温室，查茨沃斯（英） J.顿克斯顿，D.波顿 由于制铁法获得改善和玻璃板量产之故，使得这幢新型巨大玻璃建筑先驱得以完成。	建 筑 [10-17]

[10-16]

时间		类别 [索引编号]
1838—1841	德勒斯登歌剧院，德勒斯登（德） G.桑珀 这是桑珀在德勒斯登的新文艺复兴风格代表作。完成后发生火灾，1871年时又再设计，直到1878年M.桑珀才完成这座新歌剧院。	建筑 [10-18]
1844	摩尔斯（Morse）改良电报机	历史事件
1845	和平教堂，波茨坦（德） F.L.皮尔休斯 这是辛克尔的学生皮尔休斯所建，属于如画派的美丽教堂。	建筑 [10-19]
约1845	《横度密苏里河的毛皮商人》，宾厄姆	绘画
1844—1847	凯里迈基教堂，凯里迈基（芬兰） A.F.葛兰斯泰德 这是在19世纪时仍保持木造传统的芬兰地区所建的木造教堂，具有容纳5000人的规模，中央天花板高24米。属于拜占庭和哥特式的折中风格。	建筑 [10-20]
1847	圣修伯特商场，布鲁塞尔（比利时） J.P.克如赛纳尔 欧洲主要都市建造许多有玻璃顶的购物拱街，这座商场是早期的案例。	建筑 [10-21]

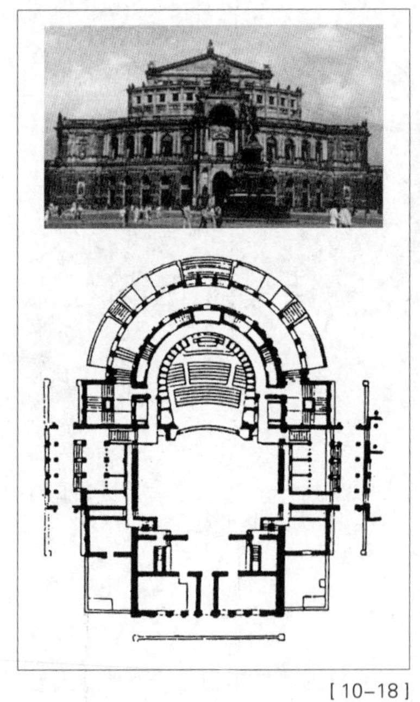
[10–18]

[10–20]

[10–21]

1844—1848	邱园的温室，邱区，伦敦近郊（英） D.波顿，R.特纳 这幢以铁材和玻璃建造的植物温室，比著名的水晶宫先完成，但直到今天丝毫不显得古老。在细部上仍可见到一些风格造型的残影。	建筑 [10-22]
1848	法国二月革命，在德国、匈牙利、奥地利、意大利三月革命失败，法国开始展开第二共和（路易·拿破仑）	历史事件

时 间		类 别 [索引编号]
1849	伦敦煤炭交易所，伦敦（英） J.B.布宁 这是交易所和市场都积极利用铁材和玻璃建造的大架构建筑之一，是早期刻意用铁材作为装饰元素的案例。	建 筑 [10-23]
1849	维多利亚市都市计划（英） J.S.贝克汉 这是形态整齐的19世纪理想都市案例。	建 筑 [10-24]

[10–22]

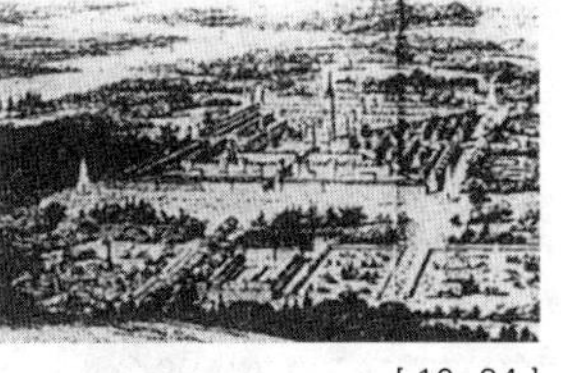
[10–24]

	《采石工人》（*The Stone Breakers*），库尔贝（Gustave Courbet）	绘 画
1834—1850	圣几内维图书馆，巴黎（法） H.P.E.拉布罗斯特 这是以裸露的铁材建造的文艺复兴风格建筑。是具纪念性公共建筑最早以铁来作为表现材料的建筑案例。	建 筑 [10-25]

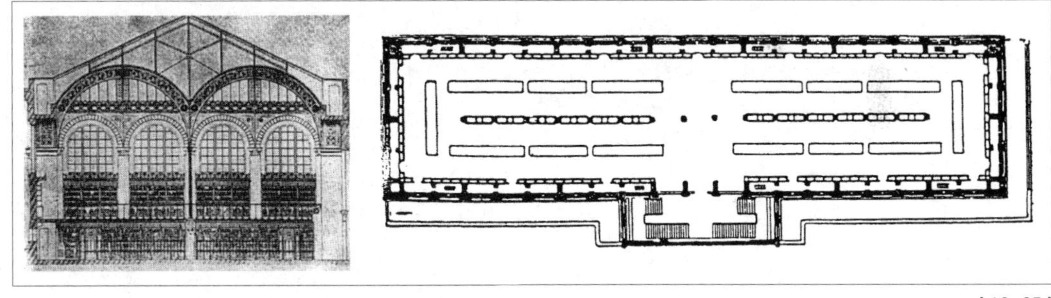
[10–25]

1850	不列颠桥，麦奈海峡，韦尔斯（英） R.史蒂芬生，F.汤普森 这座铁道桥具有以长方形断面、长130米的管子夹住桥柱的构造，由史第芬生负责设计桥柱部分。	建 筑 [10-26]
1851	水晶宫，伦敦（英） J.帕克斯顿 世界最早的伦敦世界博览会时建造的著名展示馆。这是扩大利用先发展的温室建筑技术，以铁材和玻璃建构出的超大空间。世博结束后虽移建保存到郊外，但1936年时被烧毁。	建 筑 [10-27]
	伦敦世界博览会劳工住宅样品，伦敦（英） H.罗柏士 不断提出改善劳工住宅言论和设计的罗柏士，这是他设计最具知名度的作品。此提案是以四户为一单位，以这种组合构成的集体住宅。	建 筑 [10-28]

时　间		类　别 [索引编号]

[10-27]

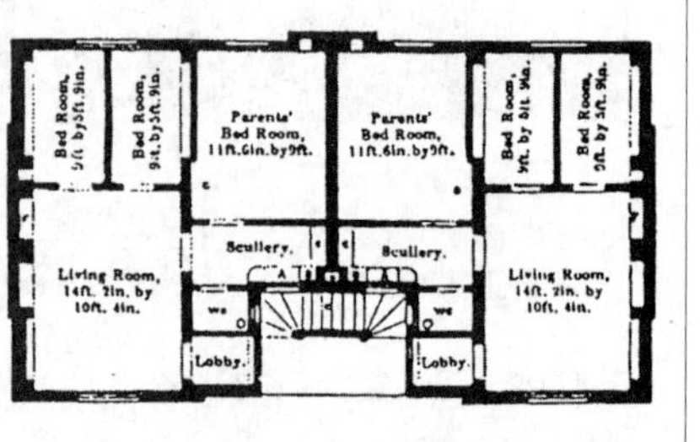

[10-28]

1847—1852　**巴黎东站，巴黎（法）**　建 筑 [10-29]

F.A.杜克斯尼

这是运用铁材的早期铁路车站案例。礅距30米的铸铁制拱顶，和石造立面的拱券形成完美组合。

1851—1852　**国王十字车站，伦敦（英）**　建 筑 [10-30]

L.邱毕特

与相邻的圣班卡拉斯车站相比，这个铁路车站的外观较为简朴，内部是两个铸铁制圆筒拱顶形成的大空间。

[10-29]

[10-30]

1852　**马赛大教堂（动工），马赛（法）**　建 筑 [10-31]

L.沃多耶

组合罗马式平面和多色彩拜占庭式立面的折中教堂建筑。

1852　**路易拿破仑称帝**　历史事件

1853　**巴黎都市计划案（开始），巴黎（法）**　建 筑 [10-32]

G.-E.霍斯曼

拿破仑三世任命的巴黎行政长官曼斯曼负责的著名都市计划。现在巴黎近代都市的美景都来自于实施此计划，然而另一方面历史性的都市构造和其散发的温暖感如今多半都丧失。

时 间		类 别 [索引编号]

[10-31]

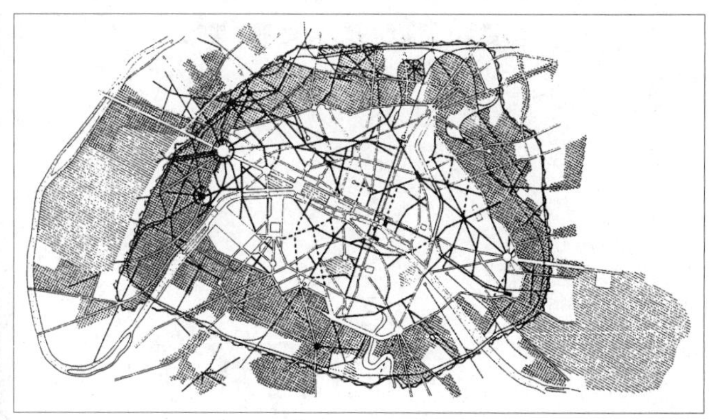
[10-32]

1847—1854 **德勒斯登画廊，德勒斯登（德）** 建 筑 [10-33]

G.桑珀

这是桑珀在1848年革命后，移居伦敦其他地方前在德勒斯登最晚期的作品。计划中将朝北开启的巴洛克式茨温格宫中庭，以附大拱券的立面封闭。

1854 **佩里（Matthew Calbraith Perry）敲开日本锁国状态** 历史事件

1855 **加纳商行，格拉斯哥（英）** 建 筑 [10-34]

这幢都市建筑基本上具有古典主义的正面，以及铁材构造。

1855 **利佛里路正面计划，巴黎（法）** 建 筑 [10-35]

C.贝希尔，P.F.L方塔纳

芒萨尔式屋顶（mansard roof）上，建有屋顶窗的连幢住宅，一楼拱廊内设有商店。当初由市政府当局提出设计案，由各自的建造者义务建造完成。

[10-34]

[10-35]

1856 **哈沃大厦，纽约（美）** 建 筑 [10-36]

J.P.盖纳

建于靠近曼哈顿南端，具有铸铁正面的办公大楼。这幢大楼也因最早设置奥的斯（Otis）发明的附自动安全装置的客用电梯而闻名。

亨利柏塞麦（HernyBessemer）炼钢法（熔铁中吹入空气的炼钢法） 历史事件

1852—1857 **卢浮宫新馆，巴黎（法）** 建 筑 [10-37]

L.T.J.维斯孔蒂，H.M.勒菲埃尔

在这个计划中，将卢浮宫和杜勒丽（Tuileries ）两个宫殿轴线巧妙错开但又充分予以连结。拿破仑三世时期，完成了这项二百年来的大宫殿计划。

时 间 | **类 别** [索引编号]

1859 **红屋（完工），贝克斯里黑斯（英）** 建 筑 [10-38]

P.韦布，W.摩里斯

这幢摩里斯的自用住宅，除了是艺术和手工艺运动（Arts and Crafts Movement）的据点外，也是近代住宅建筑的新起点而闻名。他虽委托友人建筑师韦布设计，可是自己也参与内装。

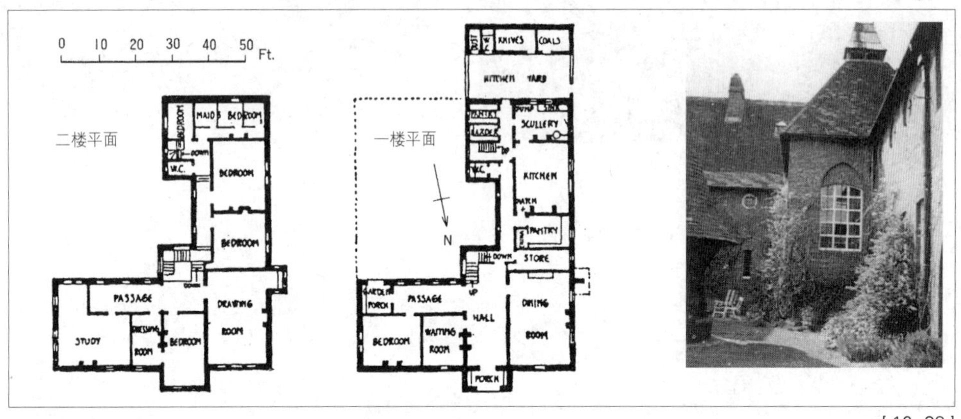

[10-38]

《物种起源》（*Origin of Species*），达尔文（Charles Darwin） 建筑书

论述进化论的书籍，适者生存的思想对19世纪西欧列强的思维具有极大的影响。

1861—1865 **美国南北战争，奴隶解放** 历史事件

约1862 《三等列车》（*Third Class Wagon*），杜米埃（Honoré-Victorin Daumier） 绘 画

1793—1863 **美国国会，华盛顿（美）** 建 筑 [10-39]

W.桑顿，B.H.拉特罗布，C.布尔芬奇，T.U.华尔德，及其他

自18世纪末动工以来，这幢象征美国民主主义的建筑，为扩大功能不断进行增建。到了19世纪后半期，华尔德又加建左右的上、下院大翼屋，顶部盖有内径30米的铸铁制圆顶，差不多是现今所见的外观。

1860—1863 **利兹谷物交易所，利兹（英）** 建 筑 [10-40]

C.布罗德里克

这是布罗德里克在利兹留下，以风格主义为基调的公共建筑作品。内部具有广大空间的楼下，构成采用古典主义风格，上面具有以铁材和玻璃架设的拱顶。

[10-39]

[10-40]

时间		类别 [索引编号]
1863	安托内利尖塔（设计），都灵（意） A.安东内利 当初预定作为犹太教堂使用，高约165米的尖塔。外观为古典主义风格，内部以铸铁支撑。	建筑 [10-41]
1861—1863	《风格论》，G.桑珀 本书论述从建筑素材的性质到构成的形式，倾向唯物的造型论。	建筑书
1863—1872	《建筑论述》（*Discourses on architecture*），E.E.维奥列多=勒=杜克 以“构造”概念论述建筑的理论书。	建筑书
1864	音乐厅计划案（法） E.E.维奥列多=勒=杜克 维奥列多=勒=杜克基于对哥特式建筑的研究，以此计划案来论述构造的合理性。内部大空间是以铁材作为肋筋来支撑。	建筑 [10-42]
	巴斯德（Louis Pasteur）提出病菌说	历史事件
	《伤鼻的男子》(Mask of Man with the Broken Nose)，罗丹 (François-Auguste-René Rodin)	雕刻
1864—1865	欧雷尔会议厅，利物浦（英） P.艾理斯 这幢建筑具有以铸铁骨架全面安装玻璃的正面。上面排列着以细隔间区隔的外突窗，已预先显示出20年后芝加哥摩天楼的蓝图。	建筑 [10-43]

[10–42]

[10–43]

1865	门德尔（Gregor Johann Mendel）发现遗传法则	历史事件
1852—1866	巴黎中央市场，巴黎（法） V.巴尔塔 这是能直接看到铁材骨架构造，全面安装玻璃的市场。当初虽然计划采取石造，但霍斯曼将它变更为铁材与玻璃的建筑。	建筑 [10-44]
约1866	《晨钟》，荷马（Winslow Homer）	绘画

时间		类别 [索引编号]

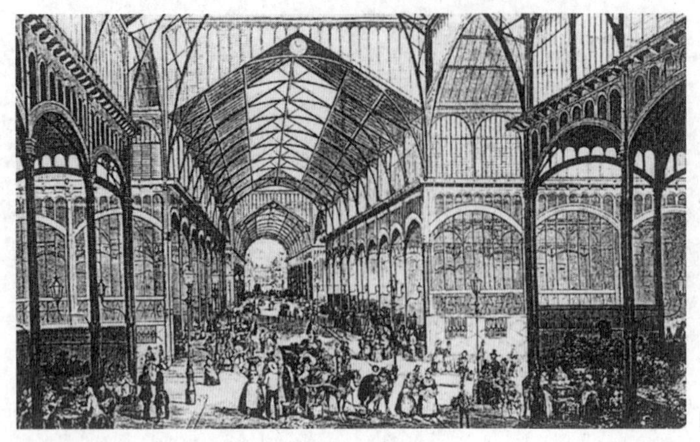
[10-44]

时间	内容	类别
1860—1867	圣奥古斯丁教堂，巴黎（法） V.巴尔塔 这幢教堂建筑虽然架设初期法国文艺复兴风格圆顶，但构造上却采用铁材骨架。	建筑 [10-45]
1861—1867	三一教堂，巴黎（法） T.巴鲁 这是善用各种风格的法国折中主义建筑师巴鲁的代表作。教堂以法国、意大利初期文艺复兴风格为基础，具有剧场的构成。	建筑 [10-46]
1867	诺贝尔（Alfred Bernhard Nobel）发明黄色炸药	历史事件
	《意大利文艺复兴的文化》(*Die Kultur der Renaissance in Italien: ein Versuch*)，J.布尔克哈特	建筑书
1866—1867	圣三一教堂，宾格里，约克郡（英） R.N.萧 这是建筑师萧的初期宗教建筑代表作。以简朴的高塔为中心，具有粗石砌墙面，和质素、粗犷的细部风格。	建筑 [10-47]
1868	利兹伍德大楼，萨塞克斯（英） R.N.萧 萧比较早期的住宅作品。优异的平面计划再加上如画派的外观设计，与圆熟期的稳健作风截大异其趣。	建筑 [10-48]

[10-48]

时间	内容	类别
	《河》，莫奈（Claude Mone）	绘画
1867—1869	《舞》（The Dance），卡波（Carpeaux、Jean-Baptiste）	雕刻
1869	美国完成横贯大陆铁路建设	历史事件
1869	苏伊士运河（Suez Canal）开通	历史事件

时 间		类 别 [索引编号]
1870—1871	普法战争（因西班牙王位继承问题所引发的战争）	历史事件
1871	《画家的母亲》(*Portrait of the Painter' s Mother*)，惠斯勒 (James Abbott McNeill Whistler)	绘 画
1870—1872	科隆歌剧院，科隆（德） J.罗夏朵夫 这幢歌剧院具有急倾斜屋顶、附山形墙屋顶窗和细部雕塑等，令人连想起16—17世纪的德国建筑。	建 筑 [10-49]
1871—1872	巧克力工厂，努瓦兹，巴黎近郊（法） J.索尼尔 这是最早的钢铁骨架建筑，还使用帷幕墙（curtain wall）。	建 筑 [10-50]
1872	斯特蒂文特宅邸，米德尔敦，罗得岛州（美） D.纽顿 这是被称为“木造风格”（Stick Style）的美国东海岸地区的木造代表住宅。外墙变换各式各样的木板呈现如绘画般的效果，外观设计上发挥得淋漓尽致。	建 筑 [10-51]

[10–50]

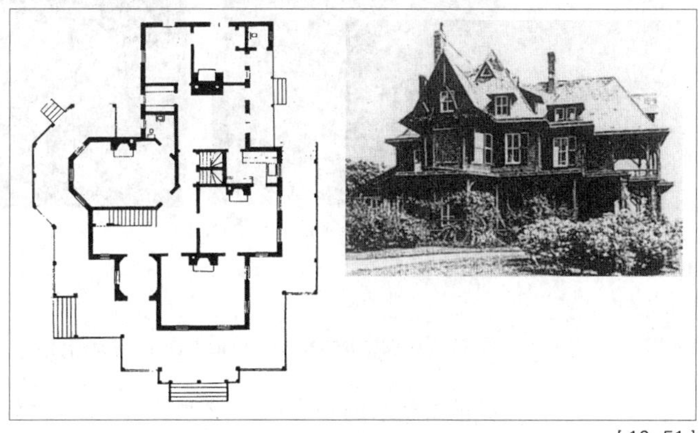
[10–51]

1861—1874	旧巴黎歌剧院，巴黎（法） C.加尼埃 这是在1861年比赛设计中获选，所建造完成的第二帝政风格最豪华的建筑。构成沉稳庄重的建筑位于歌剧大道的醒目位置，内部具有壮丽的大楼梯间、充实的舞台装置等，花费了巨额工程费才完成。第二帝政风格是拿破仑三世（1852—1870）时期发展的巴洛克式大建筑风格。	建 筑 [10-52]

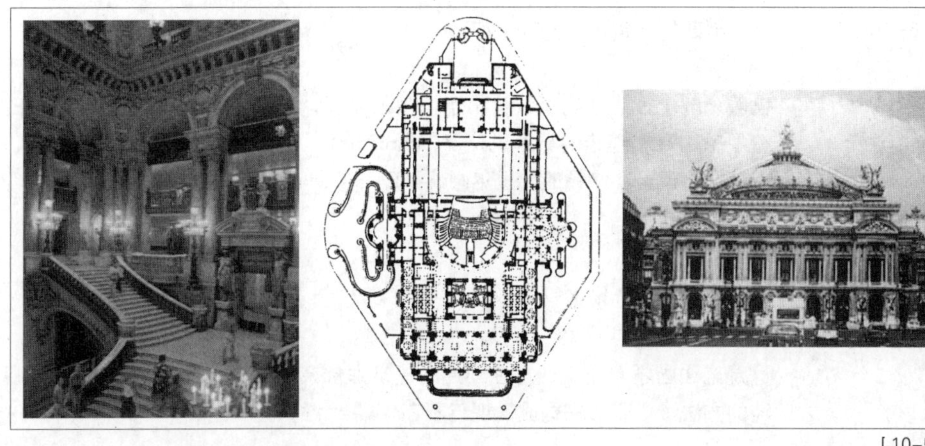
[10–52]

时 间		类 别 [索引编号]
1872—1876	宾夕法尼亚美术学会，费城（美） F.佛奈斯 这座建筑明显受到以古典主义教育为主而闻名的巴黎布杂艺术学院（Ecole des Beaux-Arts）（美术学校）的影响，整体呈现当时美国建筑共有的厚重感。	建 筑 [10-53]
1876	古天鹅屋，伦敦（英） R.N.萧 这是建于切尔希（Chelsea）地区的建筑作品。二楼具有优雅的凸窗（bay window），呈现萧对丁安妮女工（Annc Stuart）风格的诠释。安妮女王风格是英国安妮女王（1702—1714）时期的建筑风格，但在19世纪末再度复兴，取代哥特式复古风潮。	建 筑 [10-54]

[10-53]

[10-54]

	贝尔（Alexander Melville Bell）发明电话	历史事件
	《煎饼磨坊的舞会》（*Dance at Le Moulin de la Galette*），雷诺阿（Pierre-Auguste Renoir）	绘 画
	《苦艾酒馆》（*L'Absinthe*），德加（Edgar Degas）	绘 画
1865—1877	伊曼努尔二世商场（米兰名店街），米兰（意） G.曼哥尼 它是最著名的玻璃顶拱廊购物商场。面向大圣堂广场的立面和各店铺，依循历史风格的建筑表现形成明显的对比。	建 筑 [10-55]
1876—1877	利兰宅邸的孔雀房，伦敦（英） J.A.M.惠斯勒 世纪末的画家惠斯勒所设计位于巴多伦（音译）的宅邸装饰。当时流行在西欧造型融入日本趣味的日本风格（Japonisme），这是表现此风格的著名建筑例。现今已移建至华盛顿的弗里尔画廊（Freer Gallery Of Art）保存。	建 筑 [10-56]
1877	爱迪生发明留声机	历史事件
1879	先见信托公司，费城（美） F.佛奈斯 这是至法国学习建筑，富独创性的建筑师佛奈斯的作品。正面的风格构图以独特的方法予以变形来构成（现已不存）。	建 筑 [10-57]

时 间 **类 别**

[索引编号]

[10-55]

[10-56]

爱迪生发明白炽电灯 历史事件

1877—1879 《水果盘、杯子和苹果》(*Still Life with Apples and a Glass of Wine*),塞尚(Paul Cézanne) 绘 画

1879—1889 《思想者》(The Thinker),罗丹 雕 刻

1875—1880 贝福特公园田园郊区住宅地,伦敦(英) 建 筑

R.N.萧 [10-58]

这是萧继续E.W.戈德温所做的计划案,为田园郊区住宅地最早的实例。除了萧完成绘画风格般的住宅群外,还建造了教堂、俱乐部、美术学校和商店等,当时受到大众热烈的欢迎。

[10-58]

1872—1881 美术史博物馆·自然史博物馆,维也纳(奥地利) 建 筑

G.桑珀,K.哈森瑙尔 [10-59]

这是两个相对夹着广场的同形博物馆。它和环城大道(用拆下的中世纪市墙建造的幅员广大的环状道路)内侧的新王宫,一起成为19世纪后半维也纳都市改造重要的一部分。

时 间		类 别 [索引编号]
1873—1881	自然史博物馆，伦敦（英） A.沃特豪斯 这是曾建造许多大学和公共建筑，经常提出良好整合计划的维多利亚王朝建筑师沃特豪斯的作品。与其说建筑近似罗马式风格，倒不如说它追求更自由的风格表单现。	建 筑 [10-60]

[10–59]

[10–60]

时 间		类 别 [索引编号]
1880—1881	埃姆斯守卫室，北伊斯顿（North Easton），波士顿郊外（美） H.H.理查森 这是埃姆斯家族乡村别墅的大门附属兼会客室用的守卫室。外墙以大块石头大胆堆砌，还覆盖连续的屋顶。	建 筑 [10-61]
1866—1883	布鲁塞尔法院，布鲁塞尔（比利时） J.派拉特 即使在19世纪的欧洲，它也算是规模最大的建筑。垒叠堆砌的巨大量块，表现出极夸张的象征意味。	建 筑 [10-62]

[10–61]

[10–62]

时 间		类 别 [索引编号]
1883	圣家族教堂（动工），巴塞罗那（西班牙） A.高迪·克尔内特 这幢著名教堂充分展现高迪的建筑天分。1883年高迪自前任建筑师手中接手后，首先完成地下圣堂，接将北侧的降诞正面，往南侧受难正面移动，高迪死后建造至今仍未完成。	建 筑 [10-63]

时　间 **类　别**

[索引编号]

高迪死后后人所作的完整建筑假想图

[10-63]

[10-64]

1884 加拉比高架桥，圣佛尔近郊（法） 建 筑

G.艾菲尔 [10-64]

这是运用高120米的抛物线拱券的铁路桥。用于桥墩的圆形断面铁管为的是防范强风。

1877—1885 阿姆斯特丹国立美术馆，阿姆斯特丹（荷兰） 建 筑

P.J.H.凯博斯 [10-65]

这是灵感来自荷兰初期文艺复兴经过重新构成的大美术馆，特色是具有以红砖为主体的墙面。

1883—1885 房屋保险大楼，芝加哥（美） 建 筑

W.L.B.詹尼 [10-66]

这幢大楼具有铁制柱与梁、钢制大梁等骨架构造，为芝加哥派铁架构造建筑先驱。芝加哥大火（1871）后经过重建，变成在芝加哥派建筑的钢构造主体上，覆以陶材外部装饰的轻量化高层建筑，为办公大楼的最初原形（现已不存）。

1885 发明汽油内燃机 历史事件

1869—1886 新天鹅堡，福森近郊（德） 建 筑

E.黎戴尔，G.v.多尔曼，尤利乌斯·霍夫曼 [10-67]

这是由每天浸淫在建筑和戏剧的巴伐利亚国王路德维希二世（Ludwig Ⅱ）下令，建造在深山顶的著名城堡。采取中世纪建筑风格，仿佛重现作曲家华格纳（Richard Wagner）的幻想世界。

[10-65]

[10-66]

[10-67]

时 间		类 别 [索引编号]
1886	《建筑心理学序说》，H.沃夫林 这是提出美术史上的基础概念的沃夫林，在22岁时写下的学术论文。	建筑书
1884—1886	《大碗岛的星期天下午》（*A Sunday Afternoon on the Island of La Grande Jatte*），修拉（Georges Seurat）	绘 画
1885—1887	马歇尔·菲尔德公司，芝加哥（美） H.H.理查逊 理查逊晚年在芝加哥中心地区兴建的七层商业大楼。他提出以连续拱窗来统一城里大规模建筑正面的作法，对于日后沙利文等建筑师有很大的影响（现已不存）。	建 筑 [10-68]
1886—1887	洛氏宅邸，布里斯托，罗得岛州（美） C.F.麦金，W.R.米德，S.怀特 1880年代美国东岸地区常见的简单风（single style）（以小板呈鱼鳞状铺贴于外墙的风格）住宅代表例。外观具有巨大山形墙屋顶，以及运用地板水平差的内部空间（现已不存）。	建 筑 [10-69]
1874—1888	维也纳宫廷剧院（城堡剧院），维也纳（奥地利） G.桑珀，K.哈森瑙尔 这是面向环城大道（用拆下的中世纪市墙建造的幅员广大的环状道路）的宏伟剧场建筑，具有典型的第二帝政风格和明快的平面构成。由桑珀开始动工，弟子哈森瑙尔完成。	建 筑 [10-70]

[10-68] [10-69] [10-70]

1888	《文艺复兴和巴洛克式》，H.沃夫林	建筑书
1881—1889	阿姆斯特丹中央车站，阿姆斯特丹（荷兰） P.J.H.凯博斯 建于旧阿姆斯特丹港入口的车站，是从海运转换铁道运输的枢纽。具有19世纪后半荷兰公共建筑常见的红砖墙面。	建 筑 [10-71]
1886—1889	芝加哥大会堂，芝加哥（美） L.H.沙利文，D.阿德勒 建于芝加哥市中心，以演艺厅（concert hall）为主的复合建筑。会堂（Auditorium）的内装源于文艺复兴式，但也可见朝新艺术（Art Nouveau）发展的趋势。	建 筑 [10-72]
1887—1889	埃菲尔铁塔，巴黎（法） G.埃菲尔 这是为了1889年巴黎世界博览会所建的著名铁塔。集合了19世纪所有工程学技术，此一大纪念碑也成为近代巴黎都市景观特色。	建 筑 [10-73]

时　间		类　别 [索引编号]

[10–71]

[10–72]

[10–73]

	塔科马大厦，芝加哥（美） W.荷拉柏多，M.罗奇 这是铁骨建造高12层楼的芝加哥派高层建筑。特色是强调具有出窗的正面（现已不存）。	建　筑 [10-74]
1889	**巴黎世界博览会机械馆，巴黎（法）** F.杜特，V.康特曼，G.艾菲尔 间距110.6米、高43.5米的巨大铁骨铰拱（hinged arch）的架构。	建　筑 [10-75]
1889	**田园都市构想（英）** E.霍华德 结合都市优点（社会生活、公共服务）和田园优点（安静、绿色、健康）为概念的都市构想，后来在莱奇沃思（Letchworth）和卫尔温（Welwyn）实现。	建　筑 [10-76]

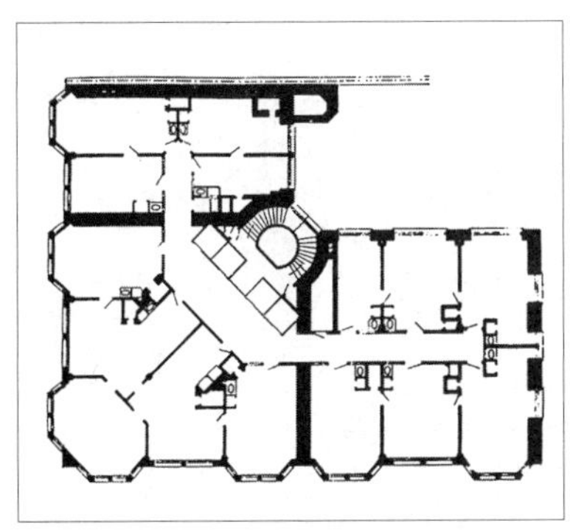
[10–74]

[10–75]

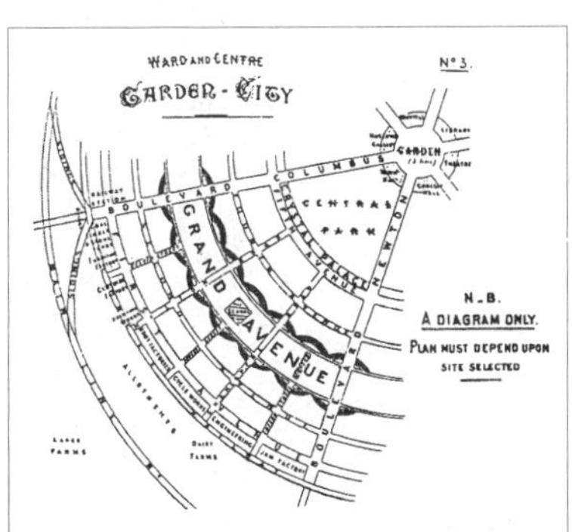

[10–76]

1889	《广场造型》，C.西特	建筑书
1889	《星夜》（*The Starry Night*），梵高（Vincent van Gogh）	绘　画
1886—1890	**新苏格兰警察厅，伦敦（英）** R.N.萧 在泰晤士河畔，以红砖、白石铺贴成条纹图样的著名伦敦警察厅建筑。巴洛克式山形墙装饰等，显示萧的作品已脱离住宅（domestic）建筑的范畴。	建　筑 [10-77]

时　间		类　别 [索引编号]
1887—1891	**翁贝托一世长廊，拿坡里（意）** E.罗可 建于靠近皇宫和新堡凯旋门的拿坡里中心部的玻璃拱廊。模仿米兰名店街（Galleria Milan），规模几近史无前例。	建 筑 [10-78]
1889—1891	**蒙纳德诺克大厦，芝加哥（美）** D.H.伯纳姆，J.W.卢特 芝加哥派的16层办公大楼。以砖头砌造，具有简洁、无装饰的墙面及厚重感。	建 筑 [10-79]

[10-77]

[10-78]

[10-79]

时　间		类　别 [索引编号]
1891	**佛斯特宅邸，伦敦（英）** C.F.A.沃伊齐 沃伊齐的初期作品。建造在班佛公园区（Bedford Park）的狭小土地上，装饰少的纯白塔状外观，与周围安妮女王风格红砖住宅形成鲜明的对比。	建 筑 [10-80]
	福洛格那斯坦餐厅，贺美科伦，奥斯陆近郊（挪威） H.孟特 以北欧世纪末艺术运动“民族浪漫主义”（National Romanticism）为创意来源的维京风格（Viking Style，又称Dragon style）建筑实例。到处都装饰上源自维京人的装饰图。1909年时又改建。	建 筑 [10-81]
1892	**佛斯桥，佛斯湾（英）** S.B.贝克 竖立三根钢铁制巨大桥墩，两侧各有吊挂平台（platform）构造的大型桥。	建 筑 [10-82]

[10-80]

[10-81]

[10-82]

时 间 **类 别** [索引编号]

线状都市计划案，马德里（西班牙） 建 筑 [10-83]

A.索利亚·伊·马塔

从对过去同心圆型都市的疑问，索利亚·伊·马塔进而思考设计此一带状都市计划案。

《红磨坊，拉古留》（*Moulin Rouge, la Goulue*），罗德列克（Henri de Toulouse-Lautrec） 绘 画

1889—1893 白普理大楼，洛杉矶（美） 建 筑 [10-84]

J.H.维曼

这是大楼最早内部具有以铸铁架设玻璃顶的中庭的案例。

1892—1893 塔塞尔旅馆，布鲁塞尔（比利时） 建 筑 [10-85]

B.V.霍塔

这是著名的新艺术风格住宅。楼梯间的铸铁柱顶部和扶手栏杆装饰有植物蔓藤般的曲线。

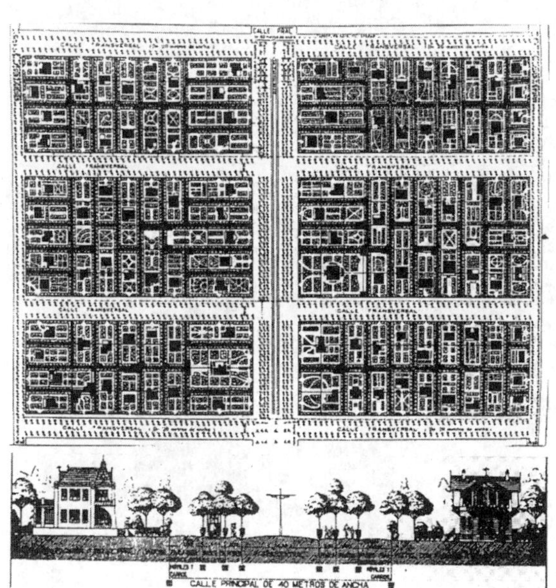

[10-83]

[10-85]

1893 《美术风格论》，A.雷戈 建筑书

1893 《呐喊》（*The Scream*），蒙克（Edvard Munch） 绘 画

1892—1893 《鲁昂大教堂》，莫奈 绘 画

1884—1894 德国国会大厦，柏林（德） 建 筑 [10-86]

J.P.瓦洛特

依据1882年设计比赛获选案所建造，属于盛行于19世纪末到20世纪间极端夸张的新巴洛克风格。中央圆顶后因战争而毁损，但其他部分得以保存运用。德国统一后，诺曼·福斯特（Norman Robert Foster）又重新修建。

1894 《敬神节》（*Nave, Nave Moe*），高更（Eugène Henri Paul Gauguin） 绘 画

时　间　　　　类　别 [索引编号]

1928年

[10-86]

1888—1895　**毕尔特摩庄园（凡德比尔特宅邸），艾西维尔，北卡罗来纳州（美）**　建筑 [10-87]

R.M.亨特

这是在法国学习建筑技术、回到美国发展的建筑师亨特的作品。为一模仿罗瓦尔河畔城堡的豪华宏伟宅邸。

1894—1895　**信托大厦，芝加哥（美）**　建筑 [10-88]

D.H.伯纳姆，J.W.卢特

为14层楼的都市建筑。后来帷幕墙（curtain wall）上呈现连接铁骨和玻璃的轻快构造。

信托大厦，水牛城（美）　建筑 [10-89]

L.H.沙利文，D.阿德勒

13楼高的铁骨构造建筑。以独特的装饰和窗户表现来突显垂直性的正面。

[10-88]

[10-89]

1895　**圣心学校，巴黎（法）**　建筑 [10-90]

H.吉马德

运用维奥列多=勒=杜克在《建筑论述》（*Discourses on architecture*）中所记的铁骨建造法所完成的建筑案例。

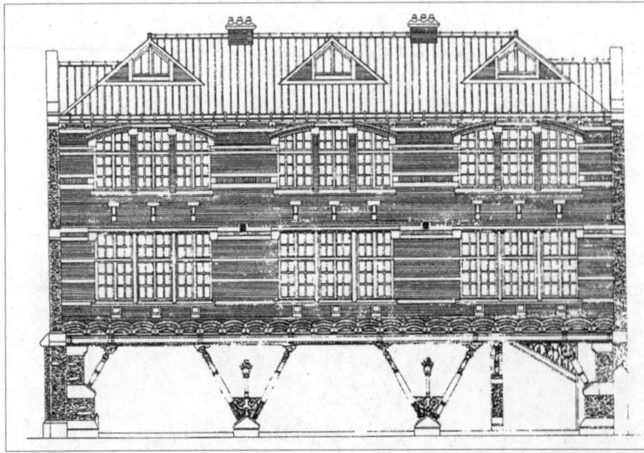

[10-90]

时 间		类 别 [索引编号]
	谷仓大楼，埃克斯茅斯近郊（英） E.S.普莱尔 英、美两国展开住宅建筑复兴运动（domestic revival）时所兴建的别墅。由住宅作家普莱尔设计，建于面向多佛海峡（Dover）的海岸。充分利用当地产石材的纹理，呈现如蝶展翅般称为蝴蝶图（butterfly plan）的平面构成和组合。	建 筑 [10-91]
	马可尼（Guglielmo Marconi）发明无线电	历史事件
	伦琴（Wilhelm Conrad Rontgen）发明X射线	历史事件
	《咖啡壶边的妇女》（*Woman with Coffee Pot*），塞尚	绘 画
1896	《近代建筑》，O.瓦格纳 横跨19世纪、20世纪的维也纳建筑师撰写的建筑论。虽是小著作但有很大的影响力。	建筑书
1893—1896	应用美术馆，布达佩斯（匈牙利） Ö.莱齐纳 这是莱齐纳确立自己独特的民族风格最早期的作品。除了运用特异的装饰外，建筑内部中央堂具有铁骨架构的整面玻璃屋顶。	建 筑 [10-92]

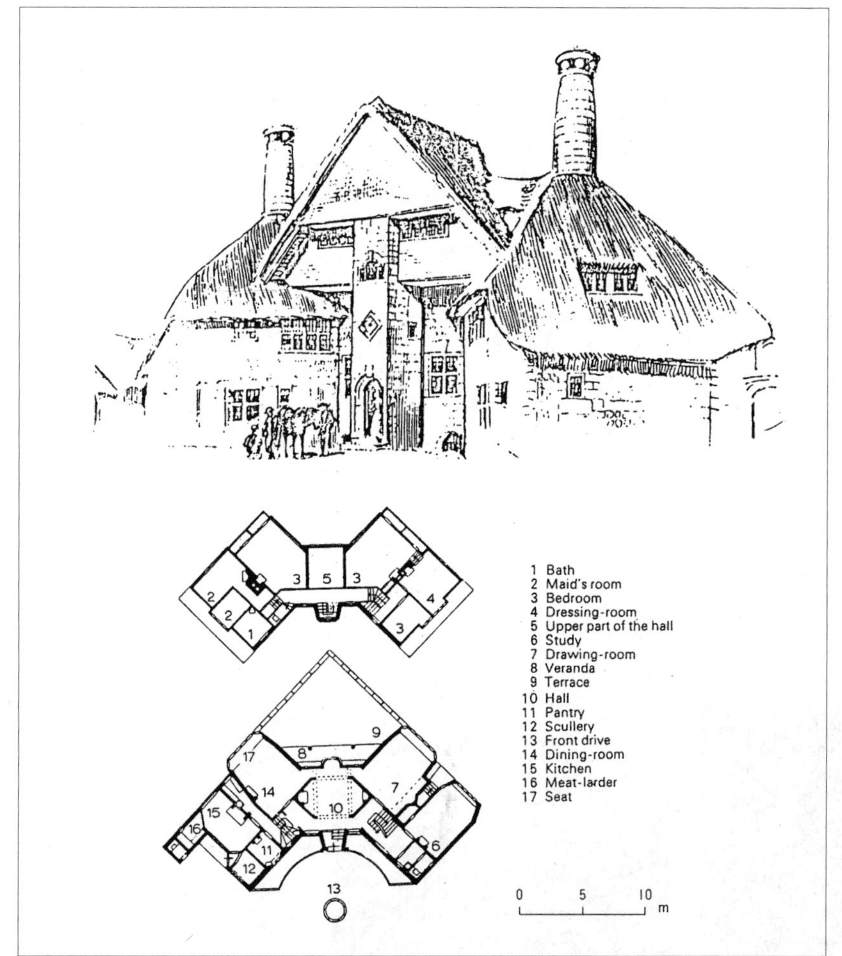

[10-91]

[10-92]

时间		类别 [索引编号]
1895—1896	凡·德·维尔德自宅，于克勒，布鲁塞尔近郊（比利时） H.凡·德·维尔德 这幢住宅明显受到始于威廉·莫里斯（William Morri）等人的英国工艺美术运动（Arts and Crafts Movement）的影响，田园住宅构成中，加入新艺术的形态。生活整体以综合美观点为基础来设计，连家具、食器都由凡·德·维尔德亲手设计。	建筑 [10-93]

[10-93]

时间		类别 [索引编号]
1896	瓦兹纪念礼拜堂，普顿市，萨里州（英） M.瓦兹 玛丽·瓦兹为了画家丈夫乔治·弗瑞德利克·瓦兹（George Frederic Watts）所建的小村礼拜堂。建筑上全是英国新艺术装饰精华，内部所有地方都以石膏精工缀饰喀尔持（Celtic）纽索花纹（欧洲古代喀尔特人的装饰花纹）。	建筑 [10-94]
	《高层办公大楼美术考察》，沙利文（Sullivan，Louis Henry）	雕刻
	《建筑史》初版，S.B.弗莱彻尔 本书以图解方式比较世界建筑，是一本建筑史总览巨著。现在仍在持续修订中。	建筑书
	爱迪生发明电影	历史事件
1893—1897	凯奇凯梅特市政府，凯奇凯梅特（匈牙利） Ö.莱齐纳 这是莱齐纳在匈牙利地区都市建造的初期作品。整体仍然实行新哥特式风格，但到处已可见到莱齐纳后期独创的细部设计。	建筑 [10-95]

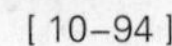

[10-94]

[10-95]

时 间		类 别 [索引编号]
1897	《熟睡中的吉普赛人》(*The Sleeping Gypsy*)，卢梭 (Henri Julien Félix Rousseau)	绘 画

1897—1898

埃尔维拉写真工房，慕尼黑（德） 建 筑 [10-96]

A.恩代尔

这是德国新艺术建筑的典型范例。不论正面或内部都重复以曲线来表现（现已不存）。

贝朗榭公寓，巴黎（法） 建 筑 [10-97]

H.吉马德

这是吉马德设计的新艺术都市住宅代表作。除了使用石材和砖块外，还大胆利用金属、陶瓷和玻璃块等。尤其是入口的曲线图饰铸铁门最为著名。

[10–97]

强伯拉尼宅邸，布鲁塞尔（比利时） 建 筑 [10-98]

P.昂卡尔

和荷塔同期活跃于布鲁塞尔的建筑师昂卡尔的新艺术城市住宅。

1898

荷塔自宅，布鲁塞尔（比利时） 建 筑 [10-99]

B.V.荷塔

和较简朴的正面相比，以楼梯间为中心的内部则呈现新艺术的华美空间。

[10–98]

[10–99]

时 间 **类 别**

[索引编号]

1898 布罗德利斯宅邸，温德米尔湖畔，兰开郡（英） 建 筑

C.F.A.沃伊齐 [10-100]

这是沃伊齐建筑计划中，中型规模住宅最成功的案例。具有L形平面和斜屋顶，邻湖那面建有三个大型出窗。

[10-100]

居里夫妇发现镭元素（Radium） 历史事件

美西战争（美国占领菲律宾、关岛和波多黎各，兼并夏威夷） 历史事件

1895—1899 怀特夏培尔画廊，伦敦（英） 建 筑

C.H.汤森 [10-101]

这是英国发展新艺术建筑的实例。非对称的正面构成源自萧和沃伊齐，沉重的半圆拱券显示受到美国理查逊的影响。

1896—1899 人民之家，布鲁塞尔（比利时） 建 筑

B.V.荷塔 [10-102]

进入比利时劳动党本部的复合式建筑，顶楼的演艺厅最具特色。是新艺术建筑中少见的公共建筑实例（现已不存）。

1898—1899 分离派会馆，维也纳（奥地利） 建 筑

J.M.奥尔布里奇 [10-103]

这幢建筑是作为展示馆的分离派运动据点。在明快轮廓和平坦墙面构成的主体上，架设镂空雕刻的金黄色金属圆顶。“Secession”这个字译为“分离派”，是19世纪末艺术革新运动中，以德、奥为中心兴起的运动。

[10-101]

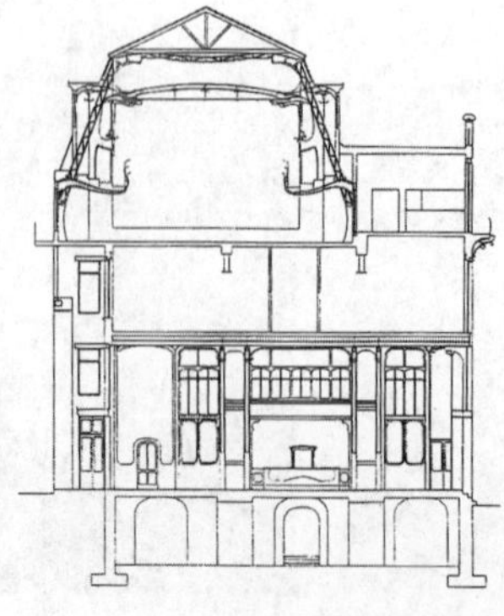
[10-102]

[10-103]

时间		类别 [索引编号]
	马加里卡住宅，维也纳（奥地利） O.瓦格纳 这是具有花朵图饰墙面的花饰派（majolica style）都市住宅。右侧装饰着金色纪念章形图饰（奖章状椭圆形装饰）的都市住宅也是瓦格纳的作品。	建筑 [10-104]
1899	卡尔车站，维也纳（奥地利） O.瓦格纳 这是瓦格纳设计建造的一连串维也纳市营铁路（地下铁）车站的代表作。他以柱式和梁为基本构成的古典主义造型为样本，再加上自由变化，并以镶板的建构法来表现。	建筑 [10-105]
1895—1900	索尔维宅邸，布鲁塞尔（比利时） B.V.荷塔 这是为了布鲁塞尔大企业家所建的住宅，是荷塔作品中最豪华的案例。以楼梯间为中心的内部空间向外流畅的展开。	建筑 [10-106]
1897—1900	小皇宫美术馆，巴黎（法） C.吉罗 1900年巴黎世界博览会时，巴黎市提供的美术馆。在19世纪末法国许多新巴洛克式建筑中，是最为成功的作品。	建筑 [10-107]

[10–104]

[10–105]

[10–107]

1900	巴甫洛夫（Pavlov，Ivan Petrovich）提出条件反射的理论	历史事件
	普朗克（Max Planck）提出量子论	历史事件
	《梦的解析》，弗洛伊德（Freud Sigmund） 分析人类意识的含意，奠定精神分析基础的著作。	建筑书
1899—1901	果树园（沃伊齐自宅），秋里伍德，伦敦近郊（英） C.F.A.沃伊齐 这是在屋子两端附加大山形墙和高烟囱的沃伊齐式典型住宅。简洁、即物式的装饰也备受注目。沃伊齐凭此风格，担任衔接19世纪至20世纪建筑界的角色。	建筑 [10-108]

时 间 **类 别**

[索引编号]

1899—1901 **提溪宅，威特利，萨里州（英）** 建 筑

S.E.L.勒琴斯 [10-109]

这是勒琴斯初期的住宅作品。运用石材和砖块纹理的外墙等，充分展现住宅复兴风格（Domestic Revival）[①]，已经显现左右对称的趋势。之后他的建筑转向以古典主义为基本称为巨匠风格（grand manners）的风格。

恩斯特路德维希馆，达姆施塔特（德） 建 筑

J.M.奥尔布里奇 [10-110]

这是达姆施塔特艺术家村的展览会用建筑。在左右对称的正面中央，建有附大雕像的入口。

1900—1901 **布达佩斯邮政银行，布达佩斯（匈牙利）** 建 筑

Ö.莱齐纳 [10-111]

十九世纪末匈牙利建筑师莱齐纳的代表作。平面正面上镶嵌具有强烈民族意识的特异装饰，素材中也运用散发独特光泽的陶瓷装饰。

[10-108]

[10-110]

[10-111]

1901 **贝伦斯自宅，达姆施塔特（德）** 建 筑

P.贝伦斯 [10-112]

这是参与黑森大公（Grand Duke of Hesse）计划的新小区——达姆施塔特艺术家村运动的贝伦斯所建，与奥尔布里奇的建筑作品齐名的自宅。这也是他建筑处女作，具有浓厚的青年风格（Jugendstil）。

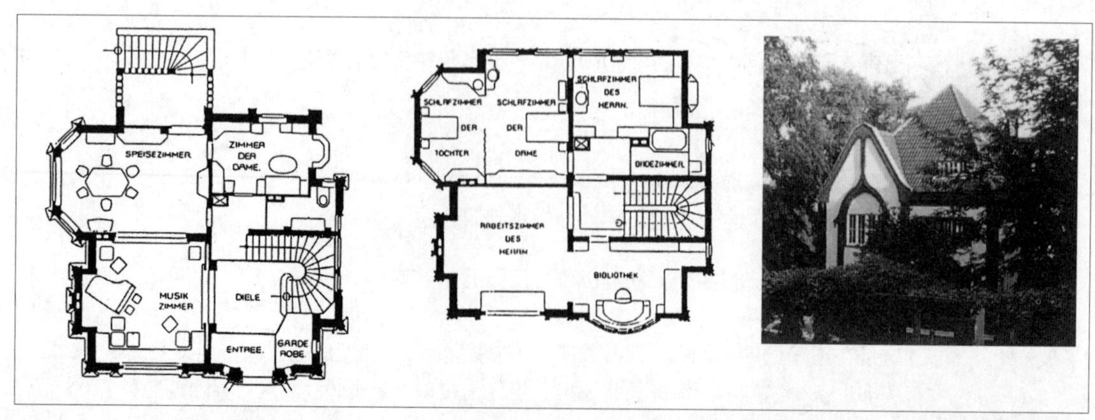

[10-112]

①住宅复兴式是如画派（picturesque）和哥特复兴式（Gothic revival）的分支，也可称为老英国派（Old English）。——译者注

时 间 类 别
[索引编号]

美国饭店，阿姆斯特丹（荷兰） 建 筑
W.克罗姆特 [10-113]
这虽然是与贝尔拉格同世代的建筑师克罗姆特在世纪转换期的作品，但是已可见到20世纪新建筑——根植地区主义、经验主义的阿姆斯特丹派先驱的表现。

巴黎地铁入口，巴黎（法） 建 筑
H.吉马德 [10-114]
这件吉马德的新艺术建筑代表作，活用可塑性的铸铁作为装饰，至今在市内各地仍可见许多他的建筑实例。

[10-113]

[10-114]

约1901 《地中海》（Mediterrane），麦约（Aristide Maillol） 雕 刻

1894—1902 圣让教堂，巴黎（法） 建 筑
A.d.柏多 [10-115]
这是包含拱顶肋筋所有构造构件都露出的钢筋混凝土建造的最早的建筑，是以哥特风格为模板。

[10-115]

1900—1902 福克望美术馆，埃森（德） 建 筑
H.凡・德・维尔德 [10-116]
这是以既有住宅改建而成的美术馆。特色是具有林立新艺术形态柱子的内部空间。

时 间		类 别 [索引编号]

1902 **华丽宫殿，凯奇凯梅特（匈牙利）** 建 筑

G.马库斯 [10-117]

这是受莱齐纳影响的匈牙利建筑师马库斯的作品。外墙各处都利用陶瓷做装饰，护墙上端有花瓣形的波浪纹。内部大厅则装饰多彩的孔雀和花朵图样。

[10-117]

都灵世界博览会会场建筑，都灵（意） 建 筑

R.达隆科 [10-118]

这是展现意大利版新艺术的现代主义（Liberti）风格正式开花的建筑群。它是以1901年设计比赛时的召募案为基础，整个会场装饰着中央馆、戏剧馆、家具馆、汽车馆等许多特异风格的帐篷（Pavilion）。

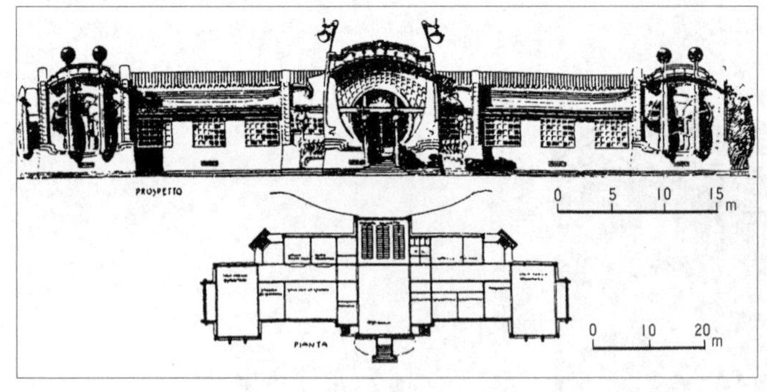

[10-118]

莱奇沃思田园城市，莱奇沃思，哈特福郡（英） 建 筑

E.霍华德，S.R.昂温，B.帕克 [10-119]

为追求霍华德提出的田园都市理想，昂温和帕克进行计划案而完成的城市。

1889—1903 **阿姆斯特丹证券交易所，阿姆斯特丹（荷兰）** 建 筑

H.P.贝尔拉格 [10-120]

建于填平运河上的贝尔拉格代表作。是以铁构架（truss）做支撑的玻璃屋顶的三个大交易厅为中心。

时 间 类 别

[索引编号]

[10–119]

1895—1903 西敏大教堂，伦敦（英） 建 筑

J.F.班特利 [10-121]

英国少数的罗马天主教教堂。为了刻意和附近的西敏寺区隔，这座教堂采取拜占庭和罗马式混合的独特风格。

[10–120]

[10–121]

1900—1903 卡斯第里奥尼宫，米兰（意） 建 筑

G.索马鲁加 [10-122]

这是新艺术时期意大利现代主义风格代表性建筑师建造的厚重稳重的作品。内部正面设有具纪念性的楼梯。

1902—1903 希米多陵墓，布达佩斯（匈牙利） 建 筑

B.拉伊塔，Ö.莱齐纳 [10-123]

在犹太人墓地中，这座陵墓具有犹如绿甲虫般的奇特外观。内部光线从戴维之星状的星形窗户洒落，使整面的马赛克镶嵌画熠熠生辉。

山丘之屋（布雷奇宅邸），海伦斯堡，格拉斯哥近郊（英） 建 筑

C.R.麦金托什 [10-124]

这是麦金托什最著名的住宅作品。在构成上，具有将当地苏格兰城堡风格住宅风格——苏格兰男爵风格（Scottish Baronial）予以近代化的外观，内部则有纤细质感的清新室内装饰。以具有细长梯子状靠背而闻名的梯背椅（Ladder-back Chair），正是为了这幢住宅所设计。

时　间 | 类　别 [索引编号]

[10-122]

[10-123]

[10-124]

1902—1903　法兰克林街25号公寓，巴黎（法）　建 筑 [10-125]

A.佩雷

为初期的近代建筑典范作品之一。RC的柱梁构造构成明快的骨架，此外独立的墙面则铺贴上新艺术风格陶瓷砖。

1903　赖特兄弟（Wright brothers）首次飞行　历史事件

1899—1904　卡森·皮里·斯考特百货公司，芝加哥（美）　建 筑 [10-126]

L.H.沙利文

这幢建筑以上层成排的单纯长方形窗来表现水平性，一、二楼则以铸铁来强调细致的装饰图样。

[10-125]

[10-126]

1901—1904　工业都市计划案（法）　建 筑 [10-127]

T.加尼埃

这是为了对抗强调左右对称和象征性的学院派都市计划所拟订的案子，主张全部建筑都以混凝土建造。1904年提出，1917年展示，最后付印出版。

时 间 **类 别**

[索引编号]

[10-127]

1902—1904 **维特拉斯科，赫尔辛基近郊（芬兰）** 建 筑

H.格斯柳斯，A.林葛兰，E.沙里宁 [10-128]

这三位年轻的建筑师在赫尔辛基郊区森林中建造的生活场所，一起设计的工作室兼具各自的住宅。这是他们摸索世纪转换期住宅环境所创作的作品，为芬兰郊区住宅的先驱。

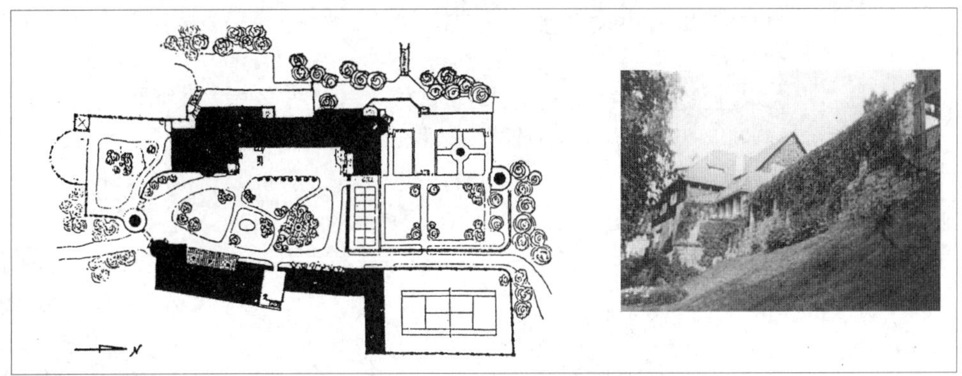

[10-128]

1892—1905 **哥本哈根市政厅，哥本哈根（丹麦）** 建 筑

M.尼洛普 [10-129]

这是源于北欧民族意识的近代艺术运动——民族浪漫主义（National Romanticism）建筑繁荣发展的早期作品。将自由组合的过去各种风格和细部加以整合。建筑的中央堂上建有大玻璃顶。

1903—1905 **杨柳茶馆，格拉斯哥（英）** 建 筑

C.R.麦金托什 [10-130]

麦金托什早最初还进行建筑主体设计时完成的茶馆。左右两个沙龙和展览空间呈现截然不同的风格，茶馆以源于街名的杨柳予以抽象化的装饰图案而闻名。

兹哈尔公寓大楼，维也纳（奥地利） 建 筑

J.布雷斯尼克 [10-131]

这是出身于斯洛维尼亚（Slovenia），在瓦格纳底下学习建造分离派（Secession）的建筑师布雷斯尼克在维也纳建造的都市建筑。

时 间 **类 别**

[索引编号]

刺针之家，巴塞罗那（西班牙） 建 筑 [10-132]

J.派奇・伊・卡达法克

这是和高迪同时期的加泰隆尼亚现代主义（Modernismo）建筑师派奇所建的都市住宅。建筑上林立着如中世城堡般的高塔和山形墙，同时墙面还装饰着丰富的图样，显得十分轻快。

[10-129]

[10-130]

[10-132]

巴黎人报社，巴黎（法） 建 筑 [10-133]

G.谢达内

这是正面使用铁材和玻璃的革新建筑。一部分保留新艺术的曲线，但已废除装饰，以铆钉（rivet）固定铁材来表现直接构造。

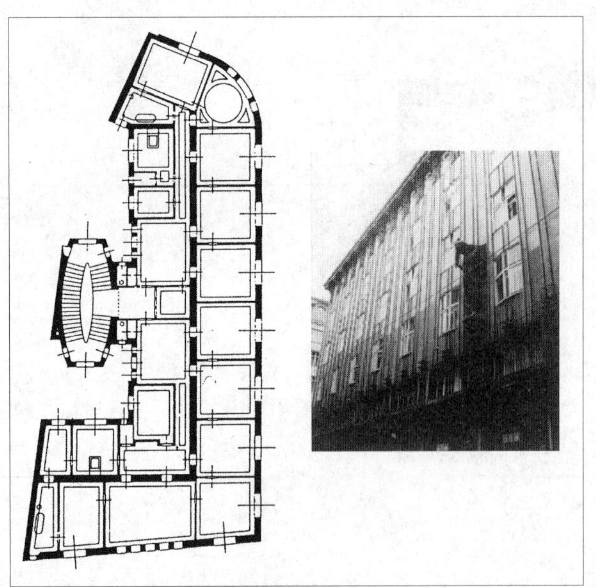

[10-133]

[10-131]

1904—1905 恩伍德别墅，莱奇沃思，哈特福郡（英） 建 筑 [10-134]

M.H.贝利＝史考特

建于莱奇沃思田园城市的住宅。贝利・史考特应用沃伊齐的果树园外观完成这两间连续住宅，是将平民梦想化为具体住宅的作品。

时 间 **类 别**

[索引编号]

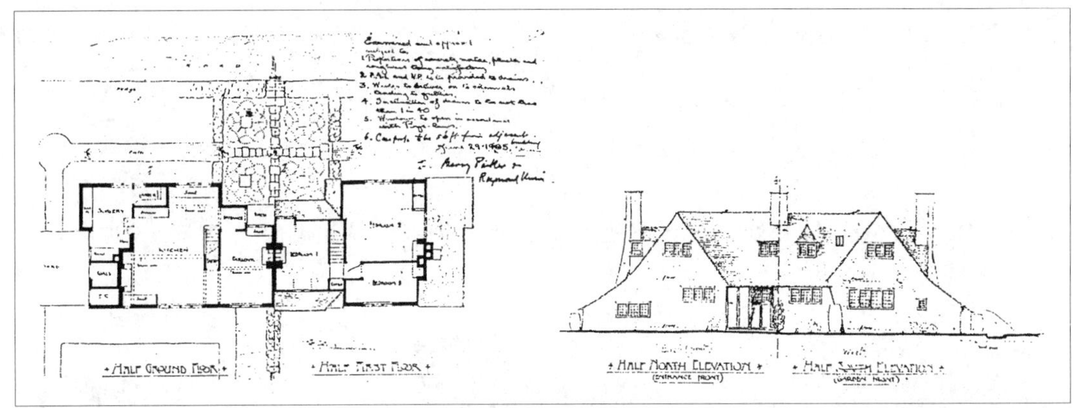

[10–134]

1905 哈姆史德田园郊区住宅地，伦敦近郊（英） 建 筑

S.R.昂温，B.帕克 [10-135]

这是具代表性的英国田园郊区住宅地。那里有勒琴斯建的教堂和贝利·史考特建的住宅，至今仍保持优良的居住环境。

帕卡德汽车厂，底特律（美） 建 筑

A.卡恩 [10-136]

这是美国以钢筋混凝土建造的工厂建筑的先驱。

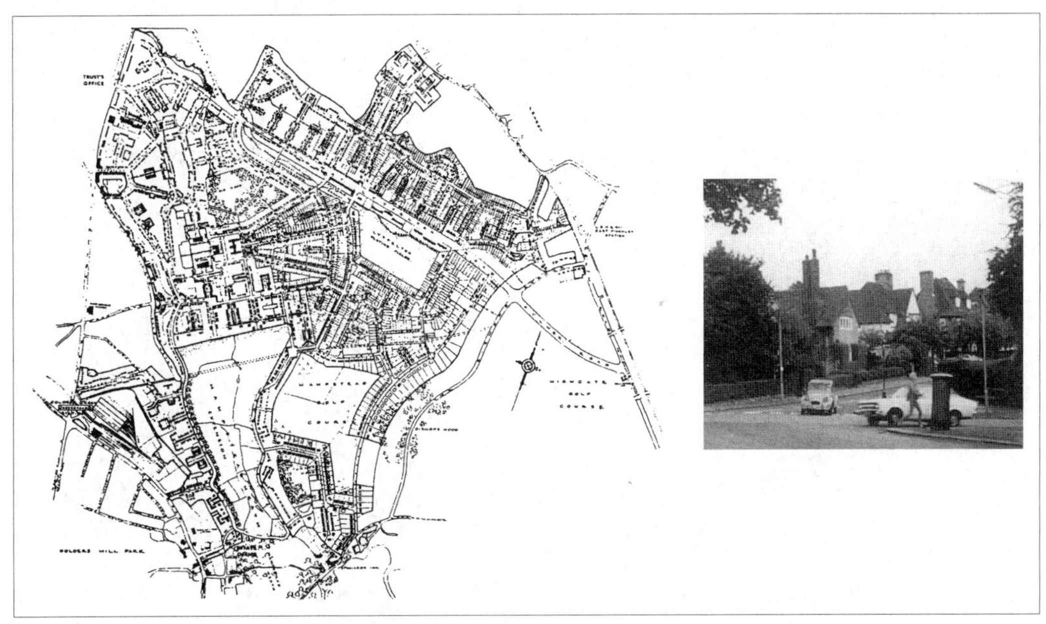

[10–136]

庞修街汽车库，巴黎（法） 建 筑

A.佩雷 [10-137]

这幢建筑以钢筋混凝土的柱、梁为设计元素，具有裸露的结构和古典意象的正面。

莎玛丽丹百货公司，巴黎（法） 建 筑

F.佐丹 [10-138]

巴黎著名的百货公司之一。当初虽然有设计成美丽新艺术风格装饰的正面，但在1927年时H.索瓦吉已将它改装成简单的风格。

时　间　　　　类　别 [索引编号]

俄罗斯内乱，第一革命　　历史事件

爱因斯坦提出相对论　　历史事件

1902—1906　**拉金大厦，水牛城（美）**　建 筑 [10-139]

F.L.赖特

从沙利文事务所独立出的赖特，这是他早期的办公大楼代表作。内部具有玻璃顶大穿堂的办公室。

1905年当时的正面

[10-138]

[10-139]

1905—1906　**史派基别墅，布达佩斯（匈牙利）**　建 筑 [10-140]

Ö.莱齐纳

莱齐纳设计的独立住宅作品。具有以灰泥装饰，顶部都呈圆弧状的独特外观，铁材和玻璃造的阳光屋十分突出。

1906　**希斯考特，约克郡（英）**　建 筑 [10-141]

S.E.L.勒琴斯

这幢勒琴斯的住宅作品，从轴线、左右对称性、柱式构成等，清楚显示出古典主义复兴风格。

马哥宅邸，南锡（法）　建 筑 [10-142]

E.瓦兰

这是瓦兰在与巴黎齐名的法国新艺术中心地南锡建造的住宅，呈现有新艺术别名之称的“1900年风格”。

联合教堂，芝加哥（美）　建 筑 [10-143]

F.L.赖特

这是早期的RC建筑作品，但造型上处处均呈现古典主义的感觉。

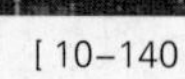

[10-140]

[10-143]

时　间 **类　别**

[索引编号]

1906 **拉法叶百货公司，巴黎（法）** 建 筑

G.谢达内 [10-144]

在中央大穿堂设有铁材和玻璃制的圆顶，是铁材与玻璃构成的最佳商业空间范例。

1905—1906 **《生活的快乐》（*Joie de vivre*），马蒂斯** 绘 画

1890—1907 **北欧博物馆，斯德哥尔摩（瑞典）** 建 筑

L.G.克拉松 [10-145]

民族浪漫主义时期完成以民族为主题的博物馆，建筑本体整合了过去欧洲共通的折中主义表现。

1902—1907 **坦佩雷大教堂，坦佩雷（芬兰）** 建 筑

L.E.桑克 [10-146]

这是在世纪转换期北欧民族浪漫主义建筑的代表作。从花岗岩方形粗石砌的厚重外墙上，可见到想让土著传统于近代重生的意图。

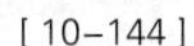

[10-144]

[10-145]

[10-146]

1904—1907 **巴特罗公寓，巴塞罗那（西班牙）** 建 筑

A.高迪・克尔内特 [10-147]

这是将格拉西亚散步大道（Paseo de Gracia）的建筑大规模改建而成。建筑具有能让人连想到恐龙外形的屋顶，建有鱼头骨状阳台的波形正面，以及如同洞窟般的内部空间等，各部位造型都很独特。

1905—1907 **史丹夫教堂（圣利奥波德教堂），维也纳（奥地利）** 建 筑

O.瓦格纳 [10-148]

建于维也纳郊外山丘的精神病院附属礼拜堂。在中央双重圆顶下展开华丽的内部空间。外墙上采取以铆钉固定大理石板的方式，从构造开始呈现独立的形态。

1907 **哈根火葬场，哈根（德）** 建 筑

P.贝伦斯 [10-149]

这是森林中单纯形态的建筑。内部空间中施以几何化装饰。

结婚纪念塔，达姆施塔特（德） 建 筑

J.M.奥尔布里奇 [10-150]

奥尔布里奇接受黑森大公（Grand Duke of Hesse）鲁德威克（Ludwig）的委托，所设计的以艺术家村为中心的象征性建筑。

时　间　　　　类　别 [索引编号]

[10–147]

[10–148]

[10–150]

1905—1908 **加泰隆尼亚音乐厅，巴塞罗那（西班牙）** 建 筑

L多梅尼克・依・蒙塔纳 [10-151]

这是西班牙近代以地区独立性为诉求的运动——加泰隆尼亚主义音乐运动的据点。为加泰隆尼亚现代主义建筑（西班牙的新艺术）的典型案例，建于狭小的土地上，外观有奇怪形状的圆柱和多彩的瓷砖装饰，内部特色是满布装饰的中央演艺厅的空间。

1908 **甘布尔住宅，洛杉矶（美）** 建 筑

C.S.+H.M.格林 [10-152]

为因应美国西海岸气候风土所建造的木造住宅。内部小至家具、照明和餐具等都以统一的设计制作。

[10–151]

[10–152]

1908 **罗比住宅，芝加哥（美）** 建 筑

F.L.赖特 [10-153]

这是赖特所建的一连串草原之家（Prairie House）（“草原之家”是从住在美国中西部广大草原的人们的住宅所获得的设计灵感，成为赖特住宅设计意象的原型）的巅峰作品。外观上长长伸展的屋檐强化了水平性，内部赖特特有的繁复设计的复数室内空间彼此相互穿透。

时　间　　　　类　别

[索引编号]

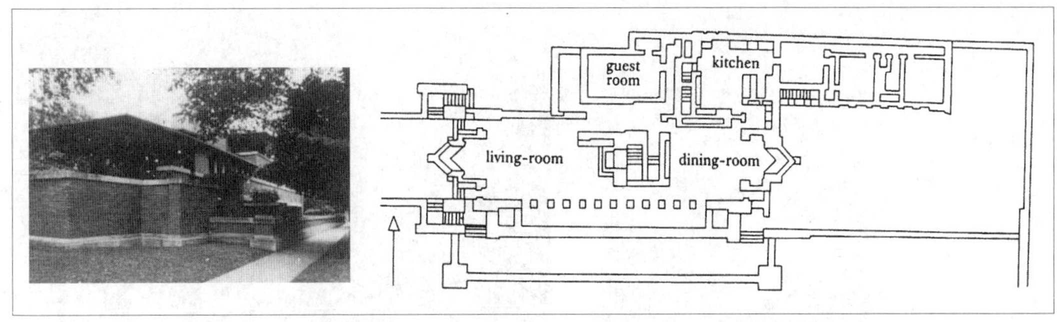

[10-153]

1908　《装饰与罪恶》，A.路斯　建筑书

书中以主张"从日常品中去除装饰才是文明的进步"而闻名，为近代意识的宣言。

1897—1909　格拉斯哥美术学院，格拉斯哥（英）　建 筑 [10-154]

C.R.麦金托什

这是充分展现麦金托什建筑发展的重要作品。在设计比赛期（1896）、建设第一期（1899）、第二期（1909）里理念的变迁，从这幢建筑的外观、录音室、图书室等处都具体显现出来。

[10-154]

1907—1909　复合商业设施"黑鹫"，奥拉迪亚（罗马尼亚）　建 筑 [10-155]

D.雅卡布，M.科莫尔

这是出现在19世纪末急遽发展的拉托维尼亚（Transylvania）地区都市中的复合建筑，包含饭店、剧场、商业拱廊和住宅等。显示莱齐纳为首的建筑风格的展开。

1909　福特以生产线方式开始生产汽车　历史事件

1905—1910　赫尔辛基国立博物馆，赫尔辛基（芬兰）　建 筑 [10-156]

H.格斯柳斯，A.林葛兰，E.沙里宁

这是强调民族主义的博物馆建筑，特色是花岗岩墙面和中世教堂的外观。1902年时设计比赛获奖，1905年共同事务所解散后由林葛兰完成。

1906—1910　米拉公寓，巴塞罗那（西班牙）　建 筑 [10-157]

A.高迪・克尔内特

这幢集合住宅也称之为采石场（La Pedrera），呈现高迪盛期的建筑风格。在波形墙面内侧，并列着以两个采光中庭为中心的不规则形房间。

时 间 **类 别**

[索引编号]

[10–156]

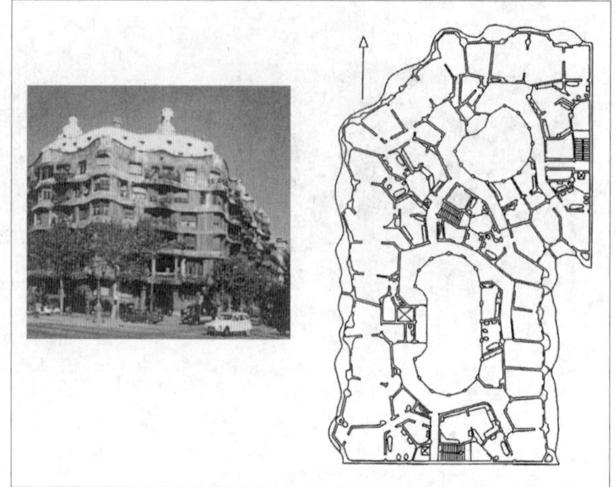
[10–157]

1908—1910 布达佩斯动物园，布达佩斯（匈牙利） 建 筑

K.寇斯 [10-158]

这是寇斯将拉托维尼亚地区民俗直接纳入建筑中的代表作。园内畜舍以木造尖塔和特异的屋顶做装饰，建地整体呈现出百姓民房的样态。

1909—1910 AEG（Allgemeine电机公司）涡轮机工厂，柏林（德） 建 筑

P.贝伦斯 [10-159]

这是从风格建筑至近代建筑转换期的代表作品。它是由玻璃和铁材建造的工厂建筑，整体还整合成具纪念性的希腊神庙意象。

1910 史代纳住宅，维也纳（奥地利） 建 筑

A.路斯 [10-160]

路斯早期的住宅作品，整体左右对称，墙面完全去除装饰。

路斯宅邸，维也纳（奥地利） 建 筑

A.路斯 [10-161]

建于皇宫附近米歇尔广场，由店铺和住宅构成的建筑。上层部分是无装饰墙面和窗户，建造当初备受议论。

[10–158]

[10–159]

[10–161]

时 间　　类 别 [索引编号]

1884—1911 **维克托·伊曼纽尔二世纪念堂，罗马（意）** 建 筑 [10-162]

G.沙科尼

面向威尼斯广场而建的新巴洛克风格巨大纪念堂。用白大理石建造呈现夸张梦幻的规模，罗马都市景观因此大大改变。

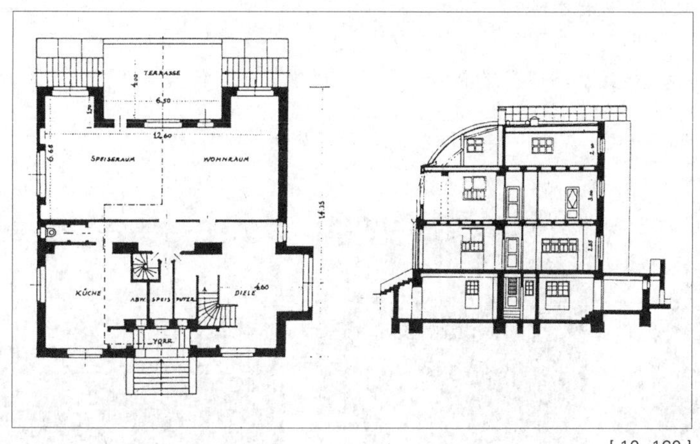

[10–160]

[10–162]

1905—1911 **斯托克列宫，布鲁塞尔（比利时）** 建 筑 [10-163]

约瑟夫·霍夫曼

外观是砌造的单纯形态，上面铺贴大理石板以青铜镶边。内部除了有画家克林姆（Gustav Klimt）著名的餐厅壁画外，还有维也纳工房（1903年霍夫曼成立的家具、日用品制造工房）许多华丽的家居装饰。

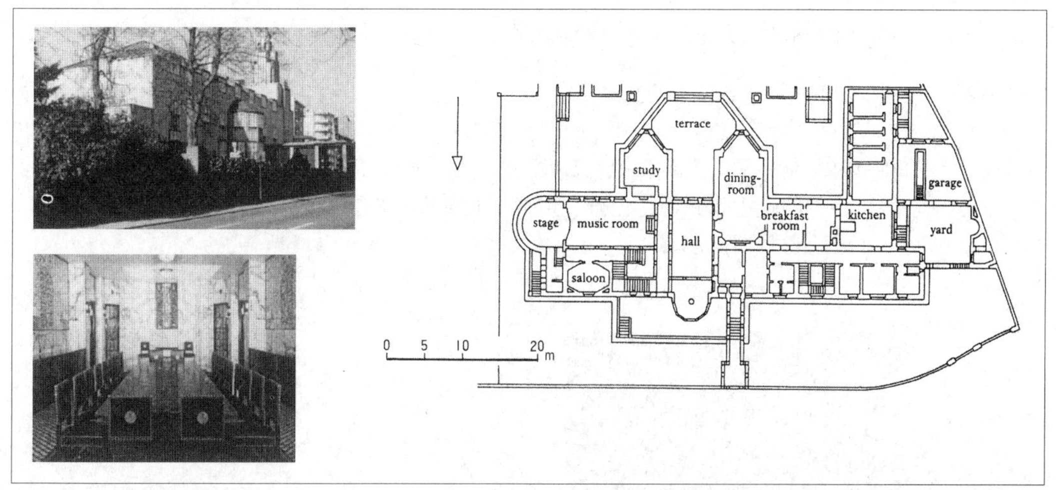

[10–163]

布拉格市民会馆，布拉格（捷克） 建 筑 [10-164]

O.波利夫卡，A.巴赛尼克

这幢建筑与中世纪火药塔相邻建造，包含演奏厅和餐厅的公共建筑，它是适当混用过去各种风格的新艺术作品，当时捷克具代表性艺术家们联合加以装饰。

时　间		类　别 [索引编号]
1911	赫尔辛基证券交易所，赫尔辛基（芬兰） L.E.桑克 这幢桑克的作品与其说要表现民族主义，不如说它优先考虑的是适应都市内环境。自入口进入里面，出现砖墙上载着玻璃顶的崭新穿堂。	建 筑 [10-165]
	罗杰维鲁奇大楼，布达佩斯（匈牙利） B.拉伊塔 布达佩斯市内所建的商业建筑。各部分的装饰残留民族性的表现，但全体架构已趋向近代建筑。	建 筑 [10-166]

[10–164]

[10–165]

[10–166]

	军营附属教会，乌尔姆（德） T.费歇尔 这虽然是德国RC造教堂的早期实例，但设计上还是可见到表现主义的部分。	建 筑 [10-167]
	《哥特式美术形式论》，W.沃林格	建筑书
1902—1912	圣保罗医院，巴塞罗那（西班牙） L.多梅尼克・依・蒙塔纳 在市内占地极广，是多栋病房分散配置的大型医院。以哥特风格为基础，到处可见特异的造型和鲜丽的色彩，形成丰富多彩的空间。整体建筑由其子佩雷（音译）接手继续完成。	建 筑 [10-168]

[10–168]

1906—1912	维也纳邮政储蓄银行，维也纳（奥地利） O.瓦格纳 这是开拓近代建筑之路的代表性作品。中央的出纳大厅内部空间具有双重玻璃屋顶、玻璃块地板和铝制空调口等，处处都朝向近代发展。	建 筑 [10-169]

时 间 类 别
[索引编号]

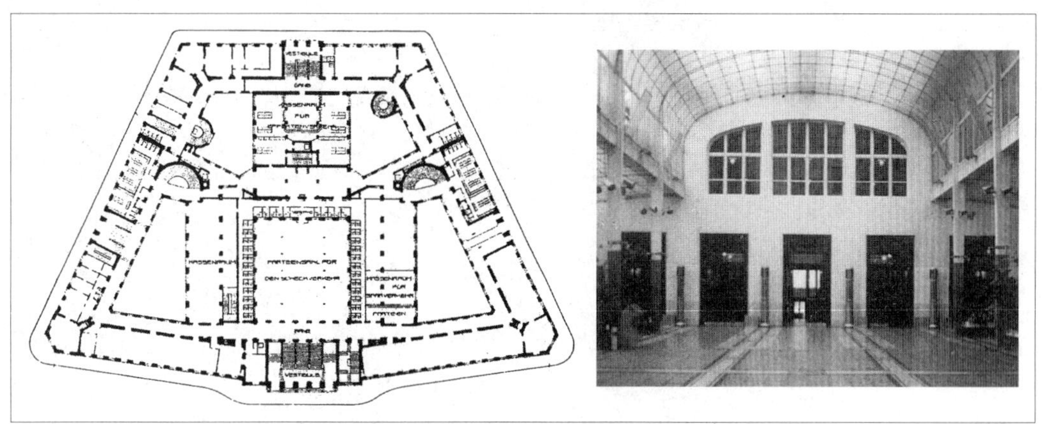

[10-169]

1908—1912 卡里欧教堂，赫尔辛基（芬兰） 建 筑
L.E.桑克 [10-170]
后期民族浪漫主义作品。外观虽然用花岗岩，但比过去更有加工整理，内部则采用芬兰初大规模的RC拱顶架构。

1910—1912 基督科学会第一教会，柏克莱市，加利福尼亚州（美） 建 筑
B.R.梅贝克 [10-171]
这是土著建筑风格、哥特式和日本元素混合的折中式建筑作品。

1912 香榭丽舍剧院，巴黎（法） 建 筑
A.佩雷 [10-172]
RC建造的优雅几何化剧场建筑。正面铺贴大理石，再加上布尔代勒（Antoine Bourdelle）的浮雕。

[10-170]

[10-171]

[10-172]

瓦维街公寓区，巴黎（法） 建 筑
H.索瓦吉 [10-173]
这些公寓是为了作为都市劳工用集中住宅所建造。铺贴白色瓷砖的正面，上层部分往后退缩建造。

时 间 **类 别** [索引编号]

1912 **黑圣母之家，布拉格（捷克）** 建 筑 [10-174]

J.戈歇尔

建于布拉格最早的立体派（cubism）建筑。如同集合小立方体来构图的布拉克（Georges Braque）及毕加索（Pablo Picasso）的立体派画般，这幢建筑的正面以棱形组合而成。它位于旧市商业区的交叉点，与其说它的墙面色彩较暗淡，不如说它与城市非常融合。

1910—1913 **特尔古穆列什文化宫殿，特尔古穆列什（罗马尼亚）** 建 筑 [10-175]

D.雅卡布，M.科莫尔

这是作为拉托维尼亚地区新文化据点而设计的建筑，是展现匈牙利世纪末建筑盛况的大作。内部铺贴许多镜面，形成错视的空间。

1911—1913 **华尔沃兹大厦，纽约（美）** 建 筑 [10-176]

C.古尔伯特

至1930年为止美国最高（241米）的商业大楼，利用哥特式细部来表现上升感。

1912—1913 **哥利其大街的改革派教堂，布达佩斯（匈牙利）** 建 筑 [10-177]

A.亚凯

这是比莱齐纳更年轻世代的匈牙利建筑师亚凯的作品。建筑各处都可见到参照拉托维尼亚地区民俗的表现，另一方面，内部空间则学习O.瓦格纳的处理方式。

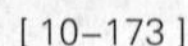
[10–173]

[10–176]

[10–177]

维谢夫拉德（Vysehradsky）的里布什那别墅，布拉格（捷克） 建 筑 [10-178]

J.柯何尔

捷克立体派的代表作品。建筑采用将各部分分解成几何化的小平面，再将其组成以获得纯粹形态的方法，来表现其独特的外观。

百年厅，弗罗茨瓦夫（波兰） 建 筑 [10-179]

M.贝尔格

这是以十字形平面为中心架设大圆顶的大胆钢筋混凝土建筑。为1813年纪念解放战争百周年的纪念堂。

时　间		类　别 [索引编号]
1913	**格伦特维教堂（设计），哥本哈根（丹麦）** P.V.叶森＝柯林特 这座教堂是父亲延森在1913年建筑设计比赛中的获选案，由儿子卡尔（Kaare Jensen-Klint）继续建造，经历了长时间终于在1940年时完成。具有以乳黄色砖块堆砌成管风琴式（pipe organ）阶梯的正面，是充分运用表现主义来展现北欧中世纪教堂传统形态。	建 筑 [10-180]
1898—1914	**奎尔纺织村的科罗尼亚教堂，圣科洛玛，巴塞罗那近郊（西班牙）** A.高迪・克尔内特 1890年成立的西班牙初期工业群落的教堂。由于倒吊实验等设计花了十年时间，结果仅完成一楼一半工程即中断。以倾斜柱支撑着斜拱顶的内部空间，透过彩色玻璃窗射入色彩丰富的光线。	建 筑 [10-181]
1900—1914	**格尔公园，巴塞罗那（西班牙）** A.高迪・克尔内特 在巴塞罗那北部当初计划作为住宅地的公园。15公顷的斜坡上设有各种风格形态的门、楼梯、列柱廊、广场和好几个会馆等。	建 筑 [10-182]

[10-180]

[10-182]

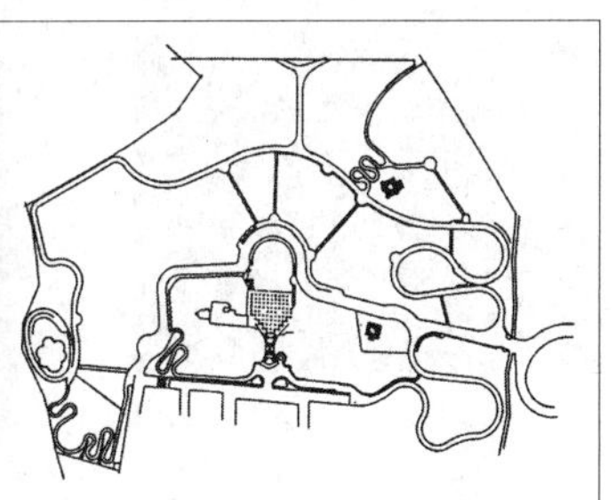

[10-181]

1904—1914	**赫尔辛基火车站，赫尔辛基（芬兰）** E.沙里宁 沙里宁兼顾当时德国动向等因素，将原本只表现民族主义的突出比赛设计获选案做了很大的变更而完成的作品，是民族浪漫主义建筑朝近代发展的转折点。	建 筑 [10-183]

时　间 **类　别**

[索引编号]

1905 年当时的正面

[10-183]

1906—1914　恩格布雷克教堂，斯德哥尔摩（瑞典）　建 筑

L.I.瓦尔曼　[10-184]

这是运用砖块呈现手做感触的醒目民族浪漫主义建筑。具有竖立非对称高塔的外观和架设抛物线拱顶的内部空间。

1910—1914　修迪伦邦特住宅群，哈根（德）　建 筑

J.L.M.罗维克斯　[10-185]

提出接近建筑的神秘主义而闻名的罗维克斯，这是他的实际作品。六栋住宅建于能俯望哈根的山丘上，为艺术家聚落的一部分，住宅呈钥匙状如迷宫层层配置等形式，融入了他追求宇宙调和的诉求。

1914　德国制造联盟展览会剧场，科隆（德）　建 筑

H.凡・德・维尔德　[10-186]

从新艺术朝表现主义发展的作品。外观整体包围着如流动般的曲线。

[10-184]

[10-185]

[10-186]

招商国际银行，格林内尔，爱荷华州（美）　建 筑

L.H.沙利文　[10-187]

沙利文后期的作品。整体以单纯的砖块建造，只有在玫瑰窗和入口附近铺贴装饰。

1913—1916　奥林匹克竞技场，里昂（法）　建 筑

T.加尼埃　[10-188]

以高度综合的古典元素所设计的体育设施，但因第一次世界大战，最后并未完工。

时 间		类 别 [索引编号]
	蛋屋（托雷·迪·拉·库雷），圣乔安妮德斯皮（西班牙） J.M.朱佐·伊·吉尔伯特 朱佐为高迪的弟子，格尔公园和米拉公寓等建筑他都有参与建造，这是他独立后，清楚朝后期加泰隆尼亚现代主义建筑此一新方向发展的作品。建筑中组合许多圆筒和圆顶，并以灰泥和马赛克镶嵌画做装饰。	建 筑 [10-189]
1916	**海运协会大楼，阿姆斯特丹（荷兰）** J.M.凡·德尔·梅伊 这是最早期阿姆斯特丹派的作品。在呈现中世纪外观的各部分，装饰着与海相关的雕刻装饰。	建 筑 [10-190]

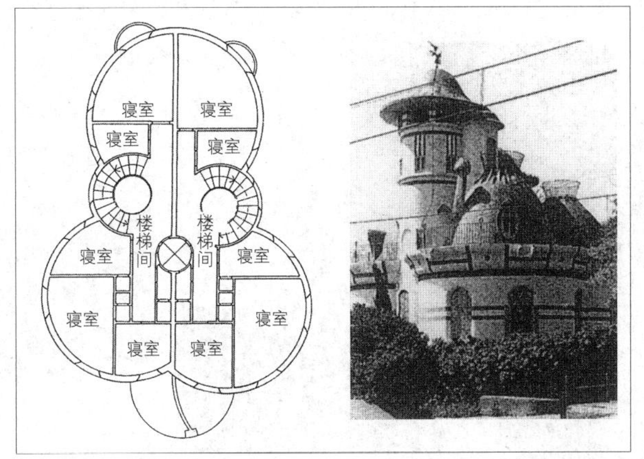

[10–189]

[10–190]

时 间		类 别 [索引编号]
1917	俄国“十月革命”	历史事件
	第一次世界大战美国参战	历史事件
1914—1918	第一次世界大战	历史事件
1916—1918	**米亚维克公园住宅的“迪·巴克”，贝尔根（荷兰）** J.F.史塔尔 由史塔尔负责统筹整个工程的艺术家村落中，由他自己设计建造的住宅。特色是建筑呈现阿姆斯特丹派模仿各种船只的样态。	建 筑 [10-191]

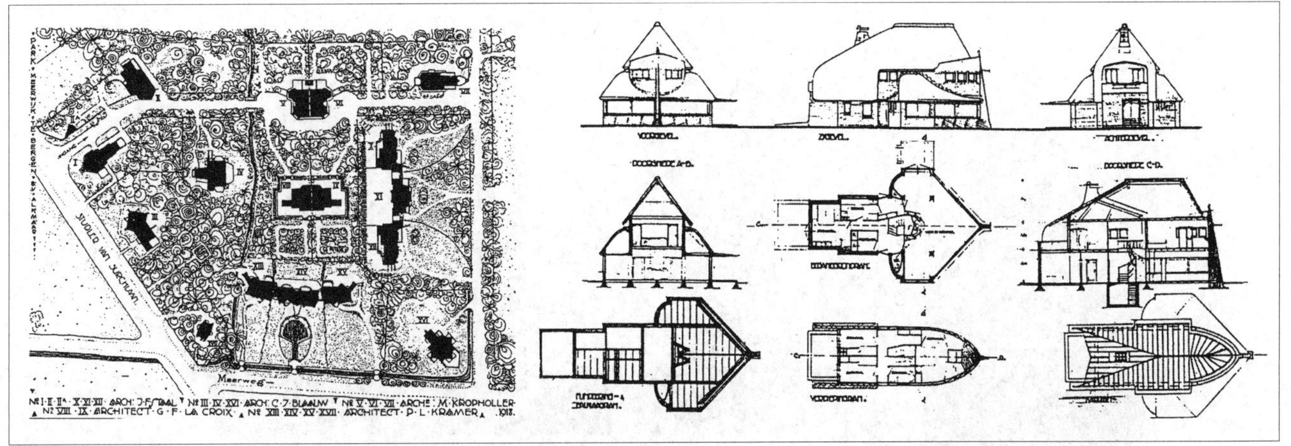
[10–191]

时间		类别 [索引编号]
	亚维克公园住宅的“梅尔豪斯”和“梅兹内斯特”，贝尔根（荷兰） M.克劳佛奥拉 阿姆斯特丹派建筑师参与建设的艺术家村中，克劳佛奥拉负责这两幢背对背的住宅。具有以草葺的多层屋顶，入口侧边立有两根装饰烟囱。	建筑 [10-192]
1918	**哈利迪大楼，旧金山（美）** W.J.波克 这是美国最早采用玻璃作为整面帷幕墙的建筑。	建筑 [10-193]
1913—1919	**艾根哈德集合住宅，阿姆斯特丹（荷兰）** M.德·克拉克 建于阿姆斯特丹西北部的砖造集合住宅。处处可见独创的造型，方尖碑状的高塔成为整体的象征。	建筑 [10-194]

[10-193]

[10-194]

1920	**收音机被发明**	历史事件
1922	**《芝加哥论坛报》大楼，芝加哥（美）** R.胡德，J.M.霍尔斯 这是依据大型国际建筑设计案竞赛所建的高层建筑，哥特式外观变形成为具有近代感。设计比赛时，沙里宁、格罗比乌斯、洛斯、B.陶特等人都有参加，展现当时多样化的建筑潮流。	建筑 [10-195]

洛斯案

格罗比乌斯案

沙里宁案

[10-195]

时　间		类　别 [索引编号]
1922	墨索里尼的法西斯党成功夺取意大利政权	历史事件
1906—1923	斯德哥尔摩市政厅，斯德哥尔摩（瑞典） R.艾斯特贝利 这是北欧民族浪漫主义建筑的晚期杰作。让中世纪以来的传统形态和材料于近代重生，建筑醒目地竖立在湖畔，存在感十足。	建 筑 [10-196]

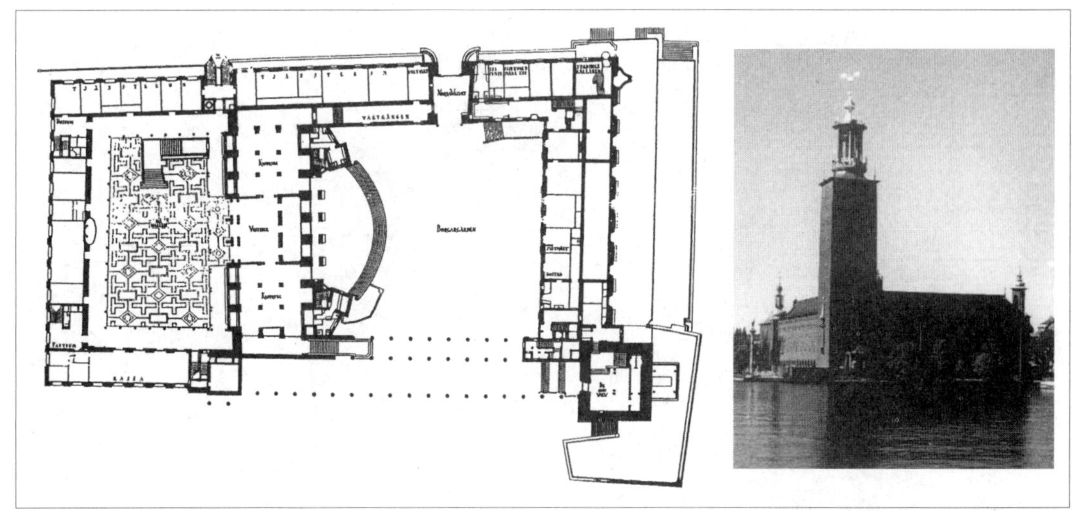

[10-196]

时　间		类　别 [索引编号]
1912—1923	兰西圣母院，兰西，巴黎近郊（法） A.佩雷 这是佩雷采取现场灌浇的钢筋混凝土代表作。内部具有类似以细柱支撑的哥特会堂型教堂的空间感，从彩色玻璃透射的光线十分美丽。	建 筑 [10-197]
	艾根哈德集合住宅，阿姆斯特丹（荷兰） P.L.克莱默，M.德・克拉克 阿姆斯特丹派的市内集合住宅之一。作为中心的五层楼部分由克莱默建造，砖砌外墙呈现自由的波浪状。	建 筑 [10-198]

[10-197]

[10-198]

时　间		类　别 [索引编号]
1924—1925	**喀尔卡乌农场，吕贝克近郊（德）** H.赫林 这个计划案被视为近代农场的模范。当时表现主义和机能主义开始有了区隔，农场基于有机建筑观，以融合机能性和地区性为目标而建造。	建筑 [10-199]

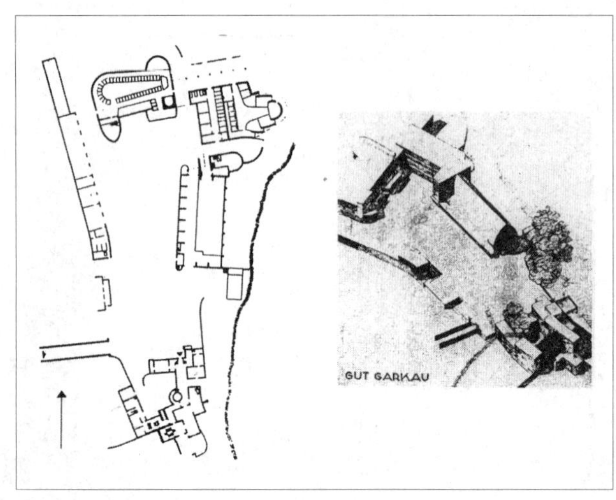

[10-199]

1912—1930	**印度总统府，新德里（印度）** S.E.L.勒琴斯 在印度新首都，由英国建筑师勒琴斯所设计的大建筑。整体构成运用英国维多利亚时期建筑常见的壮观风格，再加上印度风格的细部风格。	建筑 [10-200]
1928—1930	**希尔弗斯姆市政厅，希尔弗斯姆（荷兰）** W.M.杜多克 建筑师杜多克在希尔弗斯姆留下的代表作。砖墙中嵌入地域风格，明快的形态形成浑然一体的感觉。	建筑 [10-201]
1930—1934	**剑桥大学图书馆，剑桥（英）** S.G.G. 史考特（孙） 1930年代在传统主义和近代主义对立中，经常维持中立立场留下稳定作品的建筑师史考特，这是他的图书馆建筑之一。作品构成略微拘泥于形式，他的设计让人不禁连想到伦敦的红色公用电话亭。	建筑 [10-202]

[10-200]

[10-201]

[10-202]

时 间		类 别 [索引编号]
1934	**净土真宗本愿寺派筑地别院，东京（日本）** 伊东忠太 这是日本的折中风格建筑实例。具有泛亚洲视野的伊东忠太，在近代寻求佛教寺院风格获得了这项成果。他以源自印度的图样为中心，将各式各样的元素完美整合融为一体。	建 筑 [10-204]
1938	**莫斯科大学，莫斯科（俄）** L.V.鲁乃夫，及其他 这是始自1930年代，斯大林体制下成为主流的社会主义写实主义（Socialist Realism）建筑。在建筑上所谓的社会主义写实主义，是指否定抽象构成的保守权威主义建筑，见到这类建筑就能一目了然。西欧传统风格被夸大后所采用的复古风格。	建 筑 [10-203]
1939	《图像学（iconology）研究》，E.帕诺夫斯基	建筑书

[10–203]

[10–204]

现代主义 | *Modernism*

时 间		类 别 [索引编号]
1900	巴甫洛夫提出条件反射的理论	历史事件
	普朗克提出量子论	历史事件
	《梦的解析》，弗洛伊德（Freud Sigmund） 分析人类意识的含意，奠定精神分析基础的著作。	建筑书
约1901	《地中海》，麦约	绘 画
1903	赖特兄弟首次飞行	历史事件
1905	爱因斯坦提出相对论	历史事件
1905—1906	《生活的欢乐》，马蒂斯	绘 画
1907	《亚威农少女》（*Les Demoiselles d'Avignon*），毕加索	绘 画
1908	《装饰与罪恶》，A.路斯 书中以主张“从日常品中去除装饰才是文明的进步”而闻名，为近代意识的宣言。	建筑书
	《接吻》，布朗库西（Constantin Brancusi）	雕 刻
1909	福特以生产线方式开始生产汽车	历史事件
1911	《拔剑的男人》，巴拉赫（Ernst Barlach）	雕 刻
1911—1913	法古斯制鞋工厂，阿尔费尔德（德） W.格罗比乌斯，A.迈耶 格罗比乌斯离开贝伦斯事务所后的初期作品。从外面可透过大玻璃帷幕墙看到内部如漂浮在宇宙中的楼梯。	建 筑 [11-1]
1913	《大炮》（*Improvisation: Cannons*），康定斯基（Wassily Kandinsky）	绘 画
	《青年立像》，莱姆布鲁克（Wilhelm Lehmbruck）	雕 刻

时　间　　**类　别**
[索引编号]

1914　**德国制造联盟展览会玻璃屋展览馆，科隆（德）**　建 筑 [11-2]

B.陶特

1907年，赫曼 · 慕特修斯（Hermann Muthesius）等人共同成立的近代化团体——德国工艺联盟（Deutscher Werkbund），在科隆展览会中展出的表现主义建筑。建筑整个装设玻璃，外观如结晶体般，透过棱镜玻璃照入内部的虹光，留给人深刻的印象（现已不存）。

[11–1]

[11–2]

德国制造联盟展览会模具工厂，科隆（德）　建 筑 [11-3]

W.格罗比乌斯，A.迈耶

这是1914年制造联盟展览会中，显示近代建筑基本的作品。这幢以铁骨和玻璃板构成的建筑，以端部装设玻璃的螺旋楼梯表现最为著名。

骨牌屋（计划案）（法）　建 筑 [11-4]

勒 • 柯布西耶

这是勒 · 柯布西耶初期的住宅构造模型。以柱子重复支撑混凝土板，楼梯单侧安装在混凝土板边端的形式。墙壁能自由配置，确保具有自由的内部空间。

[11–3]

[11–4]

时　间		类　别 [索引编号]
	新都市计划案，米兰（意） A.圣泰利亚 提倡机械美学的意大利未来派建筑师圣泰利亚，在米兰发表的建筑计划图。往后退缩的高层公寓，具有独立的电梯，图中还包括栎场、车站、发电厂、多重道路等，描绘出未来都市的景象。	建 筑 [11-5]

[11–5]

时　间		类　别
1914—1918	第一次世界大战	历史事件
1914	《风的新娘》（*Bride of the Wind*），柯克西卡（Oskar Kokoschka）	绘 画
1917	俄国“十月革命”	历史事件
1917—1918	《布鲁克林大桥》（*Brooklyn Bridge*），斯特拉（Joseph Stella）	绘 画
1919	阿尔卑斯山建筑图（德） B.陶特 图中描绘建于阿尔卑斯山顶的发光建筑群，明显展现陶特的表现主义意象。	建 筑 [11-6]
	腓特烈街办公大楼计划案，柏林（德） L.密斯·凡·德·罗 这是建于柏林中心区的高层建筑设计竞赛应征案。案中呈现密斯自年轻时期朝近代建筑的发展。	建 筑 [11-7]
	柏林大剧院，柏林（德） H.珀尔齐格 这是以旧马戏团剧场改建而成的表现主义建筑。观众席具有让人连想到钟乳洞的独创装饰（现已不存）。	建 筑 [11-8]

[11–6]

[11–7]

[11–8]

时 间		类 别 [索引编号]
	《蓝和绿的音乐》(*Blue and Green Music*)，欧姬芙 (Georgia O' Keeffe)	绘 画
	《空间之鸟》 (Bird in Space)，布朗库西	雕 刻
1920	西托汉屋（计划案）(法) 勒·柯布西耶 除骨牌屋外，这是柯布西耶初期的住宅提案。这种组合差异性大的复数内部空间的空间构成手法，成为日后柯布西耶住宅作品发展的原点。	建 筑 [11-9]

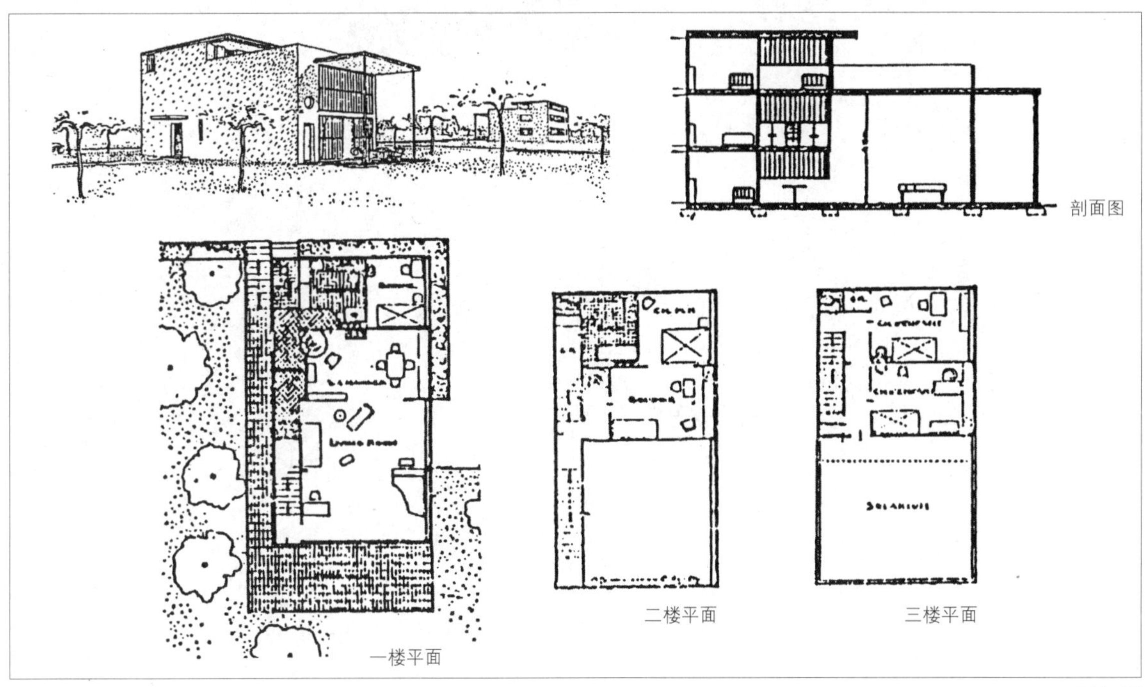

[11–9]

时 间		类 别 [索引编号]
1920	第三国际纪念塔（计划案）(俄) V.塔特林 俄罗斯前卫（avant-garde）纪念碑。塔特林采取螺旋钢架包围着玻璃立方体、角锥体和圆柱体的象征性构成。	建 筑 [11-10]
1920	收音机被发明	历史事件
1921	奥里机场飞船机棚，巴黎近郊（法） E.弗雷西内 这座机棚利用混凝土展现漂亮的构造美。间距86米、高50米的连续抛物线形的混凝土肋筋，形成长300米的机棚。第二次世界大战时遭到破坏，现已不存。	建 筑 [11-11]
	《三原色的构成》（*Composition with Yellow、Blue and Red*），蒙德里安 (Piet Mondrian)	绘 画
1922	欧赞凡宅邸，巴黎（法） 勒·柯布西耶 以白色混凝土的箱形空间来表现住宅的初期案例。建筑已见到构造体、被分隔的自由正面和屋外楼梯等特色。	建 筑 [11-12]

时 间 类 别
[索引编号]

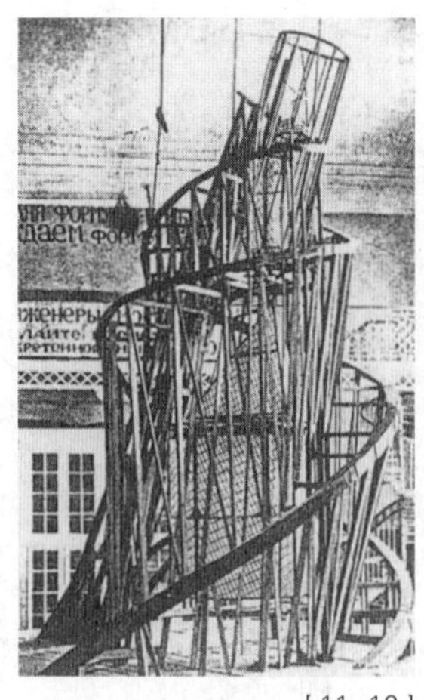

[11–10]

[11–12]

墨索里尼的法西斯党成功夺取意大利政权 历史事件

1923 住宅研究（计划案）（荷兰） 建 筑 [11-13]

T.凡・杜斯堡，C.凡・伊斯特林

荷兰抽象化近代美术运动“风格派”（De Stijl）（1917—1932）的中心人物杜斯堡，和受到李斯特斯基的影响的伊斯特林，共同尝试运用立体正投影（axonometric）所做的住宅研究。他们希望将面构成的空间，操控成完全固定的抽象化。

饰品店“吉罗”，巴黎（法） 建 筑 [11-14]

L.阿泽玛

这是日后与波以路等建筑师一起设计夏乐宫的阿泽玛，年轻时留下的作品。为装饰艺术（Art Deco）的代表性建筑。

劳动宫计划案，莫斯科（俄） 建 筑 [11-15]

维斯宁兄弟

这是充分显示革命后抽象主义艺术运动的俄罗斯前卫造型作品。几何化形态的集合及张挂的铁丝等，表现机械为主题的构成主义特色。

《走向新建筑》（Towards a New Architecture），勒・柯布西耶 建筑书

提出抽象性和机械美学的近代建筑代表性理论书。

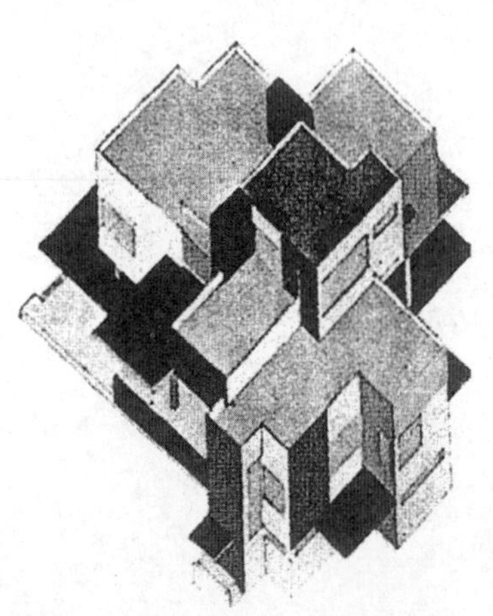

[11–13]

[11–15]

时 间 | 类 别 [索引编号]

1920—1924 爱因斯坦天文台，波茨坦（德） 建 筑

E.门德尔松 [11-16]

为了相对性理论获得实证的建筑，是德国表现主义建筑纪念碑。充分运用混凝土雕塑特性形成的外观，实际上一部分是以砖块砌造的。

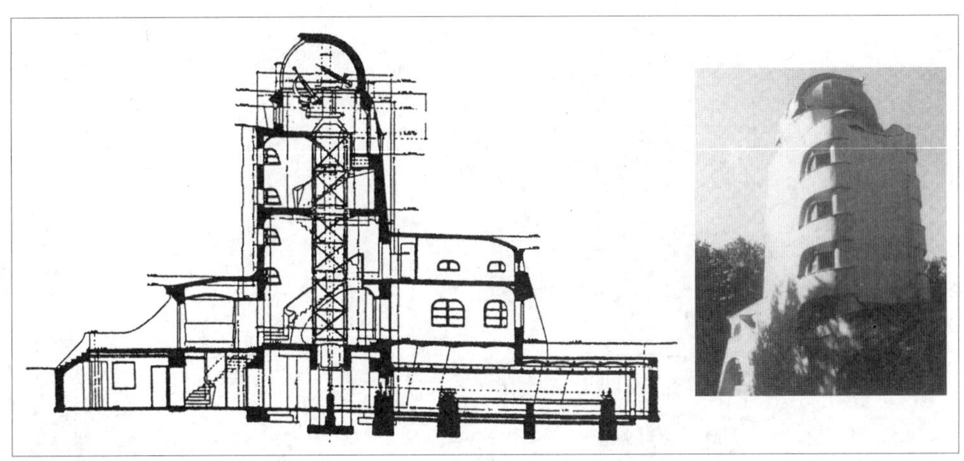

[11-16]

赫司特染料厂，法兰克福（德） 建 筑

P.贝伦斯 [11-17]

建筑展现贝伦斯运用砖块的表现主义风格。在成为穿堂的顶部，采光的前厅呈现出特别漂亮的空间。

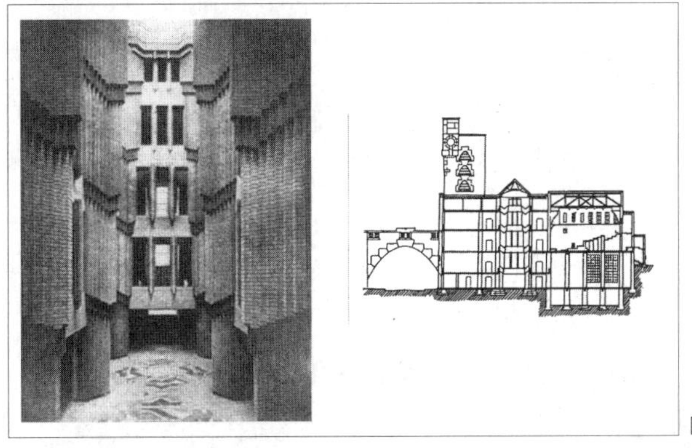

[11-17]

1924 施罗德住宅，乌特勒支（荷兰） 建 筑

G.T.里特维德 [11-18]

这是将风格派（De Stijl）理念纯粹具体化的少数实例。内外基本上都是无色彩的平滑墙面，还搭配有原色的部分。

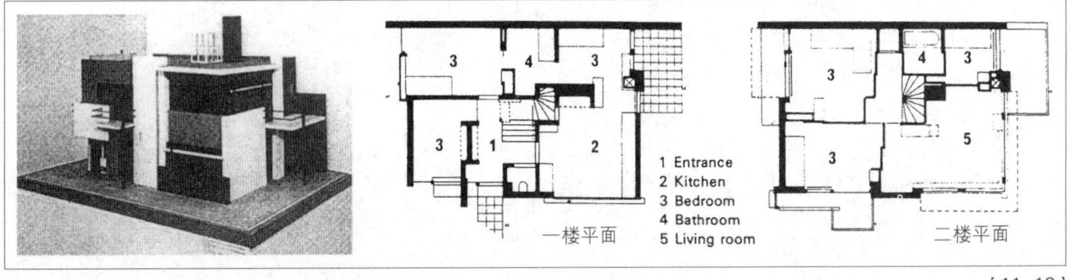

[11-18]

时间		类别 [索引编号]
1924	智利大厦，汉堡（德） F.霍格 德国表现主义建筑的代表作之一。包括作为办公大楼的近代性，外观充分运用黑砖的纹理，东端部呈锐角耸立。	建筑 [11-19]

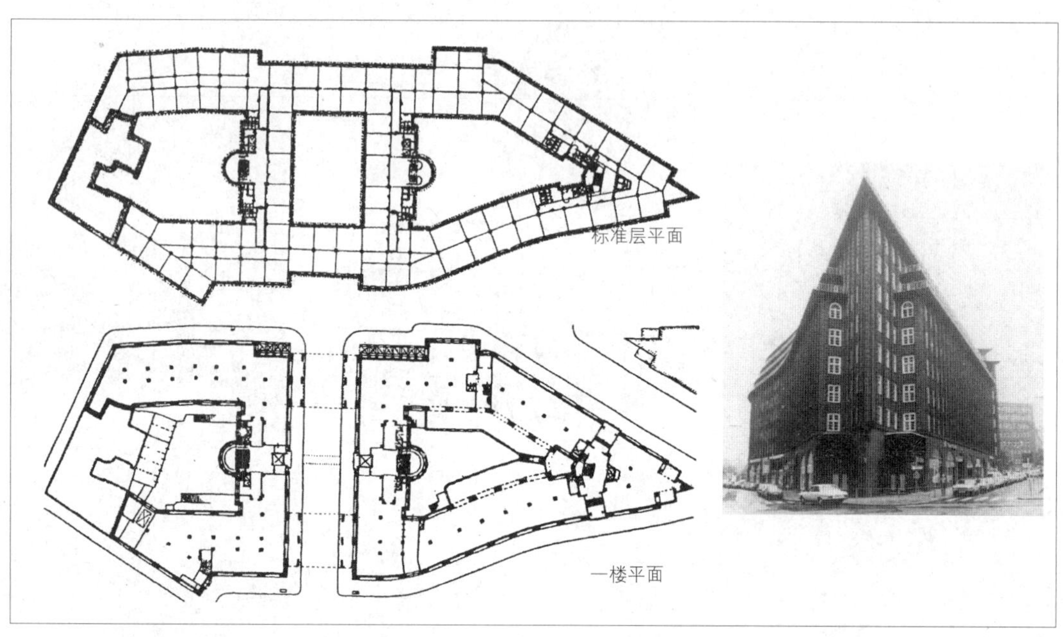

[11-19]

1924—1925	"云之阶梯"计划案，莫斯科（俄） E.李斯特斯基，M.史坦 与莫斯科都市计划结合的高层建筑计划。从巨大的柱以悬臂梁（cantilever）支撑的办公室突出于空中。	建筑 [11-20]

[11-20]

时 间 类 别
[索引编号]

1925 “瓦赞”计划案（法） 建 筑
勒·柯布西耶 [11-21]

这是柯布西耶的一系列都市计划的提案之一。预计在巴黎具历史的老街区改建200米高的大楼，并以独立柱（pilotis）分隔出步道和汽车道的都市计划。

[11–21]

联合咖啡馆，鹿特丹（荷兰） 建 筑
J.J.P.奥德 [11-22]

基于风格派（De Stijl）的概念所建，正面具有几何化构成并搭配三原色。虽然后来被拆毁，但日后又重建。

巴黎国际装饰美术博览会之“新思想展房”，巴黎（法） 建 筑
勒·柯布西耶 [11-23]

柯布西耶初期设计的白色立方体住居单位。以模数（module）为基础，构想是予以规格化和工业化。博览会后虽被拆毁，1977年时又在波隆那郊区复建。

巴黎国际装饰美术博览会的“平价市场馆”，巴黎（法） 建 筑
L.H.波以路 [11-24]

这是以装饰艺术为名的博览会中所建的百货公司馆。以几何化立体组成的整体，全采装饰艺术（Art Deco）的装饰（现已不存）。

1924—1926 《躯干》（Torso），佩夫斯纳（Antoine Pevsner） 雕 刻

[11–23]

[11–24]

时间		类别 [索引编号]
1925—1926	**包豪斯大学校舍，德绍（德）** W.格罗比乌斯 继威玛之后，这是校长格罗比乌斯为了1925—1930年在德绍成立的包豪斯大学所设计的校舍。各部分以机能别构思而成，成为一个复合式的国际风格（International style）建筑代表例。	建筑 [11-25]

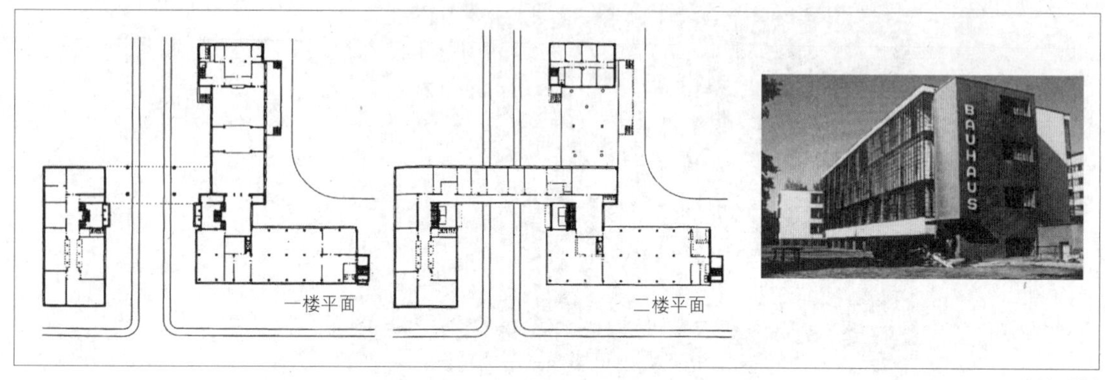

[11-25]

时间		类别 [索引编号]
	艺术家之家，巴黎（法） A.鲁卡 为了聚集在蒙帕纳斯（Montparnasse）的艺术家们，面向狭窄街道所建的八幢都市住宅。这是在第一次世界大战后的巴黎，完成的近代运动发展至顶端的建筑。	建筑 [11-26]
1926	**泽夫劳工俱乐部，莫斯科（俄）** I.A.克罗索夫 俄罗斯构成主义建筑的典型案例。在端部设有进入楼梯间的巨大玻璃圆柱体。	建筑 [11-27]
1924—1927	**角港劳工集合住宅，角港（荷兰）** J.J.P.奥德 是两层楼阳台公寓（terrace house）形式的集合住宅。整体以现代主义为基调，但细部色彩等残留风格派（De Stijl）的感觉。	建筑 [11-28]
1926—1927	**马莱特-史蒂文斯住宅，巴黎（法）** R.马莱特-史蒂文斯 这是柯布西耶的弟子马莱特-史蒂文斯计划的艺术家住宅群，其中也包含他自己的工作室和住宅。几何化构成的外观，其中一部分丰富多彩室内装饰是由皮耶·夏洛设计完成。	建筑 [11-29]
	圣安东尼教堂，巴塞尔（瑞士） K.摩萨 整体以清水混凝土构成的巴西利卡式教堂，显示受到佩雷的兰西圣母院的影响。	建筑 [11-30]
	扎拉宅邸，巴黎（法） A.路斯 这是达达主义（Dadaïsme）的扎拉在巴黎的自宅。建筑具有下部采取石砌、左右对称的正面，内部呈现洛斯追求的空间设计（raumplan）[不只是平面布局，还组合立体体积（volume）的建筑构成手法]的最佳范例。	建筑 [11-31]

时 间 类 别 [索引编号]

[11-29]

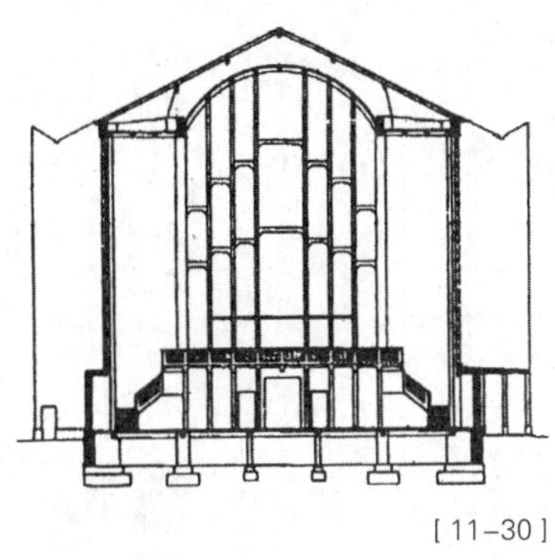

[11-30]

[11-31]

1927 **卡尔-马克思-霍夫集体住宅，维也纳（奥地利）** 建 筑 [11-32]

K.伊恩

维也纳市当局建造的一整排集合住宅之一。在宽大的建地内，连同许多生活相关设施，配置了1000户以上的住户。

史坦宅邸（迦尔雪别墅），巴黎近郊（法） 建 筑 [11-33]

勒·柯布西耶

与瓦赞宅邸并列，这是柯布西耶具有深远影响力的住宅作品。双层水平连续大窗，在白墙内侧设有屋顶花园，再加上内部采自由曲线的隔间墙等，设计时意识到将整体当作堆栈方式的单位。

戴马喜恩建筑案（美） 建 筑 [11-34]

R.B.富勒

这是以自动化生产、空运至世界各地使用为目标，适合大众的高层集合住宅单位的提案。

[11-32]

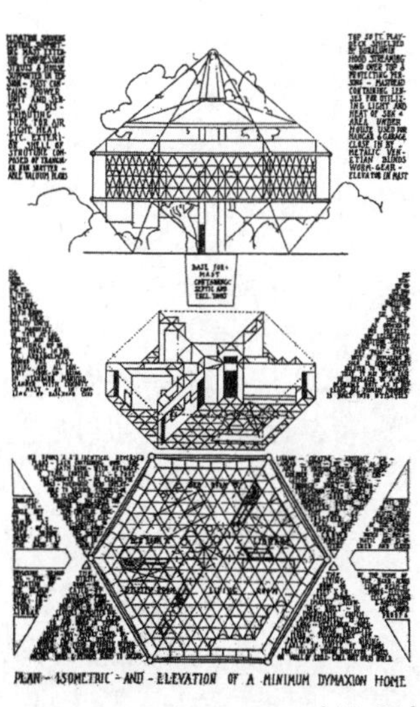

[11-34]

时 间

类 别

[索引编号]

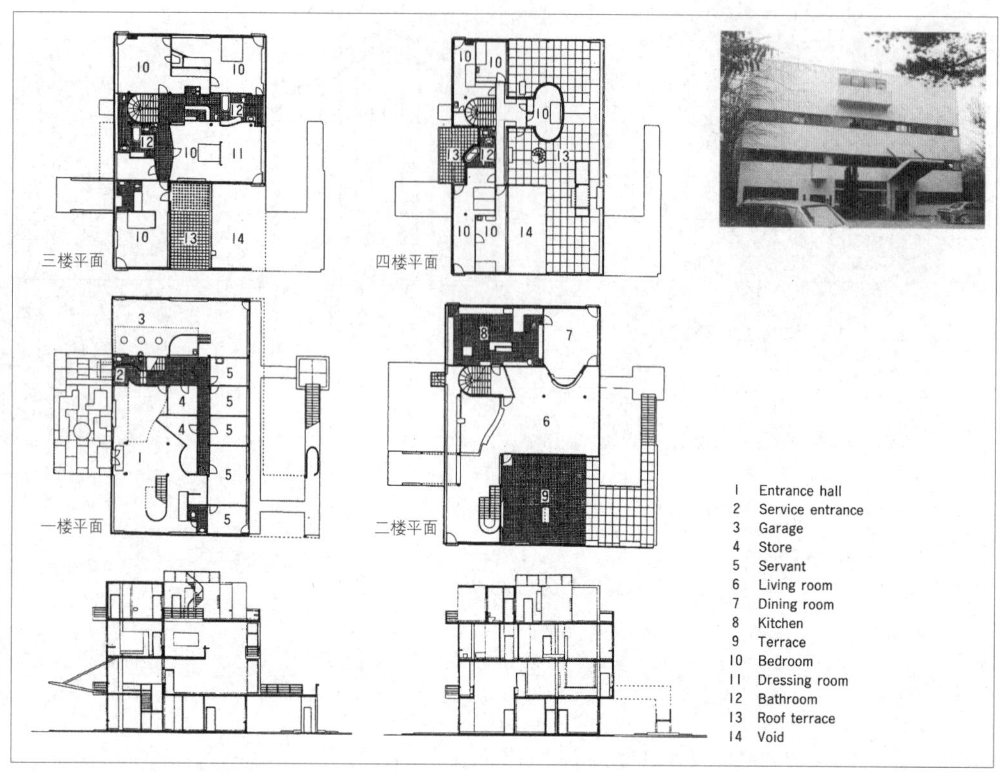

[11-33]

1927 **魏森霍夫住宅群，斯图加特（德）** 建筑 [11-35]

L.密斯・凡・德・罗

密斯拟订整体计划的草案，是由当时主流近代建筑师主持的德国工艺联盟主办的实验住宅展。除了密斯本身之外，柯布西耶、奥德、贝伦斯、沙龙、史坦、珀尔齐格、格罗比乌斯、陶特等设计的住宅都在这里群聚一堂。（后三者的作品现已不存）

1927 **国际联盟会馆设计比赛案，日内瓦（瑞士）** 建筑 [11-36]

勒・柯布西耶

这是柯布西耶纳入所有对近代建筑构想的伟大计划案。最后他失去参赛资格，原因是涉入贪渎。

1924—1928 **歌德会堂二期，多拿贺（瑞士）** 建筑 [11-37]

R.史代纳

人智学的创始者史代纳，为展现其世界观所建造的建筑。第一代木造建筑烧毁后，后人以留下的模型为样本，在史代纳死后，又有混凝土雕塑被完成。

1926—1928 **罗培特咖啡馆，巴黎（法）** 建筑 [11-38]

T.凡・杜斯堡

这是少数完成的风格派（De Stijl）室内设计之一。杜斯堡违反蒙德里安（Piet Mondrian）的论点，他不只采用直线相交，也运用斜线使空间产生跃动感（现已不存）。

时　间　　　　　　　　　　　　　　　　　　　　　类　别

[索引编号]

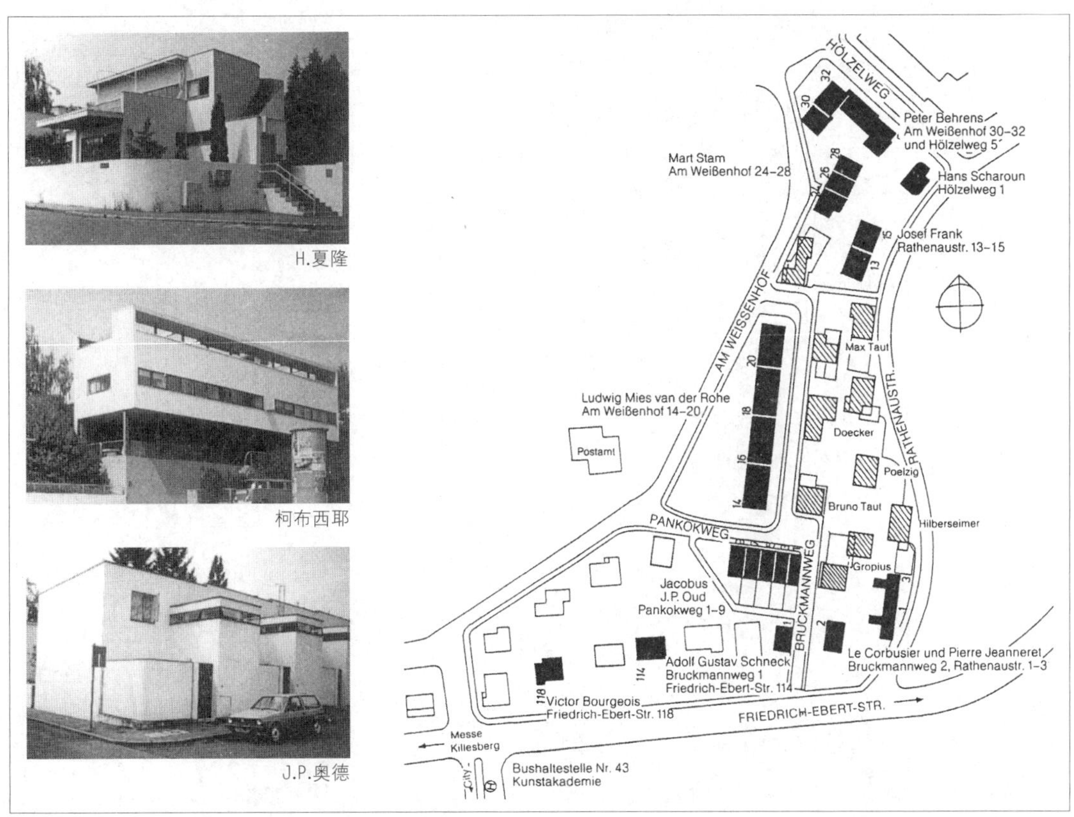

[11-35]

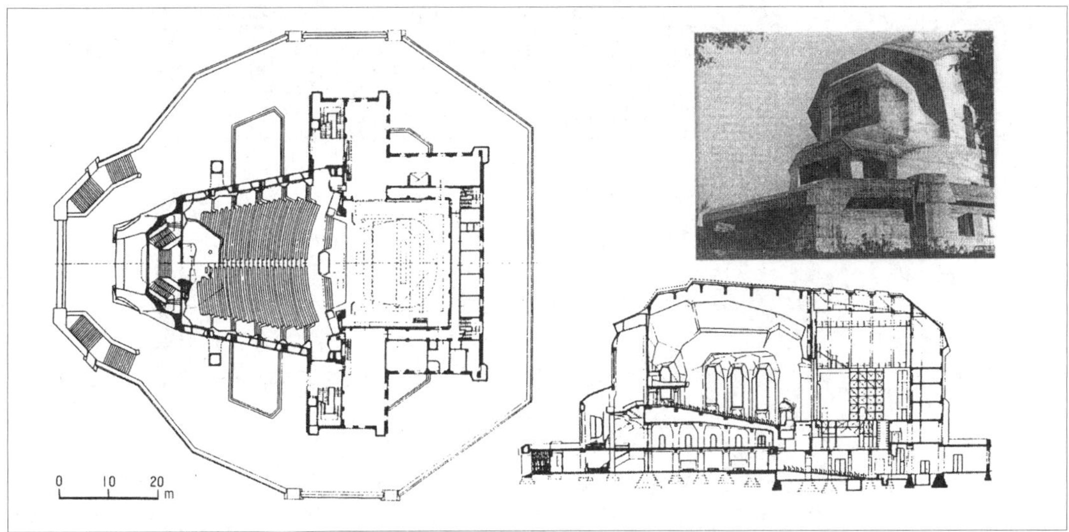

[11-37]

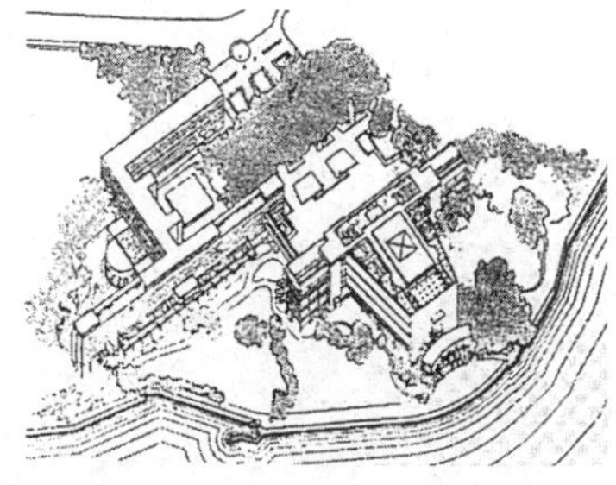

[11-36]

[11-38]

时　间		类　别 [索引编号]
1926—1928	**福克斯自宅，布鲁诺（捷克）** B.福克斯 这是在捷克现代主义建筑中心的布鲁诺，担任主导要角的建筑师福克斯的自宅，为纯粹机能主义的作品。受到魏森霍夫住宅群的刺激，1928年时在布鲁诺举办的“新住宅”展中推出。	建 筑 [11-39]
1927—1928	**报业大厦，汉诺威（德）** F.霍格 这是表现主义建筑师霍格所建的砖造办公大楼。左右对称、沉静的立面构成，及砖墙面上丰富的表情中，都融入霍格的建筑论点。	建 筑 [11-40]
1928	**史东波露—维根斯坦宅邸，维也纳（奥地利）** P.恩格尔曼，L.维根斯坦 哲学者维根斯坦为姐姐所建的住宅。具有无装饰的白色箱形外观，追求纯粹的几何化造型至极致。	建 筑 [11-41]

[11-39]

[11-40]

一楼平面

[11-41]

时　间		类　别 [索引编号]
	新公社集合住宅，科莫（意） G.特拉格 合理主义建筑师特拉格的初期作品，在意大利引进现代主义的最初作品之一。整体虽然是白色直方体，但边端部组合了圆筒体。	建 筑 [11-42]
	兰格宅邸，克雷费尔德（德） L.密斯・凡・德・罗 这是与魏森霍夫住宅群性质不同的密斯的住宅作品。外观组合单纯的立方体和大窗，遵循近代建筑理论的同时，也尊重外墙砖块的材质感。	建 筑 [11-43]
1926—1929	**威尼菲尔逊电影馆，柏林（德）** E.门德尔松 与爱因斯坦天文台的雕塑形态完全成对比，这幢建筑外观强调水平性，呈现缓和的圆弧形。	建 筑 [11-44]

时　间 **类　别**

[索引编号]

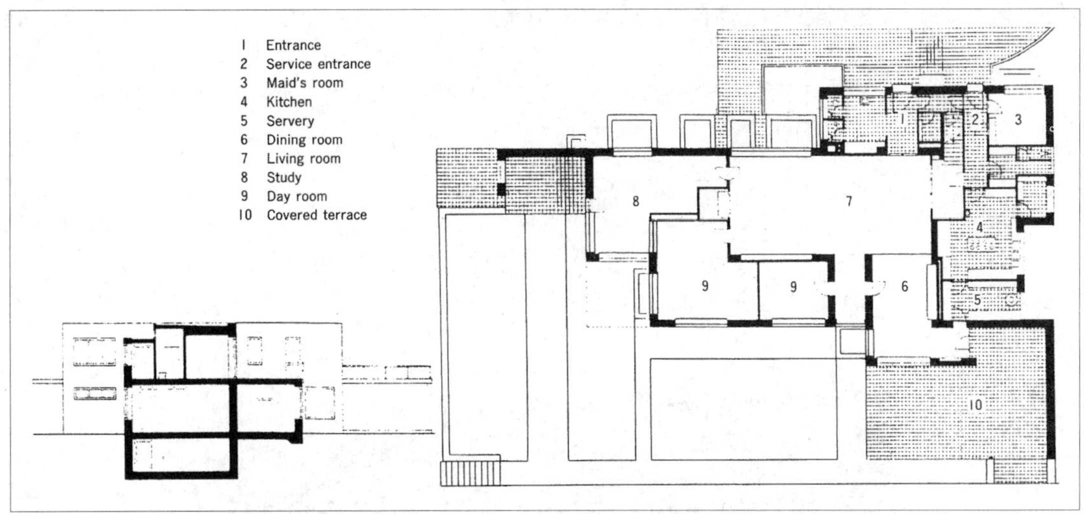

[11–43]

1927—1929　**卢萨可夫俱乐部，莫斯科（俄）**　建 筑

K.S.梅尔尼科夫　[11–45]

这是1920年代，在苏联成为重要主题的劳工用俱乐部建筑实例。内部剧场的观众席后部向外突出，形成三方悬臂梁的强而有风貌。

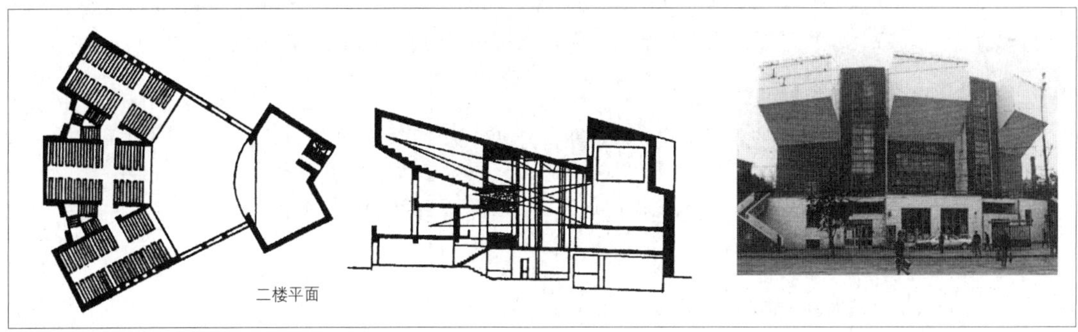

[11–45]

1929　**巴塞罗那世博会德国馆，巴塞罗那（西班牙）**　建 筑

L.密斯・凡・德・罗　[11–46]

这是密斯展现近代建筑空间的著名展示馆。以镀铬铁柱支撑屋顶，和自由配置墙面，形成柔和的空间构成。博览会后虽然拆毁，但1986年时又在原地复建。

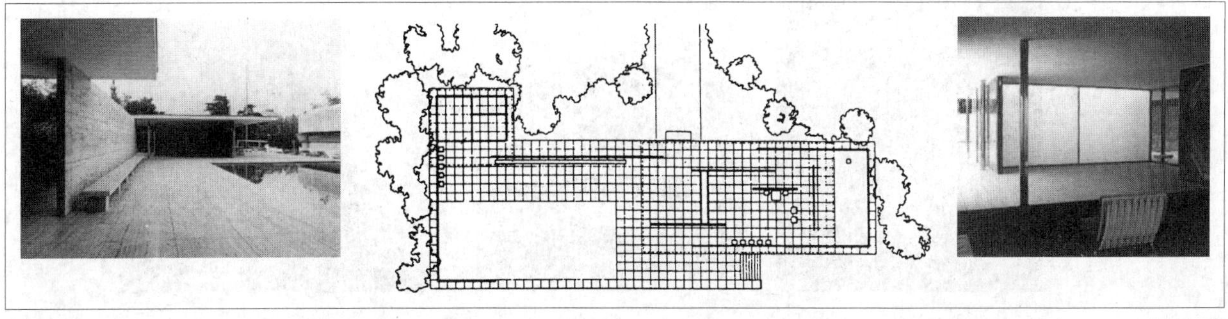

[11–46]

时 间		类 别 [索引编号]
1929	**洛维尔宅邸（健康住宅），洛杉矶（美）** R.努特拉 提倡自创健康理论的洛维尔博士，这是为他所建作为实践场的住宅作品，是铁骨造的国际风格住宅。	建 筑 [11-47]
1926—1930	**凡奈里烟厂，鹿特丹（荷兰）** J.A.布尔克曼，LC.凡・德尔・弗鲁特 根据即物主义来构思，经过严格分析以机能为诉求产生的工厂复合设施。每幢建筑以装设玻璃的桥或运送设备（conveyer）相连结。	建 筑 [11-48]

[11–47]

[11–48]

时 间		类 别 [索引编号]
1928—1930	**斯德哥尔摩博览会会场建筑，斯德哥尔摩（瑞典）** E.G.阿斯普兰德 在北欧引进国际风格的最早实例。是运用铁材和玻璃轻快构成的建筑群（现已不存）。	建 筑 [11-49]
1929—1930	**阿姆斯特丹的露天学校，阿姆斯特丹（荷兰）** J.杜易克 这是荷兰机能主义建筑师杜易克的代表作品。RC板的和柱子组成的构造，从外观上也能清楚的一目了然。	建 筑 [11-50]
1930	**克莱斯勒大厦，纽约（美）** W.凡・爱伦 这是美国装饰艺术的摩天楼代表作。尤其是以钢建造的顶冠（crown），充分表现出那个时代的速度感。	建 筑 [11-51]

[11–49]

[11–50]

[11–51]

时 间 **类 别**

[索引编号]

图根哈特别墅，布鲁诺（捷克） 建 筑 [11-52]

L.密斯·凡·德·罗

国际风格具代表性的住宅作品。由客厅、餐厅和书房组成的底层，整体环绕玻璃墙，其内侧连续展开流动的空间。

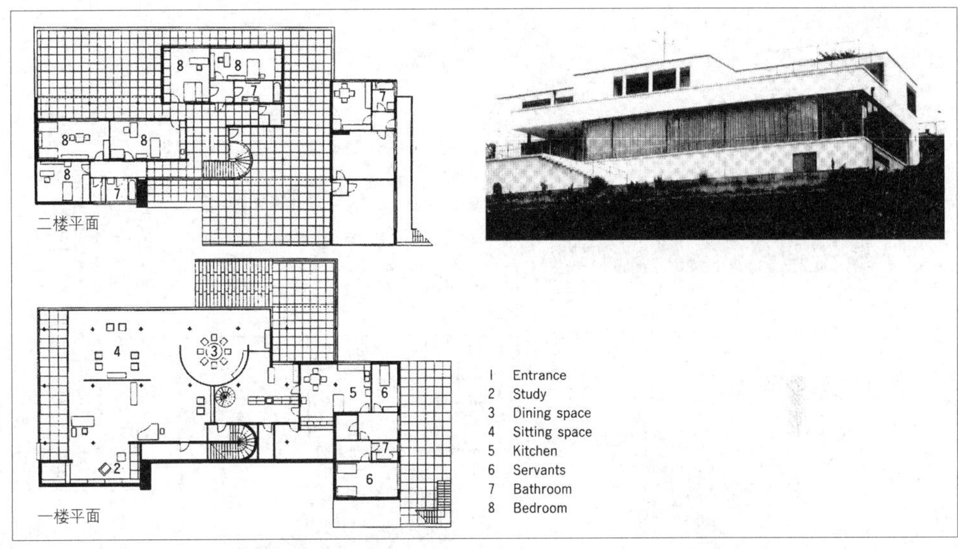

[11-52]

德国制造联盟展览会的室内设计模型，巴黎（法） 建 筑 [11-53]

W.格罗比乌斯，M.布劳耶

在1930年的制造联盟展览会中展出的国际风格家具和日用品组合作品。格罗比乌斯是和当初是包豪斯学院一年级生从设计家具开始的布劳耶共同创作。

谬勒宅邸，布拉格（捷克） 建 筑 [11-54]

A.路斯

从巴黎回到维也纳的路斯晚年最后一件住宅作品。他以实现空间设计（Raumplan）为目标，同时也提升了色彩运用的效果。

[11-53]

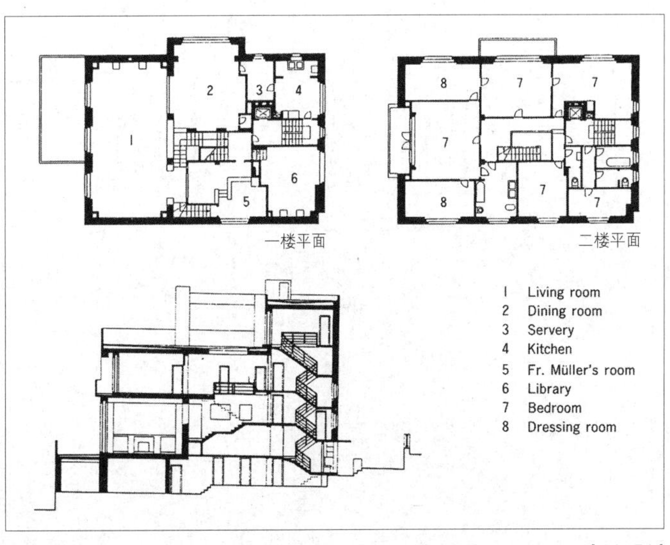

[11-54]

时 间 **类 别**

[索引编号]

1917—1931 萨伏伊别墅，普瓦西，巴黎近郊（法） 建 筑

勒·柯布西耶 [11-55]

这是柯布西耶另一著名的近代独立住宅杰作。他本身提倡的独立柱、屋顶花园、自由平面、水平带开窗和自由立面的近代建筑五原则，都在这幢别墅中具体实现。

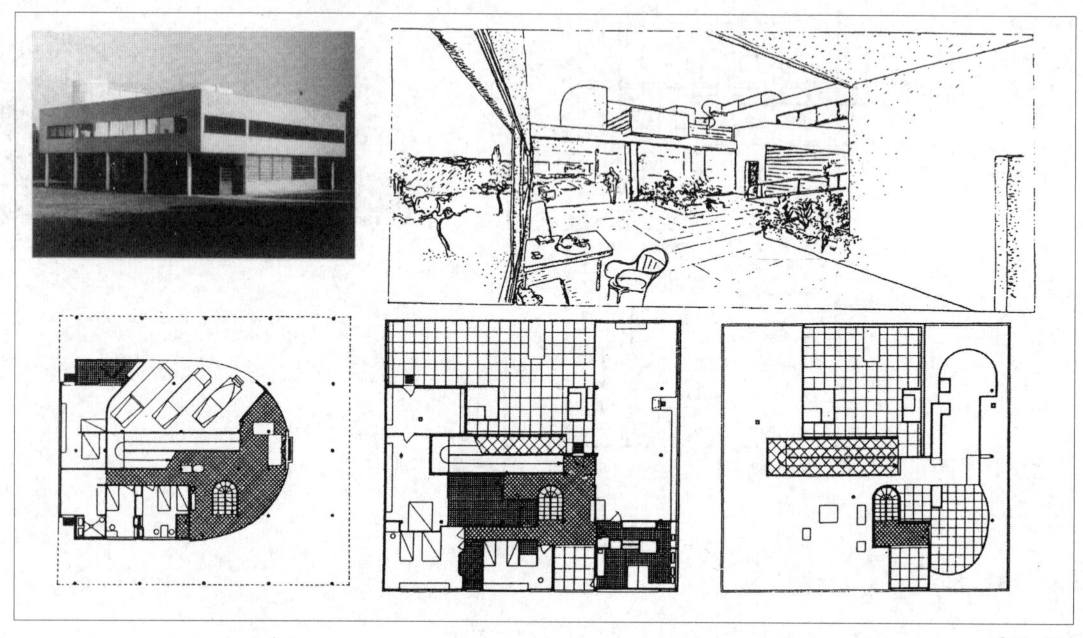

[11-55]

1928—1931 玻璃房，巴黎（法） 建 筑

P.夏洛 [11-56]

巴黎中心区公寓低层部分加以改造，在铁骨架中装设玻璃块的住宅。完成一幢几乎全是玻璃墙，光线能扩散至角落的明亮内部空间。

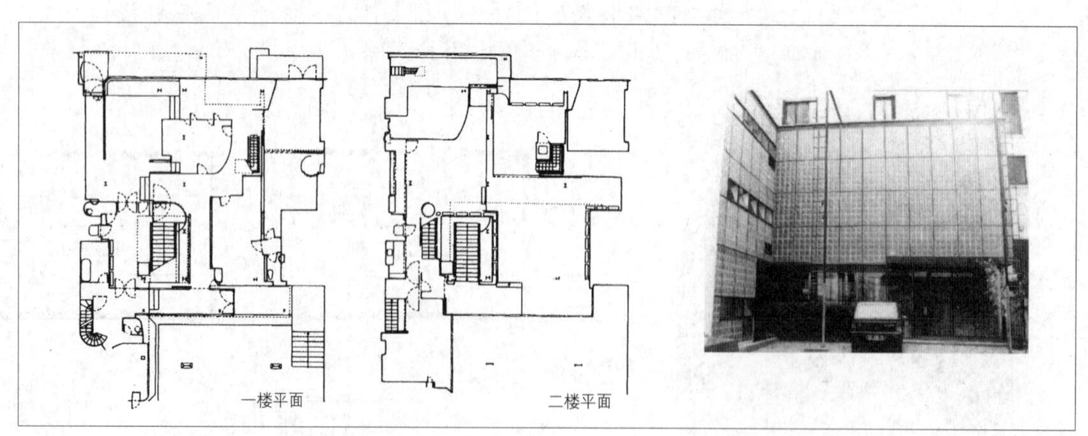

[11-56]

1929—1931 席曼塔德住宅，柏林（德） 建 筑

W.格罗比乌斯，H.夏隆，H.赫林，O.巴特宁，及其他 [11-57]

这是在柏林西部建造的大电机工厂劳工用住宅地。以格罗比乌斯为中心有多位建筑师参与，为20世纪30年代集合住宅提供了模仿的原型。

时 间		类 别 [索引编号]
1931	**帝国大厦，纽约（美）** R.H.施瑞夫，W.F.拉姆，A.L.哈蒙 它比再早一年完工的克莱斯勒大厦（Chrysler Building）更高，为当时世界第一高大楼，成为摩天楼的代名词。整体外观十分清爽，顶端有个称为“顶冠”（crown）的装饰部分。	建 筑 [11-58]
	穆塔纳鲁街的集合住宅，巴塞罗那（西班牙） J.L.赛尔特 在1929—1932年间曾和柯布西耶一起工作的赛尔特，这是他将国际风格引进故乡巴塞罗那的作品。	建 筑 [11-59]

[11–57]

[11–58]

[11–59]

	苏维埃宫设计比赛案，莫斯科（俄） 勒·柯布西耶 这是从1927年国际联盟会馆设计比赛案的构想再发展而成的作品。提案中计划自跨越建筑的抛物线拱券运用铁线吊起大堂屋顶的动力感构造。	建 筑 [11-60]

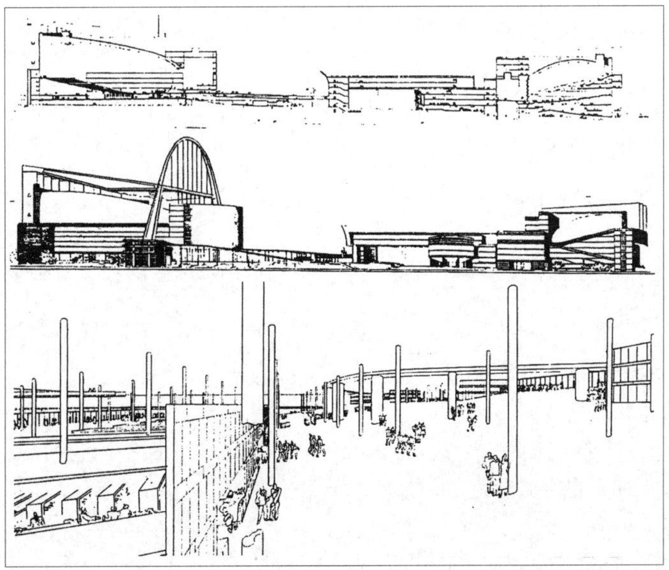
[11–60]

时　间		类　别 [索引编号]
1930—1932	**瑞士学生会馆，巴黎（法）** 勒·柯布西耶 在巴黎大学都市中，和巴西学生会馆一起建造的学生宿舍。虽然是小规模建筑，但却是连细部设计都十分周全的杰作，另一方面建筑整体以独立柱架高，侧面设计为墙面，保留了可无限加建的可能性，预示出未来朝统一的大建筑发展的可能性。	建筑 [11-61]
	《每日快报》大楼，伦敦（英） S.E.O.威廉斯，R.阿特金森 这是构造设计师威廉斯和艾利斯（Ellis）、克拉克（Clarke）、阿特金森共组的建筑事务所一起计划的作品。外观的玻璃帷幕墙虽是泛着黑光的国际风格，但阿特金森负责的前门大厅，却是伦敦最佳的装饰艺术的室内设计。	建筑 [11-62]

[11-61]

[11-62]

时　间		类　别 [索引编号]
	比斯顿制药厂，诺丁汉郡（英） S.E.O.威廉斯 这是开发以各种手法使RC构造适用于大规模建筑的建筑师威廉斯的作品中，特别具有影响力的工厂建筑。蘑菇型的混凝土构造上，大胆组合了玻璃帷幕墙。	建筑 [11-63]
	佛罗伦萨市立运动场，佛罗伦萨（意） P.L.奈尔维 追求钢筋混凝土构造的发展性的建筑师奈尔维较初期的作品。加上大型单边形式的屋顶，如同漂浮在空中一般的螺旋阶梯让人留下深刻印象。	建筑 [11-64]
1932	**费城储蓄银行，费城（美）** W.莱斯卡兹，G.霍维 美国摩天楼建筑脱离装饰艺术风格的装饰，以抽象构成而来的国际风格手法所建造的早期案例。	建筑 [11-65]
	圣英格柏特教堂，科隆（德） D.波姆 这是在德国设计许多天主教教堂的波姆的代表作。RC结构的三个大抛物面拱顶（parabolic vault）在中央交叉为构成上的特色。	建筑 [11-66]

时 间 类 别
[索引编号]

[11-64]

[11-65]

雅纳克自宅，布拉格（捷克） 建 筑
P.雅纳克 [11-67]

受到布鲁诺活动的刺激，这是雅纳克在1932—1933年时，在布拉格近郊的巴巴（Baba）山丘举办住宅展时推出的作品。纯粹基于机能主义所建的独立住宅是三十件作品之一。雅纳克是从立体派期开始活跃于捷克的代表性建筑师。

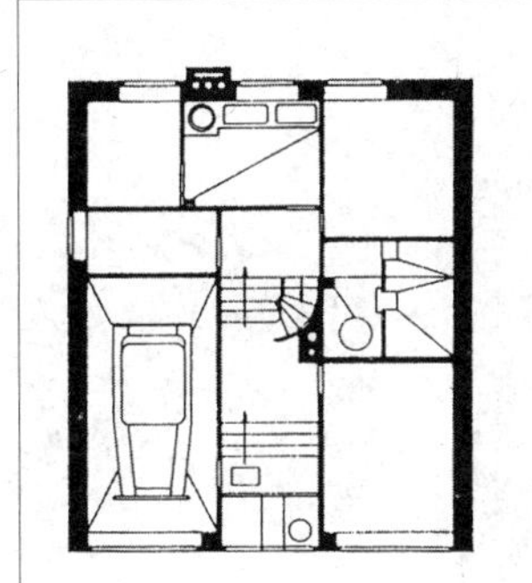
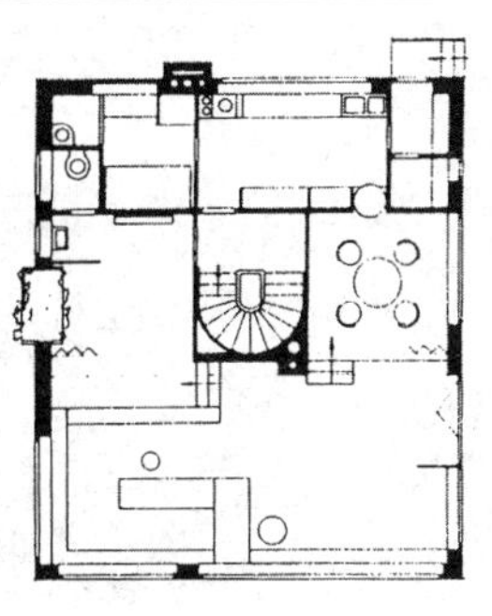

[11-67]

伦敦地铁站，伦敦（英） 建 筑
C.H.荷登 [11-68]

这是荷登加入丰富的经验技巧，完成的沉稳现代主义建筑。除了整体形态呈大胆的圆筒状外，墙面也铺贴砖块处理。

“新农场”住宅，格雷斯伍（英） 建 筑
A.D.康乃尔 [11-69]

这是设立康乃尔、渥德（Ward）和鲁卡斯（Lucas）设计事务所，于20世纪30年代活跃于英国的纽西兰建筑师康乃尔的住宅作品。为了获得最佳的瞭望视野，建筑具有放射状的平面。

《国际风格》（*International style*），H.R.希区考克，P.约翰逊 建筑书

1932—1933 《早晨四点钟的宫殿》（*The Palace at 4 a.m*），贾科梅蒂（Alberto Giacometti） 绘 画

时 间 类 别

[索引编号]

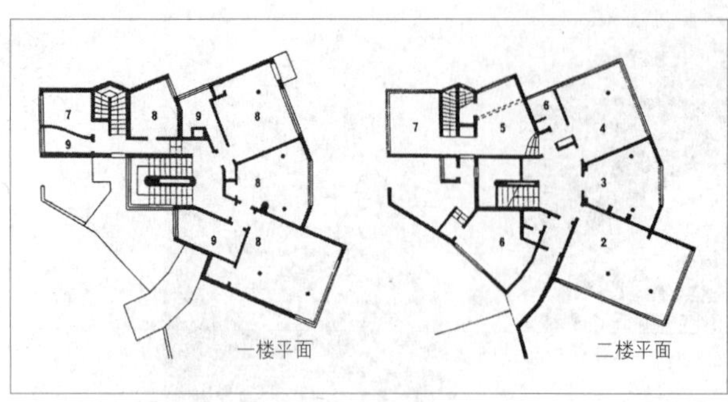

[11-69]

1929—1933 帕伊米奥疗养院，帕伊米奥（芬兰） 建 筑

A.阿尔托 [11-70]

阿尔托脱离北欧新古典主义，以国际风格建筑师立场首度推出的作品。除了有醒目的白墙和水平连续窗，整体也尝试采用自由的造型。

1930—1933 卡尔·马克思综合学校，维勒瑞夫，巴黎近郊（法） 建 筑

A.鲁卡 [11-71]

具有左翼思想的鲁卡，依自己的信念所建的最早建筑作品。整体构成为单纯的左右对称立体组合。

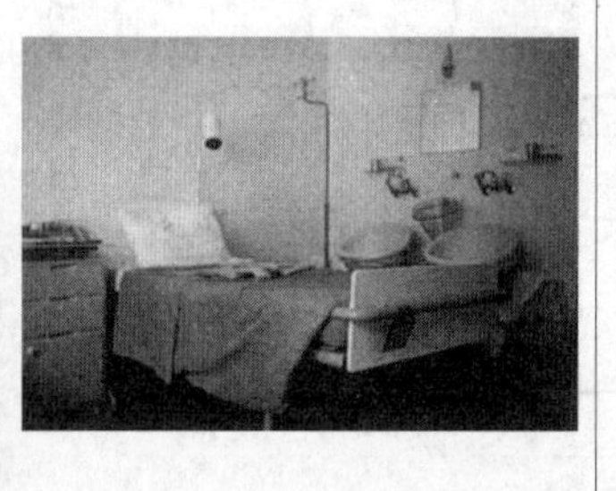

[11-71]

[11-70]

1933 战争罹难者纪念碑，科莫（意） 建 筑

G.特拉格，E.普兰波里尼 [11-72]

这是依据1914年圣泰利亚留下的新都市计划案的发电所草图，后来由特拉格完成的纪念碑。

阿尔及西拉斯市场，阿尔及西拉斯（西班牙） 建 筑

E.托罗哈 [11-73]

这是从构造面来追求形态，在西班牙引进近代建筑的托罗哈的作品。间距47米的扁平混凝土制骨架（shell）由8根独立柱支持。

1931—1934 洛克菲勒中心，纽约（美） 建 筑

R.胡德，及其他 [11-74]

在经济恐慌时期，由洛克菲勒财团斥资在曼哈顿区兴建的大规模计划。有以胡德为中心的多位建筑师参与，完成14幢高层建筑集合体。

时 间 | 类 别 [索引编号]

[11–72]

[11–73]

[11–74]

1932—1934 **草地路公寓大楼，伦敦（英）** 建 筑 [11-75]
W.寇兹
在稳健派占多数的英国，这幢是展现纯粹、严谨的现代主义建筑实例。外观排除一切装饰，具有如同混凝土抽象雕刻般的样貌，内部以最低限度22户公寓为中心，每户连家具都统一设计。

1934 **伦敦动物园的企鹅馆，伦敦（英）** 建 筑 [11-76]
B.鲁贝金，特克顿建筑事务所（The Tecton Group）
在椭圆形水池上，架设两个在池中交错的回力棒形（boomerang）单臂桥。混凝土表现出动力感，其构造设计是埃拉普（Ove Arup）。

[11–75]

[11–76]

《技术和文明》，L.芒福德 建筑书

1929—1935 **《真理报》办公大楼，莫斯科（俄）** 建 筑 [11-77]
P.克罗索夫
运用混凝土和帷幕墙在当时属于尖端的近代建筑。但是完成时点的苏联文化，已经修改朝向社会主义写实主义发展。

1933—1935 **高点公寓大楼Ⅰ，伦敦（英）** 建 筑 [11-78]
B.鲁贝金，特克顿建筑事务所
自俄罗斯移民来的建筑师鲁贝金，组织年轻建筑师成为团体，所建造的英国初期现代主义代表作。作品一楼采用独立柱，为近代高层住宅的典型表现，地板和墙面一体化的构造也是新的尝试。

时　间　　　　类　别

[索引编号]

[11-77]

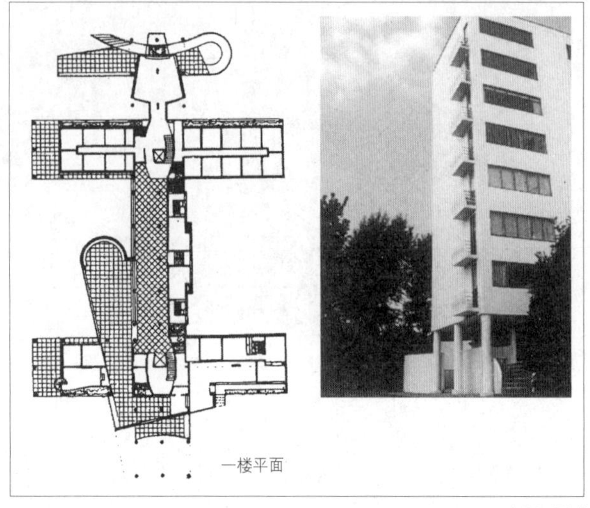

[11-78]

1935　“光辉的城市”计划案（法）　建 筑

勒・柯布西耶　[11-79]

超高层办公群为开端，全部基于生物学的同功（Analogy）概念所做的理想都市计划案。巧妙组合居住、劳动、休闲、交通四项要素，为日后的CIAM（近代建筑国际会议。由勒·柯布西耶等人所设立，自1928年至1958年共召开10次国际会议，对近代建筑理论的形成带来极大的影响，1959年时解散）的都市计划理论的原点。

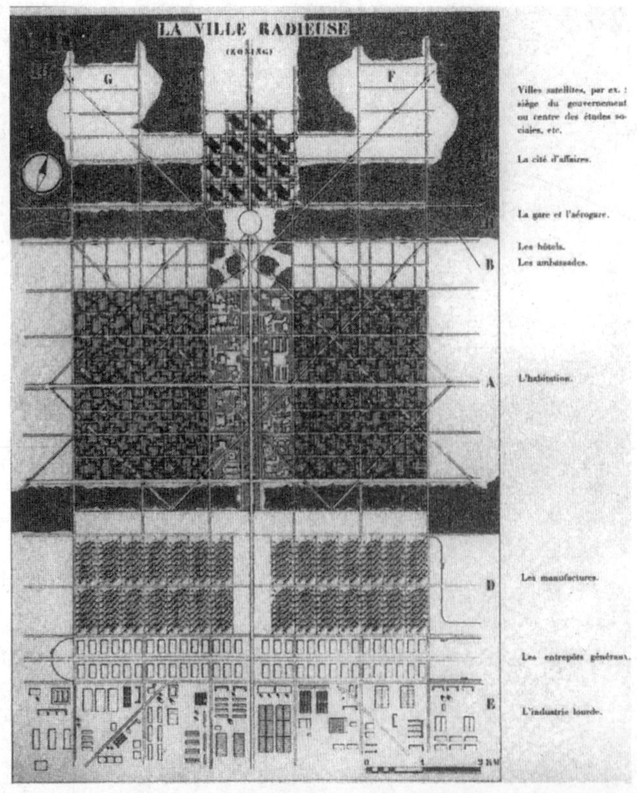

[11-79]

时　间 | 类　别 [索引编号]

日屋，伦敦（英）　建 筑 [11-80]
M.弗赖
这幢三层楼的住宅，明显可见受到密斯的图根哈特别墅的影响。连续窗和二楼部分的阳台，强调出正面的水平性。

萨拉佐拉赛马场观众席，马德里近郊（西班牙）　建 筑 [11-81]
E.托罗哈
构造设计师E・托罗哈，在建筑师卡勒斯・阿尔尼克斯（Carlos Arniches）及马汀・多明格斯（Martín Dominguez）的协助下完成的动力性构造体。混凝土骨架的三个大屋顶，以14m宽的单侧形式遮盖观众席。

1932—1936　法西斯总部，科莫（意）　建 筑 [11-82]
G.特拉格
简洁构造体中，象征隐含纯粹性的意大利合理主义的作品。为当作法西斯党地区本部而建造。

[11–81]

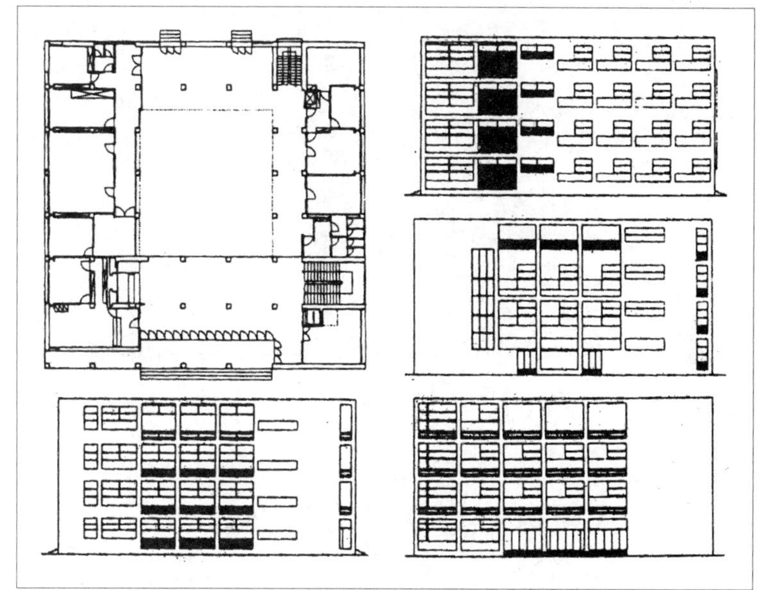
[11–82]

1936　英品顿乡村学院，剑桥（英）　建 筑 [11-83]
W.格罗比乌斯，M.弗赖
渡美前滞留在英国的格罗比乌斯，和英国代表性近代建筑师弗赖，于1934—1936年时共同完成的作品之一。当时构想是作为能配合亨利・摩斯（Henry Morris）的进步教育课程所建造的。

考夫曼宅邸（流水别墅），熊跑溪，宾夕法尼亚州（美）　建 筑 [11-84]
F.L.赖特
这是赖特第二期黄金期的代表性住宅作品。比较接近现代主义的手法，配置上和沿溪丰富的大自然具有绝妙的关系。

《近代造型艺术的展开》(*Pioneers of modern design*)（初版），N.佩文斯纳　建筑书

时　间　　**类　别**
[索引编号]

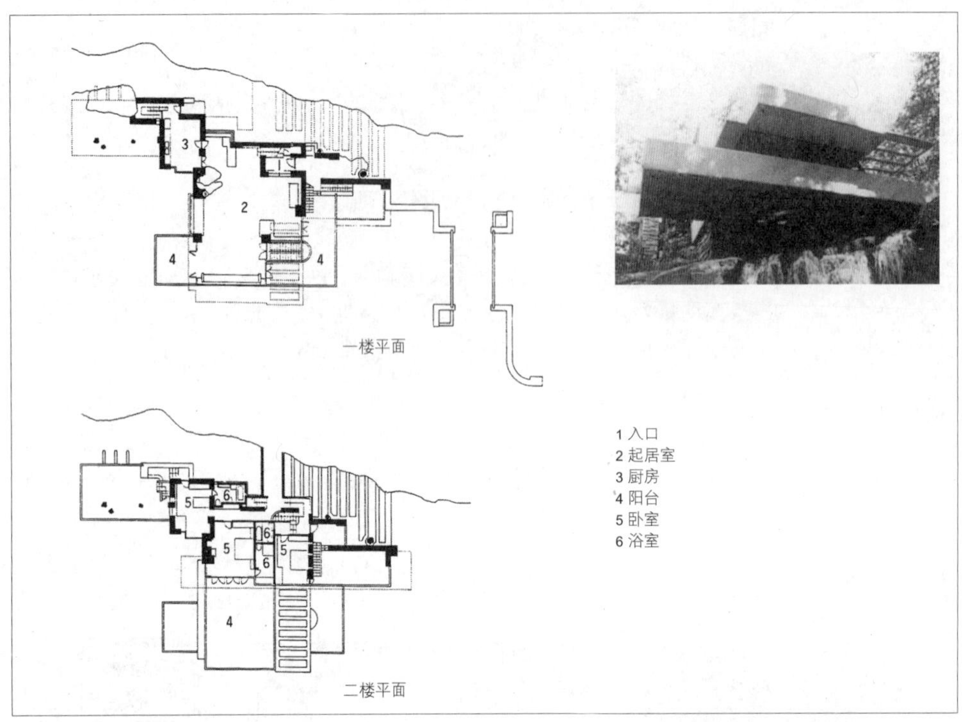

[11-84]

1937

克利希市场与市民中心，巴黎（法）　建 筑 [11-85]

J.普鲁威，E. 波多因

这是以精通组合式和轻金属构造的普鲁威为中心，所设计的复合式建筑，属于极早期利用整面金属帷幕墙的案例。一楼部分近年改装成砖块。

西塔里埃森（动工），史考特市，亚利桑那州（美）　建 筑 [11-86]

F.L.赖特

在亚利桑那州沙漠地带，赖特为自己所建冬季使用的办公室兼住宅。在坚硬的石头基盘上，建造出主要采用木材架设屋顶的开放型空间。

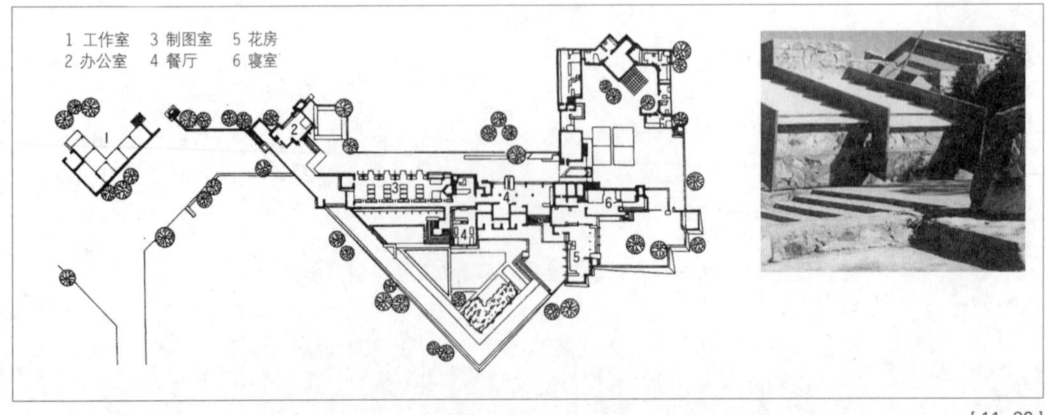

[11-86]

时 间		类 别 [索引编号]
1938	《侧卧像》（Recumbent Figure），亨利·摩尔（Henry Spencer Moore）	雕 刻
1936—1939	娇生（约翰逊）父子公司，瑞辛，威斯康星州（美） F.L.赖特 和流水别墅同期，属于赖特第二期黄金期的最初作品。运用菇形柱（mushroom column）构法（以柱头宽广的柱子来支撑的无梁构法），所完成的砖块、玻璃管建筑。1950年还兴建14层楼高的研究开发大楼。	建 筑 [11-87]
	苏尼拉纤维工厂，科特卡近郊（芬兰） A.阿尔托 这是大规模的复合式工厂计划。以重叠的大型工厂量体为中心，也包含烟囱和输送带（conveyer）等元素的完美建筑构成。在工厂附近阿尔托还建有工厂劳工用集合住宅。	建 筑 [11-88]
1938—1939	玛丽亚别墅，努玛库（芬兰） A.阿尔托 阿尔托从地方风土引发的首件独创近代建筑住宅作品。建筑除了追求和周围大自然调和外，同时还具有树木的感觉。	建 筑 [11-89]

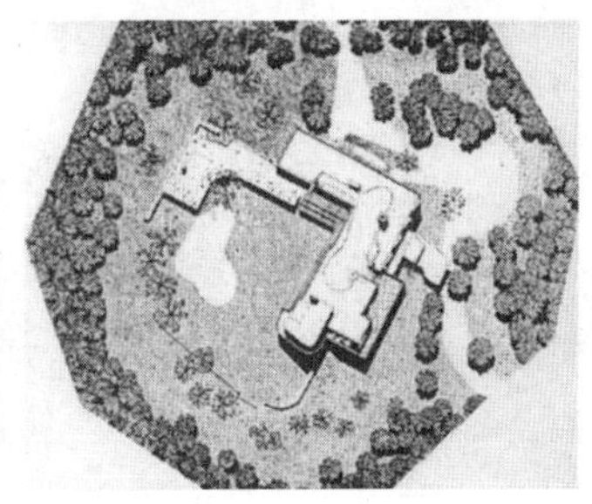

[11–89]

1939	瑞士博览会水泥馆，苏黎世（瑞士） R.马亚尔 这幢建筑物相对于间距15米、高12米的规模，仅仅配置6厘米厚的混凝土薄壳。	建 筑 [11-90]

[11–87]

[11–88]

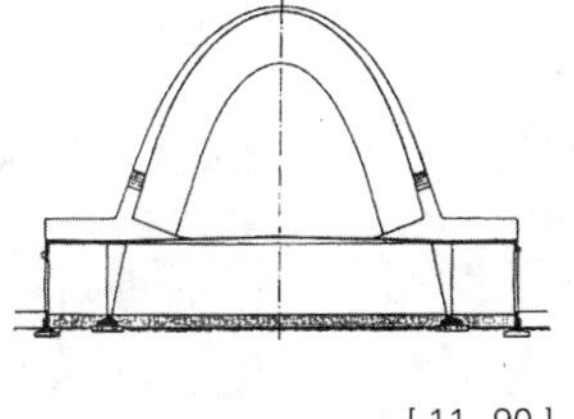

[11–90]

	《捕龙虾器和鱼尾》（*Lobster Trap and Fish Tail*），卡尔德（Alexander Calder）	绘 画

时　间		类　别 [索引编号]
1934—1940	**奥林匹克体育场，赫尔辛基（芬兰）** Y.林德葛兰，T.扬提 这是建于赫尔辛基市内最典型的机能主义建筑，具有醒目的白色墙面和直线构成。1940年预定的运动会停止举办，一部分比赛场地经过改建，在1952年时成为运动会的会场。	建 筑 [11-91]
1935—1940	**森林火葬场，斯德哥尔摩近郊（瑞典）** E.G.阿斯普兰德 这差不多是阿斯普兰德最后的作品。依循近代建筑的语法，在山丘上竖立成为视觉焦点的十字架等，在构成上使建筑与环境融为一体。	建 筑 [11-92]

[11-91]

[11-92]

时　间		类　别 [索引编号]
1939—1940	**张伯伦别墅，威兰，麻萨诸塞州（美）** M.布劳耶，W.格罗比乌斯 布劳耶于1937年渡美后的初期作品。建于林中以粗石砌和铺板墙为主的建筑虽是当地传统，但整体的立面构成和空间构成，清楚展现在包豪斯艺术学院培育的建筑资质。	建 筑 [11-93]
1938—1941	**土库公墓礼拜堂，土库（芬兰）** E.布吕格曼 这是阿尔托和同世代的芬兰建筑师布吕格曼的代表作。内部空间具有纤细的光线，呈现出通晓阿斯普兰德作品的优美感。	建 筑 [11-94]
1941	《空间、时间、建筑》，S.基提恩	建筑书
1940—1942	**EUR（罗马世界博览会）会场，罗马近郊（意）** A.里柏拉，EB.拉・帕杜拉 法西斯时期的意大利，为了夸示国力而计划的1942年博览会的建筑。会议场、意大利文明馆等都呈现新古典主义风格，但后来因战争整体的计划都中断。	建 筑 [11-95]
1943	**巴西教育健保局，里约热内卢（巴西）** L.寇斯塔，O.尼迈耶 1936年时聘请柯布西耶作为顾问所建造的政府机关建筑。建筑中可见到独立柱、遮檐（frieze soleil）等许多柯布西耶的建筑特色元素。	建 筑 [11-96]
1942—1943	**圣方济各教堂，庞普哈，培罗荷里桑近郊（巴西）** O.尼迈耶 自L.寇斯塔门下独立出去，往雕塑形态建筑发展时期的尼迈耶的代表作。具有运用抛物线拱券的拱顶架构教堂。	建 筑 [11-97]

时 间 类 别
[索引编号]

[11-94]

[11-96]

[11-97]

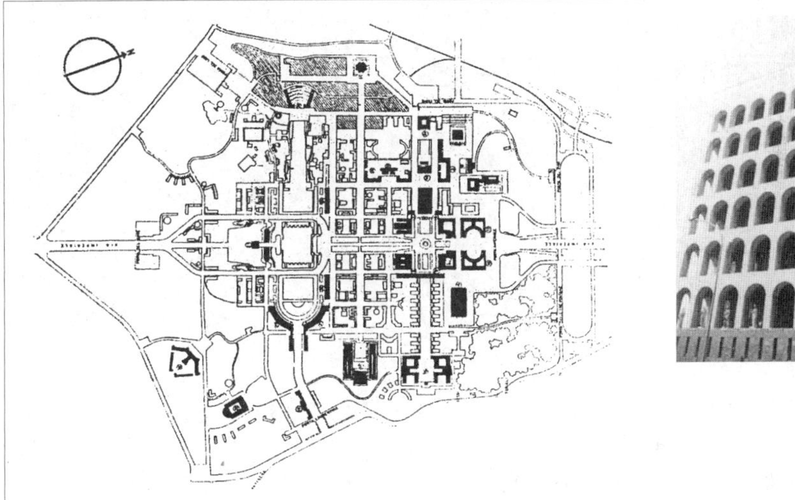
[11-95]

1943 《公牛头》(Bull's Head)，毕加索 雕 刻

1942—1944 奥格腾高射炮塔，维也纳（奥地利） 建 筑 [11-98]

F.汤姆斯

纳粹党为确保维也纳的制空权所建造的圆筒形混凝土构造物，发生状况时内部可收容3~4万人。

1935 土浦龟城自宅，东京（日本） 建 筑 [11-99]

土浦龟城

这是日本的现代主义风格建筑实例。工业生产对建筑表现有很大的影响，是一幢以规格化木造板所建的白色住宅。内部为朴素且完成度高的开放空间。

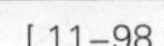
[11-98]

[11-99]

索 引

凡例

- 刊载顺序是以英语26个字母的顺序。
- 人名假名标示也是依照外语原文“姓、名”的顺序。（编者注：本书人名已译为中文）
- 索引编号标示采用：风格编号-作品编号。

风格编号：1 古埃及
2 古希腊
3 古罗马
4 拜占庭
5 罗马式
6 哥特式
7 文艺复兴
8 巴洛克
9 新古典主义
10 折中主义
11 现代主义

例如，5-71，6-126是指罗马式No.71和哥特式No.126。（编者注：本书已直接使用“5-71”和“6-126”）

按建筑师索引

A		生卒年	索引编号
阿巴迪，保罗	Abadie，Paul	1812—1884	5–72
阿部美树志			1–33
阿德克兰兹，卡尔·弗雷德里克	Adelcrantz，Carl Fredrik	1716—1793	10–3
阿德勒，丹克玛	Adler，Dankmar	1844—1900	10–72，89
阿杜安–芒萨尔，朱尔斯	Hardouin-Mansart，Jules	1646—1708	8–71
阿尔托，阿尔瓦	Aalto，Alvar	1898—1976	9–71，11–70，88，89
阿奎隆，法兰梭	Aguillon，François	？—1617	7–128
阿莱西，加莱亚佐	Alessi，Galeazzo	1512—1572	7–69
阿雷瓦洛，路易斯·德	Arévalo，Luis de	不详	8–91
阿马德奥，乔瓦尼·安东尼奥	Amadeo，Giovanni Antonio	1447—1522	7–20，80
阿诺德·冯·韦斯特瓦兰	Arnold von Westphalen	不详	6–92
阿诺佛·迪·坎比奥	Arnolfo di Cambio	约1245—约1310	6–46，61
阿皮亚尼，安德烈	Appiani，Andrea	1754—1817	9–26
阿切尔，乔瓦尼·圣蒂尼	Aichel，Giovanni Santini	1667—1723	8–84
阿切尔，托玛斯	Archer，Thomas	1668—1743	8–79
阿萨姆，埃吉德·奎林	Asam，Egid Quirin	1692—1750	8–81，107
阿萨姆，科司马斯·达米安	Asam，Cosmas Damian	1686—1739	8–81，107
阿斯普兰德，埃里克·古纳	Asplund，Erik Gunnar	1885—1940	9–72，11–49，92
阿特金森，罗纳德	Atkinson，Ronald	1883—1952	11–62
阿泽玛，里昂	Azéma，Léon	1898—?	11–14
埃格斯，因瑞克·德	Egas，Enrique de	约1455—1534	7–32
埃利斯，彼得	Ellis，Peter	1804—1884	10–43

埃瑞·德·康尼，伊曼努尔	Hére de Corny，Emmanuel	1705—1763	8–115
艾伯蒂，里昂·巴蒂斯塔	Alberti，Leon Battista	1404—1472	7–7，8，10，16，19，96
艾菲尔，古斯塔夫	Eiffel，Gustave	1832—1923	10–64，73，75
艾格维德，尼尔斯	Eigtved，Nils	1701—1754	8–114
艾斯特贝利，兰格纳	Østberg，Ragner	1866—1945	10–196
安东内利，亚历桑德鲁	Antonelli，Alessandro	1798—1888	10–41
昂卡尔，保罗	Hankar，Paul	1859—1901	10–98
昂温，雷蒙德爵士	Unwin，Sir Raymond	1863—1940	10–119，135
奥贝尔， A.	Aubert，A.	不详	9–76
奥德，雅寇布斯·约翰尼斯·彼得	Oud，Jacobus Johannes Pieter	1890–1963	11–22，28
奥尔布里奇，约瑟夫·玛丽亚	Olbrich，Joseph Maria	1867–1908	10–103，110，150

B		**生卒年**	**索引编号**
巴尔，G.	Bähr，Georg	1666—1738	8–105
巴尔塔，路易·皮耶	Baltard，LouisPièrre	1764—1846	9–52
巴尔塔，维克多	Baltard，Victor	1805—1874	10–44，45
巴贾米尼，J.V.W.	Bergamini，JohnvanWie	1888—1975	6–145
巴拉比诺，卡洛·法兰契斯科	Barabino，CarloFrancesco	1768—1835	9–46
巴烈里，阿格斯提诺	Barelli，Agostino	1627—1679	8–55，118
巴鲁，西奥多	Ballu，Theodore	1817—1885	6–128，10–46
巴洛，威廉·亨利	Barlow，WilliamHenry	1812—1902	6–135
巴赛尼克，安东宁	Balšánek，Antonín	1865—1921	10–164
巴斯克托斯	Buscheto	不详	5–42
巴特菲德，威廉	Butterfield，William	1814—1900	6–129，136
巴特宁，阿尔托	Bartning，Otto	1883—1959	11–57
柏多，阿纳托尔·德	Baudot，Anatolede	1834—1915	10–115
班特利，约翰·弗朗西斯	Bentley，JohnFrancis	1839—1902	10–121
邦恩，巴雷托罗梅欧	Bon，Bartolomeo	约1405—约1467	6–82
邦恩，乔瓦尼	Bon，Giovanni	约1362—1443	6–82
贝波尔曼，马索斯·丹尼尔	Pëppelmann，MatthäusDaniel	1662—1736	8–83
贝尔格，马克斯	Berg，Max	1870—1947	10–179
贝尔拉格，亨德里克·佩特鲁斯	Berlage，HendrikusPetrus	1856—1934	10–120
贝克，班雅明爵士	Baker，SirBenjamin	1840—1907	10–82
贝克汉，詹姆斯·希尔克	Buckingham，JamesSilk	不详	10–24
贝兰杰，法兰梭-约瑟夫	Béanger，François-Joseph	1744—1818	9–16
贝雷齐，巴雷托罗梅欧	Berrecci，Bartolomeo	约1480—1537	7–52
贝利，查尔斯爵士	Barry，SirCharles	1795—1860	6–131，10–12
贝利·史考特，马偕·休	BaillieScott，MackayHugh	1865—1945	10–134
贝鲁奇，巴达沙尔	Peruzzi，Baldassare	1481—1536	7–36，55
贝伦斯，彼得	Behrens，Peter	1868—1940	10–112，149，159，11–17
贝希尔，查尔斯	Percier，Charles	1764—1838	9–30，10–35
比朗，简	Bullant，Jean	约1520—1578	7–76，97
毕尔，约翰·米歇尔	Beer，Johann Michael	1696—1780	8–129
毕萨诺，安德烈	Pisano，Andrea	约1290—1348	6–59
毕萨诺，尼古拉	Pisano，Nicola	约1225—约1280	5–70
毕萨诺，乔瓦尼	Pisano，Giovanni	约1248—约1314	5–70
宾德斯贝尔，戈特里	Bindesbøll，Gottlieb	1800—1856	9–57

波顿，德希摩斯	Burton，Decimus	1800—1881	10–17，22
波多因，尤金	Beaudouin，Eugène	1898—?	11–85
波尔塔，姜康默·戴拉	Porta，Giacomodella	约1537—1602	7–98，115
波贾，麦格鲁·德	Borja，Miguelde	不详	8–27
波贾，派德洛·德	Borja，Pedrode	不详	8–27
波克，威利斯·杰斐逊	Polk，WillisJefferson	1867—1924	10–193
波拉科，雷奥波尔多	Pollak，Leopoldo	1751—1806	9–26
波拉克，米哈依	Pollack，Mihály	1773—1855	9–55
波利夫卡，欧斯渥德	Polivka，Osvald	1859—1931	10–164
波利克里托斯	Polyclitus?	—约前552	2–32，36
波姆，多米尼克	Böhm，Dominikus	1880—1955	11–66
波斯特，彼特	Post，Pieter	1608—1669	7–133
波翁塔伦蒂，伯纳多	Buontalenti，Bernardo	1536—1608	7–106，112
波以路，路易–奥古斯特	Boileau，Louis-Auguste	1812—1896	6–127
波以路，路易–希波里德	Boileau，Louis-Hippolyte	不详	11–24
波以塔克	Boytac	活跃于约1490–1525	6–111
伯纳姆，丹尼尔·伯纳逊	Burnham，DanielHudson	1846—1912	10–79，88
伯吉斯，威廉	Burges，William	1827—1881	6–141
伯林顿，第3代理查德·波以尔伯爵	Burlington，RichardBoyle，3rd Earl of	1694—1753	9–1
伯尼尼，简罗伦佐	Bernini，Gianlorenzo	1598—1680	8–10，14，25，35，38，43
布尔芬奇，查尔斯	Bulfinch，Charles	1763—1844	10–39
布尔克哈特，雅各布	Burckhardt，Jacob	1818—1897	142
布尔克曼，约翰尼斯·安德鲁斯	Brinkman，JohannesAndreas	1902—1949	11–48
布弗朗，杰尔曼	Boffrand，Germain	1667—1754	8–103
布拉曼德，多纳多	Bramante，Donato	1444—1514	7–24，28，29，30，31，33，37
布朗戴，贾克–法兰梭	Blondel，Jacquesl-François	1705—1774	9–7，129
布朗戴，尼古拉–法兰梭	Blondel，Nicolas-François	1618—1686	8–45
布劳耶，马歇尔	Breuer，Marcel	1902—1981	11–53，93
布雷，艾特尼·路易	Boulée，ÉtienneLouis	1728—1799	9–19
布里昂，利贝罗	Bruand，Liberal	约1635—1697	8–47
布隆尼亚特，亚历山大–西奥多	Brongniart，Alexandre-Théodore	1739—1813	9–31
布吕格曼，艾瑞克	Bryggman，Erik	1892—1955	11–94
布罗德里克，卡斯伯特	Broderick，Cuthbert	1822—1905	10–40
布罗米尼，法兰契斯科	Borromini，Francesco	1599—1667	8–14，29，37，40
布罗斯，所罗门·德	Brosse，Salomonde	1571—1626	8–3
布内勒奇，菲利波	Brunelleschi，Filippo	1377—1446	7–1，2，3，4，5，11
布宁，詹姆斯·班史东	Bunning，JamesBunstone	1802—1863	10–23

C		生卒年	索引编号
查尔格林，简·法兰梭·泰雷斯	Chalgrin，Jean François Thérèse	1739–1811	9–49

D		生卒年	索引编号
达·庞特，安东尼奥	Da Ponte，Antonio	约1512—1579	7–108
达比，亚伯拉罕	Darby，Abraham Ⅲ	1750—1789	10–4
达隆科，雷蒙德多	D' Aronco，Raimondo	1857—1932	10–118

达马尔坦，吉依·德	Dammartin，Guy de	？—1398	6—73
达斯图吉，M.	Dastuge，M.	不详	9—76
丹斯，乔治（子）	Dance，George	1741—1825	9—21
德·克拉克，麦可	De Klerk，Michel	1884—1923	10—194，198
德·洛尔姆，菲利伯特	De L' Orme，Philibert	约1515—1570	7—68
德·桑克蒂斯，法兰契斯科	De Sanctis，Francesco	1693—1740	8—90
德拉法，迪欧哥·德	Torralva，Diogo de	1500—1566	7—78
狄奥德鲁斯（福西亚的）	Theodoros（Phocaeus）	不详	2—29
狄兰德神父	Father Derand	1588—1644	8—16
迪安，托玛斯·纽恩汉	Dean，Thomas Newenham	1792—1871	6—130
迪奥提沙维	Diotisalvi	约12c.中期	5—70
迪森霍佛，纪莱恩·依格纳兹	Dientzenhofer，Kilian Ignaz	1689—1751	8—80，92，120
迪森霍佛，克里斯成	Dientzenhofer，Christian	1655—1722	8—120
迪特林，温德尔	Dietterlin，Wendel	约1550—1599	108
帝尔曼·范·甘默连	Tylman van Gameren	1632—1706	8—65
东迪尔，J.-C.	Dondel，J. -C.	不详	9—76
杜多克，威廉·马里纳斯	Dudok，Willem Marinus	1884—1974	10—201
杜·赛尔索，简Du	Cerceau，Jean	约1590年以后—1649	8—8
杜克斯尼，F.A.	Duquesney，F.A.	1800—1849	10—29
杜特，费迪南	Dutert，Ferdinand	1854—1906	10—75
杜易克，约翰尼斯	Duiker，Johannes	1890—1935	11—50
渡边 要			3—49
多尔曼，乔治·冯	Dollmann，Georg von	1830—1895	10—67
多梅尼克·依·蒙塔纳，路易斯	Domènich I Montaner，Lluis	1850—1923	10—151，168

E		生卒年	索引编号
厄普约翰，理查德	Upjohn，Richard	1802—1878	6—125
恩代尔，奥古斯特	Endell，August	1871—1912	10—96
恩格尔，卡尔·路德维希	Engel，Carl Ludvig	1778—1840	9—51，60
恩格尔曼，保罗	Engelmann，Paul	不详	11—41
恩辛格，马太	Ensinger，Matthaus	约1390—1463	6—65
恩辛格，乌尔里希·冯	Ensinger，Ulrich von	约1350—1419	6—65，81
尔文·冯·史坦贝克	Erwinvon Steinbach	？—1318	6—33

F		生卒年	索引编号
法尔科内托，乔瓦尼·玛利亚	Falconetto，Giovanni Maria	1468—1535	7—45
法兰契斯卡·迪·乔治·马丁尼	Francesco di Giorgio Martini	1439—1501/2	7—26
凡·爱伦，威廉	Van Alen，William	1883—1954	11—51
凡·鲍格汉	Van Boghem	不详	6—117
凡·布伦特，亨利	Van Brunt，Henry	1832—1903	6—138
凡·德·维尔德，亨利	Van de Velde，Henry	1863—1957	10—93, 116, 186
凡·德尔·弗鲁特，林德特·科尼里斯	Van der Vlugt，Leendert Cornelis	1894—1936	11—48
凡·德尔·梅伊，约翰·梅吉尔	Van der Mey，Johan Melchior	1878—1949	10—190
凡·杜斯堡，帝欧	Van Doesburg，Theo	1883—1931	11—13，38

凡·伊斯特林，科尼流斯	Van Eesteren，Cornelius	1897—?	11–13
范布勒，约翰爵士	Vanbrugh，Sir John	1664—1726	8–69，89
方塔纳，卡洛	Fontana，Carlo	1634—1714	8–50
方塔纳，皮耶·法兰梭·李奥纳德	Fontaine，Pièrre François Léonard	1762—1853	9–30，10–35
费格罗亚，安东尼奥·马奇亚斯	Figueroa，Antonio M.	约1734—约1796	8–133
费格罗亚，李奥纳多·德	Figueroa，Leonardo de	约1650—1730	8–96
费拉烈特（阿维尼诺，安东尼奥）	Filarete（Averlino，Antonio）	约1400—1469	7–14，97
费纽肯，威廉	Vernuken，Wilhelm	1559/63—1607	7–92
费瑟范厄拉，约翰·贝姆哈德	Fischer von Erlach，Johann Bemhard	1656—1723	8–60，62，88
费史提尔，海因里希·冯	Ferstel，Heinrich von	1828—1883	6–140
费歇尔，特奥多尔	Fischer，Theodor	1862—1938	10–167
费歇尔，约翰·米歇尔	Fischer，Johann Michael	1692—1766	8–125，127，128
佛奈斯，法兰克	Furness，Frank	1839—1912	10–53，57
弗莱彻尔，巴尼斯特爵士	Fletcher，Sir Banister	1866—1953	148
弗赖，马克斯韦尔	Fry，Maxwell	1899生	11–80，83
弗雷西内，尤金	Freyssinet，Eugène	1879—1962	11–11
弗洛里斯，科尼里斯	Floris，Cornelis	1514—1575	7–85
福克斯，巴福斯拉夫	Fuchs，Bohuslav	1895—1972	11–39
傅格，福迪南多	Fuga，Ferdinando	1699—1781	8–97，9–5
富勒，理查德德·巴克敏斯特	Fuller，Richard	Buckminster	1895—198311–34

G		生卒年	索引编号

盖纳，约翰·布伦特	Gaynor，John Plant	1826—1889	10–36
甘霍夫·尤尔格	Ganghofer，Jörg	？—1488	6–98
冈田信一郎			4–54，9–79
高迪·克尔内特，安东尼奥	Gaudii Cornet，Antoni	1852—1926	10–63, 147, 157, 181, 182
高乌，弗雷兹·克里斯汀	Gau，Franz Christian	1790—1853	6–128
戈德温，爱德华·威廉	Godwin，Edward William	1833—1886	6–132
戈歇尔，约瑟夫	Gočár，Josef	1880—1945	10–174
格拉西，欧拉兹奥	Grassi，Orazio	1583—1654	8–21
格林，查尔斯·森纳	Greene，Charles Sumner	1868—1957	10–152
格林，亨利·马塞	Greene，Henry Mather	1870—1954	10–152
格罗比乌斯，沃尔特	Gropius，Walter	1883—1969	11–1, 3, 25, 53, 57, 83, 93
格斯柳斯，赫曼	Gesellius，Herman	1874—1916	10–128，156
格亚斯，璜	Guas，Juan	？—1496	6–97
葛兰斯泰德，安德斯·弗雷德里克	Granstedt，Anders Fredrik	1800—1849	10–20
葛利尼，瓜里诺	Guarini，Guarino	1624—1683	8–51，53，57
葛特内，弗烈德里希·冯	Gartner，Friedrich von	1792—1847	10–15
古驰，桑提	Gucci，Santi	约 1530—1600	7–81
古罗修，克里斯成·海因里希	Grosch，Christian Heinrich	1801—1865	9–61
关仁奇，贾科莫·安东尼奥·多明尼哥	Quarenghi，Giacomo Antonio Domenico	1744–1817	9–29

H		生卒年	索引编号

哈德威克，菲利普	Hardwick，Philip	1792—1870	10–16
哈金森，亨利	Hutchinson，Henry	不详	6–124

哈克拉，安提	Hakola，Antti	1704—1778	8–119
哈蒙，阿瑟·鲁米斯	Harmon，Arthur Loomis	1878—1958	11–58
哈森瑙尔，卡尔·冯	Hasenauer，Karl von	1833—1894	10–59，70
哈维兰，约翰	Haviland，John	1792—1852	10–14
海因则尔曼，康纳德	Heinzelmann，Konrad	约1390—1454	6–79，94
汉弥尔顿，托马斯	Hamilton，Thomas	1784—1858	9–40
汉森，狄奥菲罗斯·冯	Hansen，Theophil von	1813—1891	9–66
豪克斯穆尔，尼可拉斯	Hawksmoor，Nicholas	1661—1736	8–87，101
荷登，查尔斯·亨利	Holden，Charles Henry	1875—1960	11–68
荷拉柏多，威廉	Hollabird，William	1854—1923	10–74
荷塔，巴隆·维克多	Horta，Baron Victor	1861—1947	10–85, 99, 102, 106
赫德兰，休	Herland，Hugh	—1405	6–71
赫林，雨果	Häring，Hugo	1882—1958	10–199，11–57
赫墨根尼	Hermogenes	活跃于前130左右	2–46
赫瑞拉，璜·德	Herrera，Juan de	约1530—1597	7–88，102
赫休斯神父	Father Hesius	1601—1690	8–44
亨特，理查德·摩里斯	Hunt，Richard Morris	1827—1895	10–87
胡德，雷蒙德	Hood，Raymond	1881—1934	10–195，11–74
胡赛斯，彼得	Huyssens，Peter	1577—1637	7–128
华尔波尔，何拉斯	Walpole，Horace	1717—1797	6–123
华尔德，托玛斯·乌斯提克	Walter，Thomas Ustick	1804—1887	10–39
怀特，史丹佛	White，Stanford	1853—1906	9–68，69，10–69
惠斯勒，詹姆斯·阿伯特·麦克尼尔	Whistler，James Abbott MacNeil	1834—1903	10–56
霍尔，伊利亚斯	Holl，Elias	1573—1646	7–126
霍尔斯，约翰·梅德	Howells，john Mead	1868—1959	10–195
霍夫曼，尤利乌斯	Hoffmann，Julius	1840—1896	10–67
霍夫曼，约瑟夫	Hoffmann，Josef	1870—1956	10–163
霍华德，伊贝尼沙爵士	Howard，Sir Ebenezer	1850—1928	10–76，119
霍格，弗里兹	Höger，Fritz	1877—1949	11–19，40
霍斯曼，乔治–尤金	Haussmann，George-Eugène	1809—1891	10–32
霍维，乔治	Howe，George	1886—1955	11–65

J		生卒年	索引编号

基提恩，希格福烈德	Giedion，Siegfried	1893—1968	174
吉柏特，卡斯	Gilbert，Cass	1858—1934	10–176
吉比斯，詹姆斯	Gibbs，James	1682—1754	9–2，4
吉尔·德·翁塔侬，罗德里哥	Gil de Hontañón，Rodrigo	？—1577	7–73
吉利，弗烈德里希	Gilly，Friedrich	1772—1800	9–27，28
吉罗，查尔斯	Girault，Charles	1851—1932	10–107
吉罗吉亚斯神父			2–48
吉马德，赫克特	Guimard，Hector	1867—1942	10–90，97，114
加布利尔，雅可–安吉	Gabriel，Jacques-Ange	1698—1782	9–8，9
加迪，塔德尔	G addi，Taddeo	不详	6–55
加利莱，亚历桑德鲁	Galilei，Alessandro	1691—1736	8–98
加尼埃，查尔斯	Garnier，Charles	1825—1898	10–52
加尼埃，东尼	Garnier，Tony	1869—1948	10–127，188
嘉利·达·比比恩纳，乔士普	Galli da Bibiena，Giuseppe	1696—1757	8–110

贾培利，乔士普	Jappelli，Giuseppe	1783–1852	10–13
焦孔多，法拉	Giocondo，Fra	约1433—1515	100
杰佛逊，汤姆斯	Jefferson，Thomas	1743–1826	9–32，42
今井兼次			5–75

K		生卒年	索引编号
卡恩，阿尔伯特	Kahn，Albert	1869—1942	10–136
卡尔伦，卡洛·安东尼奥	Carlone，Carlo Antonio	？—1708	8–68
卡尔伦，卡洛·马堤诺	Carlone，Carlo Martino	1616—1679	8–46
卡利克拉提斯	Callicrates	不详	2–22
卡诺，阿隆索	Cano，Alonso	1601—1667	8–33
卡诺拉，马契西·路易吉	Cagnola，Marchese Luigi	1762—1833	9–50
卡诺瓦，安东尼奥	Canova，Antonio	1757—1822	9–37
卡普曼，哈克	Kampmann，Hack	1856—1920	9–70
卡萨斯·依·诺佛亚，费南多	Casas y Nóvoa，Fernando	—1751	8–111
凯博斯，派德鲁斯·约瑟夫·胡博特斯	Cuypers，Petrus Josephus Hubertus	1827–1921	10–65，71
凯伊，李文·德	Key，Lieven de	约1560—1627	7–116
凯泽，汉德里克·德	Keyser，Hendrick de	1565—1621	7–124，127
坎彭，雅各布·凡	Campen，Jacob van	1595—1657	7–133，138
康德，J.	Josiah Conder	1852—1920	4–54
康乃尔，阿米亚斯·道格拉斯	Connell，Amyas Douglas	1901—1980	11–69
康特曼，V.	Contamin，V.	1840—1893	10–75
柯度奇，毛洛	Coducci，Mauro	约1440—1504	7–27，35
柯何尔，约瑟夫	Chochol，Josef	1880—1956	10–178
科隆尼亚，璜·德	Colonia，Juan de	？—1481	6–89
科隆尼亚，西蒙·德	Colonia，Simón de	—约1511	6–101
科罗讷，法拉·法兰契斯卡	Colonna，Fra Francesco	1433—？	97
科穆尔，马赛尔	Komor，Marcell	1868—1944	10–155，175
科特，罗伯特·德	Cotte，Robert de	1656—1735	8–77
科托纳，皮耶特洛·贝雷提纳·德	Cortona，Pietro Berrettini da	1596—1669	8–22，26
克拉齐，安东尼奥	Corazzi，Antonio	1792—1877	9–45
克拉松，伊沙克·古斯塔夫	Clason，Isak Gustav	1856—1930	10–145
克莱默，皮耶特·L.	Kramer，Piet L.	1881—1961	10–198
克劳佛奥拉，马格利特	Kropholler，Margaret	1891—1966	10–192
克伦泽，雷奥·冯	Klenze，Leo von	1784—1864	9–48，54，63，64
克罗姆特，威廉	Kromhout，Willem	1846—1940	10–113
克罗讷卡，西蒙	Cronaca，Simone	1457—1508	7–60
克罗索夫，庞德烈蒙	Golosov，Panteleimon	1882—1945	11–77
克罗索夫，伊利亚·亚历桑德鲁维齐	Golosov，Ilya Alexandrovich	1883—1945	11–27
克诺伯斯多夫，乔治·温彻斯劳斯·冯	Knobelsdorff，Georg Wenzeslaus von	1699—1753	8–108
克如赛纳尔，简·皮耶	Cluysenaar，Jean Pièrre	1811—1880	10–21
寇斯，卡罗里	Kós，Károly	1883—1977	10–158
寇斯塔，里希尔	Costa，Lúcio	1902—	11–96
寇斯提纽斯	Cosstius	不详	2–42
寇兹，韦尔斯	Coates，Wells	1895—1958	11–75

L		生卒年	索引编号
拉·帕杜拉，恩尼斯托·布鲁诺	La Padula，Ernesto Bruno	1902—1969	11–95
拉·瓦里，简·德	La Vallée，Jan de	1620—1696	7–136
拉·瓦里，西蒙·德	La Vallée，Simon de	？—1643	7–134
拉布罗斯特，亨利	Labrouste，Henri	1801—1875	10–25
拉斐厄洛·桑吉奥（拉斐尔）	Raffaello Sanzio（Raphael）	1483—1520	7–39
拉芬，欧吉	Rafn，Aage	1890—1953	9–70
拉姆，威廉·弗雷德瑞克	Lamb，William Frederick	1883—1952	11–58
拉斯提里，巴雷托罗梅欧·法兰契斯科	Rastrelli，Bartolommeo Francesco	1700—1771	8–117，123
拉特罗布，班雅明·亨利	Latrobe，Benjamin Henry	1764—1820	10–39
拉维提，马提欧	Raverti，Matteo	活跃于1389—1436	6–82
拉伊纳尔迪，卡洛	Rainaldi，Carlo	1611—1691	8–41
拉伊塔，贝拉	Lajta，Béla	1873—1920	10–123，166
莱齐纳，奥登	Lechner，Ödön	1845—1914	10–92, 95, 111, 123, 140
莱斯卡兹，威廉	Lescaze，William	1896—1969	11–65
赖特，弗兰克·劳埃德	Wright，Frank Lloyd	1869—1959	10–139, 143, 153, 11–84, 86, 87
劳拉纳，鲁恰诺	Laurana，Luciano	约1420—1479	7–18
勒·柯布西耶	Le Corbusier	1887—1965	11–4, 9, 12, 21, 23, 33, 36, 55, 60, 61
勒布伦，查尔斯	Le Brun，Charles	1619—1690	8–28，30，36
勒杜，克劳德–尼古拉	Ledoux，Claude-Nicolas	1736—1806	9–12，18，23
勒菲埃尔，黑克特·马丁	Lefuel，Hector Martin	1810—1880	10–37
勒康特，埃铁奴·契琉宾	Leconte，Étienne Chérubin	不详	9–36
勒克，简–贾克	Lequeu，Jean-Jacques	1757—1825后	9–24
勒默西埃，贾克	Lemercier，Jacques	1585—1654	8–9，15，19
勒诺特尔，安德烈	Le Notre，André	1613—1700	8–30，36
勒琴斯，埃德温·兰德瑟爵士	Lutyens，Sir Edwin Landseer	1869—1944	10–109，141，200
勒斯寇特，皮耶	Lescot，Pièrre	1500/15—1578	7–67
勒沃，路易	Le Vau，Louis	1612—1670	8–28，30，31，36
雷昂，马修·德	Layens，Mathieu de	？—1483	6–91
雷恩，克里斯托弗爵士	Wren，Sir Christopher	1632—1723	8–34，39，54，58，59，66，72
雷戈，阿洛伊斯	Riegl，Alois	1858—1905	146
黎戴尔，爱德华	Riedel，Eduard	1813—1883	10–67
黎德，班乃迪克	Ried（Rieth），Benedict	约1454—1534	6–107，119
李哥利欧，皮洛	Ligorio，Pirro	1513/14—1583	7–82，90
李奇诺，法兰契斯科·玛利亚	Ricchino，Francesco Maria	1583—1658	8–11
李斯特斯基，艾尔（艾里沙·马克温奇）	Lissitsky，El（Eleazar Markevich）	1890—1941	11–20
里柏拉，阿达柏托	Libera，Adalberto	1903—1963	11–95
里特维德，盖里特·托马斯	Rietveld，Gerrit Thomas	1888—1964	11–18
里亚诺，迪耶哥·德	Riaño，Diego de	？—1534	7–84
理查森，亨利·霍布森	Richardson，Henry Hobson	1838—1886	5–73，74，10–61，68
林德葛兰，伊尤	Lindegren，Yrjö	1900—1952	11–91
林葛兰，阿玛斯	Lindgren，Armas	1874—1929	10–128，156
龙汉，卡尔·戈特哈德	Langhans，Carl Gotthard	1733—1808	9–22
隆巴尔多，皮耶特洛	Lombardo，Pietro	约1435—1515	7–25，27
隆格纳，巴达沙尔	Longhena，Baldassare	1598—1682	8–49，52

隆吉，马堤诺（小）	Longhi，Martino，il Giovane	1602—1660	8–24
鲁贝金，贝特洛	Lubetkin，Berthold	1901—1990	11–76，78
卢特，约翰·维波姆	Root，John Wellbom	1850—1891	10–79，88
鲁道夫，康纳德	Rudolf，Konrad	？—1732	8–67
鲁多维克，舟奥·弗雷德里科	Ludovice，Joao Frederico	1673—1752	8–78
鲁卡，安德烈	Lurça，André	1894—1970	11–26，71
鲁拉哥，卡洛	Lurago，Carlo	约1618—1684	8–42
鲁乃夫，列夫·V.	Rudnyev，Lev V.	不详	10–203
路斯，阿道夫	Loos，Adolf	1870—1933	10–160，161，11–31，54
伦威克，詹姆斯	Renwick，James	1818—1895	6–139
罗柏士，亨利	Roberts，Henry	1803—1876	10–28
罗伯特，胡柏特	Robert，Hubert	1733—1808	10–6
罗可，伊曼纽勒	Rocco，Emmanuele	1852—?	10–78
罗里彻，康纳德	Roritzer，Konrad	？—约1475	6–94
罗利古斯，班杜拉	Rodriguez，Ventura	1717—1796	8–134
罗奇，奥古斯丁	Locci，Augustyn	约1650—1729	8–56
罗奇，马丁	Roche，Martin	1853—1927	10–74
罗塞里诺，伯纳多	Rossellino，Bernardo	1409—1464	7–13
罗斯金，约翰	Ruskin，John	1819—1900	92
罗维克斯，约翰尼斯·鲁德维克斯·马修	Lauweriks，Johannes Ludovicus Mathieu	1864—1932	10–185
罗夏朵夫，裘利尤斯	Raschdorf，Julius	1823—1914	10–49
罗伊科斯	Rhoikos	不详	2–9
洛及尔，马克·安东尼	Laugier，Marc-Antoine	1717—1769	127

M		生卒年	索引编号
马德诺，卡洛	Maderno，Carlo	1556—1629	8–1，4，7，14
马丁，夏毕斯	Martin，Chambiges	？—1532	6–109
马可·阿马迪欧	Marco d’Amadio	不详	6–82
马库斯，盖萨	Markus，Géza	1871—1913	10–117
马莱·斯蒂文，罗伯特	Mallet-Stevens，Robert	1886—1945	11–29
马托兰吉，埃提梅·安吉	Martellange，Étienne Ange	1568—1641	8–16
马修·德拉斯（阿拉斯的马提亚）	Matthieu d’Arras（Matthias of Arras）	？—1352	6–68
马亚尔，罗伯特	Maillart，Robert	1872—1940	11–90
马伊塔尼，罗伦佐	Maitani，Lorenzo	约1275—1330	6–44
迈耶，阿道夫	Meyer，Adolf	1881—1929	11–1，3
麦金，查尔斯·弗伦	Mckim，Charles Follen	1847—1909	9–68，69，10–69
麦金托什，查尔斯·伦尼	Mackintosh，Charles Rennie	1868—1928	10–124，130，154
曼哥尼，乔士普	Mengoni，Giuseppe	1829—1877	10–55
曼朱卡，派德洛	Machuca，Pedro	？—1550	7–47
芒福德，路易斯	Mumford，Lewis	1895—1990	171
芒萨尔，法兰梭	Mansart，François	1598—1666	8–17，20，23
梅贝克，柏纳德·拉夫	Maybeck，Bernard Ralph	1862—1937	10–171
梅尔尼科夫，康斯坦丁·斯捷潘诺维奇	Melnikov，Konstantin Stepanovich	1890—1974	11–45
梅伊，休	May，Hugh	1622—1684	8–32
门德尔松，埃里希	Mendelsohn，Erich or Eric	1887—1953	11–16，44
蒙托里，尤真尼欧	Montuori，Eugenio	1907—1982	9–74
孟特，荷姆	Munthe，Holm	1814—1898	10–81

米德，威廉·拉萨福特	Mead，William Rutherford	1846—1928	9—68，69，10—69
米开朗基罗·柏纳罗提	Michelangelo Buonarroti	1475—1564	7—53，56，66，86，87
米开罗佐·迪·巴雷托罗梅欧	Michelozzo di Bartolommeo	1396—1472	7—12
米克，理查德	Mique，Richard	1728—1794	10—6
米利都的依希多罗斯	Isidorus of Miletus	不详	4—18
米塔吉尼斯	Metagenes	不详	2—8
米札诺，贝内德托·达	Maiano，Benedetto da	1442—1497	7—60
米札诺，朱利亚诺·德	Maiano，Giuliano da	1432—1490	7—23
密斯·凡·德·罗，路德维希	Mies van der Rohe，Ludwig	1886—1969	11—7，35，43，46，52
明希凯尔斯	Mnesicles	不详	2—23
摩拉，弗朗西斯科·德	Mora，Francisco de	约1546—1610	8—5
摩里斯，威廉	Morris，William	1834—1896	10—38
摩萨，卡尔	Moser，Karl	1860—1936	11—30
姆雷特，阿弗烈德·布尔特	Mullett，Alfred Bult	1834—1890	9—67

N		生卒年	索引编号
奈尔维，皮耶·路吉	Nervi，Pier Luigi	1891—1979	11—64
纳希，约翰	Nash，John	1752—1835	9—43，10—9
纳佐尼，尼可罗	Nazzoni，Niccolo	？—1773	8—109
尼可里尼，安东尼奥	Niccolini，Antonio	1772—1850	9—36
尼洛普，马丁	Nyrop，Martin	1849—1921	10—129
尼迈耶，奥斯卡	Niemeyer，Oscar	1907—	11—96，97
涅弗，皮耶	Nepveu，Pièrre	？—1538	7—40
纽顿，达德里	Newton，Dudley	约1845—1907	10—51
纽曼，约翰·巴塔萨	Neumann，Johann Balthasar	1687—1753	8—106，130，135
努特拉，理查德	Neutra，Richard	1892—1970	11—47

O		生卒年	索引编号
欧本诺尔，吉尔·马里	Oppenord，Gilles-Marie	1672—1742	8—76，9—3
欧文，罗伯特	Owen，Robert	1771—1851	10—10

P		生卒年	索引编号
帕克，J.S.	Pack，J.S.	不详	9—59
帕克，巴瑞	Parker，Barry	1867—1947	10—119，135
帕克斯顿，约瑟爵士	Paxton，Sir Joseph	1801—1865	10—17，27
帕拉底欧，安德烈	Palladio，Andrea	1508—1580	7—70, 71, 74, 79, 100, 109, 119, 105
帕劳特，克劳德	Perrault，Claude	1613—1688	8—48, 110, 116
帕勒，彼得	Parler，Peter	1330/35—1399	6—68
帕勒，海因里希	Parler，Heinrich	不详	6—57，65
帕诺夫斯基，尔文	Panofsky，Erwin	1892—1968	160
帕西奥里，法拉·鲁卡	Pacioli，Fra Luca	约1450—约1520	100
派拉特，约瑟夫	Poelart，Joseph	1817—1879	10—62

派奇·伊·卡达法克，约瑟夫	Puig i Cadafalch，Josep	1867—1956	10–132
佩雷，奥古斯特	Perret，Auguste	1874—1954	10–125, 137, 172, 197
佩文斯纳，尼可劳斯	Pevsner，Nikolaus	1902—1983	173
彭齐欧，法拉米尼欧	Ponzio，Flaminio	1560—1613	8–2
皮尔马里尼，乔士普	Piermarini，Guiseppe	1734—1808	9–17
皮尔休斯，弗烈德里希·路德维克	Persius，Friedrich Ludwig	1803—1845	10–19
皮拉尼西，乔瓦尼·巴蒂斯塔	Piranesi，Giovanni Battista	1720—1778	9–10，128
片山东熊			8—136
珀尔齐格，汉斯	Poelzig，Hans	1869—1936	11–8
普安·德·阿拉法	Joan de Álava	？—1537	7–51
普金，奥古斯特·威尔比·诺斯摩尔	Pugin，Augustus Welby Northmore	1812—1852	6–126，131
普莱尔，爱德华·史洛德	Prior，Edward Schroeder	1852—1932	10–91
普兰波里尼，恩利克	Prampolini，Enrico	1894—1956	11–72
普兰陶尔，雅格布	Prandtauer，Jakob	1660—1726	8–64
普雷斯尼克，乔斯	Plecnik，Joze	1872—1957	10–131
普雷特，罗杰爵士	Plat，Sir Roger	1620—1684	7–135，139
普鲁威，简	Prouvé，Jean	1901—1984	11–85

Q		生卒年	索引编号
齐默尔曼，多米尼克	Zimmermann，Dominikus	1685—1766	8–113，121
契斯佛龙	Chersiphron	不详	2–8
乔汀，尼古拉·亨利	Jardin，Nicholas-Henri	约1720—1799	8–116
乔托·迪·邦多纳	Giotto di Bondone	约1266—1337	6–59
乔瓦尼·迪·西蒙	Giovanni di Simone	不详	5–70
琼斯，伊尼哥	Jones，Inigo	1573—1652	7–130，132
丘里格拉，荷赛·德	Churriguera，José de	1665—	8–73
邱毕特，路易斯	Cubitt，Lewis	1799—1883	10–30
邱拉姆·德·桑斯（桑斯的威廉）	Guillaume de Sens	？—约1180	6–6
屈维利埃，法兰梭	Cuvilliés，François	1695—1768	8–102

R		生卒年	索引编号
瑞伯拉，派德洛·德	Ribera，Pedro de	约1683—1742	8–85
瑞丁杰，乔治	Ridinger，Georg	1568—1616后	7–122
瑞克曼，托玛斯	Rickman，Thomas	1776—1841	6–124

S		生卒年	索引编号
萨尔威，尼古拉	Salvi，Nicola	1697—1751	8–122
塞尔法，乔瓦尼·安东尼奥	Selva，Giovanni Antonio	1751—1819	9–37
塞凡多尼，乔瓦尼·尼可罗	Servandoni，Giovanni Niccolo	1695—1766	9–3
塞理欧，希巴提雅诺	Serlio，Sebastiano	1475—1554	102
赛尔特，荷赛·路易	Sert，José Luis	1902—	11–59
赛西尔，罗伯特	Cecil，Robert	不详	7–121
桑顿，威廉	Thornton，William	1759—1828	10–39

桑加洛，安东尼·达（小）	Sangallo，Antonio da，il Giovane	1485—1546	7–65
桑加洛，朱利亚诺·达	Sangallo，Giuliano da	1445—1516	7–21，22
桑克，拉斯·艾里尔	Sonck，Lars Eliel	1870—1956	10–146，165，170
桑米凯立，米谢尔	Sanmicheli，Mechele	约1484—1559	7–62
桑珀，戈特弗烈德	Semper，Gottfried	1803—1879	10–18，33，59，70，141
桑索维诺，雅可波	Sansovino，Jacopo	1486—1570	7–59，104
沙捷迪，乔瓦尼·巴蒂斯塔	Sacchetti，Giovanni Battista	1700—1764	8–126
沙卡洛夫，阿德连	Zakharov，Adrian	1761—1811	9–39
沙科尼，乔士普	Sacconi，Giuseppe	1815—1905	10–162
沙里宁，伊利尔	Saarinen，Eliel	1873—1950	10–128，156，183
沙利文，路易斯·亨利	Sullivan，Louis Henry	1856—1924	10–72，89，126，187
尚菲尔德，K.	Schönfeld，K.	不详	9–78
圣·皮耶，约瑟	St.- Pièrre，Joseph	1709—1754	8–110
圣费立斯，福迪南多	Sanfelice，Ferdinando	1675—1750	8–100
圣泰利亚，安东尼奥	Sant’Elia，Antonio	1888—1916	11–5 10–189
施毕特，彼得	Speeth Peter	1772—1831	9–41
施吕特尔，安德烈斯	Schlüter，Andreas	约1660—1714	8–70
施密特，弗烈德里希·冯	Schmidt，Friedrich von	1825—1891	6–142
施佩尔，阿尔伯特	Speer，Albert	1905—1981	9–75，77
施瑞夫，理查德德·哈洛德	Shreve，Richard Harold	1877—1946	11–58
石川音次郎			2–48
史伯沙，安德烈	Spezza，Andrea	？—1628	8–12
史代纳·鲁道夫	Steiner，Rudolf	1861—1925	11–37
史帝拉，包罗·戴拉	Stella，Paolo della	？—1225	7–72
史蒂芬生，罗伯特	Stephenson，Robert	1803—1859	10–26
史丁温克尔，汉斯	Steenwinckel，Hans	1587—1639	7–125，131
史丁温克尔，罗文斯	Steenwinckel，Louvens	约1585—1619	7–125，131
史都华，詹姆斯“雅典人”	Stewart，James’Athenian’	1713—1788	128
史卡莫齐，文森佐	Scamozzi，Vincenzo	1552—1616	7–111
史考特，吉尔斯·吉尔伯特爵士（孙）	Scott，Sir Giles Gilbert	1880—1960	6–144，10–202
史考特，乔治·吉尔伯特爵士	Scott，Sir George Gilbert	1811—1878	6–134，135
史马克，罗伯特爵士	Smirke，Sir Robert	1780—1867	9–56
史密森，罗伯特	Smythson，Robert	约1536—1614	7–91，105，114
史塔德海默，汉斯	Stethaimer，Hans	？—1432	6–74
史塔尔，简·弗雷德瑞克·弗雷兹	Staal，Jan Frederick Fritz	1879—1940	10–191
史坦，马特	Stam，Mart	1899—1986	11–20
斯丹德尔，伊默尔	Steindl，Imre	1839—1902	6–143
斯米顿，约翰	Smeaton，John	1724—1792	10–2
斯特里克兰，威廉	Strickland，William	1788—1854	9–62
斯特里特，乔治·爱德蒙	Street，George Edmund	1824—1881	6–137
苏福楼，贾克–杰尔曼	Soufflot，Jacques-Germain	1713—1780	9–6
苏斯特瑞斯，弗烈德里希	Sustris. Friedrich	1524—约1591 / 1599	7–113
索恩，约翰爵士	Soane，Sir John	1753—1837	9–33，34，47
索拉利，桑提诺	Solari，Santino	1576—1646	7–123
索利亚·伊·马塔，阿图洛	Soria y Mata，Arturo	1844—1920	10–83
索马鲁加，乔士普	Sommaruga，Giuseppe	1867—1917	10–122
索尼尔，朱尔斯	Saulnier，Jules	1828—1900	10–50
索普，约翰	Thorpe，John	约1565—1655	7–94
索斯特拉特斯（克尼多斯的）	Sostratus of Cnidos	不详	2–39

索瓦吉，亨利	Sauvage，Henri	1873—1932	10–173

T		生卒年	索引编号
塔特林，弗拉基米尔	Tatlin，Vladimir	1885—1953	11–10
泰吉，菲利波	Terzi，Filippo	1520—1597	7–117
泰连提，法兰契斯科	Talenti，Francesco	约1300—1369	6–59，61
泰辛，尼可德摩斯（父）	Tessin，Nicodemus，den Äldre	1615—1681	8–63
泰辛，尼可德摩斯（子）	Tessin，Nicodemus，den Yngre	1654—1728	8–61，63
汤姆森，亚历山大	Thomson，Alexander	1817—1875	9–65
汤姆斯，弗烈德里希	Tamms，Friedrich	不详	11–98
汤普森，弗朗西斯	Thompson，Francis	不详	10–26
汤森，查尔斯·哈里森	Townsend，Charles Harrison	1850—1928	10–101
陶特，布鲁诺	Taut，Bruno	1880—1938	11–2，6
特尔福德，托玛斯	Telford，Thomas	1757—1834	10–11
特拉里斯的安提米欧斯	Antemius of Tralles	不详	4–18
特纳，理查德	Turner，Richard	1798—1881	10–22
特拉格，朱塞浦	Terragni，Giuseppe	1904—1942	11–42，72，82
图拉，罗立德	Thurah，Laurids	1706—1759	8–99
土浦龟城			11–99
托雷多，凡·包提斯塔·德	Toledo，Juan Bautista de	？—1567	7–83
托罗哈，艾德阿多	Torroja，Eduardo	1899—1961	11–73，81
托梅，纳西索	Tomé Narciso	约1690—1742	8–94
托姆布，彼得	Thumb，Peter	1681—1766	8–129

W		生卒年	索引编号
瓦尔曼，拉斯·以色列	Wahlman，Lars Israel	1870—1952	10–184
瓦格纳，奥托	Wagner，Otto	1841—1918	10–104, 105, 148, 169
瓦克斯，梅纽尔	Vasquez，Manuel	不详	8–91
瓦兰，尤金	Valin，Eugene	1856—1922	10–142
瓦洛特，约翰·保罗	Wallot，Johann Paul	1841—1912	10–86
瓦扎里，乔治	Vasari，Giorgio	1511—1574	7–96，103
瓦兹，玛莉	Watts，Mary	不详	10–94
万维泰利，路易吉	Vanvitelli，Luigi	1700—1773	8–131
威尔，威廉·罗伯特	Ware，William Robert	1832—1915	6–138
威廉斯，依凡·欧文爵士	Williams，Sir Evan Owen	1890—1969	11–62，63
韦布，菲利普	Webb，Philip	1831—1915	10–38
维奥列多–勒–杜克，尤金–伊曼努尔	Viollet-le-Duc，Eugene-Emmanuel	1814—1879	6–133, 10–42、141
维根斯坦，路德维希	Wittgenstein，Ludwig	1889—1951	11–41
维克多，路易斯	Victor，Louis	1731—1800	9–14
维拉德·德和尼科	Villard de Honnecurt	不详	80
维曼，乔治·H.	Wyman，George H.	不详	10–84
维尼奥拉，贾科莫·巴罗齐·达	Vignola，Giacomo Barozzi da	1507—1573	7–75, 93, 95, 98, 105
维尼翁，皮耶	Vignon，Pièrre	1762—1828	9–53
维森特·德·奥利韦拉，马特乌斯	Vicente de Oliveira，Mateus	1710—1786	8–112
维斯卡尔迪，乔瓦尼·安东尼奥	Viscardi，Giovanni Antonio	1647—1713	8–118

维斯孔蒂，卢多维科·图利奥·乔基姆	Visconti，Ludovico Tullio Joachim	1791—1853	10—37
维斯宁，列昂尼德	Vesnin，Leonid	1880—1935	11—5
维斯宁，维克多	Vesnin，Victor	1883—1959	11—15
维斯宁，亚历山大	Vesnin，Alexander	1883—1959	11—15
维特鲁威·波里欧，马库斯	Vitrevuis Polio，Marcus	活跃于约46—30	64
维托内，伯纳多	Vittone，Bernardo	1704/5—1770	8—104
温布斯，菲利普	Vingboons，Philips	1614—1678	7—137
温德尔，E.	Wendel，E.	不详	9—78
温克尔曼，约翰·亚奥希姆	Winckelmann，Johann Joachim	1717—1768	127
沃多耶，里昂	Vaudoyer，Leon	1803—1872	10—31
沃尔辛厄姆的艾伦	Alan of Walsingham	不详	6—52
沃夫林，海因里希	Wöfflin，Heinrich	1864—1945	144，145
沃林格，威廉	Worringer，Wilhelm	1881—1965	94，156
沃特豪斯，阿弗烈德	Waterhouse，Alfred	1830—1905	10—60
沃伊齐，查尔斯·弗朗西斯·安斯利	Voysey，Charles Francis Annesley	1857—1941	10—80，100，108
渥尔夫，雅各布（父）	Wolff，Jacob，der Älder	约1546—1612	7—118
渥尔夫，雅各布（子）	Wolff，Jacob，der Jünger	1571—1620	7—129
伍德，约翰（父）	Wood，John，the Elder	1704—1754	9—13
伍德，约翰（子）	Wood，John，the Younger	1728—1781	9—13
伍德华德，班雅明	Woodward，Benjamin	1815—1861	6—130

X		生卒年	索引编号

西尔哈斯的安卓尼科斯	Andronikos of Kyrrhos	不详	2—47
西伦，约翰·希格福烈德	Sirén，Johan Sigfrid	1889—1961	9—73
西洛埃，迪耶哥·德	Siloe，Diego de	约1495—1563	7—43，49
西蒙内提，米开朗基罗	Simonetti，Michelangelo	1724—1781	9—15
西特，卡米洛	Sitte，Camillo	1843—1903	145
希德布兰特，约翰·路克斯·冯	Hildebrandt，Johann Lukas von	1668—1745	8—75，86
希尔德，J.	Hild，J.	不详	9—59
希区考克，亨利·罗素	Hitchcock，Henry-Russell	1903—1987	171
希托夫，雅各布·伊格纳茨	Hittorf，Jacob Ignaz	1793—1867	9—58
夏毕斯，马丁	Champiges，Martin	不详	6—109
夏隆，汉斯	Scharoun，Hans	1893—1972	11—57
夏洛，皮耶	Chareau，Pièrre	1833—1950	11—56
萧，理查德德·诺曼	Shaw，Richard Norman	1831—1912	10—47，48，54，58，77
谢达内，乔治	Chédanne，Georges	1861—1940	10—133，144
辛克尔，卡尔·弗烈德里希	Schinkel，Karl Friedrich	1781—1841	9—35，38，44
休兹，约翰尼斯	Hütz，Johannes	？—1449	6—81

Y		生卒年	索引编号

雅卡布，丹佐	Jakab，Dezsõ	1864—1932	10—155，175
雅纳克，帕维尔	Janák，Pavel	1882—1956	11—67
亚当，罗伯特	Adam，Robert	1728—1792	9—11，25
亚凯，阿蓝达	Arkay，Aladár	1868—1932	10—177
延森-柯林特，佩德·威廉	Jensen-Klint，Peder Vilhelm	1853—1930	10—180

扬提，托矣弗	Jäntti，Toivo	1900—1975	11—91
药师寺主计			3—49
野口孙市			7—140
伊东忠太			10—204
伊恩，卡尔	Ehn，Karl	1884—1957	11—32
伊夫利，亨利	Yevele，Henry	？—1400	6—71
伊克提诺斯	Ictinus	不详	2—22，26
伊姆霍提普	Imhotep	约前27c.	1—2
尤瓦拉，菲利波	Juvarra，Filippo	1678—1736	8—82，93，95，126
约翰逊，菲利普	Johnson，Philip	1906—2005	171

Z		生卒年	索引编号
詹尼，威廉 · 拉 · 巴隆	Jenney，William Le Baron	1832—1907	10—66
张伯斯，威廉	Chambers，William	1723—1796	9—20
朱里奥 · 罗曼诺	Giulio Romano	1492—1546	7—61，63，64
朱佐 · 伊 · 吉尔伯特，约瑟夫 · 玛利亚	Jujol i Gibert，Josep Maria	1879—1949	10—189
祖卡利，恩利克	Zuccalli，Enrico	约1642—1724	8—55
祖卡罗，费德里科	Zuccaro，Federico	1540—1609	7—107
佐丹，弗朗兹	Jourdain，Frantz	1847—1935	10—138

按建筑地区索引

阿尔及利亚

所在地	建筑物名称	索引编号
阿斯南（El Asnam）	阿斯南巴西利卡教堂（Basilica）	4—2
提姆加德（Timgad）	提姆加德都市计划	3—22

埃及

所在地	建筑物名称	索引编号
阿拜多斯（Abydos）	塞提一世（Seti I）神庙	1—21
阿布辛贝尔（Abu Simbel）	阿布辛贝尔小神庙（The Small Temple of Abu Simbel）［哈托尔神庙（Temple of Hathor）］	1—22
阿布辛贝尔	阿布辛贝尔大神庙（The Great Temple of Abu Simbel）（拉姆塞斯神庙）	1—26
阿斯旺（Aswan），菲莱岛（Island of Philae）	伊希斯神庙（Temple of Isis）（动工）	1—28
阿斯旺，菲莱岛	图拉真亭（Kiosk of Traianus）（开工）	1—30
艾德夫（Edfu）	荷鲁斯神庙（Temple of Horus）	1—29
贝尼哈桑（Beni Hasan）	坟墓群	1—11
达哈舒（Dahshur）	弯曲金字塔（Bent Pyramid）	1—4
达哈舒	红金字塔	1—5

丹德拉（Dendera）	哈托尔神庙	1—31
戴尔巴哈利（Deir el-Bahari）	图坦卡蒙（Tutankhamun）之墓	1—18
戴尔巴哈利	哈特谢普苏特女王神庙（Mortuary Temple of Hatshepsut）	1—14
哈布城（Medinet Habu）	拉姆塞斯三世神庙（Temple of Ramesses Ⅲ）	1—25
吉萨（Giza）	胡夫王金字塔（The Pyramid of Khufu）	1—6
吉萨	卡夫拉王金字塔（The Pyramid of Khafra）	1—7
吉萨	孟考拉王金字塔（The Pyramid of Menkaure）	1—8
卡纳克（Karnak）	阿蒙大神庙（The Great Temple of Amun）	1—12
卡纳克	阿蒙大神庙的阿顿神庙	1—17
卡纳克	阿蒙大神庙的牌楼I	1—27
卡纳克	阿蒙大神庙的牌楼Ⅱ	1—20
卡纳克	阿蒙大神庙的牌楼Ⅲ	1—16
卡纳克	阿蒙大神庙的牌楼IV · V，方尖碑（Obelisk）	1—13
卡纳克	阿蒙大神庙的牌楼IX	1—19
卡纳克	阿蒙大神庙的祝祭殿	1—15
卡纳克	阿蒙大神庙的百柱厅	1—23
卡纳克	卡纳克神庙	1—9
卡纳克	森乌塞特一世小神庙	1—10
康翁波（Kom Ombo）	康翁波神庙（Temple of Haroeris and Sobek，或称双神庙）	1—32
路克索（Luxor）	路克索神庙（The Temple at Luxor）	1—24
梅德姆（Maidum）	梅德姆金字塔	1—3
萨卡拉（Saqqara）	阶梯金字塔	1—2
萨卡拉	石室墓群（Mastaba）	1—1
索哈杰（Sohag）近郊	白修道院	4—6
亚历山大（Alexandria）	法洛斯灯塔（Lighthouse of Alexandria）	2—39

奥地利

所在地	建筑物名称	索引编号
哥穆德（Gmünd）	圣十字教堂（Kreuzkirche）（动工）	6—57
林兹（Linz）近郊	圣弗洛瑞安修道院（Stift St.Florian）	8—68
梅克（Melk）	梅克本笃会修道院（Stift Melk）（动工）	8—64
萨尔兹堡（Salzburg）	萨尔兹堡大教堂（动工）	7—123
萨尔兹堡	方济会教堂圣坛（动工）	6—74
斯皮特安德劳（Spittal an der Drau）	波西亚宫（Porcia Castle）（起工）	7—48
维也纳	奥格腾（Augarten）高射炮塔	11—98
维也纳	维也纳宫廷剧院 [The Court Theatre，城堡剧院（Burgtheater）]	10—70
维也纳	维也纳市政厅	6—142
维也纳	维也纳大教堂 [圣史蒂芬大教堂（St. Stephen’s Cathedral）]	6—85
维也纳	维也纳邮政储蓄银行（Postsparkasse）	10—169
维也纳	奥地利国会（Austrian Parliament）	9—66
维也纳	上夏宫（Obere Belvedere）	8—86
维也纳	卡尔-马克思-霍夫集体住宅（Karl-Marx Hof）	11—32
维也纳	卡尔教堂 [KarlsKirche，圣卡尔波罗茅斯（St.Karl Borromäus）教堂]	8—88
维也纳	卡尔（Karlsplatz）车站	10—105
维也纳	萨沃伊欧根亲王（François-Eugène，Prince of Savoy-Carignan）宫楼梯间	8—62
维也纳	丽泉宫（Schonbrunn Palace）（动工）	8—60
维也纳	史代纳住宅（Steiner House）	10—160

维也纳	史丹夫教堂（Kirche am Steinhof）[圣利奥波德教堂（Church of St. Leopold）]	10–148
维也纳	史东波露—维根斯坦宅邸（Stonborough-Wittgenstein）	11–41
维也纳	分离派会馆（Secession）	10–103
维也纳	金斯基宫（Palais Kinsky）	8–75
维也纳	兹哈尔公寓大楼（Zacherl apartment block）	10–131
维也纳	佛提夫教堂（Votivkirche）	6–140
维也纳	马加里卡住宅（Majolica House）	10–104
维也纳	路斯宅邸（Loos house）	10–161
维也纳	美术史博物馆 · 自然史博物馆	10–59

巴西

所在地	建筑物名称	索引编号
里约热内卢（Rio de Janeiro）	巴西教育健保局	11–96
庞普哈（Pampulha），培罗荷里桑（BeloHorizonte）近郊	圣方济各教堂（Church of St Francis）	11–97

保加利亚

所在地	建筑物名称	索引编号
内塞巴尔（Nessebar）	施洗者圣约翰教堂（The Church of St. John the Baptist）	4–25
内塞巴尔	圣伊凡教堂（St. Ivan Neosveteni）	4–47
内塞巴尔	万物创造者教堂	4–44

比利时

所在地	建筑物名称	索引编号
安特卫普（Antwerp）	安特卫普市政厅	7–85
安特卫普	圣查尔斯波罗米欧教堂（Église St.-Charles Borromée）	7–128
布鲁日（Bruges）	布鲁日史料馆	7–58
布鲁日	布鲁日市政厅（动工）	6–64
布鲁塞尔（Brussels）	荷塔（Horta）自宅	10–99
布鲁塞尔	圣修伯特商场（Galeries St.-Hubert）	10–21
布鲁塞尔	强伯拉尼宅邸（Maison Chamberlani）	10–98
布鲁塞尔	斯托克列宫（Palais Stoclet）	10–163
布鲁塞尔	索尔维宅邸（Hôtel Solvay）	10–106
布鲁塞尔	塔塞尔旅馆（Tassel House）	10–85
布鲁塞尔	旧布鲁塞尔市政厅	6–88
布鲁塞尔	布鲁塞尔法院	10–62
布鲁塞尔	人民之家	10–102
布鲁塞尔近郊于克勒（Uccle）	凡 · 德 · 维尔德自宅（Henry van de Velde）	10–93
根特（Gent）	圣彼得教堂（完工）	8–13
鲁汶（Louvain）	耶稣会（Societas Iesu）圣米歇尔教堂（Église St.-Michel）	8–44
鲁汶	鲁汶市政厅	6–91
图尔奈（Tournai）	图尔奈大教堂祭殿	5–50

波兰

所在地	建筑物名称	索引编号
弗罗茨瓦夫（Novotel Wroclaw）	弗罗茨瓦夫大教堂	6–56
弗罗茨瓦夫	百年厅（Centennial Hall in Wroclaw）	10–179
格但斯克（Gdansk）	圣母玛利亚教堂（Bazylika Mariacka）	6–106
华沙（Warsaw）	波兰银行	9–45
华沙近郊维拉努夫（Wilanowski）	维拉努夫宫（Palac Wilanowski）	8–56
克拉科（Krakow）	瓦维尔山（Wawel Hill）皇宫中庭	7–54
克拉科	克拉科大教堂西奇蒙（Sigismond）礼拜堂	7–52
克拉科	纺织会馆（Sukiennice）（改建）	7–81
克拉科	圣安娜教堂（St. Anne' s Church）	8–65

丹麦

所在地	建筑物名称	索引编号
哥本哈根（Copenhagen）	安玛丽堡宫殿（现今皇宫）（Amalienborg Slot）	8–114
哥本哈根	格伦特维教堂（Grundtvig' s Church）（设计）	10–180
哥本哈根	哥本哈根市政厅	10–129
哥本哈根	哥本哈根证券交易所	7–131
哥本哈根	哥本哈根中央警察署（Police Headquarters in Copenhagen）	9–70
哥本哈根	图华森美术馆（Thorvaldsens Museum）	9–57
哥本哈根	弗雷德瑞克教会（Fredrikskyrkan）（设计）	8–116
哥本哈根近郊	鹿公园（The Deer Park）	8–99
卡隆堡（Kalundborg）	卡隆堡宫教堂	5–60
罗斯基尔德（Roskilde）	罗斯基尔德大教堂（Roskilde Cathedral）	6–39
希里罗德（Hillerod）近郊	腓特烈古堡（Frederiksborg Slot）	7–125

德国

所在地	建筑物名称	索引编号
阿尔费尔德（Alfeld an der Leine）	法古斯制鞋工厂（Fagus Shoe-Last Factory）	11–1
阿尔斯菲尔德（Alsfeld）	阿尔斯菲尔德市政厅	6–112
阿沙芬堡（Aschaffenburg）	阿沙芬堡城堡	7–122
埃森（Eeesn）	福克望美术馆（Museum Folkwang）	10–116
安娜堡（Annaberg）	圣安娜教堂（Annen Kirche）（动工）	6–104
奥格斯堡（Augsburg）	富格莱之家（Fuggerei）	7–42
奥格斯堡	奥格斯堡市政厅	7–126
奥托博伊伦（Ottobeuren）	本笃会（Benediktinerabtei）修道院教堂	8–128
巴登-符腾堡（Baden-Württemberg）	维斯修道院（Wieskirche）院图书室	8–121
柏林（Berlin）	柏林城市宫（Berliner Stadtschloss）	8–70
柏林	柏林大剧院	11–8
柏林	柏林都市改建案	9–77
柏林	柏林国家剧院（Schaupielhaus）	9–38
柏林	布兰登堡门（Brandenburg Gate）	9–22
柏林	德国国会大厦（Reichstag building）	10–86
柏林	腓特烈大帝纪念堂计划案	9–27

柏林	腓特烈街（Friedrichstrasse）办公大楼计划案	11–7
柏林	国家剧院计划案	9–28
柏林	老博物馆（Altes Museum）	9–44
柏林	威尼菲尔逊电影馆（Universum-Kino）	11–44
柏林	席曼塔德住宅（Siemensstadt Siedlung）	11–57
柏林	新皇家侍卫之屋（Neue Wache）	9–35
柏林	AEG（Allgemeine电机公司）涡轮机工厂	10–159
拜罗伊特（Bayreuth）	拜罗伊特宫廷剧场	8–110
班兹（Banz）近郊的维森海里根（Vierzehnheiligen）	维森海里根朝圣教堂	8–130
比克堡（Bückeburg）	比克堡城堡黄金厅（Golden Hall of Palace of Bückeburg）	7–120
波茨坦（Potsdam）	和平教堂（Friedenkirche；Church of Peace）	10–19
波茨坦	忘忧宫（Sanssouci）	8–108
波茨坦	忘忧宫之中国风茶馆	10–1
波茨坦	爱因斯坦天文台（Einsteinturm）	11–16
不伦瑞克（Brunswick）	布商工会（Gewandhaus）	7–110
达姆施塔特（Darmstadt）	贝伦斯自宅（Behrens Haus）	10–112
达姆施塔特	结婚纪念塔（Ausstellungsgebaude）	10–150
达姆施塔特	恩斯特路德维希馆（Ernst Ludwig Haus）	10–110
德勒斯登（Dresden）	德勒斯登歌剧院	10–18
德勒斯登	德勒斯登画廊（Dresden Gallery）	10–33
德勒斯登	圣母教堂（Frauenkirche）	8–105
德勒斯登	茨温格宫（Zwinger）	8–83
德绍（Dessau）	包豪斯（Bauhaus）大学校舍	11–25
法兰克福（Frankfurt am Main）	赫司特（Hoechst）染料厂	11–17
弗莱堡（Freiburg）	弗莱堡大教堂尖塔（动工）	6–51
弗罗伊登施塔特（Freudenstadt）近郊	阿尔皮斯巴赫修道院教堂（Alpirsbach Abbey）	5–66
符兹堡（Würzburg）	女子监狱	9–41
符兹堡	主教宫（Residenz）	8–106
符兹堡	凯佩雷朝圣教堂（Wallfahrtskirche Käppele）	8-135
福森（Fussen）近郊	新天鹅堡（Neuschwanstein）	10–67
哈根（Hagen）	哈根火葬场	10–149
哈根	修迪伦邦特住宅群（Stirnband-Villen）	10–185
海德堡（Heidelberg）	海德堡城之阿尔托海因里希（Otto Heinrich）馆（动工）	7–77
汉堡（Hamburg）	智利大厦（Chile Haus）	11–19
汉诺威（Hanover）	报业大厦（Anzeiger-Hochhaus）	11–40
赫本海姆（Heppenheimer）近郊的洛尔希（Lorsch）	洛尔希修道院（Lorsch Abbey）楼门	5–17
赫克斯特（Höxter）近郊的科威（Corvey）	圣维图斯教堂西屋（St.Vitus Westwork）	5–21
计划案	阿尔卑斯山建筑图	11–6
卡塞尔（Kassel）	德国国防部	9–78
科布伦茨（Koblenz）近郊	玛利亚拉赫修道院教堂（Kloster Maria Laach）	5–57
科林（音译）	西妥会教堂	6–54
科隆（Cologne）	科隆大教堂（Cologne Cathedral）（全名：Hohe Domkirche St. Peter und Maria）（动工）	6–21
科隆	德国制造联盟展览会 (Deutscher Werkbund Exhibition) 玻璃屋展览馆	11–2
科隆	德国制造联盟展览会剧场（Theater）	10–186
科隆	德国制造联盟展览会模具工厂	11–3
科隆	科隆市政厅门廊（增建）	7–92
科隆	圣阿波斯坦（St. Aposteln）教堂	5–69
科隆	圣潘塔雷奥（St. Pantaleon）教堂西屋	5–23

科隆	圣英格柏特（St. Engelbert）教堂	11−66
科隆	科隆歌剧院（Cologne Opera House）	10−49
克尔罕（Kelheim）近郊	自由殿堂（Befreiungshalle）	9−64
克雷费尔德（Krefeld）	兰格宅邸（Lange Haus）	11−43
兰茨胡特（Landshut）	兰茨胡特皇宫（Schloss Landshut）	7−57
兰茨胡特	圣马丁教堂（St. Martinkirche）	6−102
吕贝克（Lubeck）	城堡修道院（Hospital of Holy Ghos）	6−36
吕贝克	玛利亚教堂（Marienkirche）	6−49
吕贝克近郊	喀尔卡乌农场（Gut Garkau）	10−199
洛特阿姆因（Rott am Inn）	洛特阿姆因修道院教堂（完工）	8−125
马尔堡（Marburg）	圣伊丽莎白教堂（St. Elizabeth Kirche）	6−26
麦森（Meissen）	阿尔布雷希特城堡（Albrechtsburg）	6−92
明登（Minden）	明登大教堂（Minden Cathedral）西屋	5−71
慕尼黑（Munich）	埃尔维拉写真工房（The Elvira Studio）	10−96
慕尼黑	大山门（Propylaeum）	9−63
慕尼黑	雕刻馆（Glyptothek）	9−48
慕尼黑	慕尼黑国立图书馆（Bavarian State Library）	10−15
慕尼黑	宁芬堡皇宫（Nymphenburg Palace）	8−118
慕尼黑	宁芬堡皇宫的阿玛利安堡（Amarienburg）	8−102
慕尼黑	圣米歇尔教堂（Sankt Michaeliskirche）	7−113
慕尼黑	圣母教堂（Frauenkirche）	6−98
慕尼黑	圣约翰·尼伯慕克教堂（St. Johann Nepomukkirche）	8−107
慕尼黑	特亚提纳教堂（The Theatine Church）	8−55
慕尼黑	主教宫的格勒坦赫夫（Grottenhof of Residenz）	7−103
慕尼黑	考古馆（Antiquarium）	7−89
纳德林根（Nordlingen）	圣乔治教堂（St. George Church）圣歌队席（动工）	6−79
纽伦堡（Nuremberg）	贝拉宅邸（Peller House）中庭	7−118
纽伦堡	纽伦堡市政厅	7−129
纽伦堡	齐柏林广场（Zeppelin Field）（德国纳粹党大会会场）	9−75
纽伦堡	圣母教堂（Frauenkirche）	6−60
纽伦堡	圣洛兰佐教堂（St. Lorenz Kirche）	6−94
帕绍（Passau）	帕绍大教堂（重建）	8−42
瑞根斯堡（Regensburg）近郊	瓦哈拉（Valhalla）	9−54
施坦加登（Steingaden）近郊	威斯教堂（Wieskirche）	8−113
施瓦本（Swabia）	兹威法坦修道院教堂（Kloster Zwiefalten）	8−127
史派尔（Speyer）	史派尔大教堂（Speyer Cathedral）（献堂）	5−27
斯图加特（Stuttgart）	魏森霍夫住宅群（Weissenhof Siedlung）	11−35
索斯特（Soest）	魏森堡教堂（Wiesenkirche）	6−50
特里尔（Trier）	黑门（Porta Nigra）	3−48
特里尔	圣母玛利亚大教堂（Liebfrauen Church）	6−27
特里尔	巴西利卡会堂（宫殿大厅）	3−44
威尔腾堡（Weltenburg）	威尔腾堡修道院教堂（Kloster Weltenburg）	8−81
沃姆斯（Worms）	沃姆斯大教堂（动工）	5−61
乌尔姆（Ulm）	军营附属教会	10−167
乌尔姆	乌尔姆大教堂（动工）	6−65
希尔德斯海姆（Hildesheim）	圣米歇尔教堂（St. Michaelis church）	5−26
亚琛（Aachen）	查理曼大帝宫廷礼拜堂	5−16

俄罗斯

所在地	建筑物名称	索引编号
弗拉迪米尔（Vladimir）	圣得米翠斯教堂（St. Demetrius' Cathedral）	4–40
弗拉迪米尔	乌斯本斯基大教堂（Ouspensky Cathedral）	4–39
弗拉迪米尔近郊波寇优波弗村（Bogolyubovo）	波寇优波弗教堂（Bogolyubovo Church）	4–38
基济岛（Kizhi）	基督变容教堂（Church of the Transfiguration）	4–53
计划案	第三国际纪念塔	11–10
莫斯科（Moscow）	劳动宫计划案	11–15
莫斯科	卢萨可夫俱乐部（Rusakov Workers' Club）	11–45
莫斯科	莫斯科大学	10–203
莫斯科	圣巴西尔大教堂（Saint Basil's Cathedral）	4–52
莫斯科	苏维埃宫（Palace of Soviets）设计比赛案	11–60
莫斯科	泽夫劳工俱乐部（Zuev Workers' Club）	11–27
莫斯科	《真理报》（*Pravda Newspaper*）办公大楼	11–77
莫斯科	"云之阶梯"计划案	11–20
莫斯科近郊，科洛姆庄园（Kolomenskoe）	耶稣升天教堂（Kolomenskoye Church）	4–51
诺夫哥罗德（Novgorod）	圣索菲亚大教堂	4–29
普希金（Pushkin）（旧沙皇村（ЦарскоеСело）	沙皇村宫殿	9–29，8–117
圣彼得堡（St. Petersburg）	海军总部	9–39
圣彼得堡	圣彼得堡冬宫［俄罗斯冬宫博物馆（The State Hermitage Museum）］	8–123

厄瓜多尔

所在地	建筑物名称	索引编号
基多（Quito）	圣方济各教堂（Franciscans Church）（重建）	8–74

法国

所在地	建筑物名称	索引编号
阿布维尔（Abbeville）	普法兰克教堂（Chapelle St. Vulfranc）西侧正面（动工）	6–99
阿布维尔近郊	阿布维尔修道院教堂（Abbaye de St. Riquier）	5–15
阿尔比（Albi）	阿尔比大教堂（Albi Cathedral）（动工）	6–34
阿克西纳（Arc-et-Senans）	阿克西纳盐场	9–18
阿拉斯（Arras）	市政厅	6–120
阿内（Anet）	阿内堡（Château de Anet）（动工）	7–68
阿泽勒丽多（Azay le Rideau）	阿泽勒丽多堡（Châteaud Azay-le Rideau）	7–46
昂古莱姆（Angouleme）	昂古莱姆大教堂	5–46
昂杰（Angers）	圣乔治及圣巴克斯修道院（Abbaye St.-Serge & St.-Bacchus）	6–15
昂杰	昂杰大教堂祭殿	6–4
奥顿（Autun）	奥顿大教堂	5–52
奥伦治（Orange）	剧场	3–14
巴莱勒蒙尼奥（Paray-le-Monial）	圣尚巴提斯特圣母院教堂（Notre-Dame et St Jean Baptiste）	5–41
巴黎	埃菲尔铁塔（Eiffel Tower）	10–73
巴黎	昂古莱姆饭店（The Hôtel d'Angoulême）	7–99
巴黎	巴葛蒂尔（Bagatelle）	9–16

巴黎	巴黎地铁入口	10–114
巴黎	巴黎东站	10–29
巴黎	巴黎都市计划案（开始）	10–32
巴黎	巴黎国际装饰美术博览会的“平价市场馆”（Le Bon Marché）	11–24
巴黎	巴黎国际装饰美术博览会的“新思想展房”（Pavillon de l’Esprit Nouveau）	11–23
巴黎	巴黎人报社（Le Parisien Libéré）	10–133
巴黎	巴黎伤兵之家（Hôtel des Invalides）	8–47
巴黎	巴黎伤兵之家圣路易教堂（Église St.-Louis）	8–71
巴黎	巴黎商品交易所（Bourse du Commerce）	9–31
巴黎	巴黎圣母院（Cathedrale Notre Dame）	6–23
巴黎	巴黎市立近代美术馆（Musée d’Art Moderne de la Ville de Paris）	9–76
巴黎	巴黎世界博览会机械馆	10–75
巴黎	巴黎中央市场	10–44
巴黎	贝朗榭公寓（Castel Béranger）	10–97
巴黎	玻璃房（La Maison de Verre）	11–56
巴黎	布鲁瓦雷别馆（Hotel de Bourvallais）	8–77
巴黎	扎拉宅邸（Tristan Tzara）	11–31
巴黎	德国制造联盟展览会的室内设计模型	11–53
巴黎	法兰克林街（Franklin St.）25号公寓	10–125
巴黎	皇宫（Palais Royal）（动工）	8–15
巴黎	皇宫内部装饰	8–76
巴黎	旧巴黎歌剧院（Paris Opera）	10–52
巴黎	军事学校（École Militaire）	9–8
巴黎	卡鲁塞尔凯旋门（Arc de Triomphe du Carrousel）	9–30
巴黎	凯旋门（Arc de Triomphe de l’Etoile）	9–49
巴黎	克利希（Clichy）市场与市民中心	11–85
巴黎	克吕尼饭店（Hôtel de Cluny）（动工）	6–103
巴黎	拉法叶百货公司（Galeries Lafayette）	10–144
巴黎	兰贝尔别馆（Hotel Lambert）	8–28
巴黎	利佛里路（Rue de Rivoli）正面计划	10–35
巴黎	卢浮宫（Palais du Louvre）方形中庭（动工）	7–67
巴黎	卢浮宫东立面（完工）	8–48
巴黎	卢浮宫新馆	10–37
巴黎	卢浮宫钟楼（动工）	8–9
巴黎	卢森堡宫（Palais du Luxembourg）（动工）	8–3
巴黎	罗培特咖啡馆（Café d’Aubette）	11–38
巴黎	马莱特—史蒂文斯住宅（de la rue Mallet-Stevens）	11–29
巴黎	玛德莲教堂（La Madeleine）	9–53
巴黎	欧赞凡宅邸（Ozenfant House）	11–12
巴黎	庞修街汽车库（Garage on Rue Ponthieu）	10–137
巴黎	瑞士学生会馆	11–61
巴黎	三一教堂（Eglise de la St.e Trinite）	10–46
巴黎	莎玛丽丹百货公司（La Samaritaine）	10–138
巴黎	神圣小教堂（Sainte Chapelle）	6–22
巴黎	圣奥古斯丁教堂（Église St.-Augustin）	10–45
巴黎	圣保罗圣路易教堂（Église St-Paul-St-Louis）	8–16
巴黎	圣丹尼大教堂（Basilique de St.-Denis）西屋及内部圣坛（完工）	6–1
巴黎	圣丹尼门（Porte St.-Denis）	8–45
巴黎	圣几内维图书馆（The Ste-Genevieve Library）	10–25

巴黎	圣杰维（Saint Gervais）教堂	8–6
巴黎	圣克罗蒂德教堂（Basilique St.e-Clothilde）	6–128
巴黎	圣让教堂（Église St.-Jean-de-Montmartre）	10–115
巴黎	圣文森保罗教堂（Cathedral of St. Vincent de Paul）	9–58
巴黎	圣心堂（Basilique du Sacré Coeur）（动工）	5–72
巴黎	圣心学校（École du Sacré Cœur）	10–90
巴黎	圣尤金教堂（Église St. Eugenius）	6–127
巴黎	饰品店“吉罗”（Giraud）	11–14
巴黎	四国学院（动工）（Collège des Quatre Nation）	8–31
巴黎	苏比斯府邸（Hôtel de Soubise）（现国立古文书馆）	8–103
巴黎	苏尔毕斯教堂（Église St. Sulpice）	9–3
巴黎	苏利宅邸（Hôtel de Sully）	8–8
巴黎	索尔邦教堂（Église de la Sorbonne）	8–19
巴黎	瓦得古拉丝修道院教堂（设计）（Église du Val de Grace）	8–20
巴黎	瓦维街公寓区（Apartment Blocks，rue Vavin）	10–173
巴黎	万神庙[圣贞维耶芙教堂（Église St.e-Geneviève）]	9–6
巴黎	维烈特之门（Barriere de la Villette）	9–23
巴黎	香榭丽舍剧院（Théâtre des Champs-Élysées）	10–172
巴黎	小皇宫美术馆（le Petit Palais）	10–107
巴黎	艺术家之家	11–26
巴黎近郊	奥里机场（Orly Airport）飞船机棚	11–11
巴黎近郊	拉菲特别墅（Maisons Laffitte）（拉菲特宅邸）	8–23
巴黎近郊	史坦宅邸（Villa Stein）[迦尔雪别墅（Villa Garches）]	11–33
巴黎近郊儒雅赫	儒雅赫修道院地下室（Les Cryptes de Jouarre）	5–13
巴黎近郊埃库昂（Ecouen）	埃库昂城堡（Château d’Ecouen）玄关	7–76
巴黎近郊兰西（Raincy）	兰西圣母院（Notre Dame du Raincy）	10–197
巴黎近郊默伦（Melun）	沃勒维孔堡（Château de Vaux-le-Vicomte）	8–30
巴黎近郊努瓦兹（Noisiel）	巧克力工厂	10–50
巴黎近郊普瓦西（Poissy）	萨伏伊别墅（La Villa Savoye）	11–55
巴黎近郊维勒瑞夫（Villejuif）	卡尔·马克思综合学校（Karl Marx School Complex）	11–71
波尔多（Bordeaux）	波尔多大剧院（Grand Théâtre）（动工）	9–14
波维（Beauvais）	波维大教堂（Beauvais Cathedral）	6–32
伯尔尼（Beaune）	伯尔尼济贫院（Hospices de Beaune）	6–84
勃艮第（Burgundy）	枫特内修道院教堂（Abbaye de Fontenay）	5–53
布尔日（Bourges）	雅克·科尔宫（Palais de Jacques Coeur）	6–87
布宫伯雷斯（Bourg-En-Bresse）近郊	布鲁（Brou）圣尼古拉教堂（St. Nicolas de Tolentino	6–117
布罗瓦（Blois）	布罗瓦中庭立面	7–44
布罗瓦	布罗瓦（Blois）之奥连翼（Orléan Wing）	8–17
凡尔赛（Versailles）	凡尔赛宫（Versailles）之“皇后农庄（le Hameau）”	10–6
凡尔赛	凡尔赛宫（第一次扩建）	8–36
凡尔赛	凡尔赛宫之小堤亚侬宫（Le Petit Trianon）	9–9
梵登（Vendome）	三一教堂（Église la Trinite）	6–108
枫丹白露（Fontainebleau）	枫丹白露宫（动工）	7–50
弗雷瑞斯（Fréjus）	洗礼堂（Baptistere）	5–3
盖雅（Gaillard）	盖雅城（Château Gaillard）	6–10
计划案	“地球神庙”计划案	9–24
计划案	“光辉的城市（La Ville Radieuse）”计划案	11–79
计划案	“瓦赞（Plan Voisin）”计划案	11–21
计划案	工业都市计划案	10–127

计划案	骨牌屋（Domino house）	11−4
计划案	河川管理员住宅计划案	9−12
计划案	牛顿纪念堂计划案（Cénotaphe a Newton）	9−19
计划案	西托汉屋（Citrohan House）	11−9
计划案	音乐厅计划案（Design for a concert hall）	10−42
喀丹普的圣萨温	喀丹普的圣萨温修道院教堂（Abbey of Saint-Savin-sur-Gartempe）	5−38
卡德贝克（Caudebec）	圣母院教堂（Église Notre-Dame）（动工）	6−78
康城（Caen）	圣三一教堂（La chapelle de la Trinité）	5−30
康城	布尔日教堂（Bourges Cathedral；Saint-Étienne de Bourges）	5−32
克伦尼（Cluny）	克伦尼修道院第三代教堂	5−47
克伦尼	克伦尼修道院第二代教堂	5−24
库西（Coucy）	库西堡（Château de Coucy）	6−19
拉昂（Laon）	拉昂大教堂（The Cathedral of Laon）	6−17
朗布耶（Rambouillet）	朗布耶宫女王酪农场	10−5
勒普（Le Puy）	勒普圣母大教堂（Cathedral of Notre Dame Le Puy）	5−39
里昂（Lyon）	里昂法院	9−52
里昂	奥林匹克竞技场	10−188
理姆斯（Reims）	理姆斯圣母大教堂（Reims Cathedral）（动工）	6−12
鲁昂（Rouen）	鲁昂大教堂的奶油塔（Tour de Beurre）（动工）	6−105
鲁昂	圣马克鲁教堂（Église St.-Maclou）	6−115
鲁昂近郊郡密耶（Jumièges）	郡密耶圣母院教堂（Abbey de Notre-Dame de Jumièges）	5−29
马赛（Marseilles）	马赛大教堂（动工）	10−31
南锡（Nancy）	马哥宅邸（Immeuble Charles Margo）	10−142
南锡	史坦尼斯拉斯广场（La Place Stanislas）	8−115
南锡	圣尼古拉门教堂（St. Nicolas de Port）	6−118
尼姆（Nime）	方形神庙（Maison Carree）	3−12
尼姆近郊	嘉德水道桥（Pont du Gard）	3−13
佩里格（Perigueux）	圣弗朗特教堂（Cathedrale St. Front）	5−62
彭帝尼（Pontigny）	彭帝尼修道院教堂（祭殿）	5−59
皮耶丰（Pierrefonds）	皮耶丰堡（Château de Pierrefonds）	6−75
普瓦捷（Poitiers）	法院	6−73
普瓦捷	格兰第圣母院（完工）（Église Notre-Dame la Grande）	5−49
普瓦捷	普瓦捷大教堂（Poitiers Cathedral）（动工）	6−2
普瓦捷	圣约翰洗礼堂（Baptistère St. Jean）	5−12
桑斯	桑斯大教堂（Sens Cathedral）	6−3
沙特尔（Chartres）	沙特尔大教堂（Chartres Cathedral）（动工）	6−9
圣德尼	圣德尼大教堂（Basilique Saint-Denis）	6−133
圣佛尔（St. Flour）近郊	加拉比高架桥（Garabit viaduct）	10−64
斯特拉斯堡（Strasbourg）	斯特拉斯堡大教堂西屋	6−33
斯特拉斯堡	斯特拉斯堡都市改造计划案	9−7
斯特拉斯堡	斯特拉斯堡大教堂（Strasbourg Cathedral）尖塔（完工）	6−81
塔拉斯孔（Tarascon）	塔拉斯孔城	6−86
特鲁瓦（Troyes）	特鲁瓦大教堂西侧正面	6−109
特鲁瓦	圣拉德贡德教堂（Church of Sainte-Radegonde）（动工）	6−28
图尔（Tours）	图尔大教堂西屋	6−90
图尔近郊	普莱西城堡（Château de Plessis-lez-Tours）	6−93
图尔努（Tournus）	圣菲力贝尔教堂（St. Philibert）	5−43
土鲁斯（Toulouse）	道明会（St. Dominican）教堂	6−40
土鲁斯	圣塞宁教堂（动工）（Basilique St. Sernin）	5−34

维泽列（Vézelay）	马德莲教堂（Église de la Madeleine）	5—58
香波（Chambord）	香波城堡（Château de Chambord）（动工）	7—40
雪浓梭（Chenonceaux）	雪浓梭堡展览馆	7—97
雪浓梭	雪浓梭堡（Chateau de Chenonceaux）	7—41
亚眠（Amiens）	亚眠大教堂（Cathedral Notre-Dame of Amiens）（动工）	6—13
亚维农（Avignon）	教皇宫殿	6—53

芬兰

所在地	建筑物名称	索引编号
赫尔辛基（Helsinki）	芬兰国会大厦	9—73
赫尔辛基	赫尔辛基大教堂	9—60
赫尔辛基	赫尔辛基大学本馆和图书馆（Helsinki University Building and University Library）	9—51
赫尔辛基	赫尔辛基国立博物馆	10—156
赫尔辛基	赫尔辛基证券交易所	10—165
赫尔辛基	赫尔辛基火车站	10—183
赫尔辛基	卡里欧教堂（Kallion Kirkko）	10—170
赫尔辛基	奥林匹克体育场（Olympic Stadium）	11—91
赫尔辛基近郊	维特拉斯科（Hvittrask）	10—128
凯里迈基	凯里迈基教堂（Kerimaki Church）	10—20
凯乌露（Keuruun vanha kirkko）	凯乌露教堂（Keuruun vanha kirkko）	8—119
科特卡（Kotka）近郊	苏尼拉（Sunila）纤维工厂	11—88
罗荷亚（Lohja）	罗荷亚教堂	6—76
努玛库（Noormarkku）	玛丽亚别墅（Villa Mairea）	11—89
帕伊米奥（Paimio）	帕伊米奥疗养院（Paimio Sanatorium）	11—70
坦佩雷（Tampere）	坦佩雷大教堂	10—146
土库（Turku）	土库公墓礼拜堂（The Cemetery Chapel at Turku）	11—94
土库	土库大教堂	6—62
于韦斯屈莱（Jyväskylä）	于韦斯屈莱工人俱乐部	9—71

荷兰

所在地	建筑物名称	索引编号
阿姆斯特丹（Amsterdam）	阿姆斯特丹国立美术馆（Rijksmuseum Amsterdam）	10—65
阿姆斯特丹	阿姆斯特丹市政厅（现为皇宫）	7—138
阿姆斯特丹	阿姆斯特丹证券交易所	10—120
阿姆斯特丹	阿姆斯特丹中央车站	10—71
阿姆斯特丹	艾根哈德集合住宅（Eigen Haard Housing）	10—198
阿姆斯特丹	艾根哈德集合住宅（Eigen Haard）	10—194
阿姆斯特丹	海运协会大楼	10—190
阿姆斯特丹	美国饭店（American Hotel）	10—113
阿姆斯特丹	绅士运河（Herengracht）巴尔托洛齐（Bartolozzi）宅邸	7—124
阿姆斯特丹	绅士运河（Herengracht）之克罗姆特（Kromhout）宅邸	7—137
阿姆斯特丹	西教堂（Westerkerk）（动工）	7—127
阿姆斯特丹	阿姆斯特丹的露天学校（Open air school）	11—50
贝尔根（Bergen）	米亚维克公园住宅的“梅尔豪斯（音译）”和“梅兹内斯特（音译）”	10—192
贝尔根	米亚维克公园（Park Meerwijk）住宅“迪·巴克（音译）”	10—191

所在地	建筑物名称	索引编号
海牙（Hague）	莫理斯皇家美术馆（Mauritshuis）	7—133
角港（Hoek van Holland）	角港劳工集合住宅（The Worker’s Housing Estate in Hoek）	11—28
赫鲁特汉波斯（音译）	圣约翰教堂圣坛（动工）	6—95
计划案	住宅研究	11—13
莱登（Leyden）	莱登市政厅立面	7—116
鹿特丹（Rotterdam）	凡奈里烟厂（Van Nelle Tobacco Factory）	11—48
鹿特丹	联合咖啡馆（Cafe de Unie）	11—22
乌特勒支（Utrecht）	施罗德住宅（Schroder House）	11—18
希尔弗斯姆（Hilversum）	希尔弗斯姆市政厅	10—201

捷克

所在地	建筑物名称	索引编号
布拉格（Prague）	布拉格圣维图斯大教堂（St. Vitus Cathedral）圣坛	6—68
布拉格	布拉格市民会馆	10—164
布拉格	城堡区（Hradčany）山丘的夏宫（Belvedere）	7—72
布拉格	黑圣母之家（House at the Black Mother of God）（Black Madonna）	10—174
布拉格	旧皇宫的维拉迪斯拉夫大厅（Vladislav Hall）	6—107
布拉格	美国别墅（AmericanVilla）	8—80
布拉格	谬勒（Müller House）宅邸	11—54
布拉格	维谢夫拉德（Vysehradsky）的里布什那别墅（Villa，rue Libušina）	10—178
布拉格	小城区（Mala Strana）圣尼古拉教堂（St. Nikolaus）	8—120
布拉格	新旧犹太教堂（Old-New Synagogue）	6—31
布拉格	雅纳克自宅	11—67
布拉格	岩上的圣约翰内波穆克教堂（The Church of St. John of Nepomuk）	8—92
布拉格	华尔斯坦宫（Waldstein Palace）	8—12
布鲁诺（Brno）	福克斯（Fuchs）自宅	11—39
布鲁诺	图根哈特别墅（Tugendhat Villa）	11—52
库特纳赫拉（Kutná Hora）	圣芭芭拉（St. Barbara）大教堂	6—119
萨尔近郊	泽列纳 · 霍拉的内波穆克圣约翰朝圣教堂（Pilgrimage Church of St. John of Nepomuk at Zelená Hora）	8—84

克罗埃西亚

所在地	建筑物名称	索引编号
史帕拉托（Spalato）	戴克里先宫殿（Palace of Diocletian）	3—43

罗马尼亚

所在地	建筑物名称	索引编号
奥拉迪亚（Oradea）	复合商业设施“黑鹫”	10—155
库尔泰亚-德阿尔杰什（Curtea de Arges）	库尔泰亚-德阿尔杰什修道院教堂（Monastery of Curtea de Arges）	4—50
特尔古穆列什（Tirgu Mures）	特尔古穆列什文化宫殿	10—175
沃罗内茨（Voronet）	沃罗内茨修道院（Voronet Monastery）	4—49

美国

所在地	建筑物名称	索引编号
艾西维尔（Asheville），北卡罗来纳州（North Carolina）	毕尔特摩庄园（Biltmore House）[凡德比尔特宅邸（Vanderbilt Mansion）]	10–87
柏克莱市（Berkeley），加利福尼亚州	基督科学会第一教会（Christian Scientist）	10–171
波士顿	波士顿公共图书馆（The Boston Public Library）	9–68
波士顿	三一教堂（Trinity Church）	5–73
波士顿东北郊区北伊斯顿（North Easton）	埃姆斯守卫室（Ames Gate Lodge）	10–61
布里斯托（Bristol），罗得岛州（Rhode Island）	罗氏宅邸（The Low House）	10–69
底特律（Detroit）	帕卡德汽车厂（Packard）	10–136
费城（Philadelphia）	宾夕法尼亚美术学会（Pennsylvania Academy of the Fine Arts）	10–53
费城	费城南部监狱	10–14
费城	先见信托公司（Provident Trust Company）	10–57
费城	费城储蓄银行（Philadelphia Savings Bank）	11–65
格林内尔（Grinnell），爱荷华州（Iowa）	招商国际银行（Merchants' National Bank）	10–187
哈特福德（Hertford），康乃狄克州	三一学院（Trinity College）	6–141
华盛顿	旧行政办公大楼（State，War，and Navy Building，现今的Old Executive Office Building）	9–67
华盛顿	美国国会	10–39
计划案	戴马喜恩建筑案（Dymaxion House）	11–34
剑桥（Cambridge）	哈佛大学纪念堂（The Harvard University Memorial Hall）	6–138
旧金山	哈利迪大楼（Hallidie Building）	10–193
昆士（Quincy），麻萨诸塞州	波士顿公共图书馆（Thomas Crane Library）	5–74
洛杉矶	白普理大楼（Bradbury Building）	10–84
洛杉矶	甘布尔住宅（Gamble House）	10–152
洛杉矶	洛维尔宅邸（Lovell House，健康住宅）	11–47
米德尔敦（Middletown），罗得岛州（Rhode Island）	斯特蒂文特宅邸（Sturtevant house）	10–51
那什维尔（Nashville）	田纳西州（Tennessee）议会大厦（完工）	9–62
纽约	宾州车站（Pennsylvania Railway Station）	9–69
纽约	帝国大厦（Empire State Building）	11–58
纽约	哈沃大厦（Haughwout Building）	10–36
纽约	克莱斯勒大厦（Chrysler Building）	11–51
纽约	洛克菲勒中心（Rockefeller Center）	11–74
纽约	三一教堂（Trinity Church）	6–125
纽约	圣派翠克大教堂（St. Patrick's Cathedral）	6–139
纽约	华尔沃兹大厦（Woolworth Building）	10–176
瑞辛（Racine），威斯康星州	娇生（约翰逊）父子公司（Johnson Wax Headquarters）	11–87
史考特市（Scottsdale），亚利桑那州（Arizona）	西塔里埃森（Taliesin West）（动工）	11–86
水牛城（Buffalo）	拉金大厦（Larkin Building）	10–139
水牛城	信托大厦（Guaranty Building）	10–89
威兰（Wayland），麻萨诸塞州（Massachusetts）	张伯伦别墅（Chamberlain Cottage）	11–93
夏洛茨维尔（Charlottesville），维吉尼亚州	蒙提塞罗住宅（Monticello）	9–32
夏洛茨维尔，维吉尼亚州	维吉尼亚大学（Virginia University）	9–42
熊跑溪（Bear Run），宾夕法尼亚州	考夫曼宅邸（Edgar Kaufmann）[流水别墅（Fallingwater）]	11–84
芝加哥	《芝加哥论坛报》大楼（Chicago Tribune Building）	10–195

芝加哥	卡森·皮里·斯考特百货公司（The Carson Pirie Scott Department Store）	10—126
芝加哥	房屋保险大楼（Home Insurance Building）	10—66
芝加哥	信托大厦（Reliance Building）	10—88
芝加哥	联合教堂（Unity Temple）	10—143
芝加哥	罗比住宅（The Robbie House）	10—153
芝加哥	马歇尔·菲尔德公司（Marshall Field Company）	10—68
芝加哥	蒙纳德诺克大厦（Monadnock Building）	10—79
芝加哥	塔科马大厦（Tacoma Building）	10—74
芝加哥	芝加哥大会堂（Auditorium Building）	10—72

墨西哥

所在地	建筑物名称	索引编号
提波兹左特兰（Tepotzotlan）	圣方济各哈维尔教堂正面（Iglesia de San Francisco Javier）	8—124

挪威

所在地	建筑物名称	索引编号
奥斯陆（Oslo）	奥斯陆大学（Oslo university）	9—61
奥斯陆近郊贺美科伦（Holmenkollen）	福洛格那斯坦餐厅（Frognerseteren Restaurant）	10—81
博根德（Borgund）	博根德教堂（完工）	5—56
海达尔（Heddal）	海达尔教堂（Heddal stave church）	5—68
特隆赫姆（Trondheim）	特隆赫姆大教堂（Trondheim Church）（动工）	6—7
特隆赫姆	史提夫斯加登（Stiftsgården）皇宫	8—132
乌尔内斯（Urnes）	乌尔内斯木板教堂（Urnes Stavkyrkje）	5—55

葡萄牙

所在地	建筑物名称	索引编号
巴塔利亚（Batalha）	巴塔利亚修道院（Monastery of Batalha）	6—69
波尔图（Oporto）	克雷利哥斯教堂（Igreja dos Clérigos）	8—109
克卢什（Queluz）	克卢什王宫（Queluz National Palace）	8—112
里斯本（Lisbon）	贝伦区（Belem）杰罗尼摩斯修道院（Mosteiro dos Jeronimos）	6—111
里斯本	圣文森特德佛拉教堂（Igreja de São Vicente de Fora）	7—117
马夫拉（Mafra）	马夫拉修道院（Mafra National Palace）	8—78
托马尔（Tomar）	托马尔修道院回廊	7—78

塞尔维亚

所在地	建筑物名称	索引编号
格拉查尼察	格拉查尼察修道院（Gracanica Monastery）	4—46
卡列尼奇	卡列尼奇修道院（The Kalenic monastery）	4—48

日本

所在地	建筑物名称	索引编号
仓敷	大原美术馆	3–49
大阪	大阪府立中之岛图书馆（旧大阪图书馆）	7–140
东京	阿部美树志自宅	1–33
东京	净土真宗本愿寺派筑地别院	10–204
东京	明治生命馆	9–79
东京	日本东正教复活大教堂（Nikorai-do）	4–54
东京	圣路加国际医院礼拜堂	6–145
东京	天主教筑地教会教堂	2–48
东京	土浦龟城自宅	11–99
东京	迎宾馆（旧赤坂离宫）	8–136
穗高町	碌山美术馆	5–75

瑞典

所在地	建筑物名称	索引编号
隆德（Lund）	隆德大教堂	5–51
斯德哥尔摩（Stockholm）	北欧博物馆	10–145
斯德哥尔摩	贵族院（Riddarhuset）（设计）	7–134
斯德哥尔摩	皇后岛宫（Drottningholm Palace）之中国风凉亭	10–3
斯德哥尔摩	凯瑟琳教堂（Katarina Church）（动工）	7–136
斯德哥尔摩	斯德哥尔摩博览会会场建筑	11–49
斯德哥尔摩	斯德哥尔摩皇宫	8–61
斯德哥尔摩	斯德哥尔摩市立图书馆	9–72
斯德哥尔摩	斯德哥尔摩市政厅	10–196
斯德哥尔摩	恩格布雷克（Engelbrekt）教堂	10–184
斯德哥尔摩近郊	皇后岛宫（Drottningholms slott，又名德罗特宁宫）	8–63
斯德哥尔摩近郊	森林火葬场	11–92
乌普萨拉（Uppsala）	乌普萨拉大教堂（Uppsala domkyrka）（动工）	6–30

瑞士

所在地	建筑物名称	索引编号
巴塞尔（Basel）	圣安东尼（St. Antonius）教堂	11–30
多拿贺（Dornach）	歌德会堂二期（Goetheanum）	11–37
皮埃尔	圣皮埃尔大教堂	5–40
日内瓦（Geneva）	国际联盟会馆设计比赛案	11–36
圣加伦（St. Gallen）	圣加伦修道院计划案	5–18
圣加伦	圣加伦修道院教堂	8–129
苏黎世（Zurich）	瑞士博览会水泥馆	11–90

土耳其

所在地	建筑物名称	索引编号
阿尼（Ani）	阿尼大教堂（Ani Church）	4–27
艾菲索斯（Ephesos）	阿特密斯新神庙（Artemision）	2–8
艾菲索斯	哈德良神庙（Temple of Hadrian）	3–30
艾菲索斯	塞尔苏斯图书馆（Celsus library）	3–29
艾菲索斯	阿特密斯（Artemis）新神庙（动工）	2–30
柏加曼（Pergamon）	大祭坛（Altar）	2–41
大莱普提斯（Leptis Magna）	广场和巴西利卡会堂	3–38
狄仲马（Didyma）	阿波罗神庙（开工）	2–35
哈利克纳苏（Halicarnassus）	莫索列姆陵墓（Mausoleum）	2–31
马格尼西亚（Magnesia）	阿特密斯神庙（Artemis）	2–46
米勒杜斯（Miletus）	议会（Bouleuterion）	2–43
普利尼（Priene）	雅典娜神庙（Athena Polias）	2–33
普利尼	安哥拉（Agora）广场东门	2–40
萨摩岛（Samos）	赫拉神庙（Temple of Heraion）	2–9
亚拉罕（Arahan）	亚拉罕修道院（Alahan Monastery）	4–13
伊斯坦布尔（Istanbul）	大能者修道院南教堂（Monastery of Pantokrator, South church）（动工）	4–34
伊斯坦布尔	康士坦丁李普士的南方教堂（Monastery of Constantine Lips, South church）	4–43
伊斯坦布尔	圣艾琳教堂（动工）（Hagia Irene Church）	4–16
伊斯坦布尔	圣塞尔吉乌斯和圣巴克乌斯教堂（The Church of St.s Sergius and Bacchus）	4–17
伊斯坦布尔	圣索菲亚大教堂（Hagia Sophia）	4–18
伊斯坦布尔	圣约翰教堂（St. John Basilica）	4–8
伊斯坦布尔	科拉修道院（Chora Monastery）	4–45

希腊

所在地	建筑物名称	索引编号
阿尔塔（Arta）	帕那吉雅帕利格利提沙教堂（Church of Panagia Paregoretissa）	4–42
埃匹达鲁斯（Epidaurus）	埃匹达鲁斯剧场	2–36
埃匹达鲁斯	阿斯克勒庇俄斯神庙（The Temple of Asklepios）	2–32
艾吉纳岛（Aegina Island）	爱菲亚神庙（Temple of Aphaia）（新）	2–16
奥林匹亚（Olympia）	赫拉神庙（Temple of Heraion）	2–6
奥林匹亚	宙斯神庙	2–17
巴赛（Bassae）	阿波罗伊壁鸠鲁神庙（Temple of Apollo Epicurius）	2–26
达夫尼（Daphni）	达夫尼修道院（Monastery of Daphni）	4–33
科林斯（Korinthos；Corinth）	阿波罗神庙（Temple of Apollon）	2–10
科斯岛（Kos）	阿斯克勒庇俄斯圣域（The Sanctuary of Asklepios）	2–45
克里特岛费斯托斯（Phaistos）	费斯托斯宫殿（Palace of Phaistos）	2–2
克里特岛诺萨斯（Knossos）	诺萨斯宫殿（Palace of Knossos）	2–1
罗得斯岛之林多斯（Rhodes Lindos）	卫城（Acropolis）	2–38
迈锡尼（Mycenae）	卫城与坟墓	2–4
皮洛斯（Pylos）	卫城	2–3
萨莫色雷斯岛（Samothrace island）	阿尔西诺伊昂（Arsinoeion）	2–37
萨洛尼卡（Thessaloniki）	圣德米特里教堂（The Church of St. Demetrius 或Hagios Demetrios）	4–11

萨洛尼卡	圣索非亚（Hagia Sofia）教堂	4–22
斯库利普（Skripu）	斯库利普修道院圣堂	4–24
苏尼恩海峡（Sounio）	海神庙（Temple of Poseidon）	2–20
特耳菲（Delphi）	圆堂（Tholos）（雅典娜卫城神庙）（Temple of Athena Pronaia）	2–29
特耳菲	西弗诺斯宝库（Treasury of Siphnos）	2–13
特耳菲近郊	圣路卡斯教堂（Hosios Loukas Monastery）	4–28
提尔恩斯（Tiryns）	卫城	2–5
希俄斯岛（Chios Island）	新摩尼修道院教堂（Nea Moni Monastery）	4–30
雅典	阿塔鲁斯二世长廊（Stoa of Attalos Ⅱ）	2–44
雅典	奥林匹亚宙斯神庙（重建）（Temple of Olympius Zeus）	2–42
雅典	风塔（Tower of the Winds）	2–47
雅典	赫菲斯托斯神庙（Temple of Hephaestus）	2–21
雅典	列雪格拉德音乐纪念亭（The Monument of Lysicrates）	2–34
雅典	帕提农（Parthenon）神庙	2–22
雅典	塞多罗伊教堂（St. Theodoroi church）	4–31
雅典	卫城入口大门（Propylaea）	2–23
雅典	伊瑞克提翁神庙（Erechtheion）	2–24

西班牙

所在地	建筑物名称	索引编号
阿尔及西拉斯（Algeciras）	阿尔及西拉斯市场	11–73
阿兰胡埃斯（Aranjuez）	阿兰胡埃斯宫（Palace of Aranjuez）	7–88
埃纳雷斯堡（Alcalá de Henares）	埃纳雷斯堡大学	7–73
奥维耶多（Oviedo）	圣母玛利亚教堂（献堂）（Santa Maria de Naranco）	5–20
巴塞罗那（Barcelona）	巴塞罗那大教堂（动工）	6–38
巴塞罗那	巴塞罗那世博会德国馆	11–46
巴塞罗那	巴特罗公寓（Casa Batllo）	10–147
巴塞罗那	加泰隆尼亚（Catalonia）音乐厅	10–151
巴塞罗那	格尔公园（Park Güell）	10–182
巴塞罗那	米拉公寓（Casa Mila）	10–157
巴塞罗那	穆塔纳鲁（音译）街的集合住宅	11–59
巴塞罗那	圣保罗医院（Hospital de Sant Pau）	10–168
巴塞罗那	圣家族教堂（Templo de la Sagrada Familia）（动工）	10–63
巴塞罗那	自治政府厅（Palau De La Generalitat）	6–77
巴塞罗那	刺针之家（Casa de les Punxes）	10–132
巴塞罗那近郊的圣科洛玛（Santa Coloma De Cervello）	奎尔纺织村的科罗尼亚教堂（Church of Colònia Güell）	10–181
巴斯坦（Nuevo Baztán）	巴斯坦教堂（Iglesia de Nuevo Baztán）	8–73
布尔格斯（Burgos）	布尔格斯大教堂（Burgos Cathedral）圣坛（动工）	6–16
布尔格斯	布尔格斯大教堂黄金梯	7–43
布尔格斯	布尔格斯大教堂双塔	6–89
布尔格斯	布尔格斯大教堂的康德斯塔布礼拜堂（la Capilla del Condestable）	6–101
格拉纳达（Granada）	阿尔罕布拉宫狮子中庭（Patio de los Leones）	6–70
格拉纳达	格拉纳达大教堂（Cathedral of Granada）（动工）	7–49
格拉纳达	格拉纳达大教堂附属王室礼拜堂	7–32
格拉纳达	格拉纳达大教堂西屋（设计）	8–33

格拉纳达	卡图加修道院（Sacristy of the Cartuja）圣器室	8—91
格拉纳达	阿尔罕布拉宫（Palacio de Alhambra）查理五世宫殿（Palacio de Carlos V）（设计）	7—47
瓜达拉哈拉（Guadalajara）	英凡塔多宫（El Palacio del Infantado）	6—97
赫罗纳（Gerona）	赫罗纳大教堂（动工）	6—45
卡多纳（Cardona）	圣文森特教堂（San Vicente）	5—48
拉·珀鲁马·迪尔·康达多（La Palma del Condado）	钟楼	8—133
勒马（Lerma）	勒马市宫殿与教堂（计划）	8—5
马德里（Madrid）	马德里皇宫（Palacio Real de Madrid）	8—126
马德里	圣安德烈教堂之圣伊期德罗礼拜堂（Ermita de San Isidro）	8—18
马德里	圣法南度育幼院（Real Hospicio de San Fernando）的入口	8—85
马德里	线状都市（Linear City）计划案	10—83
马德里	艾斯科丽亚（El Escorial）（动工）	7—83
马德里近郊	萨拉佐拉赛马场（Zarzuela Hippodrome）观众席	11—81
马略卡岛（Palma de Mallorca）	帕尔马大教堂（Cathedral de Palma）	6—116
潘普洛纳（Pamplona）	潘普洛纳大教堂（Cathedral of Pamplona）正面	8—134
潘普洛纳	潘普洛纳修道院（动工）	6—47
瑞波尔（Ripoll）	圣母玛利亚教堂（重建）	5—25
萨拉曼卡（Salamanca）	萨拉曼卡大学图书馆立面	7—51
塞戈维亚（Segovia）	塞戈维亚水道桥	3—32
塞戈维亚	塞戈维亚大教堂圣坛	6—121
塞维亚（Sevilla）	阿尔卡萨城堡（Alcázar）	6—72
塞维亚	白色圣母玛利亚教堂（Sinagoga de Santa María La Blanca）	8—27
塞维亚	塞维亚市政厅	7—84
塞维亚	圣艾尔蒙教堂西侧入口（Sant’Elmo）	8—96
塞维亚	塞维亚大教堂	6—114
圣地亚哥康波斯特拉（Santiago de Compostela）	圣地亚哥康波斯特拉大教堂正面	8—111
圣地亚哥康波斯特拉	圣地亚哥康波斯特拉大教堂	5—44
圣乔安妮德斯皮（Sant Joan Despí）	蛋屋（Casa del Ous）[托雷·迪·拉·库雷（Torre de la Creu）]	10—189
托雷多（Toledo）	托雷多大教堂（Cathedral de Toledo）透明圣坛（Transparente）	8—94
瓦拉朵丽（Valladolid）	瓦拉朵丽大教堂（设计）	7—102
瓦拉朵丽	圣巴勃罗教堂（Iglesia de San Pablo）	6—100
瓦伦西亚（Valencia）	瓦伦西亚大教堂正面（动工）	8—67

匈牙利

所在地	建筑物名称	索引编号
埃斯泰尔戈姆（Esztergom）	埃斯泰尔戈姆大教堂巴可兹礼拜堂（Bakocz-kapolna）（动工）	7—34
埃斯泰尔戈姆	埃斯泰尔戈姆大教堂	9—59
布达佩斯	哥利其大街（Gorkij fasor）的改革派教堂（Fasori református templom）	10—177
布达佩斯	布达佩斯动物园	10—158
布达佩斯	布达佩斯邮政银行	10—111
布达佩斯	罗杰维鲁奇大楼（Rózsavölgyi Building）	10—166
布达佩斯	史派基别墅（Sipeki Balás villa）	10—140
布达佩斯	希米多陵墓（Schmidl mausoleum）	10—123
布达佩斯	匈牙利国会大厦	6—143

布达佩斯	匈牙利国家博物馆（Hungarian National Museum）	9–55
布达佩斯	应用美术馆	10–92
凯奇凯梅特（Kecskemet）	华丽宫殿（Cifra Palota）	10–117
凯奇凯梅特	凯奇凯梅特市政府	10–95
苏普朗 (Sopron) 近郊艾森修塔特 (Eisenstadt)	爱斯特哈泽宫殿（Schloss Esterhazy）	8–46

叙利亚

所在地	建筑物名称	索引编号
阿帕米亚（Apamea）	列柱大道（Colonnade road）	3–23
巴尔贝克（Baalbek）	朱庇特神庙（Jupiter Sanctuary）	3–40
波斯拉（Bosra）	剧场	3–35
哈玛（Hamah）	沃尔丹教堂（Qasr ibn Wardan）	4–20
卡拉特西曼（Qala’ at Samaan）	圣西门教堂（Monastery of St. Simeon）	4–10
卡拉特西曼	卡拉特西曼修道院	4–12
塔尔图斯（Tartus）近郊	骑士堡（Krak des Chevaliers）	6–11
以斯拉（Ezra）	圣格欧基欧斯（Hagios Georgios）教堂（献堂）	4–14

亚美尼亚

所在地	建筑物名称	索引编号
爱西米雅金（Echmiadzin）	圣利浦吉梅教会（Church of St. Hripsimeh）	4–21

衣索比亚

所在地	建筑物名称	索引编号
拉利贝拉（Lalibela）	纽埃岩石教堂（Bet Amanuel）	4–35
拉利贝拉	卡布里埃鲁法耶岩石教堂（Bet Gabriel-Rufael）	4–36
拉利贝拉	乔尔吉斯岩石教堂（Bet Giyorgis）	4–41
拉利贝拉	马哈内阿拉姆岩石教堂（Medhane Alem）	4–37

以色列

所在地	建筑物名称	索引编号
耶路撒冷	圣墓所（Holy Sepulchre）	4–3

意大利

所在地	建筑物名称	索引编号
艾西斯（Assisi）	圣方济各教堂（St. Francesco）	6–24
奥维埃托（Orvieto）	奥维埃托大教堂西屋（动工）	6–44
巴岗伊亚近郊的维特波 (Bagnaia near Viterbo)	兰特别墅（Villa Lante）	7–95
巴勒摩（Palermo）近郊的王室山（Monreale）	王室山教堂（The Cathedral of Monreale）	5–64
巴维亚（Pavia）近郊	巴维亚修道院（Certosa di Pavia）立面	7–80

贝加莫（Bergamo）	马乔雷圣母教堂 (Santa Maria Maggiore) 克雷欧尼礼拜堂 (Cappella Colleoni)	7—20
比萨（Pisa）	比萨大教堂（圣母玛利亚）（Pisa Cathedral）	5—42
比萨	比萨大教堂的洗礼堂与钟塔	5—70
比萨	斯皮纳圣母教堂（Chiesa di Santa Maria della Spina）	6—48
都灵（Torino）	安托内利尖塔（La Mole Antonelliana）（设计）	10—41
都灵	都灵大教堂（Torino Cathedral）之圣辛度礼拜堂（Santa Sindone Chapel）	8—57
都灵	都灵世界博览会会场建筑	10—118
都灵	夫人府（Palazzo Madama）的楼梯间	8—82
都灵	卡里亚诺宅邸（Palazzo Carignano）	8—51
都灵	史柏加教会（La Sperga）	8—93
都灵	斯图皮尼基猎宫（Palazzina di Caccia di Stupinigi）	8—95
都灵	圣罗伦佐教堂（Chiesa di San Lorenzo）	8—53
法恩札（Faenza）	法恩札大教堂（Faenza Cathedral）	7—23
佛罗伦萨（Florence）	比提大厦（Palazzo Petti）（动工）	7—9
佛罗伦萨	波波里花园（Boboli Gardens）的石洞（grotto）入口	7—106
佛罗伦萨	佛罗伦萨大教堂（Basilica di Santa Maria del Fiore）	6—61
佛罗伦萨	佛罗伦萨大教堂圣乔瓦尼洗礼堂（Bat II stero San Giovanni）	5—67
佛罗伦萨	佛罗伦萨大教堂圆顶（设计比赛）	7—1
佛罗伦萨	佛罗伦萨大教堂钟塔（乔托之钟塔）	6—59
佛罗伦萨	佛罗伦萨市立运动场	11—64
佛罗伦萨	佛罗伦萨市政厅[维奇奥宫（Palazzo Vecchio）]	6—46
佛罗伦萨	观景楼[Fortezza（Forte） di Belvedere]	7—112
佛罗伦萨	劳伦图书馆（Laurentian Library）	7—87
佛罗伦萨	鲁奇拉大厦（Palazzo Rucellai）	7—7
佛罗伦萨	美第奇别墅酒店（Palazzo Medici-Riccardi）	7—12
佛罗伦萨	圣灵教堂（Chiesa di Santo Spirito）（设计）	7—3
佛罗伦萨	圣罗伦佐教堂（Basilica di San Lorenzo）	7—11
佛罗伦萨	圣罗伦佐教堂新圣器室（New Sacristy）	7—53
佛罗伦萨	圣米尼亚多教堂（Chiesa di San Miniato al Monte）	5—28
佛罗伦萨	圣母堂立面（Santa Maria Novella）	7—16
佛罗伦萨	圣十字教堂（Chiesa di Santa Croce）	6—83
佛罗伦萨	圣十字教堂佩奇（Pazzi）家族礼拜堂	7—5
佛罗伦萨	史卓齐宫（Palazzo Strozzi）	7—60
佛罗伦萨	天使圣母教堂（Santa Maria degli Angeli）	7—4
佛罗伦萨	维基奥桥（Ponte Vecchio）	6—55
佛罗伦萨	乌菲兹宫（Palazzo degli Uffizi）	7—96
佛罗伦萨	孤儿院（Ospedale degli Innocenti）（动工）	7—2
弗提拉（volterra）	弗提拉城城门	3—2
卡里那诺（Carignano）近郊的瓦利诺托（Vallinotto）	圣母玛利亚亲临礼拜堂（Santuario della Visitazione di Maria Santissima）	8—104
卡塞塔（Caserta）	卡塞塔皇宫（The Palace of Caserta）	8—131
科莫（Como）	圣邦迪奥修道院教堂（Basilica of Sant’Abbondio）	5—37
科莫	新公社（Novocomum）集合住宅	11—42
科莫	战争罹难者纪念碑（Memorial to the War Dead）	11—72
科莫	法西斯总部（Casa del Fascio）	11—82
科托纳（Cortona）	感恩圣母玛利亚教堂（Santa Maria delle Grazie）	7—26
拉文纳（Ravenna）	狄奥多里克陵墓（Mausoleum of Theodoric）	4—15
拉文纳	东正教洗礼堂（Battistero degli Ortodossi）	4—7
拉文纳	圣维塔雷教堂（Basilica di San Vitale）	4—19

拉文纳	新圣阿波利纳雷斯教堂（St. Apollinare Nuovo）	5—9
拉文纳近郊	加拉 · 普拉西迪亚陵墓（Mausoleum of Galla Placidia）	4—5
拉文纳近郊	克拉塞圣阿波利纳雷斯教堂（St. Apollinare in Classe）	5—10
里米尼（Rimini）	马拉特斯提阿诺神殿（Temple Malatesutiano）（圣方济各教堂）	7—8
罗马	奥古斯都宫殿（Domus Augustana）	3—21
罗马	奥勒利安（Aurelianus）城墙	3—41
罗马	巴贝里尼宫（Palazzo Barberini）	8—14
罗马	庇护门（Porta Pia）	7—86
罗马	崔斯特福圣母教堂（Santa Maria in Trastevere）	5—54
罗马	戴克里先（Diocletianus）浴场	3—42
罗马	帝国时期广场（Fori Imperiali）	3—24
罗马	法布里奇奥桥（Ponte Fabricio）	3—10
罗马	法列及那别墅（Villa Farnesina）	7—36
罗马	法尼塞邸（Palazzo Farnese）	7—65
罗马	梵蒂冈大阶梯（Scala Regia）	8—38
罗马	梵蒂冈宫的夏宫（Belvedere,Vaticano）中庭（计划）	7—31
罗马	梵蒂冈宫尼古拉五世（Nicholas V）的诸室	7—6
罗马	梵蒂冈美术馆圆厅（Rotonda）	9—15
罗马	梵蒂冈庭园庇护四世（Pius IV）休养室	7—82
罗马	佛坦纳维利斯神庙（Fortuna Virilis）	3—4
罗马	恭煦达王宫（Palazzo della Consulta）	8—97
罗马	古罗马广场（Foro Romano）	3—8
罗马	国家档案馆（Tabularium）	3—9
罗马	哈德良陵墓	3—31
罗马	金碧地利圣母堂（Santa Maria in Campitelli）	8—41
罗马	旧圣彼得教堂（Old St. Peter）	5—2
罗马	君士坦丁凯旋门（Arch of Constantine）	3—47
罗马	卡比托林广场（Piazza Capitolino）（设计）	7—56
罗马	卡布里尼（Palazzo Caprini）大厦[拉斐尔之屋（House of Raphael）]	7—37
罗马	卡拉卡拉浴场	3—37
罗马	科斯美汀圣母教堂（Basilica di Santa Maria in Cosmedin）	5—14
罗马	奎里那圣安德烈教堂（Sant’ Andrea al Quirinale）	8—43
罗马	拉特拉诺的圣乔瓦尼大教堂（Basilica of San Giovanni in Laterano）附属洗礼堂	5—5
罗马	拉特拉诺的圣乔瓦尼大教堂正面（San Giovanni in Laterano）	8—98
罗马	马克先提留斯会堂（Maxentius Basilica）（君士坦丁皇帝会堂）	3—46
罗马	马乔雷门（Porta Maggiore）	3—16
罗马	马西摩府邸（Palazzo Massimo alle Colonne）	7—55
罗马	蒙托利欧圣彼得修道院（San Pietro in Montorio）（动工）	7—29
罗马	米娜娃梅狄卡（Minerva Medica）神庙	3—45
罗马	尼禄之黄金屋（Nero’ s Domus Aurea）	3—17
罗马	庞贝剧场（Pompeius’ s theater）	3—11
罗马	普里奥拉脱圣母教堂（Santa Maria del Priorato）	9—10
罗马	齐吉欧德斯卡吉大厦（Palazzo Chigi-Odescalchi）	8—35
罗马	沙皮恩扎圣依佛教堂（Sant’ Ivo della Sapienza）	8—29
罗马	圣阿尼泽（Sant’ Agnese）教堂	8—37
罗马	圣安德鲁教堂圆顶与正面（Santa Andrea della Valle）	8—7
罗马	圣保罗美式教堂（St. Paul’ s American Church）	6—137
罗马	圣彼得大教堂（Basilica di San Pietro）（奠基）	7—33
罗马	圣彼得大教堂圆顶（设计）	7—66

罗马	圣彼得大教堂中堂与正面	8–4
罗马	圣彼得广场	8–25
罗马	圣毕比亚纳教堂正面（Santa Bibiana）	8–10
罗马	圣洛兰佐弗奥里列穆拉教堂（Basilica of San Lorenzo Fuori le Mura）	5–8
罗马	圣马丁那 · 路加教堂（Chiesa dei Santi Martina e Luca）	8–22
罗马	圣玛策禄堂（San Marcello al Corso）	8–50
罗马	圣母玛利亚大教堂（Santa Maria della Pace）正面	8–26
罗马	圣母玛利亚教堂（Basilica of Santa Maria Maggiore）	5–6
罗马	圣母玛利亚教堂保罗礼拜堂（Cappella Paolina）	8–2
罗马	圣母玛利亚修道院中庭	7–30
罗马	圣史提芬教堂（Temple of St. Stefano Rotondo）	5–7
罗马	圣苏珊娜教堂（Santa Susanna）正面	8–1
罗马	圣塔科斯坦察教堂（Basilica of Santa Costanza）	5–1
罗马	圣塔沙比那教堂（Basilica di Santa Sabina）	5–4
罗马	圣文森佐 · 阿那斯特索教堂（Santi Vincenzo e Anastasio）	8–24
罗马	圣伊纳爵教堂（Sant’Ignazio）	8–21
罗马	仕女别墅（Villa Madama）	7–39
罗马	四喷泉圣卡罗教堂（San Carlo alle Quattro Fontane）	8–40
罗马	泰塔斯凯旋门（Arch of Titus）	3–20
罗马	特拉维喷泉（Fontana di Trevi）	8–122
罗马	图拉真纪念柱（Column of Trajan）	3–25
罗马	万神庙（Pantheon）	3–27
罗马	威尼斯宫（Palazzo Venezia）	7–17
罗马	维斯塔神庙（Temple of Vesta）	3–5
罗马	维克托 · 伊曼纽尔二世（Victor Emmanuel Ⅱ）纪念堂	10–162
罗马	西班牙阶梯（Spanish Steps）	8–90
罗马	耶稣教堂（Il Gesu；Church of Jeusus）	7–98
罗马	圆形竞技场（Colosseum）	3–19
罗马	朱比特 · 卡比托林神庙（Jupiter Capitolinus）	3–1
罗马	朱利亚别墅（Villa Julia）	7–75
罗马	祖卡罗宫（Palazzo Zuccaro）	7–107
罗马近郊	EUR（罗马世界博览会）会场	11–95
罗马近郊帝沃利（Tivoli）	艾斯特别墅之水风琴喷泉（Fountain dell’Organo of Villa d’Este）	7–90
罗马近郊帝沃利	帝沃利哈德良皇宫（Villa Adriana）	3–28
罗马近郊弗拉斯卡提（Frascati）	阿尔多布兰迪尼别墅（Villa Aldobrandini）	7–115
罗马近郊卡布拉罗拉（Caprarola）	法尼塞别墅（Villa Farnese）	7–93
罗马近郊欧斯提亚（Ostia）	黛安娜馆（Casa di Diana）	3–34
罗马近郊帕勒斯提那（Palestrina）	福坦纳普里米琴尼亚圣域（Sanctuary of Fortuna Primigenia）	3–7
马塞（Maser）	巴巴罗别墅（Villa Barbro）（设计）	7–79
曼托瓦（Mantova）	总督宫卡法勒力（中庭）（Palazzo Ducale Cortile della Cavallerizza）	7–61
曼托瓦	得特宫（Palazzo del Tè）	7–63
曼托瓦	圣安德利亚教堂（Chiesa di Sant’Andrea）（动工）	7–19
曼托瓦	朱里奥 · 罗曼诺自宅（Casa di Giulio Romano）	7–64
曼托瓦	圣塞巴斯提亚诺教堂（Chiesa di San Sebastiano）	7–10
米兰（Milan）	贝尔吉欧索李耶别墅（Villa Belgiojoso Reale）	9–26
米兰	感恩圣母玛利亚教堂圣坛（Chiesa di Santa Maria delle Grazie）	7–28
米兰	卡斯第里奥尼宫（Palazzo Castiglioni）	10–122
米兰	马乔雷医院（Ospedale Maggiore）	7–14
米兰	米兰大教堂（Santa Maria Nascente）	6–122

米兰	米兰中央车站（Stazione Centrale di Milano）	9–74
米兰	普拉图的圣文森佐教堂（San Vincenzo in Prato）	5–19
米兰	圣安布洛乔教堂（Basilica di Sant’Ambrogio）	5–45
米兰	圣罗伦佐教堂（Basilica di San Lorenzo Maggiore）	4–4
米兰	圣沙提洛教堂（Santa Maria press San Satiro）	7–24
米兰	史卡拉歌剧院（Teatro delle Scala）	9–17
米兰	新都市计划案	11–5
米兰	亚雷维的克大学（Collegio Elvetico）（设计）	8–11
米兰	伊曼努尔二世商场 (Galleria Vittorio Emanuele Ⅱ)（米兰名店街，Galleria Milan）	10–55
米兰	和平凯旋门（Arco della pace）	9–50
拿坡里（Napoli）	吉拉卡萨诺府邸（Serra Cassano）楼梯间	8–100
拿坡里	圣卡罗歌剧院（Teatro di San Carlo）	9–36
拿坡里	翁贝托一世长廊（Galleria Umberto I）	10–78
拿坡里	新堡凯旋门（Castelnuovo’s Memorial Arch）	7–15
拿坡里	亚贝尔格 · 迪 · 波瓦利医院（The Albergo Reale dei Poveri）	9–5
帕杜亚（Padua）	科纳罗凉廊（Loggia Cornaro）	7–45
帕杜亚	圣安东尼奥（St. Antonio）教堂	6–42
帕杜亚	佩多奇咖啡屋（Caffè Pedrocchi）	10–13
帕尔马（Parma）	帕尔马洗礼堂（动工）	5–65
帕马诺瓦（Parmanova）	帕马诺瓦都市计划（草案）	7–111
帕沙诺（Possagno）	卡诺维亚诺神庙（Temple Canoviano）（动工）	9–37
庞贝（Pompe Ⅱ）	巴西利卡会堂（The Basilica）	3–6
庞贝	维提之屋（House of Vett Ⅱ）	3–18
佩鲁贾（Perugia）	伊特鲁利亚门（Arco Etrusco）	3–3
佩斯敦（Paestum）	长方形大会堂（The Basilica）（赫拉第一神庙）	2–11
佩斯敦	海神庙（Temple of Poseidon）	2–18
佩斯敦	农耕女神庙（Temple of Demeter）	2–15
皮恩扎（Pienza）	皮恩扎大教堂（The Cathedral of Pienza）（重建）	7–13
普吉卡诺（Poggio a Caiano）	美第奇别墅（Villa Medici）	7–22
普拉托（Prato）	圣母玛利亚教堂（The Basilica di Santa Maria delle Carceri）	7–21
普利亚（Apulia）	蒙特城堡（Castel del Monte）（动工）	6–18
热那亚	卡罗菲利斯剧院（Carlo Felice Theatre）	9–46
热那亚	坎比亚索别墅（Villa Cambiaso）	7–69
威尼斯（Venice）	安康圣母教堂（Chiesa di Santa Maria della Salute）	8–52
威尼斯	凡多拉明 · 卡拉基宫（Palazzo Vendramin-Calergi）	7–35
威尼斯	格兰达府邸（Palazzo Corner della Ca Grande）	7–59
威尼斯	黄金宫（Ca’d’Oro，正式名称：Palazzo Santa Sofia）	6–82
威尼斯	救世主教堂（Il Redentore）	7–109
威尼斯	丽都桥（Rialto Bridge）	7–108
威尼斯	佩萨罗宅邸（Palazzo Pesaro）	8–49
威尼斯	奇迹圣母堂（Santa Maria Dei Miracoli）	7–25
威尼斯	圣马可教堂（St. Mark’s Basilica）	4–32
威尼斯	圣马可图书馆	7–104
威尼斯	圣马可学校（Scuola of San Marco）	7–27
威尼斯	圣母玛利亚阿森塔教堂（Santa Maria Assunta）	4–26
威尼斯	圣乔治修道院教堂（Chiesa di San Giorgio Maggiore）	7–119
威尼斯	总督宫（Palazzo Ducale）	6–80
威诺纳（Verona）	新城门（Porta Nuova）	7–62
威诺纳	圆形剧场（Arena）	3–15

威诺纳	圣泽诺大教堂（San Zeno Maggiore）	5—63
威森察（Vicenza）	巴西利卡法院（Basilica Palladiana）（动工）	7—70
威森察	凯利卡提大厦（Palazzo Chiericati）	7—74
威森察	奥林匹克剧场（Teatro Olympico）	7—100
威森察近郊	圆厅别墅（Villa Rotonda）	7—71
乌迪内（Udine）近郊奇威达雷（Cividate）	伦巴第教堂（Longobardo Tempietto）	4—23
乌尔比诺（Urbino）	总督宫中庭（Palazzo Ducale）	7—18
西西里岛的阿格力真投（Agrigento）	奥林匹亚宙斯神庙（Temple of Olympian Zeus）	2—27
西西里岛的阿格力真投	孔科尔迪亚神庙（Temple of Concordia）	2—25
西西里岛的塞杰斯塔（Segesta）	塞杰斯塔神庙	2—28
西西里岛的塞林努斯（Selinunte）	E神庙	2—19
西西里岛的塞林努斯	F神庙	2—14
西西里岛的塞林努斯	C神庙	2—12
西西里岛的夕拉古沙（Syracusa）	阿波罗神庙（Temple of Apollo）	2—7
锡耶纳（Siena）	锡耶纳大教堂（Siena Cathedral）（完工）	6—67
锡耶纳	锡耶纳市政厅（Palazzo Pubblico）	6—43

印度

所在地	建筑物名称	索引编号
新德里（New Delhi）	印度总统府	10—200

英国

所在地	建筑物名称	索引编号
阿文河畔布拉德（Bradford on Avon）	圣劳伦斯教堂（St. Laurence’s Church）	5—22
埃克斯茅斯（Exmouth）近郊	谷仓大楼（The Barn）	10—91
艾利	艾利大教堂交叉部的八角塔	6—52
艾希特（Exeter）	艾希特大教堂西屋（完工）	6—63
爱丁堡（Edinburgh）	皇家高等学校（Royal High School）（动工）	9—40
爱丁堡	夏洛特广场（Charlotte Square）	9—25
巴斯（Bath）	巴斯圆环（Bath Circus）与巴斯皇家新月楼（Bath Royal Crescent）	9—13
北安普敦郡（Northamptonshire）	布瑞克斯沃斯教堂（Brixworth Church）	5—11
北安普敦郡	柯比庄园（Kirby Hall）	7—94
贝克斯里黑斯（Bexleyheath）	红屋（Red House）（完工）	10—38
宾格里（Bingley），约克郡	圣三一教堂（Holy Trinity Church）	10—47
波克郡（Berkshire）	柯尔山庄（Coleshill）	7—135
布莱顿（Brighton）	皇家阁（Royal Pavilion）	10—9
布里斯托（Bristol）	布里斯托大教堂圣坛（动工）	6—41
查茨沃斯（Chatsworth）	查茨沃斯大温室	10—17
柴郡（Cheshire）	康格尔顿市政厅（Congleton City Hall）	6—132
达拉谟（Durham）	达拉谟大教堂（动工）	5—36
德比郡（Derbyshire）	哈德威克庄园之展示长廊（Hardwick Hall’s long gallery）	7—114
多佛（Dover）	多佛城堡（Dover Castle）	6—8
佛斯湾（Firth of Forth）	佛斯桥（Firth Of Forth Bridge）	10—82
格拉斯哥（Glasgow）	大西大厦（Great Western Terrace）	9—65
格拉斯哥	格拉斯哥美术学院（The Glasgow School of Art）	10—154

格拉斯哥	加纳商行（Gardner Company）	10–34
格拉斯哥	杨柳茶馆（Willow Tearoom）	10–130
格拉斯哥近郊的海伦斯堡（Helensburgh）	山丘之屋（Hill House）[布雷奇（Blackie）宅邸]	10–124
格雷斯伍（Gracewood）	“新农场（New Farm）”住宅	11–69
格洛斯特（Gloucester）	格洛斯特大教堂圣坛	6–58
格洛斯特	格洛斯特大教堂回廊	6–66
赫特福德郡（Hertfordshire）	赫特福德宫（Hatfield House）	7–121
计划案	田园都市构想	10–76
计划案	维多利亚市（Victoria）都市计划	10–24
剑桥（Cambridge）	国王学院礼拜堂（King’s College Chapel）（完工）	6–110
剑桥	剑桥大学图书馆	10–202
剑桥	圣约翰学院新馆（St. John’s College）	6–124
剑桥	英品顿乡村学院（Impington Village College）	11–83
剑桥郡（Cambridgeshire）	瓦里居（Varley House）	7–101
坎特伯里（Canterbury）	坎特伯里大教堂（Canterbury Cathedral）圣坛（完工）	6–6
肯特郡（Kentshire）	伊沙姆旅社（Eltham Lodge）	8–32
莱奇沃思（Letchworth），哈特福郡	恩伍德别墅（Elmwood Cottages）	10–134
莱奇沃思，哈特福郡	莱奇沃思田园城市（Letchworth Garden City）	10–119
利物浦（Liverpool）	利物浦大教堂（设计比赛）	6–144
利物浦	欧雷尔会议厅（Oriel Chambers）	10–43
利兹（Leeds）	利兹谷物交易所（Corn Exchange of Leeds）	10–40
林肯（Lincoln）	林肯大教堂圣坛（Lincoln Cathedral Angel Choir）（动工）	6–25
伦敦	爱伯特纪念碑（The Albert Memorial）	6–134
伦敦	贝福特公园（Bedford Park）田园郊区住宅地	10–58
伦敦	草地路公寓大楼（Lawn Road Flats）	11–75
伦敦	查塔姆海军造船厂（The Chatham Naval Dockyard）	10–8
伦敦	达利奇学院美术馆（Dulwich College Art Gallery）	9–34
伦敦	大英博物馆	9–56
伦敦	佛斯特宅邸（Forster House）	10–80
伦敦	高点公寓大楼 I（High Point Flats I）	11–78
伦敦	古天鹅屋（Old Swan House）	10–54
伦敦	国王十字车站（King’s Cross Station）	10–30
伦敦	怀特霍尔宫国宴厅（Banqueting House of Whitehall palace）	7–130
伦敦	怀特夏培尔画廊（White Chappelle Gallery）	10–101
伦敦	基督教堂（Christ Church）	8–101
伦敦	坎伯兰连栋街屋（Cumberland Terrace）	9–43
伦敦	克拉连登公寓（Clarendon House）	7–139
伦敦	利兰（Leyland）宅邸的孔雀房（Peacock Room）	10–56
伦敦	旅人俱乐部（The Travellers’ Club House）	10–12
伦敦	伦敦地铁站	11–68
伦敦	伦敦动物园的企鹅馆	11–76
伦敦	伦敦都市计划	8–39
伦敦	伦敦煤炭交易所	10–23
伦敦	伦敦塔（Tower of London）白塔（The White Tower）（动工）	5–31
伦敦	伦敦世界博览会劳工住宅样品	10–28
伦敦	《每日快报》大楼（Daily Express Building）	11–62
伦敦	全圣教堂（All St.s Church）（完工）	6–129
伦敦	日屋（Sun House）	11–80
伦敦	萨默赛特之屋（Somerset House）	9–20

伦敦	圣安妮大教堂（St. Anne Church）	8–87
伦敦	圣班卡拉斯国际车站（St. Pancras Station）	6–135
伦敦	圣保罗大教堂（St. Paul’s Cathedral）	8–72
伦敦	圣布莱德教堂尖塔（St. Bride’s Church）	8–66
伦敦	圣凯瑟琳码头（St. Katherine Dock）	10–11
伦敦	圣路克医院（St. Luke Hospital）	9–21
伦敦	圣马丁教堂（St. Martin-in-the-Fields Church）	9–2
伦敦	圣史蒂芬教堂（St. Stephen Walbrook）	8–54
伦敦	圣约翰教堂（St. John Church）	8–79
伦敦	水晶宫（Crystal Palace）	10–27
伦敦	索恩自宅（Soane）	9–33
伦敦	西敏大教堂（Westminster Cathedral）	10–121
伦敦	西敏寺（Westminster Abbey）（开始重建）	6–20
伦敦	西敏寺大厅（Westminster Hall）（改建）	6–71
伦敦	西敏寺的亨利7世礼拜堂	6–113
伦敦	新苏格兰警察厅（New Scotland Yard）	10–77
伦敦	英格兰银行（Bank of England）	9–47
伦敦	英国国会大厦（Houses of Parliament）	6–131
伦敦	尤斯顿火车站（Euston Station）	10–16
伦敦	自然史博物馆	10–60
伦敦郊外	奇兹威克府（Chiswick House〔Burlington House〕）	9–1
伦敦近郊	哈姆史德田园郊区住宅地（Hampstead Garden Suburb）	10–135
伦敦近郊	汉普敦宫（Hampton Court Palace）（动工）	7–38
伦敦近郊	汉普敦宫喷泉中庭（Fountain Court）	8–58
伦敦近郊	席恩之屋（Syon House）（改建）	9–11
伦敦近郊格林威治（Greenwich）	格林威治皇家医院（Greenwich Royal Hospital）（动工）	8–59
伦敦近郊格林威治	女王府（Queen’s House）	7–132
伦敦近郊邱区（Kew）	邱园的温室（Palm house of the Kew Gardens）	10–22
伦敦近郊秋里伍德（Chorleywood）	果树园（The Orchard，沃伊齐自宅）	10–108
麦奈海峡（Menai Strait），韦尔斯（Wales）	不列颠桥（Britania Bridge）	10–26
牛津（Oxford）	克布勒学院（Keble College）	6–136
牛津	拉德克里夫图书馆（Radcliffe Library）	9–4
牛津	薛尔顿剧场（Sheldonian Theatre）（完工）	8–34
牛津	牛津博物馆（Oxford Museum）	6–130
牛津近郊	布伦亨宫（Blenheim Palace）（动工）	8–69
诺丁罕郡（Nottinghamshire）	比斯顿制药厂（Boots pharmaceutical factory in Beeston）	11–63
诺丁罕郡	沃拉顿府邸（Wollaton Hall）	7–105
普顿市（Compton），萨里州（Surrey）	瓦兹纪念礼拜堂（Watts Mortuary Chapel）	10–94
普利茅斯近郊（Plymouth）	涡石灯塔（Eddystone Lighthouse）	10–2
奇德勒（Cheadle）	圣吉尔斯教堂（St. Giles’s Cathedral）	6–126
萨塞克斯（Sussex）	利兹伍德大楼（Leyswood）	10–48
什罗普郡（Shropshire）	科尔布鲁克代尔的铸铁拱桥（Iron Bridgeo of Coalbrookdale）	10–4
斯特劳德谷（Stroud Valley）	史坦利纺织厂	10–7
索尔兹伯里（Salisbury）	索尔兹伯里大教堂参事堂（完工）	6–35
索尔兹伯里	索尔兹伯里大教堂（Salisbury Cathedral）	6–29
特威克南（Twickenham）	草莓山庄（Strawberry Hill）	6–123
威特利（Witley），萨里州（Surrey）	提溪宅（Tigbourne Court）	10–109
韦尔斯（Wales）	毕欧马利斯堡（Castle Beaumaris）	6–37
韦尔斯	韦尔斯大教堂（动工）	6–5

维特郡（Wiltshire）	朗格里特庄园（Longleat House）	7–91
温德米尔湖畔（Windermere），兰开郡（Lancashire）	布罗德利斯宅邸（Broad Leys）	10–100
温切斯特（Winchester）	温切斯特大教堂（动工）	5–33
温莎（Windsor）	圣乔治礼拜堂（St. George's Chapel）（动工）	6–96
新兰纳克（New Lanark）	新兰纳克	10–10
伊利（Ely）	伊利大教堂（Ely Cathedral）（动工）	5–35
约克（York）	约克大教堂（York Minster）	6–14
约克近郊	霍华德城堡（Castle Howard）	8–89
约克郡	希斯考特（Heathcote）	10–141

约旦

所在地	建筑物名称	索引编号
伯利恒（Bethlehem）	圣诞教堂（Church of the Nativity）	4–1
杰拉西（Jerash）	列柱大道	3–33
杰拉西	使徒·预言者·殉教者教堂	4–9
佩特拉（Petra）	艾尔卡滋尼宝库（El-Khazne）	3–26